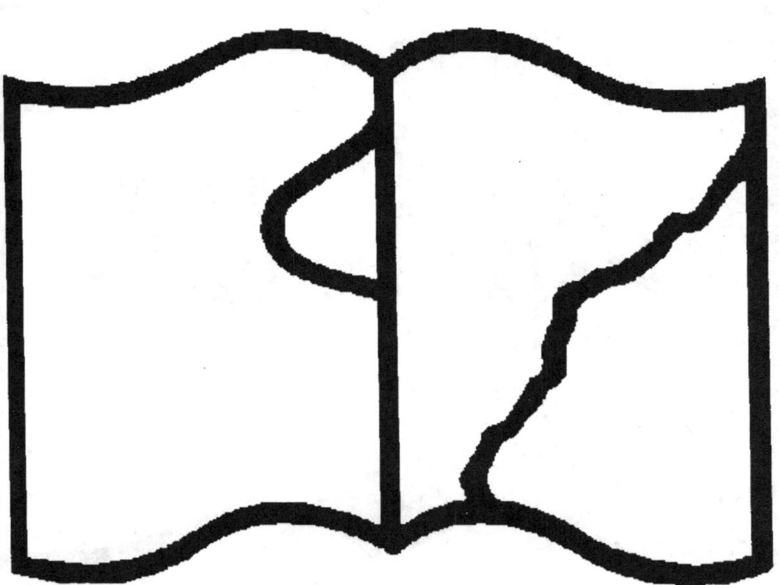

Contraste insuffisant

NF Z 43-120-14

THÉORIE ANALYTIQUE

DU

SYSTÈME DU MONDE,

Par G. DE PONTÉCOULANT,

Ancien élève de l'École Polytechnique, Colonel d'État-Major, Officier de la Légion d'honneur et de l'ordre de Léopold de Belgique, membre de la Société Royale et de la Société astronomique de Londres, des Académies des Sciences de Berlin, de Palerme, etc.

SECONDE ÉDITION CONSIDÉRABLEMENT AUGMENTÉE.

TOME DEUXIÈME.

PARIS,

MALLET-BACHELIER, IMPRIMEUR-LIBRAIRE

DE L'ÉCOLE POLYTECHNIQUE, DU BUREAU DES LONGITUDES,

Quai des Augustins, 55.

1856

THÉORIE ANALYTIQUE

DU

SYSTÈME DU MONDE.

PARIS. — IMPRIMERIE DE MALLET-BACHELIER,
rue du Jardinet, nº 12.

THÉORIE ANALYTIQUE

DU

SYSTÈME DU MONDE,

Par G. DE PONTÉCOULANT,

Ancien élève de l'École Polytechnique, Colonel d'État-Major, Officier de la
Légion d'honneur et de l'ordre de Léopold de Belgique, membre de la
Société Royale et de la Société astronomique de Londres, des Académies
des Sciences de Berlin, de Palerme, etc.

SECONDE ÉDITION CONSIDÉRABLEMENT AUGMENTÉE.

TOME DEUXIÈME.

PARIS,

MALLET-BACHELIER, IMPRIMEUR-LIBRAIRE

DE L'ÉCOLE POLYTECHNIQUE, DU BUREAU DES LONGITUDES,
Quai des Augustins, 55.

1856

TABLE DES MATIÈRES

CONTENUES DANS LE DEUXIÈME VOLUME.

LIVRE TROISIÈME.

THÉORIE DES COMÈTES.

LIVRE QUATRIÈME.

DU MOUVEMENT DE ROTATION DES CORPS CÉLESTES.

CHAPITRE PREMIER.—*Intégration des équations différentielles qui déterminent
les mouvements des corps célestes autour de leurs centres de gravité.*

CHAPITRE V. — *Mouvement de rotation de la Lune autour de son centre de gravité.*

LIVRE CINQUIÈME.

DE LA FIGURE DES CORPS CÉLESTES.

CHAPITRE PREMIER. — *Formules générales pour déterminer les attractions des sphéroïdes quelconques.*

CHAPITRE II. — *Attractions des sphéroïdes terminés par des surfaces du second ordre.*

CHAPITRE III. — *Des attractions des sphéroïdes quelconques.*

CHAPITRE IV. — *De la figure d'une masse fluide homogène, en équilibre et douée d'un mouvement de rotation.*

NOTES.

FIN DE LA TABLE DU DEUXIÈME VOLUME.

THÉORIE ANALYTIQUE

DU

SYSTÈME DU MONDE.

LIVRE TROISIÈME.

THÉORIE DES COMÈTES.

Jusqu'à la fin du XVIIe siècle on avait regardé les comètes comme des phénomènes particuliers dans le système du monde. Newton montra qu'elles sont, comme les planètes, soumises aux lois de la gravitation universelle; et il rendit un éminent service à l'astronomie en les rattachant par ce lien au reste de notre système solaire, et à la philosophie en dissipant pour jamais les vaines terreurs qu'inspirait leur apparition.

La théorie des comètes peut se diviser en deux points principaux : le premier a pour objet la détermination de leurs orbites, d'après les données fournies par l'observation; le second, celle des perturbations qu'elles peuvent éprouver par l'action des planètes. Nous allons examiner successivement dans ce livre ces deux grandes questions.

II.

CHAPITRE PREMIER.

DÉTERMINATION APPROCHÉE DES ORBITES DES COMÈTES.

1. Les comètes sont des astres qui diffèrent des planètes, non-seulement par leurs apparences physiques, mais encore par la marche irrégulière qu'ils affectent. Elles parcourent au hasard toutes les régions de l'espace, les unes dans un sens, les autres dans la direction opposée. Les plans de leurs orbites ne sont plus compris dans une zone étroite de la sphère céleste ; ils peuvent avoir entre eux des inclinaisons quelconques. Mais les comètes sont, comme les planètes, assujetties à la loi de la pesanteur universelle, et elles décrivent, en vertu de ce principe, des courbes rentrantes, dont le Soleil occupe un des foyers. Probablement, et l'analogie nous porte à le croire, les orbes des comètes sont, comme ceux des planètes, des courbes elliptiques ; mais ces ellipses sont très-allongées et leurs grands axes presque infinis, puisque nous n'apercevons ces astres que dans une partie de leur cours lorsqu'ils approchent du Soleil, et qu'ensuite ils disparaissent totalement de nos yeux armés de tous les instruments que l'esprit humain inventa pour en prolonger la portée. Ce ne serait donc qu'une question de pure curiosité, intéressante sous le point de vue analytique, mais peu importante

aux besoins de l'astronomie, que celle qui aurait pour
but de déterminer les éléments de l'orbite d'une comète, d'après les observations faites pendant la courte
durée de son apparition, si nous ne devions plus l'a-
percevoir dans la suite, et si elle avait abandonné
pour toujours les limites de notre système planétaire.
Mais il faut observer que c'est le seul moyen que
nous ayons de reconnaître cet astre, lorsque, après
avoir accompli sa révolution, il reviendra vers le Soleil. Il ne faut pas, en effet, compter pour cela sur ses
propriétés optiques : l'étendue du noyau, la chevelure, la disposition de la queue, l'éclat de sa lumière,
toutes ces données varient à chaque instant de forme,
de grandeur et d'intensité, à mesure que les comètes
approchent du Soleil ou de la Terre, et les circonstances enfin dans lesquelles elles se trouvent, changent à chaque révolution, parce que la matière si
rare qui compose leur chevelure et leur queue se dis-
sipe graduellement dans l'espace.

C'est donc en comparant les éléments de la comète
que l'on observe, à ceux des comètes qui ont été observées précédemment, que l'on peut s'assurer si cet
astre apparaît, en effet, pour la première fois, ou si
ce n'est qu'une comète déjà connue qui revient à son
périhélie. Il devient donc indispensable de calculer
ses éléments. Newton le premier, dans son admirable
ouvrage des *Principes,* a donné une solution de ce
problème, fondée sur des considérations géométriques très-ingénieuses. Halley, par des calculs immenses, l'appliqua à toutes les comètes connues de
son temps. Ce travail porta son fruit, et ce grand as-

tronome reconnut le premier l'identité des comètes observées en 1456, 1531, 1607 et 1682; résultat important, et qui valut un nouveau triomphe à la théorie de la pesanteur universelle, en montrant que la marche des comètes, si irrégulière en apparence, est aussi certaine que celle des planètes, et en mettant les géomètres à même de suivre le cours et de prédire les retours futurs de ces astres, qu'on avait regardés jusque-là comme des phénomènes à part et en dehors de toutes les lois qui régissent les autres corps du système du monde.

La question que nous allons traiter intéresse donc non-seulement les géomètres comme un bel exercice d'analyse, mais encore les astronomes comme un point de théorie qui peut avoir d'importantes applications. Aussi beaucoup d'entre eux en ont fait l'objet de leurs méditations, et nous avons aujourd'hui, pour résoudre ce problème, plusieurs méthodes qui conduisent, par des voies différentes, à des résultats également satisfaisants. Celle que nous allons exposer ici a l'avantage de se plier, avec la plus grande facilité, aux calculs numériques et de conduire par des approximations successives aux résultats les plus exacts peut-être que la question puisse comporter. Elle dérive assez simplement des formules données par Lagrange, qui le premier a traité cette question d'une manière purement analytique; mais elle a l'avantage d'éviter les principaux inconvénients que présentait, dans les applications numériques, la méthode donnée par ce grand géomètre dans les *Mémoires de Berlin* pour 1778, et qu'il a reproduite ensuite dans le second volume de la *Mécanique analytique*; inconvénients qu'il aurait sans doute reconnus lui-même, s'il eût pris le soin d'appliquer ses formules à la détermination de l'orbite de quelque comète connue.

On sait qu'il suffit, en général, de trois observations pour déterminer toutes les circonstances du mouvement d'une comète. Cette question est même susceptible d'une solution rigoureuse; mais les équations finales auxquelles elle conduit, sont tellement compliquées et d'un degré si élevé, qu'il serait absolument impossible d'en faire usage: aussi a-t-on pris le parti de recourir aux méthodes d'approximation. Celle qu'on a généralement adoptée, est fondée sur la supposition que les observations qu'on emploie sont peu éloignées l'une de l'autre, ce qui permet de traiter comme de très-petites quantités les intervalles de temps qui les séparent. On peut alors, au moyen de trois longitudes et de trois latitudes observées, déterminer tous les éléments de l'orbite, savoir : l'*excentricité*, la *longitude du périhélie* et *celle de l'époque*, l'*inclinaison*, la *longitude du nœud* et le *grand axe*. Ce dernier élément est le seul qui puisse laisser de l'incertitude, parce qu'il faudrait, pour le déterminer exactement, connaître la durée d'une révolution de la comète, ce qu'on ignore presque toujours; mais on peut remarquer que, lorsque la comète est près de son périhélie, et c'est alors seulement que nous l'apercevons, l'ellipse qu'elle décrit se confond sensiblement avec la parabole qui a son sommet en ce point et qui est décrite du même foyer; en sorte que le mouvement apparent de l'astre et les résultats de l'observation sont les mêmes que s'il avait lieu sur cette courbe. On suppose par cette raison, pour faciliter le calcul des éléments, que l'orbite est parabolique. La solution du problème contient alors une équation de plus que d'inconnues, et l'on peut en profiter pour choisir, entre les diverses combinaisons de ces équations, celle qui doit conduire à des résultats plus exacts. Lorsqu'on est parvenu, de cette manière, à une première connaissance approchée de l'orbite, en employant trois nouvelles observations séparées par des intervalles de temps plus considérables, on rectifie les éléments que l'on a obtenus, de manière à satisfaire le plus exactement possible à l'ensemble des observations connues. Plusieurs méthodes analytiques ont été imaginées dans ce but; mais comme il s'agit ici d'une application numérique bien plus que d'une question théorique, nous avons préféré à des méthodes plus savantes celle qui, à l'exactitude et à la simplicité, nous a paru réunir l'avantage d'éviter les longueurs de calcul et la perte de temps que les recherches de ce genre occasionnaient trop souvent aux astronomes.

Après ces notions nécessaires sur la solution générale du problème, nous allons en développer l'analyse; nous donnerons ensuite des exemples numériques, qui faciliteront l'application de la méthode que nous nous proposons d'exposer ici.

2. Soient x, y, z les coordonnées de la comète dans son orbite autour du Soleil, rapportées à un plan fixe que nous supposerons être celui de l'écliptique. Soit $r = \sqrt{x^2 + y^2 + z^2}$ sa distance au Soleil.

Soient X et Y les coordonnées de la Terre dans l'écliptique, et $R = \sqrt{X^2 + Y^2}$ sa distance au Soleil ou son rayon vecteur.

Enfin, désignons par ξ, η, ζ les trois coordonnées de la comète rapportées à trois axes rectangulaires passant par le centre de la Terre, en sorte qu'on ait

$$x = X + \xi, \quad y = Y + \eta, \quad z = \zeta. \quad (1)$$

Pour transformer les coordonnées x, y, z en coordonnées polaires comparables aux données fournies par l'observation, soit a la longitude géocentrique de la comète, b sa latitude et ρ sa distance au centre de la Terre projetée sur le plan de l'écliptique, enfin soit A la longitude de la Terre dans le même instant; il est aisé de voir qu'on aura

$$X = R \cos A, \quad Y = R \sin A, \quad \xi = \rho \cos a,$$
$$\eta = \rho \sin a, \quad \zeta = \rho \tang b.$$

Ces valeurs substituées dans les équations (1) donneront :

$$\left. \begin{array}{l} x = R \cos A + \rho \cos a, \\ y = R \sin A + \rho \sin a, \\ z = \rho \tang b. \end{array} \right\} \quad (2)$$

Chaque observation fournira trois équations semblables. Si l'on ajoute ensemble les carrés de ces équations, on en tire

$$\rho^2 = R^2 + 2\rho R \cos(A - a) + \frac{\rho}{\cos^2 b}, \quad (3)$$

équation qui résulte d'ailleurs directement de la

considération du triangle rectiligne formé par les droites qui joignent le Soleil, la comète et la Terre. En effet, si l'on nomme c l'angle compris entre le Soleil et la comète, ou ce que les astronomes appellent *son élongation,* R et $\frac{\rho}{\cos b}$ seront les côtés qui comprennent cet angle, et r le côté opposé. On aura donc

$$r^2 = \mathrm{R}^2 - 2\,\rho\,\mathrm{R}\,\frac{\cos c}{\cos b} + \frac{\rho^2}{\cos^2 b}. \quad (3)$$

Or, l'angle c a pour mesure l'hypoténuse d'un triangle sphérique rectangle dont b et $180^\circ - \mathrm{A} + a$ sont les deux autres côtés, ce qui donne

$$\cos c = -\cos(\mathrm{A} - a)\cos b,$$

et les deux valeurs de r^2 sont par conséquent identiques.

Les observations font connaître les deux angles a et b; l'angle A et le rayon R se calculent par les Tables du Soleil. Les équations (2) renferment donc encore quatre inconnues x, y, z et ρ, et ne peuvent suffire par conséquent pour les déterminer. Il faut, pour y parvenir, faire quelque hypothèse sur la nature de l'orbite que décrit la comète : la plus simple est de supposer que cette courbe est une parabole. Dans ce cas, comme dans celui du mouvement elliptique, on peut (n° **32**, livre II) exprimer les coordonnées de la comète, relatives à des observations séparées par des intervalles peu considérables, en séries ordonnées par rapport au temps et ne dépendant que de six quantités supposées connues, qui sont les trois coordonnées de la comète à une époque déterminée, et les trois coefficients différentiels de ces coordonnées. Si l'on substitue ces valeurs dans les équations (2), elles renfermeront sept inconnues, savoir, les six quantités dont nous venons de parler et l'indéterminée ρ; mais chaque observation donnant trois équations semblables, si l'on choisit trois observations faites à des intervalles de temps connus, il est clair que les neuf équations qui en résulteront, ne renfermeront plus que neuf inconnues et suffiront par conséquent pour en déterminer la valeur. On aura même, en y joignant l'équation relative au mouvement dans la parabole, une équation de plus que d'inconnues, et le problème avec ces données pourra être complétement résolu.

Prenons donc trois observations séparées par des intervalles de temps θ et θ', assez courts pour que les séries (k) du n° **32**, livre **II**, soient convergentes. Prenons pour l'époque d'où nous comptons le temps t, et qu'on est libre de choisir arbitrairement, celle qui répond à l'observation moyenne. Désignons par x, y, z les coordonnées de la comète à cet instant, rapportées au centre du Soleil, et par $x_{,} = \dfrac{dx}{dt}$, $y_{,} = \dfrac{dy}{dt}$, $z_{,} = \dfrac{dz}{dt}$ leurs trois coefficients différentiels. Désignons par x^0, y^0, z^0 les coordonnées de la comète qui répondent à l'époque $t = -\theta$ de l'observation qui a précédé, et par x', y', z' celles qui répondent à l'époque $t = \theta'$ de l'observation suivante. Si l'on développe par la méthode du numéro cité, ces six quantités suivant les puissances de θ et de θ', on aura, pour les déterminer, des expressions de cette forme :

$$x^0 = \mathrm{v}\,x + \mathrm{u}\,x_{,}, \quad x' = \mathrm{v}'x + \mathrm{u}'x_{,},$$
$$y^0 = \mathrm{v}\,y + \mathrm{u}\,y_{,}, \quad y' = \mathrm{v}'y + \mathrm{u}'y_{,},$$
$$z^0 = \mathrm{v}\,z + \mathrm{u}\,z_{,}, \quad z' = \mathrm{v}'z + \mathrm{u}'z_{,}.$$

Les lettres v, u, v', u' expriment des fonctions ordonnées par rapport aux puissances de θ et de θ', qui renferment en outre le rayon r et les quantités $s = \dfrac{rd}{dt}$ et $\dfrac{ds}{dt}$ relatifs à l'époque où l'on compte $t = 0$. Les valeurs de v, u, v', u' se déterminent en faisant successivement $t = -\theta$ et $t = \theta'$ dans les fonctions que nous avons représentées par V et U dans le n° **32**, livre II.

3. Cela posé, soient a^0, a, a' les trois longitudes géocentriques de la comète, b^0, b, b' ses trois latitudes, et ρ^0, ρ, ρ' les distances de la comète à la Terre, projetées sur le plan de l'écliptique, dans chacune des trois observations. Soient de plus A^0, A, A$'$ les trois longitudes héliocentriques de la Terre, c'est-à-dire vues du centre du Soleil, R^0, R, R$'$ ses trois rayons vecteurs correspondants, et enfin X^0, Y^0, X, Y, X$'$, Y$'$ ses coordonnées rapportées au centre du Soleil et relatives aux mêmes instants, en sorte qu'on ait

$$X^0 = R^0 \cos A^0, \quad X = R \cos A, \quad X' = R' \cos A',$$
$$Y^0 = R^0 \sin A^0, \quad Y = R \sin A, \quad Y' = R' \sin A'.$$

Les équations (2) donneront pour les trois observations faites aux époques où l'on compte $t = 0$, $t = -\theta$ et $t = \theta'$, le système d'équations suivant :

Pour la première époque :

$$\left. \begin{aligned} x &= Y + \rho \cos a, \\ y &= Y + \rho \sin a, \\ z &= \rho \tang b. \end{aligned} \right\} \quad (a)$$

Pour la deuxième :

$$\left. \begin{aligned} v\,x + u\,x_, &= X^o + \rho^o \cos a^o, \\ v\,y + u\,y_, &= Y^o + \rho^o \sin a^o, \\ v\,z + u\,z_, &= \rho^o \tang b^o. \end{aligned} \right\} \quad (b)$$

Pour la troisième :

$$\left. \begin{aligned} v'x + u'x_, &= X' + \rho' \cos a', \\ v'y + u'y_, &= Y' + \rho' \sin a', \\ v'z + u'z_, &= \rho' \tang b'. \end{aligned} \right\} \quad (c)$$

Il ne s'agit plus que d'éliminer entre ces neuf équations les inconnues qu'elles renferment, pour avoir les valeurs des quantités qui sont nécessaires à la détermination de l'orbite de la comète. Or, nous avons vu, n° **34**, livre II, qu'il suffisait pour cela de connaître les trois distances accourcies ρ^o, ρ, ρ' et les trois rayons vecteurs correspondants r^o, r, r'. En éliminant donc, des neuf équations précédentes, les six inconnues x, y, z, $x_,$, $y_,$, $z_,$, on parviendra à trois équations finales entre ρ^o, ρ et ρ' au moyen desquelles on déterminera leurs valeurs. Celles de r^o, r et r' seront données respectivement par une équation semblable à l'équation (3), que fournira chacune des trois observations, et l'on pourra, par conséquent, résoudre ainsi complétement la question.

Pour effectuer l'élimination précédente de la manière la plus simple, on commencera par faire disparaître des équations (b) et (c) les trois coefficients différentiels $x_{,}, y_{,}, z_{,}$, et l'on remplacera ensuite dans les équations résultantes les coordonnées x, y, z par leurs valeurs tirées des équations (a), en faisant $\mathrm{v}\mathrm{u}' - \mathrm{v}'\mathrm{u} = \mathrm{u}''$, et en supposant, pour abréger,

$$\mathrm{X}'\mathrm{u} - \mathrm{X}^{0}\mathrm{u}' + \mathrm{X}\mathrm{u}'' = \mathrm{L}; \quad \mathrm{Y}'\mathrm{u} - \mathrm{Y}^{0}\mathrm{u}' + \mathrm{Y}\mathrm{u}'' = \mathrm{L}'.$$

On trouvera ainsi les trois équations suivantes :

$$\left.\begin{array}{l} \mathrm{u}'\rho^{0} \cos a^{0} - \mathrm{u}\,\rho' \cos a' - \mathrm{u}''\rho \cos a = \mathrm{L}, \\ \mathrm{u}'\rho^{0} \sin a^{0} - \mathrm{u}\,\rho' \sin a' - \mathrm{u}''\rho \sin a = \mathrm{L}', \\ \mathrm{u}'\rho^{0} \tang b^{0} - \mathrm{u}\,\rho' \tang b' - \mathrm{u}''\rho \tang b = 0. \end{array}\right\} \quad (4)$$

Ces équations sont les formules principales sur lesquelles est fondée la solution de la question qui nous occupe. Si ces équations étaient rigoureuses, elles conduiraient, de quelque manière qu'on les combinât, à des résultats également exacts, mais plusieurs des quantités qu'elles renferment ne peuvent être déterminées numériquement que par approximation, et celles qui dépendent des données de l'observation participent des erreurs dont ces observations sont susceptibles ; il faudra donc avoir égard à ces circonstances dans l'usage que l'on fera des équations précédentes, et l'on verra qu'elles doivent être combinées avec beaucoup de discernement, pour que les résultats qu'on en tire offrent toujours dans la pratique des garanties suffisantes d'exactitude.

4 Nous avons dit, n° **2**, que les valeurs des quatre quantités v, u, v′, u′ pouvaient se développer en séries ordonnées par rapport aux puissances ascendantes du temps, et qui renferment de plus les trois indéterminées r, $s = \dfrac{rdr}{dt}$ et $\dfrac{ds}{dt}$. Il faut donc connaître préalablement les valeurs de ces trois quantités avant de pouvoir faire usage des formules précédentes. Or la première peut aisément se déterminer au moyen de l'équation (3) du n° **2**. En effet, si dans cette équation on substitue pour ρ sa valeur donnée par l'élimination de ρ^o et ρ' dans les équations (4), l'équation résultante, en la résolvant, fera connaître la valeur de l'inconnue r en fonction des deux autres indéterminées s et $\dfrac{ds}{dt}$. Quant à ces deux dernières quantités nous donnerons le moyen de faire disparaître la première de ces formules, et la seconde n'y sera pas introduite par la substitution des valeurs de v, u, v′, u′, lorsqu'on ne poussera les approximations que jusqu'aux carrés du temps, ce qui suffira dans presque toutes les circonstances. Nous pouvons donc ne pas nous en occuper pour le moment, et regarder les valeurs des trois inconnues ρ^o, ρ, ρ' comme complétement déterminées, en fonction de quantités toutes connues, au moyen des équations (4).

5. Pour développer ces équations reprenons les valeurs de V et U données, n° **32**, livre II.

En ne portant l'approximation que jusqu'aux quatrièmes puissances du temps t, on a

$$\left. \begin{aligned} \mathrm{V} &= 1 - \frac{t^2}{2\,r^3} + \frac{st^3}{2\,r^5} + \left(\frac{ds}{dt} - \frac{5\,s^2}{r^2} + \frac{1}{3\,r} \right) \frac{t^4}{8\,r^6} \\ \mathrm{U} &= t - \frac{t^3}{6\,r^3} + \frac{st^4}{4\,r^5}. \end{aligned} \right\} \quad (m)$$

En faisant successivement $t = -\,\theta$ et $t = \theta'$, on aura les valeurs des quantités que nous avons représentées par v, u, v', u'. On trouve ainsi, en rejetant les termes inutiles,

$$\mathrm{v} = 1 - \frac{\theta^2}{2\,r^3} - \frac{s\theta^3}{2\,r^5}, \quad \mathrm{v}' = 1 - \frac{\theta'^2}{2\,r^3} + \frac{s\theta'^3}{2\,r^5};$$

$$\mathrm{u} = -\,\theta + \frac{\theta^3}{6\,r^3} + \frac{s\theta^4}{4\,r^5}, \quad \mathrm{u}' = \theta' - \frac{\theta'^3}{6\,r^3} + \frac{s\theta'^4}{4\,r^5};$$

et comme $\mathrm{u}'' = \mathrm{v}\mathrm{u}' - \mathrm{v}'\mathrm{u}$, on aura

$$\mathrm{u}'' = \theta' + \theta - \frac{(\theta' + \theta)^3}{6\,r^3} + \frac{s\,(\theta' - \theta)\,(\theta' + \theta)^3}{4\,r^5}. \quad (n)$$

Pour donner à nos formules toute la simplicité qu'elles sont susceptibles d'acquérir, il convient d'exprimer les coordonnées X^o, Y^o, X', Y' de la Terre, qui se rapportent aux observations extrêmes, en fonction du temps et des coordonnées X, Y relatives à l'époque où l'on compte $t = o$. Nous supposerons donc

$$\mathrm{X}^o = \mathrm{V}\mathrm{X} + \mathrm{U}\mathrm{X}_{,}, \quad \mathrm{X}' = \mathrm{V}'\mathrm{X} + \mathrm{U}'\mathrm{X}_{,},$$

$$\mathrm{Y}^o = \mathrm{V}\mathrm{Y} + \mathrm{U}\mathrm{Y}_{,}, \quad \mathrm{Y}' = \mathrm{V}'\mathrm{Y} + \mathrm{U}'\mathrm{Y}_{,},$$

en faisant, pour abréger, $\mathrm{X}_{,} = \frac{d\mathrm{X}}{dt}$, $\mathrm{Y}_{,} = \frac{d\mathrm{Y}}{dt}$, et en désignant par V, U, V', U' des fonctions semblables à celles que nous avons nommées v, u, v', u' et qu'on obtiendra en faisant successivement $t = -\theta$, $t = \theta'$ dans les équations (m), après y avoir changé r en R et s en S. On aura ainsi

$$V = 1 - \frac{\theta^2}{2\,R^3} - \frac{S\,\theta^3}{2\,R^5}, \qquad V' = 1 - \frac{\theta'^2}{2\,R^3} + \frac{S\,\theta'^3}{2\,R^5},$$

$$U = -\theta + \frac{\theta^3}{6\,R^3} + \frac{S\,\theta^4}{4\,R^5}, \quad U' = \theta' - \frac{\theta'^3}{6\,R^3} + \frac{S\,\theta'^4}{4\,R^5}.$$

Si l'on remplace X^0, X', Y^0, Y' par leurs valeurs précédentes dans les expressions de L et L' (n° 3), elles deviennent

$$L = (u'' - U'')\,X - U''_{,}\,X_{,},$$

$$L' = (u'' - U'')\,Y - U''_{,}\,Y_{,},$$

en faisant, pour abréger,

$$U'' = V\,u' - V'\,u, \quad U''_{,} = U\,u' - U'\,u;$$

or, en vertu des valeurs de V, V', U, U', u, u', on trouve

$$U'' = \theta' + \theta - \frac{\theta\,\theta'(\theta' + \theta)}{2\,R^3} - \frac{\theta'^3 + \theta^3}{6\,r^3}$$
$$+ \left(\frac{S\,\theta\,\theta'}{2\,R^5} + \frac{s\,(\theta^2 + \theta'^2)}{4\,r^5} \right)(\theta'^2 - \theta^2),$$

$$U''_{,} = \frac{\theta\,\theta'(\theta'^2 - \theta^2)}{6} \left(\frac{1}{r^3} - \frac{1}{R^3} \right),$$

et, par suite,

$$U'' - u'' = \frac{\theta\,\theta'(\theta' + \theta)}{2} \left(\frac{1}{r^3} - \frac{1}{R^3} \right) - \frac{\theta\,\theta'(\theta'^2 - \theta^2)}{2} \left(\frac{s}{r^5} - \frac{S}{R^5} \right).$$

Si l'on suppose donc, pour simplifier les formules,

$$W = -\frac{\theta\,\theta'(\theta'+\theta)}{2}\left\{\left(\frac{1}{r^3}-\frac{1}{R^3}\right)-(\theta'-\theta)\left(\frac{s}{r^5}-\frac{S}{R^5}\right)\right\} \quad (p)$$

on aura, aux quantités près du cinquième ordre que nous négligeons,

$$L = W\left(X + \frac{\theta'-\theta}{3}X_{,}\right),$$

$$L' = W\left(Y + \frac{\theta'-\theta}{3}Y_{,}\right),$$

ou bien, en nommant $R_{,}$ et $A_{,}$ les valeurs du rayon vecteur et de la longitude de la Terre, relatives à l'observation correspondante au temps $j + \dfrac{\theta'-\theta}{3}$, qui tient le milieu entre les temps $j - \theta, j$ et $j + \theta'$ des trois observations données, et en remarquant qu'on peut supposer ici, aux quantités près que nous négligeons,

$$R_{,}\cos A_{,} = X + \frac{\theta'-\theta}{3}X_{,,}$$

$$R_{,}\sin A_{,} = Y + \frac{\theta'-\theta}{3}Y_{,,}$$

on aura simplement

$$L = W R_{,}\cos A_{,}, \quad L' = W R_{,}\sin A_{,}.$$

6. Reprenons maintenant les trois formules (4) auxquelles nous sommes parvenu dans le n° **3**; si l'on y substitue pour L et L' les valeurs précédentes, on aura

$$\left.\begin{aligned}
v'\rho^0\cos a^0 - v\rho'\cos a' - v''\rho\cos a &= W R_{,}\cos A_{,,}\\
v'\rho^0\sin a^0 - v\rho'\sin a' - v''\rho\sin a &= W R_{,}\sin A_{,,}\\
v'\rho^0\operatorname{tang} b^0 - v\rho'\operatorname{tang} b' - v''\rho\operatorname{tang} b &= 0.
\end{aligned}\right\} \quad (5)$$

La première combinaison qui se présente, est celle qui consiste à déduire de ces formules les valeurs de chacune des trois inconnues ρ^0, ρ et ρ' indépendamment des deux autres. En faisant, pour abréger,

$$D = \tang b^0 \sin(a' - a) + \tang b \sin(a^0 - a') + \tang b' \sin(a - a^0),$$

on trouve ainsi, par les procédés ordinaires de l'élimination, toute réduction faite,

$$\left. \begin{aligned} \rho^0 &= \frac{wR,\,[\tang b \sin(A, - a') - \tang b' \sin(A, - a)]}{v'D}, \\ \rho &= \frac{wR,\,[\tang b^0 \sin(A, - a') - \tang b' \sin(A, - a^0)]}{v''D}, \\ \rho' &= \frac{wR,\,[\tang b \sin(A, - a^0) - \tang b^0 \sin(A, - a)]}{vD}. \end{aligned} \right\} \quad (6)$$

Ces équations donnent, sous forme linéaire, les valeurs des trois inconnues ρ^0, ρ et ρ' en fonction de quantités qui se déduisent aisément des données de l'observation ou des Tables astronomiques ; elles seraient donc les plus simples à employer à la solution du problème si l'on pouvait suffisamment compter sur leur exactitude.

En effet, si pour simplifier les formules précédentes on suppose

$$\left. \begin{aligned} C^0 &= \tang b' \sin(A, - a) - \tang b \sin(A, - a'), \\ C &= \tang b^0 \sin(A, - a) - \tang b' \sin(A, - a^0), \\ C' &= \tang b^0 \sin(A, - a) - \tang b \sin(A, - a^0), \end{aligned} \right\} \quad (7),$$

on en conclura aisément les deux suivantes :

$$\rho^0 = - \frac{v''\,C^0}{v'\,C}\,\rho, \quad \rho' = - \frac{v''\,C'}{v\,C}\,\rho. \quad (8)$$

Au moyen de ces équations on pourra calculer immé-

II.

diatement les valeurs des deux inconnues ρ^0 et ρ', lorsque la valeur de l'inconnue ρ sera déterminée. Or, en négligeant les quantités d'un ordre supérieur au carré du temps, ce qui est permis dans les cas ordinaires, on a, n° **3**,

$$\mathrm{w} = - \frac{\theta\theta'(\theta + \theta')}{2}\left(\frac{1}{r^3} - \frac{1}{\mathrm{R}^3}\right), \quad \mathrm{U}'' = \theta + \theta'.$$

La seconde des formules (6), en y substituant ces valeurs, devient

$$\rho = \frac{\theta\theta'\,\mathrm{R},\mathrm{C}}{2\,\mathrm{D}}\left(\frac{1}{r^3} - \frac{1}{\mathrm{R}^3}\right); \; (9)$$

cette équation ne contient que les deux inconnues ρ et r; jointe à l'équation (1), n° **2**, elle doit suffire pour les déterminer.

En effet, si, pour abréger, on fait

$$h = \frac{\theta\theta'\,\mathrm{R},\mathrm{C}}{2\,\mathrm{D}},$$

on aura les deux équations suivantes :

$$\left.\begin{aligned}
\rho &= h\left(\frac{1}{r^3} - \frac{1}{\mathrm{R}^3}\right), \\
r^2 &= \mathrm{R}^2 + 2\,\mathrm{R}\rho\cos(\mathrm{A} - a) + \frac{\rho^2}{\cos^2 b}.
\end{aligned}\right\} (10)$$

On pourrait éliminer entre ces équations l'une des deux inconnues qu'elles renferment; en substituant par exemple dans la deuxième à la place de ρ sa valeur tirée de la première, on trouve

$$\frac{h^2}{\cos^2 b}(r^3 - \mathrm{R}^3) - 2h\mathrm{R}^4 r^3(r^3 - \mathrm{R}^3)\cos(\mathrm{A} - a) - \mathrm{R}^6 r^6(r^2 - \mathrm{R}^2) = 0, \; (a)$$

équation du huitième degré en r qui s'abaissera d'elle-même au septième en la divisant par le facteur $r - \mathrm{R}$, commun à tous les termes. Cette équation résolue par approximation, ferait connaître la valeur de r que l'on substituerait ensuite dans la première des équations (10) pour en déduire la valeur correspondante de ρ. Mais il est plus commode dans les applications de conserver les deux équations (10), et de déterminer simultanément les valeurs de ρ et de r par la méthode ordinaire des fausses positions.

Quand les valeurs de ρ et de r seront ainsi connues, on calculera aisément celles des deux distances accourcies ρ^0 et ρ' par les formules (8), et l'on en déduira les valeurs des rayons vecteurs r^0 et r' qui leur correspondent, au moyen de deux équations semblables à l'équation (1) résultant de la considération des triangles formés par les droites qui joignent les lieux du Soleil, de la comète et de la Terre, à l'instant des deux observations extrêmes. On déterminera ensuite tous les éléments de l'orbite au moyen des formules n° **34**, livre II.

7. La solution précédente, qui réduit la question envisagée d'une manière approchée, mais exacte, à une équation du septième degré à une seule inconnue, est certainement ce que l'analyse peut offrir de plus simple et de plus direct. Cette équation paraît avoir été présentée pour la première fois par Lambert, auquel nous devions déjà l'extension à l'ellipse et à l'hyperbole du beau théorème d'Euler sur l'expression du temps dans un arc parabolique (n° **30**, livre II). Ce géomètre, en considérant que le lieu apparent de la comète dans la seconde observation s'écarte peu du grand cercle mené par les lieux apparents dans la première et dans la troisième observation, et en déterminant, d'une manière très-ingénieuse, l'étendue de cet écartement, fut conduit directement, par une construction géométrique très-simple , à une équation analogue à l'équation (a) (*). Mais on n'a pas tardé à reconnaître que l'usage de cette équation est sujet, dans la pratique, à un grave inconvénient, qui résulte de ce que la fonction D, qui entre au dénominateur de la valeur de ρ, est une quantité très-petite du troisième ordre par rapport aux intervalles θ et θ' ; en sorte que les erreurs des observations peuvent avoir sur sa valeur une influence très-considérable. Il est évident, en effet, que ces erreurs auront sur les quantités qui dérivent des données de l'observation, une influence d'autant plus sensible que ces quantités seront plus petites. Il importe, par conséquent, comme nous l'avons dit, n° **5**, d'employer avec discernement les formules (4) pour éviter les combinaisons où entreraient des quantités sur l'exactitude desquelles on ne pourrait pas compter dans les applications numériques. Examinons donc, avant d'aller plus loin, la nature des diverses fonctions dépendantes des données de l'observation qui entrent dans ces formules, parce que la grandeur absolue de ces quantités peut influer beaucoup sur la précision des résultats qui en seront déduits.

8. Cherchons d'abord la signification des quantités que nous avons désignées par D, C^0, C et C'. Con-

---

(*) *Mécanique analytique*, tome II, section VII.

sidérons pour cela le triangle sphérique formé par les arcs de grands cercles qui joignent les lieux de la comète dans les trois observations. Soient C^0C, C^0C' et CC' les trois côtés de ce triangle, et désignons par C', C, C^0 les angles respectivement opposés. Nommons m^0, n^0, p^0 les cosinus des angles que fait le rayon mené de la Terre à la comète à l'instant de la première observation avec les trois axes coordonnés, et représentons respectivement par m, n, p et m', n', p' les mêmes cosinus relatifs à la seconde et à la troisième observations; on aura, par les formules connues,

$$\cos(C^0C) = m^0 m + n^0 n + p^0 p,$$
$$\cos(CC') = mm' + nn' + pp',$$
$$\cos(C^0C') = m^0 m' + n^0 n' + p^0 p';$$

mais on a évidemment

$$m^0 = \cos a^0 \cos b^0, \quad n^0 = \sin a^0 \sin b^0, \quad p^0 = \sin b^0,$$
$$m = \cos a \cos b, \quad n = \sin a \sin b, \quad p = \sin b,$$
$$m' = \cos a' \cos b', \quad n' = \sin a' \sin b', \quad p' = \sin b'.$$

En substituant ces valeurs dans les équations précédentes, on trouve

$$\cos(C^0C) = \cos(a^0 - a) \cos b^0 \cos b + \sin b^0 \sin b,$$
$$\cos(CC') = \cos(a - a') \cos b \cos b' + \sin b \sin b',$$
$$\cos(C'C^0) = \cos(a' - a^0) \cos b^0 \cos b' + \sin b^0 \sin b'.$$

Représentons maintenant par Δ la combinaison suivante :

$$\Delta = (mn' - m'n)p^0 + (m'n^0 - m^0 n')p + (m^0 n - mn^0)p';$$

si l'on élève au carré cette quantité, on pourra écrire

ainsi le résultat :

$$\Delta^2 = (m^{02} + n^{02} + p^{02})\,(m^2 + n^2 + p^2)\,(m'^2 + n'^2 + p'^2)$$
$$+ 2\,(m^0 m + n^0 n + p^0 p)\,(m^0 m' + n^0 n' + p^0 p')\,(mm' + nn' + pp')$$
$$- (m^{02} + n^{02} + p^{02})\,(mm' + nn' + pp')^2$$
$$- (m^2 + n^2 + p^2)\,(m^0 m' + n^0 n' + p^0 p')^2$$
$$- (m'^2 + n'^2 + p'^2)\,(m^0 m + n^0 n + p^0 p)^2;$$

équation qui se vérifie, en effet, en la développant. Or, entre les quantités m^0, n^0, p^0, etc., on a ces équations de condition

$$m^{02} + n^{02} + p^{02} = 1, \quad m^2 + n^2 + p^2 = 1, \quad m'^2 + n'^2 + p'^2 = 1,$$

on aura donc simplement

$$\Delta^2 = 1 + 2\cos(C^0 C)\cos(C^0 C')\cos(C' C^0)$$
$$- \cos^2(C^0 C) - \cos(CC') - \cos^2(C' C^0).$$

Si, à la place de m^0, m, m', n, etc., on substitue, dans l'expression de Δ, les valeurs qu'elles représentent et qu'on fasse attention à la signification de la quantité que nous avons représentée par D, n° **3**, il est facile de voir qu'on aura $D = \dfrac{-\Delta}{\cos b^0 \cos b \cos b'}$. On voit donc que la quantité D n'est qu'une combinaison des éléments du triangle $C^0 C C'$ intercepté sur la surface de la sphère par les trois lieux de la comète et qui résulte entièrement des observations.

On peut donner à la valeur de Δ une autre forme, qui a l'avantage de montrer de quelle manière cette quantité participe aux erreurs dont ces observations sont affectées. Pour cela remarquons que l'angle C du triangle $C^0 C C'$ étant opposé au côté $C^0 C$, on a

$$\cos(C^0 C') = \cos(C^0 C)\cos(CC') + \sin(C^0 C)\sin(CC')\cos C;$$

si l'on substitue cette valeur dans l'expression de Δ^2

et qu'on extraie la racine carrée, on trouve

$$\Delta = \sin(C^0C)\sin(CC')\sin C,$$

équation où l'on peut d'ailleurs changer C en C^0 ou C en C', et réciproquement.

Il est évident maintenant que si les observations sont très-rapprochées, comme on est obligé de le supposer pour faciliter la détermination des orbites des comètes, les arcs C^0C et CC' seront fort petits, et l'angle C différera peu de deux angles droits. La quantité Δ et, par conséquent, D sera donc une très-petite quantité du troisième ordre sur laquelle les erreurs des observations auront la plus grande influence; il faudra donc, pour l'exactitude des résultats, éviter autant que possible l'emploi de cette quantité. On peut remarquer encore que la valeur de D serait rigoureusement nulle, si C était égal à deux angles droits, c'est-à-dire si le lieu de la comète, dans la troisième observation, se trouvait dans le plan du grand cercle mené par les lieux de la première et de la seconde observation, et l'on sait, en effet, que pour que trois points dont les longitudes respectives sont a^0, a, a' et les latitudes b^0, b, b', soient situés dans le plan d'un même grand cercle, il faut qu'on ait l'équation de condition

$$\operatorname{tang} b^0 \sin(a'-a) + \operatorname{tang} b \sin(a^0-a') + \operatorname{tang} b' \sin(a-a^0) = 0.$$

Passons aux quantités que nous avons nommées C, C^0, C', et commençons par la première : si l'on considère le triangle sphérique SC^0C' formé par les arcs de grand cercle qui joignent les lieux du Soleil dans l'observation moyenne et ceux de la comète dans les observations extrêmes, il sera facile de voir que C est une fonction composée des éléments de ce triangle de la même manière que D se forme des éléments du triangle $C^0 CC'$. Il suffit, pour s'en convaincre, d'observer que la valeur de C se déduit de celle de D en remplaçant, dans cette dernière fonction, les quantités qui se rapportent à l'observation moyenne, par celles qui dépendent de la position du Soleil à l'époque qui tient le milieu entre les instants des trois observations. Si l'on suppose donc

$$\Gamma = \sin(SC) \sin(SC') \sin S,$$

C sera du même ordre que Γ, et l'on aura $C = \dfrac{-\Gamma}{\cos b^0 \cos b'}$,

on aurait des expressions semblables pour C^0 et C' en considérant les triangles sphériques SCC' et $SC^0 C'$.

On voit, par conséquent, que les quantités C^0, C, C' sont simplement du premier ordre. Elles dépendent d'ailleurs, en partie, des lieux du Soleil qui peuvent être regardés comme exacts, puisqu'ils se calculent par les Tables. On doit donc les employer de préférence à la quantité D, qui est du troisième ordre et qui ne dépend que des données de l'observation; il conviendra même, par cette raison, de rejeter tout à fait cette quantité à cause de la grande influence que peuvent avoir sur elle les erreurs dont les observations sont susceptibles.

Enfin, il y a un cas particulier où les formules même qui ne contiennent que les trois quantités C^0, C, C' peuvent encore se trouver en défaut : c'est celui où les lieux de la comète, dans deux des trois observations, sont situés à peu près dans le même plan que le Soleil à l'époque de l'observation moyenne. On voit, en effet, que cette circonstance rend très-petite l'une des trois quantités C^o, C, C', qui ne peut plus alors être déterminée avec assez de précision pour offrir des résultats certains. Pour éviter cet inconvénient, il faudra, dans ce cas, rejeter la combinaison des formules générales du problème dans laquelle entrerait celle des quantités C^o, C, C' dont l'usage peut rendre les résultats défectueux.

9. Reprenons maintenant les trois équations (4); nous voyons, par ce qui précède, qu'il n'est pas possible d'éliminer à la fois de ces équations deux des inconnues ρ^o, ρ et ρ', parce que les formules résultantes contiendraient à leur dénominateur la fonction

$$D = \tang b^o \sin(a' - a) + \tang b \sin(a^o - a') + \tang b' \sin(a - a^o),$$

qui, étant une quantité du troisième ordre et formée seulement au moyen des données de l'observation, participe plus qu'aucune autre aux erreurs dont elles sont affectées. Il faut donc renoncer à l'emploi des formules (6) et borner l'usage des formules (5) à exprimer les valeurs de deux des inconnues ρ^o, ρ et ρ' en fonction de la troisième. Mais ces trois équations se trouveront ainsi réduites à deux équations distinctes, et il faudra, par conséquent, chercher dans les données de la question une nouvelle relation pour compléter le nombre d'équations rigoureusement nécessaire à la solution du problème.

Or nous observerons que nous n'avons point fait usage jusqu'ici des équations de condition qui résul-

tent de la nature de la courbe que la comète est supposée décrire. Parmi les formules que fournit la théorie du mouvement dans la parabole, il en est plusieurs
qui peuvent également remplir l'objet que nous nous
proposons. Ainsi, dans les n^{os} **20**, **27** et **33** du livre II,
nous avons trouvé les formules suivantes :

$$\left.\begin{aligned}
\frac{1}{r} &= \frac{d \cdot r \, dr}{dt}, \\[2mm]
\frac{2}{r} &= \frac{dx^2 + dy^2 + dz^2}{dt^2}, \\[2mm]
t &= \frac{(r + r' + c)^{\frac{3}{2}} - (r + r' - c)^{\frac{3}{2}}}{6}.
\end{aligned}\right\} \quad (11)$$

Ces trois équations ne contiennent aucun des éléments de l'orbite parabolique, elles ne renferment
que des quantités qui peuvent aisément s'exprimer
en fonction des deux inconnues r et ρ et des données
de l'observation : elles sont donc également propres,
par cette double raison, à suppléer à l'insuffisance de
l'équation (9). Aussi les géomètres qui se sont successivement occupés de la question de la détermination
des orbites des comètes, les ont-ils tour à tour employées dans les différentes solutions qu'ils ont données
du problème. Lagrange a fait usage de la première,
mais sa solution simple et élégante sous le rapport analytique, laisse, comme nous l'avons dit, beaucoup à
désirer sous le rapport de la précision dans les applications numériques. La seconde a fourni ensuite à Legendre une nouvelle solution de la question qui serait
peut-être celle dont l'usage, sous le rapport de la simplicité des calculs, offrirait, dans les cas ordinaires, le
plus d'avantages dans la pratique, parce qu'elle ré-

duit en définitive le problème à la résolution d'une équation du septième degré à une seule inconnue, analogue à l'équation (a) du n° **6**, mais qui a, comme cette dernière formule, l'inconvénient de devenir insuffisante dans un cas d'exception qui se rencontre fréquemment dans la théorie des comètes, et les formules auxquelles on est alors obligé de recourir, deviennent trop compliquées pour qu'on puisse les employer dans les applications usuelles qu'on est obligé d'en faire. La troisième des formules (11) qui a, comme les deux précédentes, l'avantage d'être indépendante des éléments de l'orbite qui sont les véritables inconnues du problème, ne pouvait, par cette raison, manquer de frapper l'attention des géomètres qui ont tenté de le soumettre à l'analyse. Trembley, de l'Académie de Berlin, est, je crois, le premier qui ait songé à employer cette formule dans la question de la détermination algébrique des éléments des orbites des comètes. Lagrange, qui s'en est occupé ensuite, avait pensé que la forme transcendante de cette équation devait empêcher qu'elle ne fût d'aucun usage utile pour les applications numériques (*). M. Yvori, géomètre anglais très-distingué, est depuis revenu sur cette idée, et il a pensé avec raison que, comme il ne s'agit point ici d'une solution rigoureuse qui exigerait la résolution analytique de cette équation, mais d'une simple solution numérique qui permet d'y satisfaire par des essais, son emploi dans la question qui nous occupe, ne compliquerait en rien le problème qui,

---

(*) Voir *Mécanique analytique*, livre II, section VII.

dans toutes les méthodes connues jusqu'ici, se résout toujours en dernière analyse par les procédés ordinaires d'approximation. Comme la méthode dont il s'agit, se prête d'ailleurs aisément aux applications numériques, qu'elle conduit en général aux résultats les plus exacts que la question comporte, qu'elle embrasse à la fois tous les cas qui peuvent se présenter, et qu'enfin elle a été adoptée par un grand nombre d'astronomes pour la réduction de leurs observations, nous allons l'exposer ici avec tous les détails nécessaires pour en faciliter l'usage.

10. Reprenons les trois formules (5) dont l'usage doit se borner désormais, n° **7**, à déterminer deux des inconnues ρ^0, ρ et ρ' en fonction de la troisième. On déduit d'abord de ces équations les deux suivantes :

$$U \rho' \sin (A, - a') - U' \rho^0 \sin (A, - a^0) + U'' \rho \sin (A, - a) = 0,$$
$$U \rho' \, \mathrm{tang} \, b' \qquad - U' \rho^0 \, \mathrm{tang} \, b^0 \qquad + U'' \rho \, \mathrm{tang} \, b \qquad = 0,$$

d'où l'on tire

$$\left. \begin{aligned} \rho^0 &= \frac{U'' \rho}{U'} \cdot \frac{\mathrm{tang} \, b' \sin (A, - a) - \mathrm{tang} \, b \, \sin (A, - a')}{\mathrm{tang} \, b' \sin (A, - a^0) - \mathrm{tang} \, b^0 \sin (A, - a')}, \\ \rho' &= - \frac{U'' \rho}{U} \cdot \frac{\mathrm{tang} \, b \, \sin (A, - a^0) - \mathrm{tang} \, b^0 \sin (A, - a)}{\mathrm{tang} \, b' \sin (A, - a^0) - \mathrm{tang} \, b^0 \sin (A, - a')}. \end{aligned} \right\} \quad (12)$$

Ces valeurs coïncident d'ailleurs avec celles que nous avons trouvées n° **5**, en substituant dans ces dernières formules à la place de C^0, C et C′ les quantités que ces lettres représentent.

Les formules précédentes seront d'un usage sûr et commode toutes les fois que leur dénominateur ne sera pas une quantité trop petite. Or nous avons vu, n° **6**, que cette quantité que nous avons représentée par C dans le n° 5, se réduit à zéro toutes les fois que les lieux de la comète dans les deux observations extrêmes se trouvent compris dans le plan du même grand cercle que le lieu du Soleil au moment de l'observation moyenne, et plus exactement au moment qui tient le milieu entre la première et la troisième observation.

Toutes les fois donc que cette coïncidence n'aura pas lieu ou exactement ou à fort peu près, on pourra se servir des formules (12) qui sont les plus simples que l'on puisse employer pour la détermination des rapports $\frac{\rho^0}{\rho}$ et $\frac{\rho'}{\rho}$.

Les quantités qui dans ces formules dépendent soit des données de l'observation, soit de la position du Soleil dans l'écliptique, se calculeront aisément d'après les circonstances connues du mouvement de la comète ou par le moyen des Tables astronomiques.

Quant aux quantités $\frac{v''}{v}$ et $\frac{v''}{v'}$, elles sont fonctions des intervalles θ et θ' et des inconnues du problème; en effet, on a (n° 4)

$$\left.\begin{aligned}
\frac{v''}{v} &= -\frac{\theta+\theta'}{\theta}\left[1-\frac{\theta'(2\theta+\theta')}{6r^3}+\frac{s\theta'(\theta'^2+\theta\theta'-\theta^2)}{4r^5}\right], \\
\frac{v''}{v'} &= \frac{\theta+\theta'}{\theta'}\left[1-\frac{\theta(2\theta'+\theta)}{6r^3}+\frac{s\theta(\theta'^2-\theta\theta'-\theta^2)}{4r^5}\right].
\end{aligned}\right\} \quad (13)$$

Lorsqu'on fera l'application des formules (12), on pourra, dans les premiers essais, négliger le carré du temps dans les expressions précédentes; ce qui donnera

$$\frac{v''}{v}=-\frac{\theta+\theta'}{\theta}, \qquad \frac{v''}{v'}=\frac{\theta+\theta'}{\theta'}.$$

On substituera ces valeurs dans les formules (12) qui ne contiendront plus que des quantités toutes connues, et qui serviront à déterminer les rapports $\frac{\rho^0}{\rho}$ et $\frac{\rho'}{\rho}$ avec une exactitude suffisante pour en déduire les premières valeurs approchées de toutes les inconnues du problème.

Dans l'approximation suivante on conservera les carrés du temps dans les expressions de $\frac{u''}{u}$ et de $\frac{u''}{u'}$, ce qui donnera

$$\frac{u''}{u} = -\frac{\theta + \theta'}{\theta}\left[1 - \frac{\theta'(2\theta + \theta')}{6r^3} \right], \quad \frac{u''}{u'} = \frac{\theta + \theta'}{\theta'}\left[1 - \frac{\theta(2\theta' + \theta)}{6r^3} \right].$$

On remplacera r par sa valeur donnée par la première approximation, ces expressions ne renfermeront plus ainsi que des quantités toutes connues. On pourra d'ailleurs, pour plus d'exactitude, conserver l'inconnue r dans les expressions de $\frac{u''}{u}$ et $\frac{u''}{u'}$, et comme on se contente de satisfaire aux équations du problème par des essais, les calculs n'en seront que légèrement compliqués; en substituant dans les formules (12) les valeurs précédentes de $\frac{u''}{u}$ et de $\frac{u''}{u'}$, elles serviront à déterminer des valeurs plus approchées des deux rapports $\frac{\rho^0}{\rho}$ et $\frac{\rho'}{\rho}$.

Pour aller plus loin, il faudrait connaître l'indéterminée s qui entre dans les expressions de $\frac{u''}{u}$ et $\frac{u''}{u'}$, lorsqu'on y conserve les termes du troisième ordre par rapport aux intervalles θ et θ'. Cette quantité ne peut s'obtenir exactement que lorsque toutes les inconnues du problème sont déterminées, mais on peut l'évaluer avec une précision suffisante au moyen des résultats obtenus par les précédentes approximations. En effet, on observera que r^0 et r' désignant les rayons vecteurs de la comète correspondants aux intervalles θ et θ', on a, aux quantités près de l'ordre θ^2, n° **34**, livre II,

$$r^{02} = r^2 - 2\,r\,s\,\theta, \qquad r'^2 = r^2 + 2\,r\,s\,\theta',$$

d'où il est aisé de conclure

$$\frac{s\,\theta}{4\,r^5} = \frac{1}{6\,(r^0\,r)^{\frac{3}{2}}} - \frac{1}{6\,r^3}, \qquad \frac{s\,\theta'}{4\,r^5} = \frac{1}{6\,r^3} - \frac{1}{6\,(r'\,r)^{\frac{3}{2}}};$$

en substituant ces valeurs dans les formules (13) et négligeant seulement les termes du quatrième ordre, on aura

$$\left.\begin{aligned}
\frac{v''}{v} &= -\frac{\theta+\theta'}{\theta}\left\{1 - \frac{\theta'(2\theta+\theta')}{6\,r^3} + (\theta'^2+\theta\theta'-\theta^2)\left[\frac{1}{6\,r^3} - \frac{1}{6(r'\,r)^{\frac{3}{2}}}\right]\right\}, \\[2ex]
\frac{v''}{v'} &= \frac{\theta+\theta'}{\theta'}\left\{1 - \frac{\theta(2\theta'+\theta)}{6\,r^3} + (\theta'^2-\theta\theta'-\theta^2)\left[\frac{1}{6(r^0\,r)^{\frac{3}{2}}} - \frac{1}{6\,r^3}\right]\right\}.
\end{aligned}\right\} \quad (14)$$

Telles sont les expressions qu'il faudra employer dans la troisième approximation. Lorsqu'on y aura remplacé r^0, r, r' par leurs valeurs données par les approximations précédentes, elles ne contiendront plus que des quantités toutes connues; on pourra donc les substituer dans les formules (12) et l'on parviendra ainsi par des approximations successives à une solution aussi exacte que la question le comporte.

On peut faire prendre aux expressions précédentes une forme plus appropriée aux applications numé-

riques. Pour cela, observons que les deux valeurs (13)
peuvent s'écrire ainsi :

$$\frac{u''}{u} = -\frac{\theta+\theta'}{\theta}\left\{1 - \frac{\theta\theta'}{2r^3} + \frac{s\theta\theta'(\theta'-\theta)}{2r^5} - \frac{\theta'(\theta'-\theta)}{6r^3} + \frac{s\theta'(\theta'^2-\theta\theta'+\theta^2)}{4r^5}\right\},$$

$$\frac{u''}{u'} = \frac{\theta+\theta'}{\theta'}\left\{1 - \frac{\theta\theta'}{2r^3} + \frac{s\theta\theta'(\theta'-\theta)}{2r^5} + \frac{\theta(\theta'-\theta)}{6r^3} - \frac{s\theta(\theta'^2-\theta\theta'+\theta^2)}{4r^5}\right\}.$$

En combinant entre elles les deux équations

$$r^0 = r - \frac{s\theta}{r} \quad\text{et}\quad r' = r + \frac{s\theta'}{r},$$

on trouve aisément les valeurs suivantes :

$$\frac{\theta\theta'}{2r^3} - \frac{s\theta\theta'(\theta'-\theta)}{2r^5} = \frac{\theta\theta'}{2(r^0,r')},$$

$$\frac{\theta'-\theta}{6r^3} - \frac{s(\theta'^2-\theta\theta'+\theta^2)}{4r^5} = \frac{1}{\theta'+\theta}\left\{\frac{\theta'^2}{6(rr')^{\frac{3}{2}}} - \frac{\theta^2}{6(r^0r)^{\frac{3}{2}}}\right\}.$$

On aura donc, aux quantités près que nous négligeons,

$$\left.\begin{aligned}
\frac{u''}{u} &= \frac{-\dfrac{\theta+\theta'}{\theta}\left[1 - \dfrac{\theta\theta'}{2(r^0rr')}\right]}{1 + \dfrac{\theta'}{\theta'+\theta}\left[\dfrac{\theta'^2}{6(rr')^{\frac{3}{2}}} - \dfrac{\theta^2}{6(r^0r)^{\frac{3}{2}}}\right]}, \\[2em]
\frac{u''}{u'} &= \frac{\dfrac{\theta+\theta'}{\theta'}\left[1 - \dfrac{\theta\theta'}{2(r^0rr')}\right]}{1 - \dfrac{\theta}{\theta'+\theta}\left[\dfrac{\theta'^2}{6(rr')^{\frac{3}{2}}} - \dfrac{\theta^2}{6(r^0r)^{\frac{3}{2}}}\right]},
\end{aligned}\right\} \quad (15)$$

formules dans lesquelles on substituera pour r^0, r et r'
leurs valeurs résultant des calculs précédents et qui ne
contiendront plus que des quantités toutes connues.

11. Considérons maintenant le cas d'exception où
le dénominateur des formules (12) devient une quan-

tité très-petite ou rigoureusement égale à zéro. Il faut, dans ce cas, recourir aux formules primitives (5); en combinant entre elles les deux premières, on en tire aisément les valeurs suivantes :

$$\left.\begin{array}{l} \rho^0 = \dfrac{v'' \rho \sin(a' - a) - w\,\mathrm{R},\sin(\mathrm{A}, - a')}{v' \sin(a' - a^0)} \\[2ex] \rho' = \dfrac{v'' \rho \sin(a - a^0) + w\,\mathrm{R},\sin(\mathrm{A}, - a^0)}{v \sin(a^0 - a')}. \end{array}\right\} \quad (16)$$

Ces formules, d'un usage un peu moins simple dans les applications que les formules (12), à cause du nouveau facteur indéterminé w qu'elles renferment, ne seront pas sujettes à l'inconvénient des premières dans le cas d'exception que nous examinons. Elles devront même leur être préférées, toutes les fois que le mouvement en longitude, assez grand par lui-même, sera plus rapide que le mouvement en latitude. Dans le cas contraire, il vaudra mieux se servir des formules (12), sauf le cas d'exception qui oblige à en rejeter complétement l'emploi.

Les valeurs des deux quantités $\dfrac{v''}{v'}$, $\dfrac{v''}{v}$ se calculeront par des approximations successives, comme nous l'avons dit dans le numéro précédent. Quant aux valeurs des deux quantités $\dfrac{w}{v'}$, $\dfrac{w}{v}$, nous remarquerons que nous avons supposé, n° 5,

$$w = - \frac{\theta\theta'(\theta + \theta')}{2}\left[\left(\frac{1}{r^3} - \frac{1}{\mathrm{R}^3}\right) - (\theta' - \theta)\left(\frac{s}{r^5} - \frac{\mathrm{S}}{\mathrm{R}^5}\right)\right].$$

Cette quantité étant déjà de l'ordre θ^3, il suffira dans les expressions de $\dfrac{w}{u}$ et $\dfrac{w}{u'}$ de faire $u = - \theta$ et $u' = \theta'$.

II.   3

Dans les premiers essais on pourra supposer

$$\mathrm{w}=\mathrm{o}, \qquad \frac{\mathrm{u}''}{\mathrm{u}}=-\frac{\theta+\theta'}{\theta}, \qquad \frac{\mathrm{u}''}{\mathrm{u}'}=\frac{\theta+\theta'}{\theta'},$$

ce qui donne

$$\rho^0=\frac{\theta+\theta'}{\theta'}\cdot\frac{\rho\sin(a'-a)}{\sin(a'-a^0)}, \qquad \rho'=\frac{\theta+\theta'}{\theta}\cdot\frac{\rho\sin(a-a^0)}{\sin(a'-a^0)}; \ (17)$$

et l'on aura ainsi les valeurs des rapports $\dfrac{\rho^0}{\rho}, \dfrac{\rho'}{\rho}$, au moyen de quantités toutes connues, avec une précision suffisante pour diriger les premiers calculs.

Dans la seconde approximation on supposera

$$\frac{\mathrm{u}''}{\mathrm{u}'}=\frac{\theta+\theta'}{\theta'}\left[\mathrm{I}-\frac{\theta(2\theta+\theta')}{6\,r^3}\right], \qquad \frac{\mathrm{u}''}{\mathrm{u}}=-\frac{\theta+\theta'}{\theta}\left[\mathrm{I}-\frac{\theta'(2\theta+\theta')}{6\,r^3}\right],$$

et

$$\frac{\mathrm{w}}{\mathrm{u}'}=-\frac{\theta(\theta+\theta')}{2}\left(\frac{\mathrm{I}}{r^3}-\frac{\mathrm{I}}{\mathrm{R}^3}\right), \qquad \frac{\mathrm{w}}{\mathrm{u}}=\frac{\theta(\theta+\theta')}{2}\left(\frac{\mathrm{I}}{r^3}-\frac{\mathrm{I}}{\mathrm{R}^3}\right)\cdot \ (18)$$

En remplaçant dans ces expressions r par sa valeur résultante de l'approximation précédente, elles ne contiendront plus que des quantités toutes connues : on pourra donc calculer leurs valeurs numériques, et en les substituant dans les formules (16), elles ne renfermeront plus que les trois inconnues ρ^0, ρ et ρ'.

Cette seconde approximation suffira pour les cas ordinaires; pour aller plus loin, il faudrait déterminer les quantités $\dfrac{\mathrm{u}''}{\mathrm{u}'}$ et $\dfrac{\mathrm{u}''}{\mathrm{u}}$ au moyen des formules (14) ou (15), n° **10**. Quant aux deux quantités $\dfrac{\mathrm{w}}{\mathrm{u}}$ et $\dfrac{\mathrm{w}}{\mathrm{u}'}$, nous observerons que l'on a, n° **10**,

$$\frac{\mathrm{I}}{r^3}-\frac{s(\theta'-\theta)}{r^5}=\frac{\mathrm{I}}{(r^0rr')};$$

on aura de même

$$\frac{1}{R^3} - \frac{S(\theta' - \theta)}{R^5} = \frac{1}{(R^0 RR')^3};$$

en vertu de ces valeurs, on trouvera, aux quantités près que nous négligeons,

$$\left.\begin{array}{l} \dfrac{w}{u'} = -\dfrac{\theta(\theta' + \theta)}{2}\left[\dfrac{1}{(r^0 rr')} - \dfrac{1}{(R^0 RR')}\right], \\[3mm] \dfrac{w}{u} = \dfrac{\theta'(\theta' + \theta)}{2}\left[\dfrac{1}{(r^0 rr')} - \dfrac{1}{(R^0 RR')}\right]. \end{array}\right\} \quad (19)$$

Telles sont les valeurs qu'il faudra employer dans la troisième approximation, et comme elles ne contiennent plus que les trois indéterminées r^0, r et r', elles pourront se calculer, ainsi que les quantités $\frac{u''}{u'}$, $\frac{u''}{u}$, au moyen des données fournies par les approximations précédentes. On obtiendra ainsi, par des substitutions successives, les valeurs de ρ^0 et de ρ', exprimées en fonction de ρ, avec toute la précision à laquelle il est permis d'atteindre.

12. On pourrait en combinant entre elles les équations (5), trouver encore entre les inconnues et les données du problème, un grand nombre d'autres relations qui serviraient de même à déterminer deux des inconnues ρ^0, ρ et ρ' en fonction de la troisième; mais comme les formules précédentes suffisent pour tous les cas qui peuvent se présenter et sont celles dont l'usage nous a paru le plus commode pour les applications numériques, nous n'entrerons pas à ce sujet dans une digression qui ne conduirait à aucun résultat utile.

13. Lorsqu'on aura ainsi déterminé les deux inconnues ρ^0 et ρ' en fonction de ρ au moyen des formules (12) ou (16), chacune des observations de la comète pouvant fournir une équation semblable à l'équation (1), n° **2**, on aura pour déterminer les trois rayons vecteurs $r^0, r,\ r'$, correspondants aux trois distances accourcies $\rho^0,\ \rho$ et ρ', les équations suivantes :

$$\left. \begin{aligned}
r^{02} &= R^{02} + 2R^0 \rho^0 \cos(A^0 - a^0) + \frac{\rho^{02}}{\cos^2 b^0}, \\
r^2 &= R^2\ + 2R\ \rho\ \cos(A\ - a\ ) + \frac{\rho^2}{\cos^2 b}, \\
r'^2 &= R'^2 + 2R' \rho' \cos(A' - a') + \frac{\rho'^2}{\cos^2 b'}.
\end{aligned} \right\} \quad (20)$$

Nommons c la corde qui joint les deux lieux de la comète qui correspondent aux observations extrèmes, $x^0,\ y^0,\ z^0$ et $x',\ y',\ z'$ représentant les coordonnées rectangulaires de ces points, on aura

$$c^2 = (x^0 - x')^2 + (y^0 - y')^2 + (z^0 - z')^2,$$

ou bien, en substituant pour $x^0,\ y^0,\ z^0,\ x',\ y',\ z'$ leurs valeurs fournies par les équations semblables aux équations (2), n° **2**, que donnent les deux observations extrêmes de la comète :

$$\left. \begin{aligned}
c^2 = r^{02} + r'^2 - 2\,[&r^0 r' \cos(a^0 - a') + r^0 R \cos(A - a^0) \\
&+ r'R \cos(A - a') + R^0 R' \cos(A' - A^0)].
\end{aligned} \right\} \quad (21)$$

Enfin $\theta + \theta'$ étant l'intervalle de temps qui sépare les deux observations extrêmes, et c la corde qui sous-tend l'arc parabolique parcouru dans cet intervalle, on aura

$$\theta + \theta' = \frac{(r + r' + c)^{\frac{3}{2}} - (r + r' - c)^{\frac{3}{2}}}{6}. \quad (22)$$

Si l'on substitue dans cette formule à la place de c sa valeur déterminée par l'équation (21), elle ne renfermera plus que les quatre inconnues r^0, r', ρ^0 et ρ' ; en la joignant donc aux deux formules (12) ou (16) et aux trois équations (20), on aura entre les six inconnues ρ^0, ρ, ρ', r^0, r, r' six équations qui suffiront pour les déterminer. Ces équations ne pouvant être résolues à cause de la complication des formules qui en résulteraient, on se contentera d'y satisfaire par des essais en les considérant toutes à la fois, et l'on obtiendra ainsi par les méthodes ordinaires d'approximation, les valeurs de toutes les inconnues du problème avec tel degré d'exactitude qu'on se sera proposé d'atteindre.

Pour cela, on commencera par faire sur la valeur de ρ une première hypothèse arbitraire, on déterminera ensuite les valeurs correspondantes de ρ^0 et de ρ' par les formules (12) ou par les formules (16), selon les différents cas qui pourront se présenter. On calculera ensuite les valeurs des deux rayons vecteurs r^0 et r' au moyen de la première et de la troisième des équations (20) et celle de la corde c qui joint les deux extrémités de ces rayons au moyen de la formule (21). Ces valeurs substituées dans la formule (22) devraient satisfaire rigoureusement à cette équation, si la valeur que l'on a supposée à la distance ρ était exacte; elles feront donc connaître dans quel sens tombe l'erreur de l'hypothèse qu'on a faite sur cette valeur, et l'on parviendra ainsi après quelques essais à la déterminer avec toute la précision désirable.

14. Voici maintenant comment, au moyen des six quantités ρ^0, ρ, ρ', r^0, r et r' supposées connues, on obtiendra par des formules très-simples tous les éléments de l'orbite parabolique.

Connaissant les deux rayons vecteurs r^0, r' et la corde c qui joint leurs extrémités, on pourra calculer la distance périhélie D et l'anomalie v^0 qui répond au premier rayon vecteur r^0. En effet, si l'on considère le triangle formé par les trois droites r^0, r' et c, qu'on désigne par ζ l'angle compris entre les deux rayons vecteurs r^0 et r', et que, pour abréger, on suppose $r^0 + r' + c = 2p$, $r^0 + r' - c = 2q$, on trouvera aisément, n° **27**, livre Ier :

$$\frac{r^0 r'}{1 + \operatorname{tang}^2 \frac{1}{2}\zeta} = pq,$$

$$\operatorname{tang} \frac{1}{2}\zeta = \sqrt{\mathrm{D}}\ \frac{\sqrt{p} - \sqrt{q}}{\sqrt{pq}}.$$

En substituant dans cette seconde équation pour $\operatorname{tang} \frac{1}{2}\zeta$ sa valeur tirée de la première, on en déduit

$$\mathrm{D} = \frac{(p - r^0)(p - r')}{(\sqrt{p} - \sqrt{q})^2}. \quad (23)$$

On a d'ailleurs, par l'équation de l'orbite parabolique, $r^0 = \mathrm{D}(1 + \operatorname{tang}^2 \frac{1}{2}v^0)$, d'où l'on conclut

$$\operatorname{tang} \tfrac{1}{2} v^0 = \frac{r^0 - \sqrt{pq}}{\sqrt{p - r^0}\,\sqrt{p - r'}}. \quad (24)$$

On peut encore déterminer l'anomalie v^0 et la distance périhélie D par les formules suivantes ; de la valeur précédente de $\operatorname{tang} \frac{1}{2} v^0$, en observant que l'on a $c = p - q$, il est facile de conclure

$$\sin \frac{1}{2} v^0 = \frac{(p - r')\sqrt{p} - (p - r^0)\sqrt{q}}{c\sqrt{r^0}}. \quad (25)$$

Connaissant la valeur de $\sin\frac{1}{2}\nu^0$, on en conclura celle de $\cos\frac{1}{2}\nu^0$, et l'on aura ensuite la distance périhélie par la formule ordinaire

$$\cos^2\frac{1}{2}\nu^0 = \frac{D}{r^0}. \quad (26)$$

Connaissant ainsi la distance périhélie D et l'anomalie ν^0, on cherchera dans la Table des Comètes le temps T, qui répond à cette anomalie dans la parabole dont la distance périhélie est l'unité, et en faisant ensuite

$$t = D^{\frac{3}{2}}T,$$

on aura le temps t employé par la comète à parcourir l'anomalie ν^0. Ce temps ajouté à l'époque de première observation si la comète s'avance vers son périhélie, ou en étant retranché si elle l'a déjà dépassé, fera connaître l'instant du passage au périhélie. On pourra même, si on le trouve plus commode, calculer directement le temps t par la formule du n° **26**, livre II,

$$t = (2D^3)^{\frac{1}{2}}\left(\operatorname{tang}\frac{1}{2}\nu^0 + \frac{1}{3}\operatorname{tang}^3\frac{1}{2}\nu^0\right), \quad (27)$$

en ayant soin de diviser le second membre par l'arc du moyen mouvement diurne, pour que le temps t soit exprimé en jours moyens solaires, conformément à ce qui a été dit n° **22**, livre II.

Ayant ainsi déterminé la distance périhélie et l'instant du passage de la comète au périhélie, on aura aisément les éléments d'où dépend la position de l'orbite par les formules suivantes.

Désignons par π^0 et λ^0 la longitude et la latitude héliocentriques de la comète, au moment de la première observation ; si l'on projette sur le plan de l'écliptique le lieu de la comète dans le même instant, et que l'on considère les deux triangles sphériques formés autour du Soleil et autour de la Terre, regardés tour à tour comme les centres de la sphère céleste, par les rayons vecteurs menés à la comète, à sa projection sur l'écliptique, et par la droite qui joint les centres de la Terre et du Soleil, on trouvera aisément les relations qui suivent :

$$\sin\lambda^0 = \frac{\rho^0}{r^0}\,\mathrm{tang}\,b^0, \quad \cot\lambda^0 \sin(\pi^0 - \mathrm{A}^0) = \cot b^0 \sin(a^0 - \mathrm{A}^0).$$

On aurait de même, en appelant π' et λ' la longitude et la latitude de la comète dans la troisième observation,

$$\sin\lambda' = \frac{\rho'}{r'}\,\mathrm{tang}\,b', \quad \cot\lambda' \sin(\pi' - \mathrm{A}') = \cot b' \sin(a' - \mathrm{A}').$$

A l'aide de ces formules, où l'on connaît les rayons vecteurs r^0 et r', ainsi que les distances accourcies ρ^0 et ρ', on pourra déterminer les longitudes et les latitudes héliocentriques π^0 et λ^0, π' et λ' au moyen des longitudes et des latitudes géocentriques a^0, b^0, a' et b' données par l'observation.

Le mouvement de la comète sera direct ou rétrograde selon que la quantité $\pi' - \pi^0$ sera positive ou négative.

Désignons par α la longitude du nœud ascendant, et par φ l'inclinaison de l'orbite à l'écliptique ; selon que l'on considérera l'une ou l'autre des observations extrêmes, on aura

$$\tan \varphi = \frac{\tan \lambda^0}{\sin(\pi^0 - \alpha)}, \quad \tan \varphi = \frac{\tan \lambda'}{\sin(\pi' - \alpha)}. \quad (28)$$

En comparant ces deux valeurs, il est aisé d'en conclure

$$\tan \alpha = \frac{\tan \lambda^0 \sin \pi' - \tan \lambda' \sin \pi^0}{\tan \lambda^0 \cos \pi' - \tan \lambda' \cos \pi^0}; \quad (29)$$

cette formule servira à déterminer la longitude α et l'on en conclura l'inclinaison φ par l'une des deux formules (28), en ayant soin de choisir celle dans laquelle le numérateur et le dénominateur du second membre seront des plus grands nombres, comme la moins susceptible d'être affectée des erreurs des observations.

La même valeur de $\tan \alpha$ pouvant appartenir aux deux angles α et $180° + \alpha$, pour déterminer lequel de ces deux angles il faudra choisir, on doit observer que les latitudes boréales sont toujours supposées positives et les latitudes australes négatives, et que l'angle φ doit toujours être supposé positif et moindre qu'un angle droit. Par conséquent $\sin(\pi - \alpha)$ doit être de même signe que $\tan \lambda$. Cette condition détermine l'angle α, et cet angle sera la longitude du nœud ascendant si le mouvement de la comète est *direct*; il faudra lui ajouter 180 degrés pour avoir la position du même nœud si le mouvement est *rétrograde*.

Enfin, si l'on nomme η la distance de la comète à son nœud ascendant au moment de la première observation, comptée sur le plan de l'orbite, η sera l'hypoténuse d'un triangle sphérique rectangle dont les deux côtés sont $\pi^0 - \alpha$ et λ^0. On aura donc

$$\cos\eta = \cos\lambda^0 \cos(\pi^0 - \alpha). \quad (3o)$$

L'anomalie ν^0 ajoutée à l'angle η ou retranchée du même angle, selon que la comète marchera vers le périhélie ou l'aura déjà dépassé à l'instant de la première observation, sera la distance du périhélie au nœud comptée sur l'orbite, et en lui ajoutant la longitude α du nœud ascendant on aura $\alpha + \eta \pm \nu^0$ pour *le lieu du périhélie sur l'orbite*.

15. Voici donc en résumé la marche à suivre pour déterminer de la manière la plus simple et la plus exacte, par la méthode précédente, les éléments de l'orbite parabolique d'une comète dont on a réuni un certain nombre d'observations.

On choisira trois observations séparées par des intervalles de temps assez courts pour que les séries représentées par les quantités υ, v, υ', v', etc., soient convergentes, sans cependant être trop resserrées, parce que dans ce cas le mouvement géocentrique de la comète étant très-peu considérable, les erreurs des observations ont une plus grande influence sur les résultats. En prenant généralement des observations dont les deux extrêmes soient séparées par un intervalle de temps qui n'excède pas dix à douze jours, on satisfera à la première condition sans tomber dans l'inconvénient d'opérer sur des observations trop rapprochées.

Les trois longitudes a^0, a, a' de la comète, et les trois latitudes correspondantes b^0, b, b' sont données

par l'observation ; on calculera par les Tables du Soleil, le rayon vecteur R, et la longitude de cet astre
dans l'écliptique, qui répondent à l'instant qui tient
le milieu entre les époques des trois observations ; en
ajoutant 180 degrés à cette longitude, on aura la longitude correspondante de la Terre vue du Soleil ou
l'angle que nous avons représenté par $A_{,}$.

On calculera ensuite les trois quantités C^o, C, C'
au moyen des formules (7), et l'on formera les diverses
fonctions trigonométriques qui entrent dans les formules précédentes et qui dépendent soit des données
de l'observation, soit de la position du Soleil dans
l'écliptique.

Quant à l'expression du temps t qui entre dans ces
formules, il faut remarquer qu'ayant pris pour unité
la moyenne distance de la Terre au Soleil, le temps
doit être représenté par les arcs du moyen mouvement solaire, conformément à ce que nous avons dit
n° **22**, livre II. Si l'on suppose donc que les intervalles θ et θ' sont donnés en jours et en parties déci-
males du jour, temps moyen, comme cela a lieu ordinairement, il faudra pour l'homogénéité des formules,
multiplier θ et θ' par l'arc que parcourt en un jour le
Soleil en vertu de son mouvement moyen, cet arc
étant lui-même réduit en parties du rayon. L'année
sidérale est de $365^j,25638$; si l'on représente par π
le rapport de la circonférence au diamètre, $\dfrac{2\pi}{365,25638}$
sera l'arc du moyen mouvement du Soleil en un jour
par lequel on doit multiplier le temps, c'est-à-dire
qu'il faudra ajouter aux logarithmes de θ et de θ',

exprimés en jours moyens, le logarithme constant $8,2355821$.

On aura ainsi toutes les quantités nécessaires pour réduire en nombres les six équations (12), (20) et (22) qui doivent servir à la solution du problème dans les cas ordinaires, ou des six équations (16), (20) et (22) qu'il faudra employer de préférence dans le cas exceptionnel dont nous avons parlé n° **11**.

Ces équations ainsi formées, pour en déduire les valeurs des six inconnues nécessaires à la solution du problème, on emploiera le procédé indiqué n° **21**. On conservera ces équations dans la forme où elles sont données immédiatement, et l'on se contentera d'y satisfaire par des essais. On supposera d'abord à l'inconnue ρ une première valeur choisie arbitrairement, ou indiquée par les notions qu'on aura pu se procurer sur les limites entre lesquelles cette quantité se trouve comprise.

On calculera ensuite les valeurs correspondantes de ρ^0 et ρ', au moyen des formules (12) dans les cas ordinaires, ou des formules (16) dans le cas d'exception.

Dans les premiers essais, en négligeant les quantités du second ordre, on pourra faire

$$\frac{u''}{u} = - \frac{\theta + \theta'}{\theta}, \quad \frac{u''}{u'} = \frac{\theta + \theta'}{\theta'}, \quad w = 0,$$

et l'on parviendra ainsi à une première valeur approchée de ρ^0, ρ et ρ'.

16. Pour obtenir une valeur plus exacte de ces trois quantités, il faudra dans les expressions de $\dfrac{u''}{u}$, $\dfrac{u''}{u'}$ et w qui entrent dans les formules (12) et (16), conserver les termes dépendants du carré du temps; ces expressions, comme on l'a vu plus haut, contiennent, outre les quantités toutes connues, le rayon vecteur de la comète dans l'observation moyenne, mais le calcul n'en sera pas arrêté, parce qu'ayant fait une première hypothèse sur la valeur de ρ, on en déduira, au moyen de la formule

$$r^2 = R^2 + 2R\rho \cos(A - a) + \frac{\rho^2}{\cos^2 b},$$

une valeur correspondante de r suffisamment exacte pour être substituée dans les termes des valeurs de $\frac{u''}{u}$, $\frac{u''}{u'}$ et w qui dépendent du carré du temps. Les formules (12) et (16) ne renfermeront plus ainsi que des quantités toutes connues, et l'on en déduira les valeurs de ρ^0 et ρ' correspondantes à la valeur arbitraire que nous avons supposée à ρ.

On calculera ensuite les valeurs des deux rayons vecteurs r^0 et r' au moyen des deux équations

$$r^{02} = R^{02} + 2R^0\rho^0 \cos(A^0 - a^0) + \frac{\rho^{02}}{\cos^2 b^0},$$

$$r'^2 = R'^2 + 2R'\rho' \cos(A' - a') + \frac{\rho'^2}{\cos^2 b'},$$

et celle de la corde c, qui joint les deux lieux de la comète dans les observations extrêmes, au moyen de la formule

$$c^2 = r^{02} + r'^2 - 2V,$$

dans laquelle on fait, pour abréger,

$$V = R^0 R' \cos(A' - A^0) + \rho^0 R' \cos(A' - a^0) + \rho' R^0 \cos(A^0 - a')$$
$$+ \rho^0 \rho' [\cos(a' - a^0) + \tang b^0 \tang b'].$$

Enfin les formules du mouvement parabolique donneront l'équation

$$6\,(\theta + \theta')\,(0,0172021) = (r^0 + r' + c)^{\frac{3}{2}} - (r^0 + r' - c)^{\frac{3}{2}}, \quad (31)$$

au moyen de laquelle on rectifiera successivement les différentes hypothèses faites sur la valeur de ρ.

En effet, en y substituant pour r^0, r' et c leurs valeurs déterminées par les formules précédentes, et pour la quantité $\theta + \theta'$ sa valeur déduite des observations, la différence des résultats fera connaître, selon qu'elle sera positive ou négative, dans quel sens tombe l'erreur de l'hypothèse que l'on a faite sur la valeur de ρ. Il sera donc facile, lorsque, après quelques essais, on sera parvenu à deux résultats de signes contraires, de déterminer par une simple proportion la véritable valeur qu'il faut supposer à ρ pour satisfaire à l'équation (31) aussi exactement que l'on voudra.

L'approximation précédente suffira toutes les fois qu'on se proposera seulement d'obtenir des valeurs approchées des éléments de l'orbite parabolique, que l'on rectifiera ensuite d'après l'ensemble des observations de la comète. Si l'on voulait obtenir un plus grand degré d'exactitude, on substituerait à la place de $\frac{u''}{u}$, $\frac{u''}{u'}$ et w, dans les formules (12) ou (16), leurs valeurs données par les équations (15) et (19), et l'on arriverait, en suivant la même marche que précédemment, à déterminer les six inconnues ρ^0, ρ, ρ', r^0, r et r' avec toute la précision que peuvent comporter les trois observations données.

Les quantités ρ^0, ρ, ρ', r^0, r et r' étant ainsi déterminées, on en déduira tous les éléments de l'orbite parabolique au moyen des formules du n°14.

17. La méthode que nous venons d'exposer, résout donc complétement la question ; elle a l'avantage de conduire, en général, à des résultats aussi exacts qu'on peut l'attendre des méthodes d'approximation, et de se plier, sans qu'on soit obligé de changer considérablement la marche des calculs, à tous les cas qui peuvent se présenter. Nous en ferons plus loin l'application à quelque comète dont la marche soit bien connue, afin d'en faciliter l'usage.

Quel que soit, au reste, le degré de précision que l'on puisse attendre des différentes méthodes imaginées pour déterminer les premiers éléments approchés de l'orbite d'une comète, observée pendant la durée ordinairement très-courte de son apparition, il faut remarquer que, comme on n'emploie généralement dans ces méthodes que trois observations peu distantes entre elles, et que d'ailleurs on est obligé de négliger beaucoup de termes dans les formules pour en faciliter le calcul, on ne doit regarder ces éléments que comme une première approximation, et chercher à les corriger de manière à satisfaire le plus exactement possible à l'ensemble de toutes les observations connues. La question envisagée sous ce point de vue offre un nouveau problème à résoudre; on a proposé pour cela plusieurs méthodes dont la simplicité doit faire le principal mérite. Nous exposerons, dans le chapitre suivant, celle dont l'usage nous a paru le plus commode pour les calculs numériques.

CHAPITRE II.

CORRECTION DES ÉLÉMENTS DE L'ORBITE DÉTERMINÉS PAR UNE PREMIÈRE APPROXIMATION.

18. Après avoir développé, avec tout le détail nécessaire, une méthode très-simple pour arriver à une connaissance approchée des éléments de l'orbite de la comète, nous allons donner le moyen de corriger ces éléments avec toute la précision que les observations comportent.

Pour cela on choisira trois observations éloignées entre elles, et au moyen des éléments résultant de la première approximation, on déterminera les trois anomalies v^0, v, v' et les rayons vecteurs r^0, r, r', qui se rapportent respectivement à l'époque de chaque observation. Il suffira, pour cela, de connaître à peu près la distance périhélie et l'instant du passage de la comète par ce point, et c'est en quoi consiste le principal avantage de cette méthode, qui n'emploie que deux des éléments de l'orbite pour les rectifier tous. On désignera par V et V' les angles que comprennent entre eux les rayons r^0, r, r', en sorte qu'on aura $V = v - v^0$ et $V' = v' - v^0$; et en comparant ces quantités aux mêmes angles résultant de l'observation directe de la comète, la différence sera l'erreur due à l'incorrection des éléments employés.

Les observations, il est vrai, ne font pas connaître

immédiatement ces angles, mais on peut les déduire très-aisément des données qu'elles fournissent. En effet, on a, par chaque observation de la comète, sa longitude et sa latitude *géocentriques*, c'est-à-dire relatives à la Terre ; on en conclura aisément, par la Trigonométrie, ses longitudes et ses latitudes *héliocentriques*, c'est-à-dire relatives au Soleil. Pour cela, désignons par S le Soleil, par T la Terre et par C la comète, et soit C' la projection de C sur le plan de l'écliptique. Si l'on considère la pyramide triangulaire interceptée entre ces quatre points, on aura d'abord $STC' = \text{long.} \odot - \text{long. } comète$. En nommant, comme précédemment, b la latitude géocentrique de la comète, ce qui donne $CTC' = b$, on en conclura $\cos CTS = \cos C'TS \cos b$. Maintenant, dans le triangle rectiligne CTS, on connaît les deux côtés $TS = R$ et $CS = r$, qui sont les distances respectives de la Terre et de la comète au Soleil ; on connaît de plus l'angle CTS opposé à r ; on pourra donc calculer l'angle SCT par la formule

$$\sin SCT = \frac{R}{r} \sin CTS, \ (1)$$

et l'on en conclura le troisième angle CST du même triangle.

Cela posé, nommons λ la latitude et π la longitude héliocentrique de la comète ; en considérant la pyramide triangulaire CC'ST, on aura $\lambda = CSC'$ et l'on trouvera aisément

$$\sin \lambda = \frac{\sin b \sin CST}{\sin CTS}, \quad \text{et} \quad \cos C'ST = \frac{\cos CST}{\cos \lambda}. \ (2)$$

II.
4

L'angle C'ST étant donné par la dernière de ces formules, si l'on nomme A la longitude héliocentrique de la Terre, on aura

$$\pi = A + C'ST. \quad (3)$$

On déterminera, de cette manière, les latitudes et les longitudes héliocentriques de la comète pour les trois époques données; voyons comment on en conclura les angles V et V'. Désignons par C^0, C, C' les lieux respectifs de la comète correspondant aux trois observations, par $C_{,}^0$, $C_{,}$, $C_{,}'$ les projections de ces points sur l'écliptique, et considérons le triangle sphérique formé par les deux lieux C, C^0 et par le pôle de l'écliptique. On connaît dans ce triangle les deux côtés de l'angle au pôle qui sont les compléments des latitudes héliocentriques $C^0 S C_{,}^0$ et $CSC_{,}$, ainsi que l'angle compris qui a pour mesure l'arc $C_{,}^0 C_{,}$ décrit du centre du Soleil; on aura donc pour déterminer le côté opposé $C^0 C$, que nous désignerons par U, la formule

$$\cos U = \cos(\pi - \pi^0) \cos\lambda \cos\lambda^0 + \sin\lambda \sin\lambda^0; \quad (4)$$

de même, en supposant $C'C^0 = U'$, on aura

$$\cos U' = \cos(\pi' - \pi^0) \cos\lambda^0 \cos\lambda' + \sin\lambda^0 \sin\lambda'.$$

Les deux angles U et U' correspondant à ceux que nous avons nommés V et V' et que nous avons obtenus par les formules directes du mouvement elliptique, on aura, si les éléments employés sont exacts,

$$V = U \quad \text{et} \quad V' = U'.$$

Mais, comme ces éléments ne sont qu'approchés, ces équations n'auront pas lieu rigoureusement, et pour que les valeurs de V et U, V' et U' puissent être égales, il faudra faire subir quelques corrections à ces éléments. Soient ∂V, $\partial V'$, ∂U et $\partial U'$ les variations correspondantes des angles V, V', U, U', on aura

$$V + \partial V = U + \partial U, \quad V' + \partial V' = U' + \partial U'.$$

Voici donc deux équations au moyen desquelles on pourra déterminer les corrections à faire à la distance périhélie et à l'époque du passage de la comète par ce point, pour satisfaire aux observations données ; il ne s'agit que de développer ces équations.

19. Pour cela, reprenons les formules du mouvement parabolique

$$\left. \begin{aligned} r &= \frac{D}{\cos^2 \frac{1}{2} v}, \\ t &= D^{\frac{3}{2}} \sqrt{2} \left(\tan \frac{1}{2} v + \frac{1}{3} \tan^3 \frac{1}{2} v \right). \end{aligned} \right\} \quad (o)$$

Supposons que l'on fasse subir, à la distance périhélie D, et à l'instant du passage par le périhélie, de très-petites variations que nous désignerons par la caractéristique ∂, en différentiant logarithmiquement les formules précédentes, on trouvera

$$\left. \begin{aligned} \frac{\partial r}{r} &= \frac{\partial D}{D} + \tan \frac{1}{2} v\, \partial v, \\ \partial v &= \frac{\sqrt{2}\, D}{r^2} \left(\frac{\partial t}{t} - \frac{3}{2} \frac{\partial D}{D} \right) t, \end{aligned} \right\} \quad (o')$$

le second membre de cette dernière formule devant (n° **15**) être multiplié par le nombre dont le loga-

4.

rithme est 8,2355821, pour le convertir en arcs de cercle.

On aura, par ces équations, les variations du rayon vecteur et de l'anomalie correspondantes à celles que subissent D et t. Il s'agit de déterminer maintenant les variations qu'éprouvent simultanément la latitude héliocentrique λ et la longitude héliocentrique π. En différentiant logarithmiquement l'expression de $\sin\lambda$, trouvée plus haut, et en observant que les angles b et CTS ne varient pas, on aura

$$\partial\lambda = \tang\lambda \cot\text{CST}.\partial.(\text{CST});$$

en différentiant de même l'équation (2) on trouve

$$\partial.(\text{SCT}) = - \tang\text{SCT}.\frac{\delta r}{r},$$

et par suite

$$\partial.(\text{SCT}) = - \partial.(\text{SCT}) = \tang\text{SCT}.\frac{\delta r}{r};$$

on aura donc enfin

$$\partial\lambda = \tang\lambda \tang\text{SCT} \cot\text{CST} \frac{\delta r}{r}. \quad (a)$$

La longitude π dépend de la formule

$$\cos\text{TSC}' = \frac{\cos\text{CST}}{\cos\lambda};$$

en différentiant logarithmiquement, on en tire

$$\partial.(\text{TSC}') = \cot\text{TSC}' \left[\tang\text{CST}\,\partial.(\text{CST}) - \tang\lambda\,\partial\lambda\right];$$

d'ailleurs $\partial.(\text{TSC}') = \partial\pi$; on aura donc enfin

$$\delta\pi = \cot\text{TSC}'\left(\tang\text{CST}\,\tang\text{SCT}\,\frac{\delta r}{r} - \tang\lambda\,\partial\lambda\right). \quad (b)$$

On déterminera par les formules (a) et (b) les variations de la latitude et de la longitude héliocentriques, relatives aux époques des trois observations que l'on a choisies pour corriger l'orbite. Maintenant si, pour faciliter le calcul de l'angle U, on suppose un angle auxiliaire A déterminé par l'équation

$$\sin^2 \frac{1}{2} A = \cos^2 \frac{1}{2} (\pi - \pi^0) \cos \lambda^0 \cos \lambda,$$

ce qui donne, en différentiant,

$$\delta A = - \ \tan g \frac{1}{2} A \left[\tan g \frac{1}{2} (\pi - \pi^0) (\delta \pi - \delta \pi^0) + \tan g \lambda^0 \delta \lambda^0 + \tan g \lambda \delta \lambda \right], \quad (g)$$

on aura

$$\sin^2 \frac{1}{2} U = \cos \frac{1}{2} (\lambda + \lambda^0 + A) \cos \frac{1}{2} (\lambda + \lambda^0 - A),$$

et, par suite,

$$\delta U = - \frac{1}{2} \tan g \frac{1}{2} U \left\{ \begin{array}{l} \tan g \frac{1}{2} (\lambda + \lambda^0 + A) (\delta \lambda + \delta \lambda^0 + \delta A) \\[4pt] + \tan g \frac{1}{2} (\lambda + \lambda^0 - A) (\delta \lambda + \delta \lambda^0 - \delta A). \end{array} \right\} \quad (c)$$

En substituant dans cette équation pour $\delta \lambda$, $\delta \lambda^0$ et δA, leurs valeurs précédentes, on aura celle de δU exprimée en fonction de δD et de δt. On déterminera de la même manière δV, en observant que l'on a $\delta V = \delta v - \delta v^0$, et que δv et δv^0 sont donnés par la seconde des formules (o'). On aura donc entre les variations δD et δt deux équations de cette forme,

$$\left. \begin{array}{l} \delta U = m \, \delta D + n \, \delta t, \\ \delta V = p \, \delta D + q \, \delta t; \end{array} \right\} \quad (e)$$

d'où, en observant qu'on a $\delta U - \delta V = V - U$,

on tire

$$(m - p)\partial\mathrm{D} + (n - q)\partial t = \mathrm{V} - \mathrm{U}. \quad (e)$$

On trouvera une équation semblable en combinant la première observation avec la troisième; on aura donc deux équations qui ne renfermeront d'inconnues que les variations $\partial\mathrm{D}$ et ∂t, et qui suffiront par conséquent pour les déterminer. Si le calcul était exact, on aurait ainsi immédiatement les valeurs de la distance périhélie et de l'époque du passage qui satisfont le plus exactement possible aux trois observations données; mais comme on a négligé dans la formation de l'équation (e) les quantités du second ordre, il faudra, à l'aide des éléments corrigés, recommencer les calculs précédents, et l'on déterminera ainsi les corrections de ces nouveaux éléments. Dans certains cas, on sera même obligé de répéter une troisième fois ces opérations; mais elles n'ont rien d'embarrassant, et le calcul des premières corrections facilitera celui des suivantes.

20. Quand on sera ainsi arrivé à une connaissance suffisamment exacte de la distance périhélie et du temps du passage, voici comment on déterminera avec le même degré de précision les autres éléments de l'orbite. On substituera dans les équations (a) et (b) pour ∂t et $\partial\mathrm{D}$ leurs valeurs résultantes des dernières opérations, et l'on en conclura les valeurs exactes de la longitude et de la latitude héliocentriques de la comète pour les époques des observations données.

Si l'on compare ensuite entre elles la première et la

dernière, on aura pour déterminer l'inclinaison φ de l'orbite de la comète et la longitude α de son nœud sur le plan de l'écliptique, les deux formules

$$\cos \varphi = \frac{\sin (\pi - \pi^0)}{\sin (v - v^0)} \cos \lambda \cos \lambda^0,$$

$$\sin (\pi - \alpha) = \text{tang} \lambda . \cot \varphi.$$

Dans la première de ces formules, il faut avoir soin de prendre l'angle $v - v^0$ de même signe que $\pi - \pi^0$, parce que l'inclinaison φ est toujours supposée moindre que 90°. La seconde donnera pour l'angle $\pi - \alpha$ deux valeurs comprises entre o et 180°, et il en résultera par conséquent deux valeurs de α. Pour déterminer laquelle il faut choisir, on remarquera que par la première observation on a pareillement

$$\sin (\pi^0 - \alpha) = \text{tang} \lambda^0 \cot \varphi;$$

on prendra donc la moyenne entre les valeurs correspondantes de α, et l'on saura, par ce qui a été dit n° **14**, si c'est au nœud ascendant ou au nœud descendant de l'orbite que cette longitude se rapporte.

Le signe de $\pi - \pi^0$ indiquera, selon qu'il sera positif ou négatif, si le mouvement de la comète est direct ou s'il est rétrograde. Enfin on aura le lieu du périhélie sur l'orbite par la formule (27) du n° **16**.

21. La méthode que nous venons de donner pour corriger, par les formules différentielles, les éléments de l'orbite qui résultent d'une première approximation, est très-exacte et très-sûre, mais les calculs qu'elle exige demandent quelque attention ; les astronomes emploient de préférence la suivante, qui a l'avantage d'être pour ainsi dire mécanique, les mêmes calculs se reproduisant toujours pendant toute l'opération. Voici en quoi elle consiste. On suppose connus à peu près la distance périhélie et l'instant du passage par ce point, et en partant de ces éléments et des observations, on détermine, comme on l'a vu plus haut, les différences d'anomalies de la première à la deuxième observation, et de la première à la troisième. Soient U et U′ ces deux angles ; en les comparant aux mêmes différences d'anomalies que donnent immédiatement les deux éléments approchés et que nous désignons par V et V′, on aura

$$U - V = m, \quad U' - V' = m'.$$

On fera varier d'une très-petite quantité la distance périhélie, et l'on calculera les mêmes résultats dans cette seconde hypothèse. Soient n et n' ce que deviennent alors les quantités m et m' ; enfin, en conservant la distance périhélie de la première hypothèse, on altérera un peu l'instant du passage au périhélie, et l'on calculera encore les angles $U - V$ et $U' - V'$. Dans cette troisième hypothèse, désignons par p et p' ces angles, et soient u et t les nombres par lesquels il faudrait multiplier les deux variations supposées dans la distance périhélie et dans l'instant du passage pour avoir les véritables, on aura les deux équations suivantes :

$$\left. \begin{array}{l} (m - n) \cdot u + (m - p) \cdot t = m, \\ (m' - n') \cdot u + (m' - p') \cdot t = m'. \end{array} \right\} (d)$$

On tirera de là les valeurs de u et t, et l'on aura par

conséquent les corrections de la distance périhélie et de l'instant du passage de la comète en ce point. Si les valeurs qui en résulteront, n'étaient pas suffisamment exactes, on recommencerait avec ces deux éléments corrigés les calculs précédents, et, après quelques essais, on parviendrait à connaître la vraie distance périhélie et l'instant du passage au périhélie qui répondent aux observations données.

22. Si l'on voulait déterminer l'orbite avec encore plus de précision, au lieu d'employer dans le calcul des corrections de la distance périhélie et de l'instant du passage trois observations seulement, on choisirait, parmi les observations de la comète, celles que l'on supposerait les plus exactes, et en les comparant deux à deux, on formerait un système d'équations semblables aux équations (d) ou aux équations (e). On combinerait ensuite ces équations de la manière la plus avantageuse pour en tirer les valeurs des quantités qui doivent servir à la correction des éléments de la première approximation, et l'on déterminerait ainsi l'orbite qui satisfait le plus exactement possible à l'ensemble des observations connues de la comète.

Il peut arriver dans certains cas que, malgré les précautions que nous venons d'indiquer, l'orbite corrigée ne représente qu'assez imparfaitement encore les résultats de l'observation ; c'est qu'alors sans doute le mouvement de la comète n'a pas lieu dans une parabole, comme nous l'avons supposé, et que son orbite est elliptique ou hyperbolique. Cette dernière espèce d'orbites intéresse peu l'Astronomie. Quant aux éléments de l'orbite elliptique, on peut les déterminer par une méthode d'approximation semblable à celle du n° **24**, lorsqu'on a déterminé par les méthodes précédentes la parabole qui représente à peu près le mouvement de la comète. Pour cela, on choisit quatre observations exactes qui embrassent toute la partie visible de l'orbite, et l'on calcule les angles V et U relatifs à ces observations dans quatre hypothèses, d'abord en employant les éléments approchés de l'orbite parabolique, ensuite en faisant varier la distance périhélie, troisièmement en changeant seulement l'instant du passage, et enfin en conservant la distance périhélie et l'instant du passage de la première hypothèse et en supposant une orbite elliptique très-allongée, en sorte que la différence $1 - e$ de son excentricité à l'unité soit une très-petite fraction. Les formules du n° **26**, livre II, serviront, dans ce cas, à déterminer le rayon vecteur r et l'anomalie v correspondants à chaque observation. Cela posé, en nommant respectivement u, t, s les nombres par lesquels il faut multiplier les variations supposées dans la distance périhélie, dans l'instant du passage, et la quantité $1 - e$, pour avoir leurs véritables valeurs, on formera trois équations semblables aux équations (d), qui renfermeront chacune ces trois inconnues, et qui serviront à les déterminer.

Nous ne faisons qu'indiquer ici cette méthode, parce que les résultats qu'elle donne laisseront toujours beaucoup d'incertitude sur la durée de la révolution de la comète qui est surtout importante à connaître, et que le seul moyen certain de la déterminer est d'attendre que l'on ait observé un nouveau passage de cet astre à son périhélie.

Pour faciliter l'usage des méthodes que nous venons d'exposer, nous allons en faire l'application à la comète de 1824, dont l'apparition a été assez longue pour fournir un nombre d'observations suffisant à la détermination exacte de son orbite.

Détermination de l'orbite de la comète de 1824.

23. Parmi les observations connues de cette comète, nous avons choisi les suivantes. Les époques sont évaluées en temps moyen à Paris, compté de minuit.

	Époques.	Longitudes observées.	Latitudes observées.
Août	$22^j,90153,$	$a^0.230^0.31'.33'',$	$b^0.57^0.42'.22'',$
	$28,87972,$	$a.224.6.30,$	$b.59.33.58.$
Septem.	$3,91004,$	$a'.218.4.34,$	$b'.61.4\ 20.$

Les lieux du Soleil correspondants aux mêmes époques et calculés par les Tables de Delambre, ont donné :

Long. du $\odot$ $+180^0$	Logar. R.
$A^0.329^0\ 38'\ 37'',$	$0,0046329,$
$A.335\ 25\ 24,$	$0,0040271,$
$A'.341\ 15\ 54,$	$0,0033786.$

On a conclu de là, pour l'époque qui tient le milieu entre les trois observations,

$$A_{,} = 335^0\ 26'\ 38'', \quad \log R_{,} = 0,0040129.$$

Au moyen de ces valeurs on a formé les suivantes :

$A^0 - a^0$	$\dots 99^0.7'\ 4'',$		$A_{,} - a^0$	$\dots 104^0 55'\ 5'',$
$A - a$	$\dots 111.18.54,$		$A_{,} - a$	$\dots 111.20.9,$
$A' - a'$	$\dots 123.11.20,$		$A_{,} - a'$	$\dots 117.22.5.$

Nous avons d'ailleurs ici $\theta = 5^{\text{j}},97819$ et $\theta' = 6^{\text{j}},03032$, et, par suite, $\theta + \theta' = 12^{\text{j}},00851$; en ajoutant aux logarithmes de ces quantités, le logarithme constant $8,2355821$, on forme les suivantes :

$$\log\theta = 9,0121519, \quad \log\theta' = 9,0159224,$$
$$\log(\theta + \theta') = 9,3150713,$$

d'où l'on conclut

$$\log \frac{\theta + \theta'}{\theta} = 0,3029194, \quad \log \frac{\theta + \theta'}{\theta'} = 0,2991489.$$

Cela posé, cet exemple ne tombant pas dans le cas d'exception n° **11**, nous emploierons les formules du n° **10**, dont les dénominateurs sont suffisamment grands, et qui sont alors les plus simples. Pour les réduire en nombres, nous commencerons par calculer, au moyen des formules (7), les valeurs des trois quantités C^0, C, C', on aura d'abord :

$$
\begin{aligned}
\sin(A, - a) &\ldots\; 9,9691652 & \sin(A, - a') &\ldots\; 9,9484470 \\
\tan b' &\ldots\; 0,2575401 & \tan b &\ldots\; 0,2309982 \\
\cline{1-2}\cline{3-4}
& \; 0,2267053 & & \; 0,1794452 \\
\text{Nombres} \quad &+\; 1,685410 & &-\; 1,511630 \\
&-\; 1,511630 & & \\
\cline{1-2}
C^0 &= +\; 0,173780 & &
\end{aligned}
$$

On trouverait de la même manière

$$C = 0,171001, \quad C' = 0,343313.$$

Les formules (12), en vertu de ces valeurs, deviennent

$$\rho^0 = \frac{u''\rho}{u'}\,[9,7043095\,], \qquad \rho' = -\,\frac{u''\rho}{u}\,[9,6973083\,].$$

Dans les premiers essais il suffira de supposer

$$\frac{u''}{u'} = \frac{\theta + \theta'}{\theta'}, \quad \frac{u''}{u} = -\,\frac{\theta + \theta'}{\theta}\,;$$

ce qui donne

$$\rho^0 = \rho\,[\,0,0034584\,], \quad \rho' = \rho\,[\,0,0002277\,].$$

Mais les valeurs qu'on tirera des équations ainsi simplifiées, ne peuvent être considérées que comme une approximation très-imparfaite, propre tout au plus à guider le calculateur dans les premières hypothèses. Il est donc inutile de nous y arrêter ici et nous passerons tout de suite au second degré d'approximation en supposant, n° **10**,

$$\frac{u''}{u'} = \frac{\theta + \theta'}{\theta'}\left[1 - \frac{\theta\,(2\theta' + \theta)}{6r^3}\right],$$

$$\frac{u''}{u} = -\,\frac{\theta + \theta'}{\theta}\left[1 - \frac{\theta'\,(2\theta + \theta')}{6r^3}\right].$$

En réduisant ces formules en nombres d'après les valeurs précédentes de θ et θ', on trouve

$$\frac{u''}{u'} = [\,0,2991489\,] - \frac{1}{r^3}[\,8,0249400\,],$$

$$\frac{u''}{u} = -\,[\,0,3029194\,] + \frac{1}{r^3}[\,8,0312241\,].$$

On aura donc, pour calculer ρ^0 et ρ' par le moyen de ρ et de r, les formules suivantes :

$$\rho^0 = \rho\,[0,0034584] - \frac{\rho}{r^3}\,[7,7292495],$$

$$\rho' = \rho\,[0,0002277] - \frac{\rho}{r^3}\,[7,7285324].$$

Ces formules contenant l'inconnue r, on fera une première hypothèse sur la valeur de ρ et l'on calculera r par l'équation suivante :

$$r^2 = 1,0187185 - \rho\,[9,8655557] + \rho^2\,[0,5907660].$$

Connaissant ainsi ρ et r, les formules précédentes donneront les valeurs de ρ^0 et de ρ', et l'on calculera ensuite r^0, r', V et c par les équations

$$\left.\begin{aligned}
r^{02} &= 1,0215645\iota - \rho^0\,[9,5957259] + \rho^{02}\,[0,5444910],\\
r'^2 &= 1,0156807o - \rho'\,[0,0427013] + \rho'^2\,[0,6308356],\\
V &= 0,9977510 \;- \rho^0\,[9,5524997] + \rho^0\rho'\,[0,5842617]\\
&\quad\; - \rho'\,[9,5700582],\\
c^2 &= r^{02} + r'^2 - 2\,V.
\end{aligned}\right\} \quad \text{(M)}$$

Enfin, pour vérifier l'hypothèse et en reconnaître l'erreur, on aura l'équation du temps (22) qui, en substituant pour θ et θ' leurs valeurs, donne

$$1,2394317 = (r^0 + r' + c)^{\frac{3}{2}} - (r^0 + r' - c)^{\frac{3}{2}}. \quad \text{(N)}$$

Supposons, qu'après quelques essais, on soit arrivé à la valeur suivante $\rho = 0,41293159$, ce qui donne

$$r^2 = 1,38026597 \quad \text{et} \quad r = 1,1748470,$$

on en déduit ensuite :

$$\rho^0 = [9,6179081]$$
$$r^{02} = 1,49165730 = [0,1736691]$$

$$\rho' = [9,6146697]$$
$$r'^2 = 1,49165730\ldots[0,1113699]$$
$$r^{02} = 1,28606570$$
$$\overline{}$$
$$2,7777230$$
$$2\,V = 2,7051770$$

$$r^0 = 1,22133400$$
$$r' = 1,13404775$$
$$\overline{r^0 + r' = 2,35538175}$$
$$a^{\frac{3}{2}} = 4,2523158$$
$$c^2 = 0,0725460 = [8,8606135]$$
$$c = 0,26934356 \quad b^{\frac{3}{2}} = 3,0128900 \qquad\qquad [9,4303067]$$
$$\overline{a = 2,62472531} \qquad \overline{-\ 1,2394258}$$
$$b = 2,08603819 \qquad +\ 1,2394317$$
$$\overline{\qquad\qquad +\ 0,0000059}$$

Soit pour nouvelle hypothèse $\rho = 0,41293464 = [9,6158813]$, ce qui donnera

$$r^2 = 1,3802734 \quad\text{et}\quad r = [0,0699824],$$

on en déduit les résultats suivants :

$$\rho^0 = [9,6179113]$$
$$r^{02} = 1,4916653 = [0,1736715]$$

$$\rho' = [9,6146729]$$
$$r^{02} = 1,4916653$$
$$r'^2 = 1,2860732 = [0,1092658]$$
$$\overline{}$$
$$2,7777385$$
$$2\,V = 2,7051914$$

$$r^0 = 1,22133730$$
$$r' = 1,13405077$$
$$\overline{r^0 + r' = 2,35538807}$$
$$a^{\frac{3}{2}} = 4,2523400$$
$$c^2 = 0,0725471 = [8,8606201]$$
$$c = 0,26934570 \quad b^{\frac{3}{2}} = 3,0129000 \qquad\qquad c\ldots[9,4303101]$$
$$\overline{a = 2,62473377} \qquad \overline{-\ 1,2394400}$$
$$b = 2,08604237 \qquad +\ 1,2394317$$
$$\overline{\qquad\qquad -\ 0,0000083}$$

Les erreurs qui résultent des deux hypothèses précédentes, étant de signes contraires, il s'ensuit que si l'on fait $n = \dfrac{59}{59 + 83}$, qu'on désigne par A et B les valeurs de ρ dans la première et dans la deuxième hypothèse, la vraie valeur de cette quantité sera exprimée par $A + n(B - A)$. On trouvera ainsi $\rho = 0{,}41293286$, et l'on en déduira la solution suivante :

$$\rho^0 = 0{,}4148674, \quad r^0 = 1{,}2213356, \quad c = 0{,}2693447,$$
$$r = 1{,}1748484,$$
$$\rho' = 0{,}4117855, \quad r' = 1{,}1340500.$$

On pourrait, dans les cas ordinaires, s'arrêter à cette seconde approximation où nous avons tenu compte des termes du second ordre, et les valeurs des éléments paraboliques qu'on en conclurait seraient assez exactes pour tous les usages qu'on en voudrait faire; mais pour obtenir le dernier degré de précision auquel la méthode puisse atteindre, il faut, dans les formules (12), n° **10**, avoir égard aux termes du troisième ordre qui ajoutent aux valeurs des quantités $\dfrac{v''}{v}$ et $\dfrac{v''}{v'}$ les termes suivants :

$$- \frac{\theta + \theta'}{\theta} (\theta'^2 + \theta\theta' - \theta^2) \left[\frac{1}{6\,r^3} - \frac{1}{6\,(r'\,r)^{\frac{3}{2}}} \right],$$
$$\frac{\theta + \theta'}{\theta'} (\theta'^2 - \theta\theta' - \theta^2) \left[\frac{1}{6\,(r^0\,r)^{\frac{3}{2}}} - \frac{1}{6\,r^3} \right].$$

En substituant pour r^0, r, r' leurs valeurs données par l'approximation précédente et pour θ et θ' celles qui résultent des observations, les deux termes précédents deviennent

$$+\,0,00003049\,3 \quad \text{et} \quad +\,0,00003086\,5.$$

En ajoutant respectivement ces deux quantités aux valeurs de $\frac{u''}{u}$ et de $\frac{u''}{u'}$ données précédemment, on aura

$$\frac{u''}{u} = 2,00875049 - \frac{1}{r^3}[8,0312241],$$

$$\frac{u''}{u'} = 1,99138686 - \frac{1}{r^3}[8,0249400].$$

On peut d'ailleurs calculer directement les deux quantités $\frac{u''}{u}$ et $\frac{u''}{u'}$ au moyen des formules (15), n° **10**.

Les valeurs précédentes, substituées dans les formules (12), donnent

$$\rho^0 = \rho\,[0,0034634] - \frac{\rho}{r^3}[7,7292495],$$

$$\rho' = \rho\,[0,0002333] - \frac{\rho}{r^3}[7,7285324].$$

Ces deux équations, jointes aux cinq formules (M) et (N), fournissent toutes les données nécessaires pour déterminer l'orbite parabolique avec le dernier degré d'exactitude dont le problème est susceptible.

En satisfaisant à ces équations par des hypothèses arbitraires sur la valeur de ρ, comme nous l'avons fait précédemment, on trouve, après quelques essais, la solution suivante :

$$\rho^0 = 0,41486834, \quad r^0 = 1,2213362,$$
$$r' = 1,1340505,$$
$$\rho' = 0,41178639, \quad c = 0,2693440.$$

II.   5

Pour déduire de ces valeurs les éléments de l'orbite parabolique, on a formé d'abord les quantités p, q, $p - r^0$, $p - r'$ et leurs logarithmes, et l'on a trouvé

$$p = \frac{1}{2}(r^0 + r' + c) = 1,31236535 = [0,1180547],$$

$$q = \frac{1}{2}(r^0 + r' - c) = 1,04302135 = [0,0182932],$$

$$p - r' = 0,17831485 = [9,2511876],$$
$$p - r^0 = 0,09102915 = [8,9591805].$$

On a calculé ensuite, au moyen des formules (25) et (26), la distance périhélie D et l'anomalie v^0 de la manière suivante :

$$p - r' \ldots 9,2511876 \qquad p - r^0 \ldots 8,9591805 \qquad c \ldots 9,4303074$$
$$\sqrt{p} \ldots 0,0590274 \qquad \sqrt{q} \ldots 0,0091465 \qquad \sqrt{r^0} \ldots 0,0434176$$
$$A \ldots 9,3102150 \qquad\qquad B \ldots 8,9683270 \quad c\sqrt{r^0} \ldots 9,4737250$$
$$A - B \ldots 9,0465277$$
$$c\sqrt{r^0} \ldots 9,4737250$$

$$\sin \frac{1}{2} v^0 \ldots 9,5728027 \qquad \frac{1}{2} v^0 \ldots 21^\circ 57' 32'',$$

$$\cos \frac{1}{2} v^0 \ldots 9,9672916$$

$$\cos^2 \frac{1}{2} v^0 \ldots 9,9345832 \qquad \text{Par la formule directe (23), on a obtenu} \quad \Big\} \; D = [0,0214175].$$

$$r^0 \ldots 0,0868353$$
$$\log D \ldots 0,0214185$$

Le temps employé à parcourir l'anomalie v^0 se calculera par la formule (27)

$$t = (2 D^3)^{\frac{1}{2}} \left(\tan g \frac{1}{2} v^0 + \frac{1}{3} \tan g^3 \frac{1}{2} v^0 \right) [1,7644179],$$

le nombre dont le logarithme est 1,7644179, complément de $8,2355821$, étant (n° **15**) celui par lequel on doit multiplier la valeur du temps t, exprimé en arcs du moyen mouvement solaire, pour le convertir en jours moyens. Substituant pour D et v^0 leurs valeurs, on trouve

$$
\begin{aligned}
(2\,D^3)^{\frac{1}{2}} &\ldots 0,1826427\\
\operatorname{tang}\tfrac{1}{2}v^0 &\ldots 9,6055114\\
&\ \ \ \,1,7644179\\
\cline{2-2}
&\ \ \ \,1,5525720\ldots 35^{j},69209\\
\tfrac{1}{3}\operatorname{tang}^2\tfrac{1}{2}v^0 &\ldots 8,7339015\\
\cline{2-2}
&\ \ \ \,0,2864735\ldots\ 1,93407\\
\cline{2-2}
t &\ldots 37,62616
\end{aligned}
$$

Ce temps, ajouté à l'époque de la première observation, puisque la comète s'avance vers son périhélie, c'est-à-dire au $22,90153$ août, donne, pour l'instant du passage au périhélie, le $29,52769$ septembre.

Le calcul des longitudes et des latitudes héliocentriques a donné ensuite :

$$
\begin{array}{ll}
\rho^0 \ldots 9,6179103 & \rho' \ldots 9,6146720\\
1:r^0 \ldots 9,9131647 & 1:r' \ldots 9,9453675\\
\operatorname{tang} b^0 \ldots 0,1992661 & \operatorname{tang} b' \ldots 0,2575401\\
\hline
\sin\lambda^0 \ldots 9,7303411 & \sin\lambda' \ldots 9,8175796\\
\cos\lambda^0 \ldots 9,9259782 & \cos\lambda' \ldots 9,8772979\\
\hline
\operatorname{tang}\lambda^0 \ldots 9,8043629 & \operatorname{tang}\lambda' \ldots 9,9402817\\
\cot\lambda^0 \ldots 9,8007339 & \cot\lambda' \ldots 9,7424599\\
\sin(A^0-a^0) \ldots 9,9944776 & \sin(A'-a') \ldots 9,9226583\\
\hline
\sin(A^0-\pi^0) \ldots 9,5995744 & \sin(A'-\pi') \ldots 9,6053999\\
A^0-\pi^0 \ldots 23^{\circ}26'\,8'' & A'-\pi' \ldots 23^{\circ}46'17''\\
A^0 \ldots 329.38.37 & A' \ldots 341.15.54\\
\hline
\pi^0 \ldots 306^{\circ}12'29'' & \pi' \ldots 317^{\circ}29'37''
\end{array}
$$

5.

La longitude α du nœud ascendant se calcule en-suite par la formule (29); on a ainsi :

$$
\begin{array}{ll}
\tang \lambda^0 \dots 9,8043629 & \tang \lambda' \dots 9,9402817 \\
\sin \pi' \dots 9,8297363 & \sin \pi^0 \dots 9,9068074 \\
\hline
\quad\ 9,6340992 & \quad\ 9,8470891 \\
\end{array}
$$

$$
\begin{array}{l}
+ 0,70321665 \\
- 0,43062500 \\
\hline
+ 0,27259165
\end{array}
$$

$$
\begin{array}{ll}
\tang \lambda^0 \dots 9,8043629 & \tang \lambda' \dots 9,9402817 \\
\cos \pi' \dots 9,8675865 & \cos \pi^0 \dots 9,7713810 \\
\hline
\quad\ 9,6719494 & \quad\ 9,7116627 \\
\end{array}
$$

$$
\begin{array}{l}
- 0,51482860 \\
+ 0,46984000 \\
\hline
- 0,04498860 \\
9,4355126 \\
8,6531025 \\
\hline
\end{array}
$$

$$\tang \alpha \dots 0,7824101 \qquad \alpha \dots 279^0\ 22'\ 18''$$

L'inclinaison φ se déduit de la double équation (28), n° **14**,

$$\tang \varphi = \frac{\tang \lambda^0}{\sin(\pi^0 - \alpha)} = \frac{\tang \lambda'}{\sin(\pi' - \alpha)}.$$

On a ainsi :

$$
\begin{array}{lll}
\pi^0 - \alpha = 26^0\ 50'\ 11'' & & \pi' - \alpha = 38^0\ 7'\ 19'' \\
\tang \lambda^0 \dots 9,8043629 & \text{ou bien} & \tang \lambda' \dots 9,9402817 \\
\sin(\pi^0 - \alpha) \dots 9,6546042 & & \sin(\pi' - \alpha)\ \dots 9,7905225 \\
\hline
\tang \varphi \dots 0,1497587 & & \tang \varphi \dots 0,1497592 \\
\end{array}
$$

$$\varphi = 54^0\ 41'\ 19''$$

Enfin la distance η de la comète à son nœud ascen-dant, à l'instant de la première observation, se calcule par la formule (30) $\cos\eta = \cos\lambda^0 \cos(\pi^0 - \alpha)$; d'où il résulte :

$$\cos \lambda^0 \dots 9,9259782$$
$$\cos (\pi^0 - \alpha) \dots 9,9505105$$
$$\overline{\cos \eta \dots 9,8764887}$$

Ce qui donne $\eta = 41° 11'.43''$, et l'on aura, par conséquent, pour le lieu du périhélie sur l'orbite,

$$\eta + \alpha + v^0 = 4° 29' 5''.$$

En rassemblant ces différents résultats on aura, pour les éléments paraboliques de la comète,

Passage au périhélie........ Septembre 29^j,52769
Distance périhélie................... 1,0505543
Lieu du nœud ascendant.............. 279° 22' 18''
Inclinaison...... ...., 54. 41.19
Lieu du périhélie................... 4. 29. 5

Sens du mouvement direct.

24. Ces éléments doivent satisfaire exactement aux deux observations extrêmes et représenter à quelques secondes près l'observation moyenne; c'est ce que nous allons vérifier en calculant, avec les éléments précédents, les lieux des 22 et 28 août, et du 3 septembre.

C'est ici le problème inverse de celui que nous avons résolu n° **18**. Étant données la latitude et la longitude héliocentriques de la comète, que l'on déduit aisément des éléments de son orbite, il s'agit d'en conclure la latitude et la longitude géocentriques correspondantes à la même époque. Pour diriger le calcul, nous supposerons que l'on a sous les yeux la figure que nous avons indiquée n° **18**, et nous considére-

rons de nouveau la pyramide triangulaire STCC' formée par les droites qui joignent les lieux du Soleil et
de la Terre avec ceux de la comète et de sa projection sur l'écliptique, à l'instant de l'observation
moyenne. Nous désignerons de plus par N le lieu du
nœud ascendant de la comète sur le plan de l'écliptique, et nous ferons, pour abréger,

$$\Gamma = \text{lieu du périh.} - \text{nœud}, \quad \text{et} \quad K = CSN = \nu - \Gamma,$$

en nommant comme précédemment ν l'anomalie vraie
correspondante à l'époque donnée.

Cela posé, en désignant comme précédemment
par α la longitude du nœud ascendant et par π la
longitude héliocentrique de la comète, on aura d'a-
bord

$$\tan (\alpha - \pi) = \cos \varphi \tan K.$$

On conclura de là l'angle $\alpha - \pi$ et, en le retranchant de la longitude α du nœud ascendant, on aura
la longitude héliocentrique π de la comète. En retranchant cet angle de la longitude de la Terre au
même instant, on aura l'angle au Soleil TSC' que, pour
abréger, nous nommerons S.

La latitude héliocentrique CSC', que nous avons désignée par λ, se calcule par la formule

$$\sin \lambda = \sin \varphi \sin K.$$

Connaissant la longitude et la latitude héliocentriques π et λ, pour en conclure la longitude et la latitude géocentriques a et b, considérons le triangle
rectiligne CSC'; on a d'abord

$$SC' = r \cos \lambda, \quad CC' = r \sin \lambda,$$

et si du point C′ on abaisse une perpendiculaire C′I sur la ligne ST qui joint les centres de la Terre et du Soleil, on a ensuite

$$SI = SC' \cos S, \quad C'I = SC' \sin S.$$

La première valeur fait connaître celle de

$$TI = ST - SI = ST\left(1 - \frac{SI}{ST}\right),$$

ou bien, en observant que $ST = R$ et faisant $\frac{SI}{R} = a$,

$$TI = R(1 - a);$$

et en nommant T l'angle à la Terre STC′, on en conclut

$$\tan T = \frac{C'I}{TI}.$$

En ajoutant à l'angle T, calculé par cette formule, la longitude du Soleil $A - 180°$, on aura pour la longitude géocentrique a de la comète,

$$a = A - (180° - T).$$

Quant à la latitude géocentrique b, on la calculera aisément par la formule

$$\tan b = \frac{CC'}{C'T},$$

lorsque l'angle T sera déterminé; en effet, on aura, par ce qui précède,

$$CC' = r \sin \lambda, \quad TI = C'T \cos T;$$

d'où l'on conclura

$$\tan b = \frac{r \sin \lambda \cos T}{TI},$$

équation dont le second membre ne renferme que des quantités connues.

Calcul du lieu du 22 août.

Époque donnée..	Août...	$22^j,90153$	t...	$1,5754900$	v^0... $43° 55' 4''$
Passage au périh.	Sept...	$29,52769$	$D^{\frac{3}{2}}$.. $0,0321280$		Γ... $85.\ 6.47$
		$37,62616$	T... $1,5433620$		$K = 41° 11' 43''$

Périh. — Nœud..... Γ

Γ — v arg. de la lat.. K T... $34^j,94315$

$\cos \tfrac{1}{2} v^0$..... $9,9672916$

$\cos^2 \tfrac{1}{2} v^0$.. . $9,9345832$ $\sin \varphi$. $9,9117022$ $\cos \varphi$....... $9,7619427$

D........ $0,0214187$ $\sin K$. $9,8186398$ $\tan K$...... $9,9421511$

r........ $0,0868355$ $\sin \lambda^0$. $9,7303420$ $\tan(\pi^0 - \alpha)$. $9,7040938$

$\cos \lambda^0$..... $9,9259781$

                             $\pi^0 - \alpha$...... $26°50'11''$

SC'....... $0,0128136$ R.. $0,0046329$ α......... $279.22.18$

$\cos S$...... $9,9626098$ a.... $8,8132178$

                             $\pi^0 =$ ...... $306°12'29''$

SI....... $9,9754234$ TI... $8,8178507$ $A^0 =$ ...... $329.38.37$

R........ $0,0046329$

     $9,9707905$ $S =$ .... $23°26'\ 8''$

$Nomb$...... $0,93495442$

a........ $0,06504558$ SC'........ $0,0128136$

                                   $\sin S$...... $9,5995745$

r........ $0,0868355$

$\sin \lambda^0$...... $9,7303420$ $C'I$....... $9,6123881$

$\cos T$...... $9,1999382$ TI....... $8,8178507$

     $9,0171157$ $\tan T$..... $0,7945374$

TI....... $8,8178507$

                                 $180° - T$... $99°\ 7'\ 4''$

$\tan b^0$..... $0,1992650$ A^0........ $329.38.37$

b^0....... $57° 42' 22''$ a^0........ $230°31'33''$

lat. obser... $57.42.22$ long obs.... $230.31.33$

Différence..   0   0   0   **Différence**..   0   0   0

Calcul du lieu du 28 août.

Époque donnée.. Août... $28^\text{j},87972$　　t... $1,5003457$　　v... $37°57'37''$

Passage au périh. Sept... $29,52769$　　$D^{\frac{3}{2}}$. $0,0321280$　　Γ... $85.\ 6.47$

$\overline{31,64797}$　　T.. $\overline{1,4682177}$　　$K = \overline{47°\ 9'\ 10''}$

$\cos \frac{1}{2} v$.. . $9,9757219$

T.. $29^\text{j},39122$

$\cos^2 \frac{1}{2} v$.... $9,9514438$	$\sin \varphi$. $9,9117022$	$\cos \varphi$...... $9,7619427$
D........ $0,0214187$	$\sin K$. $9,8652045$	$\tang K$...... $0,0326663$
r......... $0,0699749$	$\sin \lambda$. $9,7769067$	$\tang (\pi - \alpha)$. $9,7946090$
$\cos \lambda$...... $9,9037858$		

$\pi - \alpha$...... $31°55'49''$

SC'........ $9,9737607$　　R... $0,0040271$　　α........ $279.22.18$

$\cos S$...... $9,9603194$　　a.... $9,1724803$

π......... $311°18'\ 7''$

SI... .... $9,9340801$　　TI... $9,1765074$　　A........ $335.25.24$

R........ $0,0040271$

S........ $24°\ 7'17''$

$\overline{9,9300530}$

SC'...... $9,9737607$

$\sin S$...... $9,6113740$

Nomb...... $0,8512420$

a......... $0,1487580$

$C'I$...... $\overline{9,5851347}$

TI........ $9,1765074$

r......... $0,0699749$

$\sin \lambda$...... $9,7769067$

$\cos T$...... $9,5605849$　　　　$\tang T$..... $0,4086273$

$\overline{9,4074665}$

TI........ $9,1765074$

$180° - T$... $111°19'10''$

$\tang b$...... $0,2309591$　　　　A........ $335.25.24$

a........ $\overline{224°\ 6'14''}$

b......... $59°33'50''$　　　　long. obser. $224.\ 6.30$

lat. obs...... $59.\ 33.\ 58$

Erreur..... $\overline{\quad - 16''}$

Erreur...... $\overline{\quad - 8''}$

Calcul du lieu du 3 septembre.

Époque donnée.. Sept..	$3^j,91004$	t....	$1,4085393$	v'...	$31°29'17''$
Passage au périh. Sept..	$29,52769$	$D^{\frac{3}{2}}$..	$0,0321280$	Γ...	$85.\ 6.\ 47$
	$25,61765$	T...	$1,3764113$	K...	$53°37'30''$

$\cos\frac{1}{2}v'$ ... $9,9833933$

$$T = 23^j,790921$$

$\cos^2\frac{1}{2}v'$.... $9,9667866$	$\sin\varphi$ $9,9117022$	$\cos\varphi$...... $9,7619427$
D .... $0,0214187$	$\sin K$. $9,9058782$	$\tang K$...... $0,1327740$
r......... $0,0546321$	$\sin\lambda'$. $9,8175804$	$\tang(\pi'-\varphi)$. $9,8947167$
$\cos\lambda'$...... $9,8772979$		
SC'....... $9,9319300$	R ... $0,0033786$	$\pi'-\varphi$...... $38°\ 7'19''$
$\cos S$..... $9,9614976$	a.... $9,3495981$	φ.......... $279.22.18$
SI........ $9,8934276$	TI... $9,3529767$	π'.......... $317°29'37''$
R......... $0,0033786$		A'......... $341.15.54$
$9,8900490$		S......... $23°46'17''$
Nomb...... $0,7763350$		SC'....... $9,9319284$
a......... $0,2236650$		$\sin S$....., $9,6054003$
		C'I....... $9,5373287$
r'.......... $0,0546321$		TI....... $9,3529767$
$\sin\lambda'$...... $9,8175804$		$\tang T$..... $0,1843520$
$\cos T$..... $9,7383055$		$180°-T$... $123°11'20''$
$9,6105180$		A'....... $341.15.54$
TI....... $9,3529767$		a'....... $218°\ 4'34''$
$\tang b'$.... $0,2575413$		long. obs... $218.\ 4.34$
b'........ $61°\ 4'\ 20''$		Différence.. $0\ \ 0\ \ 0$
Lat. obs.... $61.4.20$		
Différence... $0\ \ 0\ \ 0$		

Ainsi les éléments trouvés satisfont exactement aux deux observations extrêmes et représentent l'observation moyenne avec une erreur de 16″ sur la longitude et de 8″ sur la latitude. Ces erreurs n'excèdent pas les limites de celles qu'on doit attendre des méthodes les plus précises imaginées pour la détermination de l'orbite d'une comète d'après trois observations. La méthode dont nous venons de faire l'application à la comète de 1824, résout donc la question d'une manière très-satisfaisante.

Rectification des éléments de l'orbite de la comète de 1824.

25. Nous nous proposons maintenant d'appliquer à la comète de 1824 la méthode que nous avons donnée pour arriver à une connaissance exacte des éléments de l'orbite d'une comète, lorsque l'on connaît à peu près la distance périhélie et le temps du passage au périhélie.

Nous avons choisi, pour corriger ces deux éléments, les trois observations suivantes :

Époques.	Longitudes observées.	Latitudes observées.
Août. . . . $4^j 9275$	$a^0\,252^0\,32'\,28''$	$b^0\,48^0\;7'\,30''$,
22,9514	$a\,.230.34.49$	$b\,.57.44.23$,
Septembre 3,9100	$a'.218.\;4.34$	$b'\,61.\;4.20.$

Les lieux du Soleil, correspondant aux mêmes époques et calculés par les Tables de Delambre, donnent

Longitude $\odot$.	log. R.
$132^0\,21'\,58''$	$0,0060678$
$149.41.30$	$0,0046284$
$161.15.54$	$0,0033786.$

Supposons que, par les premiers essais, on ait trouvé pour la distance périhélie 1,04598 et pour l'époque du passage le 28^{sept},3153; calculons avec ces éléments approchés les angles U, V, U' et V' par la méthode exposée n° **18**. Voici le détail de ce calcul :

$$
\begin{array}{lll}
\text{Pas. pér. sept.} \;\; 28,3153 & t\ldots 1,7355015 & v^0 = 58°\,29'\,22'' \\[2pt]
\text{Ep. don. août.} \;\; \underline{\;4,9275\;} & \mathrm{D}^{\frac{3}{2}}\ldots 0,0292851 & \cos\tfrac{1}{2}v^0\,.\,9,9407858 \\[2pt]
t = 54^{\text{j}},3878 & \mathrm{T}\ldots 1,7062164 & \\[2pt]
 & \mathrm{T} = 50^{\text{j}},8413 &
\end{array}
$$

$$
\begin{array}{ll}
\mathrm{D}\ldots & 0,0195234 \\
\cos^2\tfrac{1}{2}v^0\ldots & \underline{9,8815716} \\
r^0\ldots & 0,1379518
\end{array}
\qquad
\begin{array}{l}
\text{long. } \odot.\;\; 132°\,21'\,58'' \\
\text{long. comèt.} \;\; 252\,.\,32\,.\,28 \\
\hline
\text{élong. C'TS} = 120°\,10'\,30''
\end{array}
$$

$$
\begin{array}{ll}
\cos\mathrm{C'TS}\ldots & 9,7012595 \\
\cos b^0\ldots & \underline{9,8244563} \\
\cos\mathrm{CTS}\ldots & 9,5257158 \\
\sin\mathrm{CTS}\ldots & 9,9740669 \\
\mathrm{R}^0\ldots & 0,0060678 \\
1:r^0\ldots & \underline{9,8620482} \\
\sin\mathrm{SCT}\ldots & 9,8421829 \\[6pt]
\sin\mathrm{CST}\ldots & 9,6471418 \\
\sin b^0\ldots & 9,8719247 \\
1:\sin\mathrm{CTS}\ldots & \underline{0,0259331} \\
\sin\lambda^0\ldots & 9,5449996 \\[6pt]
\cos\mathrm{CST}\ldots & 9,9523802 \\
\cos\lambda^0\ldots & \underline{0,9714931} \\
\cos\mathrm{C'ST}\ldots & 9,9808871
\end{array}
\qquad
\begin{array}{l}
\mathrm{CTS.}\;\; 109°\,36'\,14'' \\
\mathrm{SCT.}\;\; \underline{44\,.\,3\,.\,9} \\
153°\,39'\,23'' \\
\mathrm{CST.}\;\; 26°\,20'\,37'' \\[20pt]
\text{lat. hélio. }\lambda^0\ldots\; 20°\,32'\,0'' \\[12pt]
\text{commut. C'ST.}\;\; 16°\,52'\,27'' \\
\text{long. de la Terr.}\;\; 312\,.\,21\,.\,58 \\
\hline
\text{long. hél. }\pi^0.\;\; 295°\,29'\,31''
\end{array}
$$

Nous venons de déterminer, par ce calcul, l'anomalie, la longitude et la latitude héliocentriques de la comète relatives à l'instant de l'observation du 4 août; en répétant les mêmes opérations, par rapport aux époques du 22 août et du 3 septembre, on parviendra aux résultats suivants :

$$
\begin{array}{lll}
v^0 = \ 58^\circ 29' 22'' & v = \ 42^\circ 55' 51'' & v' = \ 30^\circ 18' 45'' \\
\varphi^0 = 295.29.31 & \varphi = 306.59.\ 8 & \varphi' = 318.12.19 \\
\lambda^0 = \ 20.32.00 & \lambda = \ 31.46.20 & \lambda' = \ 40.15.40
\end{array}
$$

Ces valeurs donneront, en comparant les deux dernières observations à celle du 4 août,

$$
\begin{array}{ll}
v^0 - v = 15^\circ 33' 31'' & \varphi - \varphi^0 = 11^\circ 29' 37'' \\
v^0 - v' = 28.10.37 & \varphi' - \varphi^0 = 22.42.48
\end{array}
$$

et, au moyen de la formule (4), n° **18**, on en conclura

$$
\begin{array}{ll}
\cos(\varphi - \varphi^0)\ldots\ 9,9912026 & \sin\lambda^0\ldots\ 9,5449996 \\
\cos\lambda^0\ldots\ 9,9714931 & \sin\lambda\ldots\ 9,7214347 \\
\cos\lambda\ldots\ 9,9294946 & \overline{9,2664343} \\
\overline{9,8921903} & + 0,184686 \\
\text{nomb.}\ + 0,780172 & + 0,780172 \\
 & \overline{\cos U + 0,964858} \\
 & \log.\ 9,9844634
\end{array}
$$

On aura donc

$$
\begin{array}{ll}
U\ldots\ 15^\circ 14'\ 4'' & \\
V\ldots\ 15.33.31 & \\
\overline{V - U\ldots 19\ 27} & m\ldots + 1167''
\end{array}
$$

On trouverait de même

$$
\begin{array}{ll}
U'\ldots\ 27^\circ 38' 22'' & \\
V'\ldots\ 28.10.37 & \\
\overline{V' - U'\ldots 32' 15''} & m'\ldots + 1935''
\end{array}
$$

26. Supposons maintenant que l'on fasse varier d'une petite quantité la distance périhélie et l'instant du passage, et déterminons les variations correspondantes des angles U, V, U', V'. Les calculs qui ont servi à former ces angles, fourniront toutes les données nécessaires à cette nouvelle recherche. On aura d'abord, par la seconde des formules (o'), n° **19,**

$$\partial v^0 = (2719'')\,\partial t - (212055'')\,\partial D,$$
$$\partial v = (3519'')\,\partial t - (183485'')\,\partial D,$$
$$\partial v' = (4071'')\,\partial t - (142491'')\,\partial D,$$

et par la première des mêmes formules, en convertissant tous les termes en secondes,

$$\frac{\delta r^0}{r^0} = (1522'')\,\partial t + (78467'')\,\partial D,$$

$$\frac{\delta r}{r} = (1382'')\,\partial t + (125050'')\,\partial D,$$

$$\frac{\delta r'}{r'} = (1103'')\,\partial t + (158601'')\,\partial D.$$

La formule (a) donnera ensuite

$$\partial \lambda^0 = (0,73178)\frac{\delta r^0}{r^0},$$

$$\partial \lambda = (1,18286)\frac{\delta r}{r},$$

$$\partial \lambda' = (1,44359)\frac{\delta r'}{r'},$$

et par la formule (b), on aura

$$\partial \pi^0 = -(0,67577)\frac{\delta r^0}{r^0},$$

$$\partial \pi = -(1,10568)\frac{\delta r}{r},$$

$$\partial \pi' = -(1,24612)\frac{\delta r'}{r'}.$$

Par la formule (g), on formera les variations des angles auxiliaires A et A'; on trouvera ainsi

$$\delta A = - (0{,}65984)\frac{\delta r^0}{r^0} - (1{,}19847)\frac{\delta r}{r},$$

$$\delta A' = - (0{,}60698)\frac{\delta r^0}{r^0} - (1{,}44033)\frac{\delta r'}{r'}.$$

En substituant ces valeurs, ainsi que celles de $\delta\lambda^0$, $\delta\lambda$, $\delta\lambda'$ dans la formule (c), et en remplaçant ensuite $\frac{\delta r^0}{r^0}$, $\frac{\delta r}{r}$, $\frac{\delta r'}{r'}$ par leurs valeurs, on trouvera

$$\delta U = - (\ 2'')\,\delta t + (8792'')\,\delta D,$$
$$\delta U' = - (68'')\,\delta t + (13103'')\,\delta D.$$

Les valeurs de δv^0, δv, $\delta v'$ donnent d'ailleurs

$$\delta V = - (800'')\,\delta t - (28570'')\,\delta D,$$
$$\delta V' = - (1352'')\,\delta t - (69564'')\,\delta D.$$

On aura donc enfin, pour déterminer les variations δt et δD, les deux équations suivantes :

$$798\,\delta t + 37362\,\delta D = 1167,$$
$$1284\,\delta t + 82667\,\delta D = 1935;$$

d'où l'on tire

$$\delta D = + 0{,}0025397, \quad \delta t = + 1{,}3434999.$$

On trouve, par conséquent, pour la distance périhélie et pour l'instant du passage de la comète par ce point, d'après ces premières corrections,

$$D = 1{,}04852, \text{ inst. du pass. sept. } 29^{\text{j}}.6588.$$

Avec ces nouveaux éléments, on recommencera les calculs précédents, et l'on arrivera bientôt aux valeurs de D et de t qui satisfont le plus exactement possible aux trois observations données.

27. Pour montrer comment on procéderait à la correction des éléments de l'orbite par la méthode des variations déterminées, exposée n° **21**, reprenons les trois observations du n° **25**, et, après avoir calculé les angles U, V, U′, V′ avec les valeurs que nous avons supposées à la distance périhélie et à l'instant du passage, nommons m et m' les différences V — U et V′ — U′; on aura, par ce qui précède,

$$m = + 1167'', \quad m' = + 1935''.$$

Faisons subir maintenant une légère variation à la distance périhélie, sans altérer l'époque du passage. Supposons, par exemple,

$$D = 1{,}00598, \quad \text{inst. du pass. sept. } 28^j{,}3153.$$

En calculant de nouveau, avec ces données, les angles U, V, U′, V′, on trouve

$$
\begin{array}{ll}
U = 15°10'50'' & U' = 27°33'31 \\
V = 15.51.54 & V' = 28.56.35 \\
\overline{V - U = \quad 41' \ 4''} & \overline{V' - U' = \quad 1°23' \ 4''} \\
n = + 2464'' & n' = + 4984''
\end{array}
$$

Faisons varier enfin l'instant du passage, en conservant la distance périhélie employée dans la première opération; supposons, par exemple,

$$D = 1{,}04598, \quad \text{inst. du pass. sept. } 29^j{,}3153.$$

En recommençant avec ces données les calculs précédents, on trouvera

$$U\ldots\ 15°14'\ 3''\qquad\qquad U'\ldots\ 27°37'13''$$
$$V\ldots\ 15.20.15\qquad\qquad V'\ldots\ 27.48.\ 5$$
$$V-U\ldots\qquad 6'12''\quad V'-U'\ldots\qquad 10'52''$$
$$p=+\ 372''\qquad\qquad p'=+\ 652''$$

Au moyen des valeurs de m, m', n, n', p et p', on formera les suivantes :

$$m-n=-\ 1297'',\quad m-p=+\ 795'',$$
$$m'-n'=-\ 3049'',\quad m'-p'=+\ 1283'',$$

et l'on aura à résoudre ces deux équations,

$$-\ 1297u+\ 795\,t=1167,$$
$$-\ 3049u+1283\,t=1935;$$

d'où l'on tire

$$u=-\ 0,0540362,\quad t=+\ 1,37977.$$

En multipliant respectivement, par ces deux quantités, les variations $-\ 0,04$ et $+\ 1^j$, que nous avons supposées à la distance périhélie et à l'époque du passage, on aura, pour les variations véritables de ces éléments,

$$\partial D=+\ 0,0021614,\quad \partial t=+\ 1,37977,$$

d'où l'on conclura pour la distance périhélie et l'instant du passage au périhélie corrigés,

$$D=1,0481414,\quad \text{inst. du pass. sept. } 29^j,69507.$$

En calculant avec ces éléments les angles U, V, U', V',

II.   6

on aura

$$U \ldots \; 15°14'27'' \qquad U' \ldots \; 27°37'14''$$
$$V \ldots \; 15.14.19 \qquad V' \ldots \; 27.37.14$$
$$U - V \ldots \qquad +8'' \qquad U' - V' \ldots \qquad 0' \; 0''$$

On ferait disparaître entièrement la différence, en augmentant un peu la distance périhélie et en avançant l'époque du passage ; mais comme elle ne s'élève qu'à quelques secondes, nous ne pousserons pas plus loin cette recherche, et nous déterminerons, d'après la distance périhélie et l'instant du passage précédents, tous les éléments de l'orbite. Le calcul que nous venons de faire des angles U, V, U', V' a donné

$$\begin{array}{l|l|l} v^0 = \; 59°23'36'' & v = \; 44°\;9'17'' & v' = \; 31°46'22'' \\ \lambda^0 = \; 20.59.18 & \lambda = \; 32.28.35 & \lambda' = \; 41.\;0.\;8 \\ \pi^0 = 295.\;4.13 & \pi = 306.19.14 & \pi' = 317.33.24 \end{array}$$

En combinant entre elles les valeurs qui se rapportent à la première et à la dernière observation, parce que ce sont celles qui donnent aux numérateurs et aux dénominateurs des formules n° **20** les plus grands nombres et dont on doit attendre, par conséquent, le plus d'exactitude, on trouve

$$\varphi = 54°27'34'', \quad \alpha = 279°9'53''.$$

φ est l'inclinaison de l'orbite, et le mouvement de la comète étant direct, α est la longitude du nœud ascendant. En nommant η la distance de la comète à ce nœud, à l'époque de la première observation, on trouve par la formule (30), n° **14**,

$$\eta = 26°6'\;56'',$$

d'où l'on conclura, pour le lieu du périhélie sur l'orbite,

$$v + \eta + a = 4°40'25''.$$

Les éléments de l'orbite de la comète de 1824 seront donc

Passage au périhélie. Septembre 29ʲ,69507
Distance périhélie   1,0481414
Lieu du périhélie sur l'orbite . . . .   4°40' 25''
Longitude du nœud ascendant 279. 9. 53
Inclinaison de l'orbite 54.27. 34

Sens du mouvement direct.

6.

CHAPITRE III.

PERTURBATIONS DU MOUVEMENT ELLIPTIQUE DES COMÈTES.

28. Les comètes sont, comme les planètes, assujetties à des perturbations qui altèrent leur mouvement elliptique autour du Soleil, et qui font varier par degrés les éléments de leurs orbites. Ces perturbations sont, en général, beaucoup plus considérables pour les comètes que pour les planètes, et elles sont surtout sensibles dans la durée des révolutions. Leur détermination doit dépendre évidemment des mêmes principes que celle des inégalités planétaires, puisqu'elles dérivent de la même cause, et la méthode exposée n° **13**, livre II, qui consiste à exprimer l'effet des forces perturbatrices par la variation des constantes arbitraires qui entrent dans les formules du mouvement elliptique, paraît être encore dans cette question la plus appropriée à la nature du problème. On détermine, en effet, très-simplement de cette manière les variations différentielles de chacun des éléments de l'orbite, et il ne s'agit plus que d'intégrer ces formules pour avoir tous les éléments du mouvement de la comète dans son orbite troublée. Malheureusement cette intégration présente de grandes difficultés. Les excentricités des orbites des comètes étant en général très-considérables, et leurs inclinaisons à l'écliptique variant à l'infini, il n'est plus possible de développer la fonction perturbatrice en série convergente ordonnée par rapport aux puissances ascendantes de ces quantités, et il faut renoncer à l'avantage d'avoir, pour déterminer les inégalités des comètes, des formules qui, comme celles des perturbations planétaires, embrassent un nombre indéfini de leurs révolutions et ne demandent que des substitutions numériques pour donner les résultats cherchés. Pour intégrer les formules différentielles des éléments de l'orbite troublée, on est obligé ici de recourir aux méthodes d'approximation connues sous le nom de *quadratures mécaniques*. Ces méthodes consistent à partager la courbe décrite par la comète en portions très-petites, par rapport auxquelles on détermine les altérations produites par les forces perturbatrices sur chacun des éléments de l'orbite ; différentes formules donnent ensuite le moyen d'en conclure les variations totales de ces éléments dans l'intervalle compris entre les deux extrémités de l'arc de trajectoire que l'on a considéré. On peut déterminer de cette manière les altérations des éléments de l'orbite elliptique pendant une révolution entière de la comète, c'est-à-dire dans l'espace de temps qui s'écoule entre deux passages de cet astre au périhélie ; mais les calculs que cette méthode exige dans les applications sont immenses, et il convient de les restreindre autant que possible, pour éviter tout travail inutile au calculateur. C'est ce qu'on peut faire très-simplement lorsque la comète est dans la partie supérieure de son orbite, et que sa distance au Soleil devient très-grande, relativement à celle de la planète perturbatrice au même astre. La fonction dont les perturbations dépendent peut, dans ce cas, se développer en série ordonnée par rapport aux puissances descendantes de cette distance, et les expressions différentielles des altérations des éléments elliptiques se partagent alors en deux parties, dont l'une est intégrable par elle-même et dont l'autre, beaucoup moins considérable que la première, peut se déterminer par des approximations successives aussi exactement que l'on veut.

La théorie des perturbations des comètes peut donc être regardée comme complète, et les travaux de Lagrange sur ce sujet, exposés dans un beau Mémoire qui remporta le prix proposé par l'Académie des Sciences, en 1780, n'ont presque rien laissé à faire à ses successeurs. Sans doute on pourrait désirer, pour déterminer ces perturbations, une méthode dont l'application numérique fût plus simple; mais, par la nature même des difficultés que présente la question, il me paraît douteux qu'on y parvienne, et il est probable que pendant longtemps encore ce sera à la patience du calculateur à suppléer sur ce point aux imperfections de l'analyse.

Nous présenterons, dans ce chapitre, les expressions différentielles des éléments de l'orbite troublée des comètes, sous la forme particulière qu'il convient de leur donner, pour faciliter l'application de la méthode des quadratures mécaniques à leur intégration. Nous développerons ensuite ces formules pour le cas où la comète est dans la partie supérieure de son orbite, et en considérant les termes de ces expressions, qui peuvent s'intégrer rigoureusement, nous donne-rons les formules analytiques qui exprimeront, sous forme finie, la partie la plus considérable des pertur-bations. Nous exposerons enfin le moyen de détermi-ner par approximation l'autre partie avec toute la précision désirable. Dans le chapitre suivant nous présenterons, avec autant de détails que le permet-tront les bornes de cet ouvrage, l'application de ces formules aux trois comètes dont le retour périodique est maintenant constaté.

29. Soient m la masse de la comète, x, y, z ses coordonnées rectangulaires rapportées au centre du Soleil, dont la masse est représentée par M; soient x', y', z' les coordonnées de la planète perturbatrice m', rapportées aux mêmes axes et à la même origine que les premières. Si l'on désigne par r et r' les rayons vecteurs de m et de m', et que, pour abréger, on fasse

$$\rho^2 = (x' - x)^2 + (y' - y)^2 + (z' - z)^2,$$

et

$$R = m' \left(\frac{1}{\rho} - \frac{xx' + yy' + zz'}{r'^3} \right),$$

les trois équations différentielles du mouvement de m autour de M, en négligeant, pour plus de simplicité, la masse de la comète devant celle du Soleil prise pour unité, ce qui suppose $m + M = 1$, seront (n° **8**, livre II)

$$\left. \begin{array}{l} \dfrac{d^2 x}{dt^2} + \dfrac{x}{r^3} = \dfrac{dR}{dx}, \\[2ex] \dfrac{d^2 y}{dt^2} + \dfrac{y}{r^3} = \dfrac{dR}{dy}, \\[2ex] \dfrac{d^2 z}{dt^2} + \dfrac{z}{r^3} = \dfrac{dR}{dz}. \end{array} \right\} \ .(A)$$

Lorsque R est nul, ou lorsqu'on fait abstraction des forces perturbatrices, ces équations sont celles du mouvement elliptique. Nous avons développé leurs intégrales complètes dans le chapitre IV du livre cité.

Supposons donc que x, y, z soient les trois coordonnées de la comète dans l'orbite elliptique, et $x + \delta x$, $y + \delta y$, $z + \delta z$ ce que deviennent ces valeurs dans l'orbite troublée, δx, δy et δz étant de très-petites quantités de l'ordre des forces perturbatrices ; en substituant $x + \delta x$, $y + \delta y$, $z + \delta z$, à la place de x, y, z dans les équations précédentes, et négligeant, comme on le fait ordinairement dans la théorie des comètes, les termes du second ordre par rapport à m', on aura

$$\left. \begin{aligned}
\frac{d^2 \delta x}{dt^2} + \frac{\delta x}{r^3} - \frac{3\,x\,\delta r}{r^4} &= \frac{d\mathrm{R}}{dx}, \\[2mm]
\frac{d^2 \delta y}{dt^2} + \frac{\delta y}{r^3} - \frac{3\,y\,\delta r}{r^4} &= \frac{d\mathrm{R}}{dy}, \\[2mm]
\frac{d^2 \delta z}{dt^2} + \frac{\delta z}{r^3} - \frac{3\,z\,\delta r}{r^4} &= \frac{d\mathrm{R}}{dz}.
\end{aligned} \right\} \quad (\mathrm{B})$$

Si ces équations étaient intégrables, elles donneraient immédiatement les valeurs des variations δx, δy et δz, et en les joignant aux valeurs des trois coordonnées x, y, z relatives au mouvement elliptique, on pourrait déterminer à chaque instant le lieu de la comète dans son orbite troublée.

On peut satisfaire aux équations (B) dans deux cas qu'il convient d'examiner, parce qu'il en résultera des considérations qui nous seront utiles dans la suite. Supposons d'abord que la comète s'approche beaucoup du Soleil; les coordonnées x, y, z deviennent alors très-petites, ainsi que les quantités $\frac{d\mathrm{R}}{dx}$, $\frac{d\mathrm{R}}{dy}$, $\frac{d\mathrm{R}}{dz}$; en effet, en développant R, on a

$$\mathrm{R} = m'\left[\frac{1}{r'} - \frac{1}{2}\frac{r^2}{r'^3} + \frac{3}{2}\frac{(xx'+yy'+zz')^2}{r'^5} + \text{etc.}\right];$$

D'où l'on voit que si l'on suppose que x, y, z soient de l'ordre m', les trois différentielles partielles de R seront de l'ordre du carré des forces perturbatrices, et les altérations qui en résulteront seront insensibles. Il est permis, par conséquent, de supposer nuls les seconds membres des équations (A), d'autant plus que, dans ce cas, les termes $\frac{x}{r^3}$, $\frac{y}{r^3}$, $\frac{z}{r^3}$ deviennent très-grands. Le mouvement peut donc être alors regardé comme elliptique, et l'on satisfait, en effet, aux équations (B), en y faisant ∂x, ∂y et ∂z égaux à zéro.

Concevons maintenant la comète dans la partie opposée de son orbite, et supposons que son rayon vecteur r devienne très-grand relativement au rayon vecteur r' de la planète perturbatrice. On pourra développer R en suite convergente par rapport aux puissances descendantes de r; on aura ainsi

$$\mathrm{R} = m'\left[\frac{1}{r} + (xx'+yy'+zz')\left(\frac{1}{r^3} - \frac{1}{r'^3}\right)\right] + \mathrm{R}';$$

en supposant, pour abréger,

$$\mathrm{R}' = \frac{1}{2}m'\left[-\frac{r'^2}{r^3} + \frac{3(xx'+yy'+zz'-\frac{1}{2}r'^2)^2}{r^5} + \frac{5(xx'+yy'+zz'-\frac{1}{2}r'^2)^3}{r^7} + \cdots\right].$$

En différentiant cette expression de R, abstraction

faite de R′, on trouve

$$\frac{d\mathrm{R}}{dx} = m'\left[\frac{x'-x}{r^3} - \frac{x'}{r'^3} - \frac{3x}{r^5}(xx'+yy'+zz')\right],$$

valeur exacte, comme il est aisé de s'en assurer, aux quantités près de l'ordre $\frac{m'}{r'^4}$; la première des équations (B) devient donc

$$\frac{d^2\delta x}{dt^2} + \frac{\delta x}{r^3} - \frac{3x\delta r}{r^4} = m'\left[\frac{x'-x}{r^3} - \frac{x'}{r'^3} - \frac{3x}{r^5}(xx'+yy'+zz')\right].$$

Si l'on observe que l'on a

$$\delta r = \frac{x\delta x + y\delta y + z\delta z}{r},$$

et que, négligeant le carré des forces perturbatrices, on peut supposer dans les termes multipliés par m',

$$\frac{d^2x}{dt^2} = -\frac{x}{r^3}, \quad \frac{d^2x'}{dt^2} = -\frac{x'}{r'^3},$$

on verra aisément que cette équation peut s'écrire ainsi :

$$\frac{d^2\delta x}{dt^2} - m'\frac{d^2x'}{dt^2} - m'\frac{d^2x}{dt^2} = (\delta x - m'x')\left(\frac{3x^2}{r^5} - \frac{1}{r^3}\right)$$

$$+ (\delta y - m'y')\frac{3xy}{r^5} + (\delta z - m'z')\frac{3xz}{r^5}.$$

Les équations différentielles en δy et δz fourniront deux équations semblables. On satisfait à ces équations, abstraction faite du dernier terme de leur premier membre, en supposant $\delta x = m'x'$, $\delta y = m'y'$

et $\delta z = m' z'$. Soient donc

$$\delta x = m' x' + \xi, \quad \delta y = m' y + \eta, \quad \delta z = m' z' + \zeta,$$

l'équation précédente deviendra

$$\frac{d^2 \xi}{dt^2} - m' \frac{d^2 x}{dt^2} = \xi \left(\frac{3 x^2}{r^5} - \frac{1}{r^3} \right) + \eta \frac{3 xy}{r^5} + \zeta \frac{3 xz}{r^5},$$

et l'on y satisfera en prenant $\xi = \frac{1}{3} m' x$, $\eta = \frac{1}{3} m' y$, $\zeta = \frac{1}{3} m' z$. Il en serait de même des équations différentielles relatives à η et à ζ; on aura donc enfin

$$\delta x = m' x' + \frac{1}{3} m' x, \quad \delta y = m' y' + \frac{1}{3} m' y, \quad \delta z = m' z' + \frac{1}{3} m' z.$$

Telles sont les valeurs de δx, δy et δz qui résultent des équations (B), abstraction faite des termes que nous y avons négligés, et qui sont d'autant plus exactes que la comète s'éloigne davantage du Soleil. Si l'on voulait avoir des intégrales de ces équations plus approchées, on désignerait par $\delta' x$, $\delta' y$, $\delta' z$, les quantités très-petites qu'il faut ajouter aux précédentes pour avoir les valeurs exactes de δx, δy, δz, et changeant dans les équations (B) δx, δy, δz en $\delta' x$, $\delta' y$, $\delta' z$ et R en R', on aurait trois nouvelles équations qui serviraient à déterminer ces quantités.

30. Proposons-nous maintenant de déterminer les variations qu'il faut faire subir aux constantes qui entrent dans les formules du mouvement elliptique, pour satisfaire généralement aux équations (A), au moyen des mêmes intégrales. En supposant R nul, nous sommes parvenu, dans le chapitre IV du livre II, aux sept intégrales suivantes :

$$\left.\begin{array}{ll} x y_, - x_, y = c, & x_, z - x z_, = c', \\[2mm] x z_, - z y_, = c'', & \dfrac{x}{r} = c y_, - c' z_, - f, \\[2mm] \dfrac{y}{r} = c'' z_, - c x_, - f', & \dfrac{z}{r} = c' x_, - c'' y_, - f'', \\[2mm] x_,^2 + y_,^2 + z_,^2 - \dfrac{2}{r} + \dfrac{1}{a} = 0, \end{array}\right\} \quad (\text{C})$$

en nommant, pour abréger, $x_,$, $y_,$, $z_,$ les trois quantités $\dfrac{dx}{dt}$, $\dfrac{dy}{dt}$, $\dfrac{dz}{dt}$.

La constante a représente, dans ces équations, le demi-grand axe de l'orbite.

Les trois constantes c, c', c'' fixent sa position. En effet, si l'on nomme φ l'inclinaison du plan de cette orbite sur le plan fixe des xy, et α la longitude de son nœud ascendant comptée sur le même plan, on aura

$$z = \operatorname{tang}\varphi\cos\alpha.y - \operatorname{tang}\varphi\sin\alpha.x.$$

Cette équation, étant comparée à l'équation $cz + c'y + c''x = 0$, qui résulte des intégrales (C), donne

$$\operatorname{tang}\varphi = \frac{\sqrt{c'^2 + c''^2}}{c}, \quad \operatorname{tang}\alpha = -\frac{c''}{c'}.$$

Les constantes f, f', f'' déterminent l'excentricité et le lieu du périhélie. En effet, soient e le rapport de l'excentricité au demi-grand axe, et i la longitude du périhélie projeté sur le plan des xy, on aura (n° **21**, livre II)

$$e = \sqrt{f^2 + f'^2 + f''^2}, \quad \operatorname{tang} i = \frac{f'}{f}.$$

Pour simplifier les formules suivantes, nous prendrons, pour le plan fixe auquel on rapporte la position de la comète et celle des planètes perturbatrices, le plan de l'orbite primitive de la comète ; dans ce cas, l'angle φ est nul à l'origine de la période que l'on considère, en sorte que les constantes c' et c'' seront de l'ordre des forces perturbatrices. On a d'ailleurs, par le numéro cité,

$$f'' = -\frac{f'c' + fc''}{c};$$

d'où l'on voit que f'' est du même ordre que c' et c''. Il suit de là que si l'on n'a égard, comme nous le ferons, qu'à la première puissance des forces perturbatrices, on pourra négliger le carré de f'' ; si de plus on nomme ω la longitude du périhélie sur l'orbite, comptée à partir de l'axe des x, on aura, aux quantités près du second ordre, par rapport à l'inclinaison φ, $i = \omega$; on aura donc simplement, pour déterminer les deux constantes e et ω,

$$e = \sqrt{f^2 + f'^2}, \quad \sin\omega = \frac{f'}{\sqrt{f^2 + f'^2}}, \quad \cos\omega = \frac{f}{\sqrt{f^2 + f'^2}},$$

ou, ce qui revient au même,

$$e \sin\omega = f', \quad e \cos\omega = f.$$

Déterminons maintenant les variations des six constantes a, c, c', c'', f et f'. Comme les grandes excentricités et les grandes inclinaisons des orbites des comètes ne permettent pas d'appliquer à ces astres les formules que nous avons développées dans la théorie des inégalités planétaires, nous ne suivrons pas ici l'analyse du chapitre VI du livre II, et nous exprimerons les altérations des éléments de l'orbite elliptique par des formules qui contiendront la quantité R et ses différentielles sous la forme où elles sont données immédiatement, c'est-à-dire en fonction des coordonnées de la comète et des planètes perturbatrices. Les intégrales (C), où les constantes arbitraires se trouvent exprimées au moyen des coordonnées de la comète et de leurs différences premières divisées par l'élément du temps, sont très-commodes pour cet objet. En effet, nous avons vu n° **37**, livre cité, que si l'on suppose à l'une quelconque des intégrales du mouvement elliptique cette forme,

$$a = \text{fonct.} \; (x, \, y, \, z, \, x_{,}, \, y_{,}, \, z_{,}),$$

la même intégrale conviendra aux équations différentielles du mouvement troublé, pourvu qu'on y regarde comme variable la constante a, et qu'on détermine sa variation par l'équation

$$da = \frac{da}{dx_{,}} \, \partial x \; + \frac{da}{dx_{,}} \, \partial y_{,} + \frac{da}{dz_{,}} \, \partial z_{,}. \qquad (\text{D})$$

La caractéristique ∂ désignant ici des différentiations relatives aux constantes seulement, les variations de ces constantes étant liées entre elles par les équations

$$\partial x = 0, \qquad \partial y = 0, \qquad \partial z = 0,$$

$$\partial x_{,} = \frac{dR}{dx} \, dt, \quad \partial y_{,} = \frac{dR}{dy} \, dt, \quad \partial z_{,} = \frac{dR}{dz} \, dt.$$

Si l'on substitue successivement a, c, c', c'', f, f' et leurs différentielles dans la formule générale (D), et qu'on remplace les trois quantités $\partial x_{,}$, $\partial y_{,}$, $\partial z_{,}$ par leurs valeurs, en observant que z est de l'ordre des forces perturbatrices et que nous négligeons leur carré, on aura d'abord

$$d\,\frac{1}{a} = -\,2\left(x_{,}\frac{d\mathrm{R}}{dx} + y_{,}\frac{d\mathrm{R}}{dy}\right) dt, \qquad (1)$$

et ensuite

$$\left.\begin{aligned}
dc &= \left(x\frac{d\mathrm{R}}{dy} - y\frac{d\mathrm{R}}{dx}\right) dt, \\
dc' &= -\,x\frac{d\mathrm{R}}{dz}\,dt, \\
dc'' &= y\frac{d\mathrm{R}}{dz}\,dt, \\
df &= \left(x\frac{d\mathrm{R}}{dy} - y\frac{d\mathrm{R}}{dx}\right) dy + (xdy - ydx)\frac{d\mathrm{R}}{dy}, \\
df' &= \left(y\frac{d\mathrm{R}}{dx} - x\frac{d\mathrm{R}}{dy}\right) dx + (ydx - xdy)\frac{d\mathrm{R}}{dx}.
\end{aligned}\right\} \qquad (2)$$

Les variations des constantes f, f', c', c'' étant déterminées, on en conclura aisément celles des constantes e, ω, φ et α. En effet, en différentiant les équations (b), on aura

$$de = \sin\omega\,df' + \cos\omega\,df,$$
$$ed\omega = \cos\omega\,df' - \sin\omega\,df.$$

Nous avons nommé ω la longitude du périhélie comptée de l'axe des x; si l'on prend pour cette droite le grand axe de l'orbite de la comète, ω sera de l'ordre des forces perturbatrices, et les équations précédentes donneront simplement

$$de = df, \quad ed\omega = df'.$$

Si l'on suppose, comme dans le n° **44**, livre II,

$$\tan\varphi \sin\alpha = p, \quad \tan\varphi \cos\alpha = q,$$

et qu'on remarque qu'on a (n° **20** du même livre) $c^2 + c'^2 + c''^2 = a(1 - e^2)$, ce qui donne, en négligeant le carré des forces perturbatrices $c = \sqrt{a(1 - e^2)}$, on aura

$$dp = \frac{dc''}{\sqrt{a(1 - e^2)}}, \quad dq = -\frac{dc'}{\sqrt{a(1 - e^2)}}.$$

Ces formules serviront à déterminer la position de l'orbite troublée de la comète par rapport au plan de son orbite primitive; il sera facile ensuite d'en conclure la position de cette orbite par rapport à un plan fixe quelconque.

31. Il nous reste à trouver la variation de la sixième arbitraire qui entre dans les formules du mouvement elliptique, et que nous avons nommée la longitude de l'époque. Reprenons, pour cela, les formules de ce mouvement; en faisant, pour abréger, $n = a^{-\frac{3}{2}}$, on a (n° **22**, livre II),

$$\left.\begin{aligned} nt + \varepsilon - \omega &= u - e\sin u,\\ r = \frac{a(1 - e^2)}{1 + e\cos(v - \omega)} &= a(1 - e\cos u). \end{aligned}\right\} \quad (a)$$

Dans ces équations, $nt + \varepsilon$ représente la longitude moyenne de la comète, $nt + \varepsilon - \omega$ est son anomalie moyenne, u son anomalie excentrique, et $v - \omega$ son anomalie vraie.

Soient x et y les coordonnées rectangulaires de la comète, rapportées au plan et au grand axe de son orbite, les abscisses x étant comptées du foyer vers le périhélie, on aura

$$x = r\cos(v - \omega), \quad y = r\sin(v - \omega);$$

on a d'ailleurs, en comparant les deux valeurs de r,

$$\frac{1 - e^2}{1 + e\cos(v - \omega)} = 1 - e\cos u,$$

d'où l'on tire

$$\sin(v - \omega) = \frac{\sqrt{1 - e^2}\,\sin u}{1 - e\cos u}, \quad \cos(v - \omega) = \frac{\cos u - e}{1 - e\cos u}.$$

En substituant ces valeurs dans les expressions de x et de y, on trouve

$$x = a\cos u - ae, \quad y = a\sqrt{1 - e^2}\,\sin u.$$

Cela posé, si l'on différentie la première des équations (a), on aura, dans le cas de l'ellipse invariable,

$$ndt = du\,(1 - e\cos u).$$

Cette équation doit encore subsister dans le cas de l'ellipse troublée, c'est-à-dire lorsqu'on regarde ses éléments comme variables; on aura donc ainsi

$$d\varepsilon - d\omega = du\,(1 - e\cos u) - de\sin u, \quad (3)$$

l'anomalie u ne variant ici qu'à raison de la variation des constantes que sa valeur renferme.

Si l'on différentie l'expression de $\cos(v - \omega)$ en y faisant varier les constantes e et ω, et qu'on y substitue ensuite pour $\sin(v - \omega)$ sa valeur, on trouvera aisément

$$du = \frac{\sin u}{}\,de - \frac{1 - e\cos u}{\sqrt{1 - e^2}}\,d\omega.$$

Cette valeur, substituée dans l'équation (3), donne

$$d\varepsilon - d\omega = - \frac{de\sin u(2 - e\cos u - e^2)}{1 - e^2} - \frac{d\omega(1 - e\cos u)^2}{\sqrt{1 - e^2}}; \quad (4)$$

formule qui déterminera la variation de ε, lorsque celles de e et de ω seront connues. On peut écrire ainsi cette équation,

$$d\varepsilon - d\omega\left(1 - \sqrt{1 - e^2}\right) = - \frac{de\sin u(2 - e\cos u - e^2)}{1 - e^2}$$
$$+ \frac{ed\omega\left[\cos u(2 - e\cos u) - e\right]}{\sqrt{1 - e^2}};$$

et si l'on remplace, dans le second membre, de et $ed\omega$ par leurs valeurs df et df', et qu'on observe que les valeurs de x et y, en les différentiant et substituant pour du sa valeur tirée de l'équation $ndt = du(1 - e\cos u)$, donnent

$$dx = - \frac{andt\sin u}{1 - e\cos u}, \qquad dy = \frac{andt\sqrt{1 - e^2}\cos u}{1 - e\cos u}.$$

Il est facile de voir qu'on pourra lui donner cette forme,

$$d\varepsilon - d\omega\left(1 - \sqrt{1 - e^2}\right) = - \frac{1}{a\sqrt{1 - e^2}}\left(ydf - xdf'\right)$$
$$+ \frac{(1 - e\cos u)^2}{an(1 - e^2)}\left(\frac{dx}{dt}df + \frac{dy}{dt}df'\right).$$

Maintenant, si dans cette équation on substitue pour df et df' leurs valeurs déterminées précédemment, en remarquant que l'on a

$$xdy - ydx = a^2 ndt\sqrt{1 - e^2},$$
$$a^2(1 - e\cos u)^2 = r^2 = x^2 + y^2,$$

on trouvera

$$d\varepsilon = d\omega\left(1 - \sqrt{-e^2}\right) - 2\,andt\left(x\,\frac{d\mathrm{R}}{dx} + y\,\frac{d\mathrm{R}}{dy}\right). \quad (5)$$

Cette équation donnera la valeur de $d\varepsilon$ au moyen de celle de $d\omega$ supposée connue. En remplaçant $d\omega$ par sa valeur, on aurait, pour déterminer la valeur de $d\varepsilon$, une formule directe; mais il est plus commode de lui laisser cette forme.

On peut observer qu'en différentiant la première des équations (a), nous avons regardé n comme invariable; la variation de cette constante introduirait dans l'expression précédente de $d\varepsilon$ le terme $-tdn$; mais ce terme disparaîtrait dans l'expression différentielle de la longitude moyenne $nt + \varepsilon$, qui serait en effet

$$ndt + tdn - tdn + d\varepsilon.$$

Il est donc inutile d'y avoir égard, puisque l'expression de cette longitude est la seule qui contienne la constante ε dans les formules du mouvement elliptique; ou, ce qui revient au même, on peut supposer que le moyen mouvement est exprimé par $\int ndt$ dans le mouvement elliptique et dans le mouvement troublé, la valeur de n étant, dans ce dernier cas, celle qui résulte des perturbations. Pour la déterminer, observons que l'équation $n = a^{-\frac{3}{2}}$ donne, en la différentiant,

$$dn = \frac{3}{2}\,an.d\,\frac{1}{a}\cdot$$

En substituant donc pour $d\,\frac{1}{a}$ sa valeur, on aura

$$dn = -3\,an\left(\frac{d\mathrm{R}}{dx}\,dx + \frac{d\mathrm{R}}{dy}\,dy\right).$$

Cette équation donnera, en l'intégrant et en y ajoutant une constante, le moyen mouvement dans l'orbite troublée.

32. Rassemblons les différentes formules que nous venons de trouver. Si, pour simplifier, on fait

$$X = \frac{x' - x}{\rho^3} - \frac{x'}{r'^3}, \quad Y = \frac{y' - y}{\rho^3} - \frac{y'}{r'^3}, \quad Z = z'\left(\frac{1}{\rho^3} - \frac{1}{r'^3}\right),$$

ce qui donne

$$\frac{dR}{dx} = m'X, \quad \frac{dR}{dy} = m'Y, \quad \frac{dR}{dz} = m'Z,$$

et que l'on substitue dans ces formules pour $\frac{dR}{dx}$, $\frac{dR}{dy}$, $\frac{dR}{dz}$, les valeurs précédentes, et pour x et y, leurs valeurs en fonction de u, on aura

$$\left. \begin{aligned}
da &= -2\,m'\,du.a^3 \sin u \, X + 2\,m'\,du.a^3 \sqrt{1 - e^2} \cos u \, Y, \\
de &= m'\,du.a \sqrt{1 - e^2} \cos u \,(xY - yX) + m'du.a \sqrt{1 - e^2}\, rY, \\
ed\omega &= m'\,du.a \sin u \,(xY - yX) - m'\,du.a\sqrt{1 - e^2}\, rX, \\
d\varepsilon &= \left(1 - \sqrt{1 - e^2}\right) d\omega - 2\,m'\,du.r(xX + yY). \\
dp &= \frac{m'\,du}{\sqrt{1 - e^2}}\, ry\, Z, \\
dq &= \frac{m'\,du}{\sqrt{1 - e^2}}\, rx\, Z.
\end{aligned} \right\} \quad (6)$$

En joignant à ces équations la suivante :

$$dn = 3\,m'\,du.a^2 n . \sin u \, X - 3\,m'\,du.a^2 n \sqrt{1 - e^2}. \cos u \, Y, \quad (7)$$

qui donne directement la variation du moyen mouvement, on pourra déterminer par de simples quadratures les altérations de chacun des éléments qui fixent les dimensions et la position de l'orbite de la comète, ainsi que la situation de cet astre à un instant donné.

Dans les applications numériques des formules précédentes, on sera obligé de déterminer les valeurs des différentes variables qu'elles renferment, correspondantes à une valeur donnée de l'anomalie excentrique u. On a, par le n° **31**, l'expression des coordonnées x, y, et du rayon vecteur r de la comète en fonction de u; on pourra donc en déduire immédiatement leurs valeurs, et il ne restera plus qu'à calculer les valeurs simultanées des coordonnées x', y', z' de la planète perturbatrice. Pour cela, observons que le grand axe de l'orbite de la comète ayant été pris pour axe des x, si l'on nomme γ l'inclinaison de l'orbe de la planète sur celui de la comète, λ la longitude de son nœud ascendant, comptée sur ce dernier plan, à partir de la ligne des apsides, qu'on désigne de plus par v' l'angle que fait le rayon vecteur r' avec la ligne des nœuds, on aura, par une construction très-simple,

$$x' = r' \cos v' \cos \lambda - r' \sin v' \sin \lambda \cos \gamma,$$
$$y' = r' \cos v' \sin \lambda + r' \sin v' \cos \lambda \cos \gamma,$$
$$z' = r' \sin v' \sin \gamma.$$

Il sera facile, d'après les positions connues des orbites de la comète et des planètes perturbatrices, de calculer les constantes λ et γ qui entrent dans ces valeurs. Quant au rayon vecteur r' et à l'angle v', on observera que le temps écoulé depuis le passage au périhélie est donné, en fonction de u, par l'équation

$$t = a^{\frac{3}{2}} (u - e \sin u).$$

En joignant la valeur qui en résultera à l'instant du passage, on aura l'époque qui se rapporte à la variation supposée dans l'arc de l'anomalie excentrique u; les Tables astronomiques fourniront ensuite toutes les données nécessaires pour déterminer les valeurs correspondantes de r' et de v'.

33. Un des points les plus importants de la théorie des comètes est l'altération du temps périodique; elle dépend de l'altération de l'anomalie moyenne, et celle-ci se détermine aisément au moyen des formules précédentes.

En effet, si l'on nomme ζ l'anomalie moyenne de la comète, on aura, dans l'orbite elliptique,

$$\zeta = \int n\, dt + \varepsilon - \omega.$$

Cette équation conviendra encore au mouvement troublé, pourvu qu'on y regarde ε et ω comme variables et qu'on y substitue pour n sa valeur

$$n = \mathrm{N} + \int dn,$$

N étant une constante qui représente la valeur de n, ou le moyen mouvement de la comète dans l'unité de temps, au commencement de la période que l'on considère, et $\int dn$ étant déterminé par la formule (7). On aura donc, en différentiant la valeur de ζ, par rapport aux constantes seulement,

$$d\zeta = dt \int dn + d\varepsilon - d\omega;$$

d'où l'on tire, en intégrant,

$$\int d\zeta = .\int dt \int dn + \int d\varepsilon - \int d\omega.$$

Cette équation servira à déterminer la variation de l'anomalie moyenne; on peut la simplifier en faisant disparaître la double intégrale qu'elle renferme. En effet, on a

$$\int dt \int dn = t \int dn - \int t \, dn;$$

on aura donc

$$\int d\zeta = t \int dn - \int t \, dn + \int d\varepsilon - \int d\omega,$$

valeur qui ne dépend plus que de simples quadratures, comme celles des altérations des autres éléments de l'orbite.

Cela posé, on aura généralement pour l'expression de l'anomalie moyenne dans l'orbite troublée, après un temps quelconque t,

$$\zeta = \mathrm{N}\,t + \varepsilon - \omega + \int d\zeta.$$

Si l'on suppose que l'on commence à compter le temps t de l'instant du passage au périhélie, l'angle $\varepsilon - \omega$ sera nul pour cette époque, puisque, par cette hypothèse, on a $\zeta = 0$ en même temps que $t = 0$. On aura donc simplement

$$\zeta = \mathrm{N}\,t + \int d\zeta.$$

Soit T le temps qui s'écoule entre deux passages consécutifs de la comète à son périhélie; lorsqu'elle aura achevé sa révolution, on aura

$$\int d\zeta = \mathrm{T} \int dn - \int t \, dn + \int d\varepsilon - \int d\omega. \quad (8)$$

Les intégrales devant s'étendre depuis $t = 0$ jusqu'à $t = T$, l'anomalie augmente dans cet intervalle de 360°; on aura donc, pour le même instant,

$$2\pi = NT + \int d\zeta, \quad (9)$$

π étant la demi-circonférence dont le rayon est l'unité.

Prenons, pour fixer les idées, la comète de 1682, revenue à son périhélie en 1759, et dont il s'agit de fixer le prochain retour. On calculerait immédiatement l'instant de ce passage au moyen de l'équation (9), si la valeur de la constante N, relative au périhélie de 1759, était connue; mais cette valeur ne saurait se conclure directement, comme celle des autres éléments de l'orbite, des observations faites pendant l'apparition de 1759. Elle se déduit du temps qu'a employé la comète à faire sa révolution anomalistique de 1682 à 1759, et cette donnée est affectée des perturbations qu'a éprouvées cet astre durant cette période. Pour la déterminer, supposons que T soit l'intervalle de temps qui sépare les passages de 1682 et de 1759, et que N soit la valeur de n qui répond à l'origine de cette période; à l'instant du passage au périhélie de 1759, par l'équation (9), on aura

$$N = \frac{2\pi - \int d\zeta}{T},$$

les intégrales $\int$ devant commencer à l'instant du passage au périhélie de 1682, où nous fixons l'origine du temps t, et s'étendre depuis $t = 0$ jusqu'à $t = T$; et les valeurs des constantes e, ε, ω se rapportant aux observations du même passage.

Cette équation donnera la valeur de **N** relative au périhélie de 1682, et l'on en conclura celle de **N'**, relative au périhélie de 1759, par l'équation

$$\mathbf{N'} = \mathbf{N} + \int dn,$$

l'intégrale commençant, comme les précédentes, à l'instant du passage au périhélie de 1682, et devant s'étendre depuis $t = 0$ jusqu'à $t = \mathbf{T}$. On aura ensuite les valeurs du grand axe de l'orbite, qui se rapportent aux mêmes époques, par les équations

$$\mathbf{N}^2 = \frac{1}{a^3}, \quad \mathbf{N'}^2 = \frac{1}{a'^3}.$$

Soit, maintenant, $\mathbf{T'}$ l'intervalle de temps inconnu qui s'écoulera entre le passage au périhélie de 1759 et le prochain retour qu'il s'agit de déterminer. On aura, pour cette époque,

$$\overline{\int d\zeta} = t \int dn - \overline{\int t\, dn} + \overline{\int d\varepsilon} - \overline{\int d\omega}, \quad (10)$$

et, par suite,

$$2\pi = \mathbf{N'T'} + \overline{\int d\zeta}; \quad (11)$$

les intégrales $\overline{\int}$ commençant ici à l'instant du passage au périhélie de 1759, et s'étendant depuis $t = 0$ jusqu'à $t = \mathbf{T'}$; les valeurs des constantes e, ε, ω qu'elles renferment, étant d'ailleurs celles qui résultent des observations de la comète faites à la même époque.

L'équation (11), qui ne renferme que l'inconnue $\mathbf{T'}$, servira à déterminer sa valeur. On connaîtra ainsi l'intervalle de temps qui doit s'écouler entre le passage de la comète au périhélie effectué en 1759, et le passage suivant; on pourra, par conséquent, fixer d'avance l'époque de son prochain retour au même point de son orbite.

34. Toute la difficulté de la théorie des perturbations des comètes se réduit donc à intégrer les formules (6). Cette intégration, comme nous l'avons dit, n'est pas possible en général; on ne peut l'effectuer que par le moyen des quadratures mécaniques. L'analyse fournit différentes formules pour cet objet; nous allons présenter celle que l'on a généralement adoptée, et qui résulte fort simplement des premiers principes du *calcul aux différences*.

Soit y une fonction quelconque de x, et soient $y^{(0)}$, $y^{(1)}$, $y^{(2)}$,..., $y^{(i)}$, ce que devient successivement cette fonction, lorsqu'on suppose $x = 0$, $x = \alpha$, $x = 2\alpha$,..., $x = i\alpha$; désignons par $\Delta y^{(0)}$, $\Delta y^{(1)}$, etc., les différences finies de ces quantités prises deux à deux, par $\Delta^2 y^{(0)}$, $\Delta^2 y^{(1)}$, etc., leurs différences secondes et ainsi de suite, en sorte qu'on ait

$$
\left.
\begin{array}{lll}
y^{(1)} - y^{(0)} = \Delta y^{(0)}, & \Delta y^{(1)} - \Delta y^{(0)} = \Delta^2 y^{(0)}, & \Delta^2 y^{(1)} - \Delta^2 y^{(0)} = \Delta^3 y^{(0)}, \\
y^{(2)} - y^{(1)} = \Delta y^{(1)}, & \Delta y^{(2)} - \Delta y^{(1)} = \Delta^2 y^{(1)}, & \Delta^2 y^{(2)} - \Delta^2 y^{(1)} = \Delta^3 y^{(1)}, \\
y^{(3)} - y^{(2)} = \Delta y^{(2)}, & \cdots\cdots\cdots\cdots\cdots\cdots & \cdots\cdots\cdots\cdots\cdots\cdots \\
\cdots\cdots\cdots\cdots\cdots\cdots & \Delta y^{(i)} - \Delta y^{(i-1)} = \Delta^2 y^{(i-1)}, & \Delta^2 y^{(i)} - \Delta^2 y^{(i-1)} = \Delta^3 y^{(i-1)}, \\
y^{(i)} - y^{(i-1)} = \Delta y^{(i-1)}, & \cdots\cdots\cdots\cdots\cdots\cdots & \cdots\cdots\cdots\cdots\cdots\cdots \\
\cdots\cdots\cdots\cdots\cdots\cdots & & \\
\text{ec.} & &
\end{array}
\right\} \quad (k)
$$

De ces équations on tire, par des substitutions faciles,

$$y^{(1)} = y^{(0)} + \Delta y^{(0)},$$
$$y^{(2)} = y^{(0)} + 2\Delta y^{(0)} + \Delta^2 y^{(0)},$$
$$y^{(3)} = y^{(0)} + 3\Delta y^{(0)} + 3\Delta^2 y^{(0)} + \Delta^3 y^{(0)},$$
$$\text{etc.} ;$$

d'où l'on conclut généralement

$$y^{(i)} = y^{(0)} + i\Delta y^{(0)} + \frac{i(i-i)}{1.2}\Delta^2 y^{(0)} + \frac{i(i-1)(i-2)}{1.2.3}\Delta^3 y^{(0)} + \ldots, \quad (m)$$

formule qui sera très-convergente, si les différences $\Delta y^{(0)}$, $\Delta^2 y^{(0)}$, $\Delta^3 y^{(0)}$, etc., décroissent avec beaucoup de rapidité.

Cela posé, on peut regarder $y = f(x)$ comme l'équation d'une courbe parabolique dont y représente l'ordonnée et x l'abscisse ; cette courbe passera par les extrémités des ordonnées équidistantes $y^{(0)}$, $y^{(1)}$, etc., et l'on aura d'autant plus de facilité pour la tracer, que ces coordonnées seront plus rapprochées ; $y^{(i)}$ sera donc l'ordonnée qui répond à l'abscisse quelconque $x = i\alpha$ et $\int y^{(i)} dx$ l'aire indéfinie comprise entre la courbe et l'axe des x. Si, dans l'équation (m), on substitue pour i sa valeur $\frac{x}{\alpha}$, on aura

$$y^{(i)} = y^{(0)} + \frac{x}{\alpha}\Delta y^{(0)} + \frac{x(x-\alpha)}{1.2.\alpha^2}\Delta^2 y^{(0)} + \frac{x(x-\alpha)(x-2\alpha)}{1.2.3.\alpha^3}\Delta^3 y^{(0)} + \ldots.$$

Multiplions cette valeur par dx et intégrons-la depuis $x = 0$ jusqu'à $x = \alpha$, l'expression résultante sera celle de l'aire comprise entre les ordonnées y^0 et $y^{(1)}$; on trouvera

$$\int y^{(i)} dx = \alpha\left(y^{(0)} + \frac{1}{2}\Delta y^{(0)} - \frac{1}{12}\Delta^2 y^{(0)} + \frac{1}{24}\Delta^3 y^{(0)} - \frac{19}{720}\Delta^4 y^{(0)} + \frac{3}{160}\Delta^5 y^{(0)} - \ldots\right).$$

De même, pour l'aire comprise entre les ordonnées $y^{(1)}$ et $y^{(2)}$, on aura

$$\int y^{(i)}\,dx = \alpha\left(y^{(1)} + \frac{1}{2}\Delta y^{(1)} - \frac{1}{12}\Delta^2 y^{(1)} + \frac{1}{24}\Delta^3 y^{(1)} - \frac{19}{720}\Delta^4 y^{(1)} + \frac{3}{160}\Delta^5 y^{(1)} - \ldots\right),$$

et ainsi de suite.

En prenant donc la somme de toutes ces valeurs, on aura, pour l'aire totale comprise entre les ordonnées $y^{(0)}$ et $y^{(n)}$,

$$\int y\,dx = \alpha\left[y^{(0)} + y^{(2)} \ldots + y^{(n-1)}\right]$$
$$+ \frac{\alpha}{2}\left[\Delta y^{(0)} + \Delta y^{(1)} + \Delta y^{(2)} \ldots + \Delta y^{(n-1)}\right]$$
$$- \frac{\alpha}{12}\left[\Delta^2 y^{(0)} + \Delta^2 y^{(1)} + \Delta^2 y^{(2)} \ldots + \Delta^2 y^{(n-1)}\right]$$
$$+ \text{etc.}$$

On a d'ailleurs

$$\Delta y^{(0)} + \Delta y^{(1)} + \Delta y^{(2)} \ldots + \Delta y^{(n-1)} = y^{(n)} - y^{(0)},$$
$$\Delta^2 y^{(0)} + \Delta^2 y^{(1)} + \Delta^2 y^{(2)} \ldots + \Delta^2 y^{(n-1)} = \Delta y^{(n)} - \Delta y^{(0)},$$
etc.

L'expression précédente devient donc ainsi :

$$\left.\begin{aligned}
\int y\,dx = {}& \alpha\left[\frac{1}{2}y^{(0)} + y^{(1)} + y^{(2)} \ldots + y^{(n-1)} + \frac{1}{2}y^{(n)}\right]\\[4pt]
& - \frac{\alpha}{12}\left[\Delta y^{(n)} - \Delta y^{(0)}\right]\\[4pt]
& + \frac{\alpha}{24}\left[\Delta^2 y^{(n)} - \Delta^2 y^{(0)}\right]\\[4pt]
& - \frac{19\alpha}{720}\left[\Delta^3 y^{(n)} - \Delta^3 y^{(0)}\right]\\[4pt]
& + \frac{3\alpha}{160}\left[\Delta^4 y^{(n)} - \Delta^4 y^{(0)}\right]\\[4pt]
& - \text{etc.}
\end{aligned}\right\} \quad (G)$$

La détermination des différences $\Delta y^{(n)}$, $\Delta^2 y^{(n)}$, etc., qui entrent dans cette formule, dépend des quantités $y^{(n+1)}$, $y^{(n+2)}$, etc., tandis qu'on n'est supposé avoir calculé ces ordonnées que depuis $y^{(0)}$ jusqu'à $y^{(n)}$. Ce serait un inconvénient pour la pratique, mais on peut l'éviter en donnant une autre forme à cette expression. Pour cela, remarquons que des équations (k), on tire

$$\Delta y^{(n)} = \Delta y^{(n-1)} + \Delta^2 y^{(n-2)} + \Delta^3 y^{(n-3)} + \text{etc.},$$
$$\Delta^2 y^{(n)} = \Delta^2 y^{(n-2)} + 2\,\Delta^3 y^{(n-3)} + 3\,\Delta^4 y^{(n-4)} + \text{etc.},$$
$$\Delta^3 y^{(n)} = \Delta^3 y^{(n-3)} + 3\,\Delta^4 y^{(n-4)} + 2.3.\Delta^5 y^{(n-5)} + \text{etc.},$$

etc. ;

d'où l'on peut conclure généralement

$$\Delta^i y^{(n)} = \Delta^i y^{(n-i)} + i\,\Delta^{i+1} y^{(n-i-1)} + \frac{i\,(i+1)}{1.2}\,\Delta^{i+2} y^{(n-i-2)} + \text{etc.}$$

Si l'on substitue ces valeurs, qui ne dépendent plus que des quantités y^n, y^{n-1}, etc., dans la formule (G), on aura

$$
\begin{aligned}
\int y\,dx = {}& \alpha\left[\tfrac{1}{2}y^{(0)} + y^{(1)} + y^{(2)} \ldots + y^{(n-1)} + \tfrac{1}{2}y^{(n)}\right] \\
& - \frac{\alpha}{12}\left[\Delta y^{(n-1)} - \Delta y^{(0)}\right] \\
& - \frac{\alpha}{24}\left[\Delta^2 y^{(n-2)} + \Delta^2 y^{(0)}\right] \\
& - \frac{19\alpha}{720}\left[\Delta^3 y^{(n-3)} - \Delta^3 y^{(0)}\right] \\
& - \frac{3\alpha}{160}\left[\Delta^4 y^{(n-4)} + \Delta^4 y^{(0)}\right] \\
& - \text{etc.}
\end{aligned}
\qquad (P)
$$

Le premier terme de cette série représente, comme il est facile de s'en convaincre, la somme des petits trapèzes compris entre les ordonnées $y^{(0)}, y^{(1)}, \ldots, y^{(n)}$, somme qui approchera d'autant plus de l'aire de la courbe parabolique, que les ordonnées seront plus rapprochées et leurs variations plus petites.

35. Pour appliquer la série précédente à l'intégration des formules (6), représentons par $P\,du$ la variation différentielle de l'un quelconque des éléments de l'orbite de la comète, et regardons P comme l'ordonnée de la courbe parabolique dont l'anomalie excentrique u est l'abscisse. On fera varier u de degré en degré ou de deux degrés en deux degrés, etc., selon qu'on le jugera convenable, on déterminera les valeurs correspondantes de P qu'on désignera par $P^{(0)}, P^{(1)}, P^{(2)}$, etc., et l'on aura, par la formule (P), la valeur de $\int P\,du$ correspondante à un arc donné d'anomalie excentrique. On pourra presque toujours s'arrêter au premier terme de cette formule, les autres termes ne donnant que des corrections de l'ordre des quantités négligées. Le seul cas où il deviendrait nécessaire de considérer ces termes, est celui où la comète approche beaucoup de la planète perturbatrice, ce qui rend très-grande la fraction $\frac{1}{\rho^3}$, et, par suite, la valeur de P. Mais alors il sera encore plus exact, pour que les ordonnées P ne subissent pas de trop grandes variations, de diminuer l'intervalle qui les sépare et de faire croître l'anomalie excentrique de demi-degré en demi-degré ou de quinze minutes en quinze minutes, etc., selon les circonstances.

36. On pourrait déterminer, par cette méthode, les variations des éléments de l'orbite elliptique pendant une révolution entière de la comète ; mais nous avons vu que, lorsque cet astre est dans la partie supérieure de son orbite et que la comète s'éloigne beaucoup de la planète perturbatrice, la partie la plus considérable de ses perturbations pouvait s'exprimer par des formules analytiques qui n'exigent plus que des substitutions numériques, ce qui facilite beaucoup le calcul de ces perturbations. Développons donc, dans l'hypothèse précédente, les variations des éléments de l'orbite.

Reprenons la valeur de R,

$$R = m' \left(\frac{1}{\rho} - \frac{xx' + yy' + zz'}{r'^3} \right).$$

Si l'on suppose la distance r de la comète au Soleil très-considérable par rapport à r', distance de la planète perturbatrice à cet astre, on pourra réduire l'expression précédente en série convergente, par rapport aux puissances descendantes de r, et l'on aura, n° **29**,

$$R = m' \left[\frac{1}{r} + (xx' + yy' + zz') \left(\frac{1}{r^3} - \frac{1}{r'^3} \right) \right] + R',$$

R′ représentant une suite de termes dont le plus élevé est de l'ordre $\frac{m'r'^2}{r^2}$.

L'avantage qu'il y a à décomposer ainsi R en deux parties, c'est que la fonction R′ est essentiellement très-petite lorsque le rapport $\frac{r'}{r}$ est une très-petite fraction, tandis qu'au contraire R conserve toujours une valeur finie, quel que soit l'éloignement de la comète, à cause du terme $\dfrac{xx' + yy' + zz'}{r'^3}$ qui ne dépend que de la distance de la planète au Soleil. Il en résulte qu'on peut, dans une première approximation, négliger tout à fait la seconde partie de R ; les formules (6) deviennent alors intégrables par elles-mêmes, en sorte que la partie la plus sensible des perturbations des comètes, peut toujours être exprimée analytiquement par des formules finies, lorsque la comète est dans la partie supérieure de son orbite. Dans l'approximation suivante, on considérera la fonction R', mais il suffira le plus souvent de s'arrêter aux premiers termes de son développement.

Faisons donc d'abord abstraction de R' ; si l'on désigne par la caractéristique d' des différentielles uniquement relatives aux coordonnées de la comète, on aura

$$d'R = m'\left[d.\frac{1}{r} + (x'\,dx + y'\,dy)\left(\frac{1}{r^3} - \frac{1}{r'^3}\right) + (xx' + yy')\,d.\frac{1}{r^3}\right].$$

On peut, dans cette valeur, remplacer $\dfrac{x}{r^3}$, $\dfrac{x'}{r'^3}$ par $-\dfrac{d^2x}{dt^2}$, $-\dfrac{d^2x'}{dt^2}$ et $\dfrac{y}{r^3}$, $\dfrac{y'}{r'^3}$ par $-\dfrac{d^2y}{dt^2}$, $-\dfrac{d^2y'}{dt^2}$, l'erreur que l'on commet étant de l'ordre du carré des forces perturbatrices. On trouve ainsi

$$d'R = m'd.\left(\frac{1}{r} + \frac{xx' + yy'}{r^3} + \frac{dx\,dx' + dy\,dy'}{dt^2}\right).$$

Si l'on substitue cette valeur dans la formule (1), n° **30**, et qu'on l'intègre, on aura

$$\delta a = 2m'a^2\left(\frac{1}{r} + \frac{xx' + yy'}{r^3} + \frac{dx\,dx' + dy\,dy'}{dt^2}\right) + \text{const.}$$

Si l'on détermine la constante que cette équation renferme, par la condition que δa soit nul au point de l'orbite où l'on a commencé à considérer séparément les deux parties de R, l'expression résultante sera celle de l'altération du grand axe après un temps quelconque, compté à partir de ce point, due à la partie de R indépendante de R'.

On peut obtenir, d'une autre manière, la valeur de δa. En effet, si l'on différentie, par rapport à la caractéristique δ, qui aura ici la signification que nous lui avons donnée, n° **29**, l'équation

$$\frac{1}{a} = \frac{2}{r} - \frac{dx^2 + dy^2 + dz^2}{dt^2},$$

on aura

$$\frac{\delta a}{a^2} = \frac{2\,\delta r}{r^2} + \frac{2\,dx\,d.\delta x + 2\,dy\,d.\delta y}{dt^2}.$$

Nous avons trouvé, dans le numéro cité, par l'intégration directe des équations différentielles du mouvement troublé,

$$\delta x = \frac{1}{3}\,m'x + m'x', \quad \delta y = \frac{1}{3}\,m'y + m'y',$$

$$\delta z = \frac{1}{3}\,m'z + m'z'.$$

En substituant ces valeurs et leurs différentielles dans l'équation précédente, on aura

$$\delta a = 2\,m'a^2\left[\frac{1}{3}\left(\frac{1}{r} + \frac{dx^2 + dy^2}{dt^2}\right) + \frac{xx' + yy'}{r'^3} + \frac{dx\,dx' + dy\,dy'}{dt^2}\right],$$

ou bien, en remplaçant $\dfrac{dx^2 + dy^2}{dt^2}$ par sa valeur $\dfrac{2}{r} - \dfrac{1}{a}$,

$$\delta a = -\frac{2}{3}\,m'a + 2\,m'a^2\left(\frac{1}{r} + \frac{xx' + yy'}{r^3} + \frac{dx\,dx' + dy\,dy'}{dt^2}\right).$$

II. 8

On voit que cette expression coïncide avec celle que nous avons déduite directement de la formule (1), en supposant dans celle-ci const. $= -\frac{2}{3}\,m'a$, la constante arbitraire étant déterminée, dans ce cas, de manière à satisfaire aux équations

$$\delta x - \frac{1}{3}\,m'x - m'x' = 0, \quad \delta y - \frac{1}{3}\,m'y - m'y' = 0,$$

$$\delta z - \frac{1}{3}\,m'z - m'z' = 0.$$

L'équation $n^2 = \frac{1}{a^3}$ donne, en la différentiant par rapport à δ,

$$\delta n = -\frac{3}{2} \cdot \frac{n}{a} \cdot \delta a.$$

En substituant donc pour δa sa valeur précédente, on aura

$$\delta n = m'n - 3\,m'an \left(\frac{1}{r} + \frac{xx' + yy'}{r^3} + \frac{dx\,dx' + dy\,dy'}{dt^2} \right). \quad (g)$$

Cette valeur, augmentée d'une constante, donnera l'altération du moyen mouvement due à la partie de R indépendante de R'.

Déterminons, d'une manière semblable, la variation de l'excentricité et du périhélie due à la même partie de R.

La quatrième des équations (C), en remplaçant c et c' par leurs valeurs et négligeant le carré de z, donne

$$f = -\frac{x}{r} + \frac{dy\,(x\,dy - y\,dx)}{dt^2}.$$

En différentiant, par rapport à la caractéristique δ, cette équation, on aura

$$\delta f = \frac{x\,\delta r - r\,\delta x}{r^2} + \frac{d.\delta y\,(x\,dy - y\,dx)}{dt^2}$$
$$+ \frac{dy\,(xd.\delta y - yd.\delta x + dy\,\delta x - dx\,\delta y)}{dt^2},$$

et en substituant dans cette équation, pour δx, δy, δz, leurs valeurs précédentes, elle donnera

$$\delta f = m' \left[\frac{dy\,(x\,dy - y\,dx)}{dt^2} + \frac{y\,(xy' - x'y)}{r^3} + \frac{dy'\,(x\,dy - y\,dx)}{dt^2} \right.$$
$$\left. + \frac{dy\,(x\,dy' - y'\,dx + x'\,dy - y\,dx')}{dt^2} \right].$$

Si l'on ajoute une constante arbitraire au second membre de cette équation, et qu'on la détermine par la condition que δf soit nul à un point donné de l'orbite, l'équation résultante donnera l'altération de f à partir de ce point, due à la partie de R indépendante de R'. Cette valeur doit être identique avec celle qui résulterait de l'intégration directe de l'expression de df, n° 50; c'est en effet ce qu'il est facile de vérifier en la développant dans l'hypothèse précédente, et en observant qu'on peut y substituer $-\frac{d^2 x}{dt^2}$, $-\frac{d^2 x'}{dt^2}$ à la place de $\frac{x}{r^3}$ et de $\frac{x'}{r'^3}$, et $-\frac{d^2 y}{dt^2}$, $-\frac{d^2 y'}{dt^2}$ à la place de $\frac{y}{r^3}$ et de $\frac{y'}{r'^3}$.

Si l'on substitue pour $\frac{dy\,(x\,dy - y\,dx)}{dt^2}$ sa valeur

$f + \dfrac{x}{r}$ dans l'expression de ∂f, elle devient

$$\partial f = m' \left[\ f + \frac{x}{r} + y\, \frac{(xy' - x'y)}{r^3} + \frac{dy'(x\,dy - y\,dx)}{dt^2} \right.$$
$$\left. + \frac{dy\,(x\,dy' - y'\,dx + x'\,dy - y\,dx')}{dt^2} \right].$$

En changeant, dans cette formule, x en y, x' en y', et réciproquement, on aura, pour déterminer l'altération de f' due à la partie de R indépendante de R',

$$\partial f' = m' \left[\ f' + \frac{y}{r} - \frac{x\,(xy' - x'y)}{r^3} - \frac{dx'(x\,dy - y\,dx)}{dt^2} \right.$$
$$\left. - \frac{dx\,(x\,dy' - y'\,dx + x'\,dy - y\,dx')}{dt^2} \right].$$

Connaissant les variations de f et de f', on aura celles de e et de ω, par les équations

$$\partial e = \partial f \quad \text{et} \quad e\,\partial\omega = \partial f'.$$

Considérons les variations de l'inclinaison et du nœud de l'orbite due à la même partie de R. En la différentiant, on a

$$\frac{d\,\mathrm{R}}{dz} = m' \left[\frac{z' - z}{r^3} - \frac{z'}{r'^3} - \frac{3\,z}{r^5}(xx' + yy') \right].$$

Si l'on substitue cette valeur dans les valeurs de dc' et dc'', n° **30**, et qu'on néglige les termes de l'ordre du carré des forces perturbatrices, on trouve

$$dc' = -\,m'\,xz' \left(\frac{1}{r^3} - \frac{1}{r'^3} \right) dt,$$
$$dc'' = \quad m'\,yz' \left(\frac{1}{r^3} - \frac{1}{r'^3} \right) dt.$$

Remplaçons, dans ces équations, $\frac{x}{r^3}$, $\frac{y}{r^3}$, $\frac{z'}{r'^3}$ par $-\frac{d^2 x}{dt^2}$, $-\frac{d^2 y}{dt^2}$, $-\frac{d^2 z'}{dt^2}$, et intégrons les équations résultantes, nous aurons

$$\partial c' = m' \left(\frac{z'\,dx - x\,dz'}{dt} \right);$$

$$\partial c'' = m' \left(\frac{y\,dz' - z'\,dy}{dt} \right);$$

formules qui coïncident d'ailleurs avec celles que l'on obtiendrait directement en différentiant les valeurs des constantes c' et c'', n° **30**, par rapport à la caractéristique ∂, et en substituant pour ∂z et $d.\partial z$, leurs valeurs dans les expressions résultantes.

Les valeurs de $\partial c'$ et de $\partial c''$ étant ainsi connues, on aura celles de ∂p et de ∂q, dues à la partie de R indépendante de R′, par les équations

$$\partial p = \frac{\partial c''}{\sqrt{a\,(1 - e^2)}}, \quad \partial q = -\frac{\partial c'}{\sqrt{a\,(1 - e^2)}},$$

et il sera facile d'en conclure les altérations correspondantes de l'inclinaison et du nœud.

En retranchant les valeurs de ∂a, ∂n, ∂f, $\partial f'$, $\partial c'$, $\partial c''$, à un point donné de l'orbite, de leurs valeurs à un autre point donné, on aura les altérations dans l'intervalle, de a, n, f, f', c', c'', dues à la partie de R indépendante de R′.

37. On pourrait exprimer, par une formule semblable aux précédentes, la variations de la longitude de l'époque due à la même partie de R ; mais cette formule est inutile à la détermination de l'altération de l'anomalie moyenne, qui peut se faire très-simplement de la manière suivante : supposons que l'on fixe l'origine du temps au point de l'orbite où l'on commence à diviser en deux parties la fonction R, et nommons $\overline{\mathrm{N}}$ le moyen mouvement de la comète en ce point, c'est-à-dire la valeur de n qui résulte des perturbations précédentes ; on aura, après un temps quelconque t, compté du même point,

$$\int n\,dt + \delta\varepsilon - \delta\omega = \overline{\mathrm{N}}\,t + \int \delta\,n\,dt + \delta\varepsilon - \delta\omega.$$

En désignant par $\delta' n$ la variation de n due à la partie de R indépendante de R′, on aura donc, pour déterminer l'altération correspondante de l'anomalie moyenne,

$$\delta\zeta = \int \delta'\,n\,dt + \delta\varepsilon - \delta\omega.$$

Si l'on différentie cette expression et qu'on y substitue pour $d.\delta\varepsilon - d.\delta\omega$, sa valeur donnée par l'équation (4), n° **31**, on aura

$$d.\delta\zeta = \delta'\,n\,dt - \frac{d.\delta c.\sin u\,(2 - e^2 - e\cos u)}{1 - e^2} - \frac{d.\delta\omega.(1 - e\cos u)^2}{\sqrt{1 - e^2}},$$

équation qu'on peut écrire ainsi :

$$d.\delta\zeta = -\,d.\left[\frac{\delta c \sin u\,(2 - e^2 - e\cos u)}{1 - e^2} + \frac{\delta\omega\,(1 - e\cos u)^2}{\sqrt{1 - e^2}}\right]$$
$$+ \left(\frac{\delta' n}{n} + \delta e\,\frac{(2\cos u + e)}{1 - e^2} + 2\,e\,\delta\omega\,\frac{\sin u}{\sqrt{1 - e^2}}\right) n\,dt,$$

en observant que l'on a, n° **31**, $n\,dt = du\,(1 - e\cos u)$.
Nous avons trouvé plus haut

$$\delta c = \delta f, \qquad e\,\delta\omega = \delta f';$$

si l'on désigne par $m'l$ ce que devient la valeur de δn donnée par la formule (g), au point de l'orbite d'où nous comptons maintenant le temps t, il est clair qu'on aura

$$\delta'n = \delta n - m'l;$$

les valeurs précédentes de δn, δf, $\delta f'$ donnent d'ailleurs cette relation très-simple,

$$\frac{\delta n}{n} + \frac{2\cos u + c}{1 - c^2}\,\delta f + \frac{2\sin u}{\sqrt{1 - c^2}}\,\delta f' = \frac{m'}{a^2 n \sqrt{1 - c^2}}\left(\frac{x\,dy' - y\,dx' + y'\,dx - x'\,dy}{dt}\right):$$

équation qu'il est facile de vérifier en remplaçant δn, δf, $\delta f'$, par leurs valeurs et en comparant dans les deux membres les coefficients de x', y', $\dfrac{dx'}{dt}$ et $\dfrac{dy'}{dt}$ après les avoir préalablement exprimés en fonction de u.

L'expression de $d.\delta\zeta$ deviendra donc, en y substituant pour $\delta'n$, δe, $e\,\delta\omega$ leurs valeurs, et en l'intégrant ensuite,

$$\delta\zeta = - m'lt + \frac{m'(xy' - x'y)}{a^2\sqrt{1 - c^2}} - \frac{\delta f \sin u\,(2 - c^2 - c\cos u)}{1 - c^2}$$
$$- \frac{\delta f'\,(1 - c\cos u)^2}{c\sqrt{1 - c^2}} + \text{const.}$$

Cette formule, remarquable par sa simplicité, a été donnée pour la première fois par Lagrange. (*Mémoires de l'Académie des Sciences de Paris; Savants étrangers*, tome X.)

On aura l'altération de l'anomalie moyenne, depuis un point de l'orbite jusqu'à un autre point donné, due à la partie de R indépendante de R′, en retranchant la valeur de $\delta\zeta$ au premier de ces points de sa valeur au second.

38. Considérons maintenant les altérations des éléments de l'orbite dépendantes de R'. Lorsque la comète se trouve dans la partie supérieure de son orbite, R' étant une très-petite quantité, les valeurs de ces variations sont aussi très-peu considérables. Si pour les obtenir on substitue R' à la place de R dans les formules (1) et (2), ce changement n'altérant en rien leur forme, il est clair qu'elles s'intégreront encore par la méthode exposée n° **34**, et comme la fonction R' est beaucoup plus petite que R, on pourra écarter davantage les ordonnées de la courbe parabolique, ce qui rendra l'application de la méthode plus facile. Mais dans le cas où la comète s'éloigne beaucoup de la planète perturbatrice, et où il est avantageux de partager ainsi R en deux parties, ces formules peuvent se développer en suites convergentes, et l'on obtient leurs intégrales par une méthode d'approximation beaucoup plus expéditive que celles des quadratures mécaniques.

Pour le faire voir, reprenons la valeur de R', n° **29**,

$$R = \frac{1}{2} m' \left[-\frac{r'^2}{r^3} + \frac{3\left(xx' + yy' + zz' - \frac{1}{2}r'^2\right)^2}{r^5} + \frac{5\left(xx' + yy' + zz' - \frac{1}{2}r'^2\right)^3}{r^7} + \ldots \right].$$

Si l'on différentie cette valeur par rapport aux variables x, y, z et que, pour abréger, on fasse

$$P = \frac{3}{2}\frac{r'^2}{r^5} - \frac{15}{2}\frac{\left(xx' + yy' + zz' - \frac{1}{2}r'^2\right)^2}{r^7} - \frac{35}{2}\frac{\left(xx' + yy' + zz' - \frac{1}{2}r'^2\right)^3}{r^9} - \ldots,$$

$$P' = \frac{3\left(xx' + yy' + zz' - \frac{1}{2}r'^2\right)}{r^5} + \frac{15}{2}\frac{\left(xx' + yy' + zz' - \frac{1}{2}r'^2\right)^2}{r^7} + \ldots,$$

il est aisé de s'assurer qu'on aura

$$\frac{d\mathrm{R}'}{dx} = m'\,(\mathrm{P}\,x + \mathrm{P}'x'), \quad \frac{d\mathrm{R}'}{dy} = m'\,(\mathrm{P}\,y + \mathrm{P}'y'),$$

$$\frac{d\mathrm{R}'}{dz} = m'\,(\mathrm{P}z + \mathrm{P}'z').$$

Substituons ces valeurs dans les formules (1), (2), (5), après y avoir changé R en R', nous aurons

$$da = -\,2\,m'\,a^2\,[\mathrm{P}\,(x\,dx + y\,dy) + \mathrm{P}'(x'\,dx + y'\,dy)],$$

$$df = m'\,\mathrm{P}'(x'\,y - xy')\,dy + m'\,(x\,dy - y\,dx)\,(\mathrm{P}\,y + \mathrm{P}'y'),$$

$$df' = m'\,\mathrm{P}'(x'\,y - xy')\,dx + m'\,(y\,dx - x\,dy)\,(\mathrm{P}\,y + \mathrm{P}'y'),$$

$$d\varepsilon = df'\left(\frac{1 - \sqrt{1 - e^2}}{e}\right) - 2\,a\,n\,dt\,[\mathrm{P}(x^2 + y^2) + \mathrm{P}'(xx' + yy')],$$

$$dp = \frac{m'}{\sqrt{a\,(1 - e^2)}}\,\mathrm{P}'\,y\,z'\,dt,$$

$$dq = \frac{m'}{\sqrt{a\,(1 - e^2)}}\,\mathrm{P}'\,x\,z'\,dt.$$

$$(\mathrm{F})$$

Si l'on remplace, dans ces formules, P et P' par les séries que ces lettres représentent; qu'on substitue ensuite pour x, y, z et r leurs valeurs

$$x = r\cos v, \quad y = r\sin v, \quad z = 0, \quad r = \frac{a\,(1 - e^2)}{1 + e\cos v},$$

et pour x', y', z', r' leurs valeurs données, n° **32**, en fonction des sinus et cosinus de v'; qu'on observe que, par les formules du mouvement elliptique, on a

$$\left.\begin{aligned}
r^2\,dv &= dt\,\sqrt{a\,(1 - e^2)}, \\
r'^2\,dv' &= dt\,\sqrt{a'(1 - e'^2)},
\end{aligned}\right\} \quad (n)$$

il est évident que, chacune des expressions précédentes pourra se développer en une suite de termes de cette forme,

$$H \cos(iv + i'v' + K)\, dv, \quad (p)$$

i et i' étant des nombres entiers, H et K des constantes fonctions des éléments des orbites de la comète et de la planète perturbatrice.

Ces termes s'intègrent sans difficulté dans le cas où $i' = 0$; ils ne sont plus intégrables généralement lorsque i' n'est pas nul; mais quand la comète est dans la partie supérieure de son orbite, les termes de cette espèce sont considérablement plus petits que les précédents, en sorte qu'on peut presque toujours les négliger sans scrupule. Au reste, si l'on juge convenable de pousser plus loin l'approximation, on pourra le faire de la manière suivante.

Les deux équations (n) donnent

$$dv = \frac{r'^2\, dv'}{r^2} \frac{\sqrt{a\,(1 - e^2)}}{\sqrt{a'\,(1 - e'^2)}}.$$

Le terme qu'il s'agit d'intégrer devient, en substituant cette valeur,

$$H\, \frac{\sqrt{a\,(1 - e^2)}}{\sqrt{a'\,(1 - e'^2)}} \int \frac{r'^2\, dv'}{r^2} \cos(iv + i'v' + K).$$

Si, dans cette intégrale, on met pour $\frac{r'^2}{r^2}$ sa valeur

$$\frac{a'^2\,(1 - e'^2)^2\,(1 + e \cos v)^2}{a^2\,(1 - e^2)\,[1 + e' \cos(v' - \omega')]^2},$$

et qu'on remarque que e' est une très-petite quantité, il est clair qu'on pourra la développer en une suite de termes de cette forme,

$$H' \int \cos(lv + l'v' + K')\, dv'.$$

Ce terme peut encore s'écrire ainsi :

$$\frac{H'}{l'} \int \cos(lv + K')\, d.\sin l'v' + \frac{H'}{l'} \int \sin(lv + K')\, d.\cos l'v' ;$$

on aura donc, en intégrant,

$$H' \int \cos(lv + l'v' + K')\, dv' = \frac{H'}{l'} \sin(lv + l'v' + K')$$

$$- \frac{H'l}{l'} \int \cos(lv + l'v' + K')\, dv.$$

Si, dans le dernier terme, on substitue pour dv sa valeur, il devient

$$- \frac{H'l}{l'}\, \frac{\sqrt{a\,(1 - e^2)}}{\sqrt{a'(1 - e'^2)}} \int \frac{r'^2\, dv'}{r^2} \cos(lv + l'v' + K').$$

Ce terme est beaucoup plus petit que l'intégrale

$$H' \int \cos(lv + l'v' + K')\, dv',$$

puisque $\dfrac{r'}{r}$ est supposé une très-petite fraction, et que

le facteur $\dfrac{\sqrt{a\,(1 - e^2)}}{\sqrt{a'(1 - e'^2)}}$ est aussi très-petit; car $a\,(1 - e)$

est la distance périhélie de la comète, et cette distance est beaucoup moindre que a' relativement aux trois planètes supérieures, les seules dont on ait ordinairement à considérer l'action. On pourra donc supposer l'intégrale $H' \int \cos(lv + l'v' + K')\, dv'$, à très-peu près égale à $\dfrac{H'}{l'} \sin(lv + l'v' + K')$, et négliger l'autre partie de sa valeur. Si l'on voulait cependant y avoir égard, comme cette partie est absolument de même forme que l'intégrale $H \int \cos(iv + i'v' + K)\, dv$, on pourrait la développer comme elle en une suite de termes semblables au suivant :

$$\mathrm{H}'' \int \cos\left(sv + s'v' + \mathrm{K}'\right) dv',$$

que l'on intégrerait par la méthode que nous venons d'indiquer. En continuant ainsi on diminuera à volonté l'erreur résultante des intégrales négligées, et l'on approchera d'aussi près que l'on voudra de la valeur de l'intégrale

$$\mathrm{H} \int \cos\left(iv + i'v' + \mathrm{K}\right) dv.$$

Il ne s'agit donc, pour appliquer aux équations (F) la méthode d'intégration précédente, que de développer ces formules, ce qui ne demande plus que des substitutions faciles. En joignant les valeurs de ∂a, ∂f, $\partial f'$, $\partial \zeta$, ∂p, ∂q, qui en résulteront, à celles qui se rapportent à la partie de R indépendante de R', on aura les altérations totales des éléments elliptiques de la comète dans la partie supérieure de son orbite.

39. Voici donc, d'après les résultats précédents, la marche qu'il faudra suivre pour déterminer généralement les perturbations d'une comète et fixer à l'avance l'époque de son retour au périhélie. Prenons pour exemple la comète de 1759. Les observations faites pendant ses apparitions, en 1682 et en 1759, ont fourni toutes les données nécessaires pour déterminer les éléments de son orbite à ces deux époques. Elles ne donnent point directement, il est vrai, la valeur du grand axe; cette valeur dépend, comme nous l'avons vu, des perturbations que la comète a subies pendant la révolution de 1682 à 1759; mais on peut, dans le calcul de ces perturbations, regarder l'orbite comme une ellipse dont le grand axe répond à la durée observée de cette révolution; les quantités négligées seront de l'ordre du carré des forces perturbatrices. Partant donc des éléments de 1682, on déterminera leurs altérations, ainsi que celle de l'anomalie moyenne, pour les six premiers signes d'anomalie excentrique, c'est-à-dire depuis $u = 0$ jusqu'à $u = 180°$; pour les six autres signes, il sera préférable de fixer l'origine de l'angle u au périhélie de 1759 et de remonter vers 1682, en faisant u négatif et en employant les éléments déduits des observations de 1759. Dans le troisième et le quatrième quart de son ellipse, la comète étant beaucoup plus éloignée des planètes perturbatrices que dans les deux autres, on pourra prendre cette seconde moitié de l'orbite pour ce que nous avons nommé la *moitié supérieure* et employer avec sûreté les formules qui s'appliquent à ce cas. Dans les deux autres quarts on fera usage, pour calculer les altérations des éléments de l'orbite, de la méthode des quadratures mécaniques.

On déterminera, par ce moyen, le grand axe de l'orbite qui répond au périhélie de 1682, et l'on en conclura celui qui se rapporte au périhélie de 1759. On recommencera ensuite les mêmes opérations depuis 1759 jusqu'au prochain retour de la comète au périhélie; mais comme l'époque de ce passage est inconnue, on pourra, pour plus d'exactitude, rectifier l'orbite de 30 en 30 degrés, en employant pour chaque signe les éléments de l'ellipse qui résulte des calculs précédents. Lorsqu'on aura ainsi déterminé les variations de l'anomalie moyenne et des autres éléments de l'orbite depuis $u = 0$ jusqu'à $u = 360°$, on en conclura l'époque du prochain retour de la comète à son périhélie et les éléments de son orbite à cette époque.

CHAPITRE IV.

APPLICATION DE LA THÉORIE PRÉCÉDENTE AUX COMÈTES PÉRIODIQUES DE 1682, DE 1819 ET DE 1825.

40. Le système du monde renferme aujourd'hui (*) trois comètes dont le retour périodique est constaté. La plus anciennement connue est la comète de 1682. Halley, qui avait le premier remarqué son identité avec les comètes aperçues en 1531 et 1607, par une évaluation approximative et purement conjecturale des altérations qu'elle devait éprouver dans la période suivante, en vertu de l'action de Jupiter et de Saturne, annonça son retour pour la fin de l'année 1758 ou le commencement de 1759. Clairaut tenta de soumettre à des calculs rigoureux cette importante question ; il appliqua à la détermination des perturbations de cette comète la solution qu'il avait donnée du problème des trois corps, et après un travail immense qui embrasse trois révolutions de la comète, il fixa l'époque de son passage par le périhélie au 4 avril 1759. On sait que la prédiction du géomètre se réalisa à quelques jours près ; et encore l'écart des résultats de l'observation et de la théorie, aurait-il été diminué sans doute, si Clairaut eût employé dans ses calculs la

(*) Toutes les dates dans ce chapitre se rapportent à la première édition de l'ouvrage qui a paru en 1829.

valeur de la masse de Saturne, telle que nous la connaissons aujourd'hui, et s'il avait eu égard à l'action de la planète Uranus, dont on ignorait de son temps l'existence.

Les deux autres comètes, à l'égard desquelles s'est reproduit, de nos jours, le phénomène si remarquable de leur réapparition au périhélie après une ou plusieurs révolutions, parcourent des ellipses beaucoup moins allongées que la précédente. La première accomplit sa révolution en 1204 jours à peu près. Ce fut en 1819 qu'elle fut reconnue, pour la première fois, comme comète périodique. En examinant les éléments d'une comète qu'on venait d'observer au commencement de cette année, un membre du Bureau des Longitudes remarqua qu'ils avaient une grande analogie avec ceux d'un astre de même nature aperçu en 1805. La même observation fut faite, en Allemagne, par M. Olbers, qui reconnut en outre que cette comète avait déjà été vue précédemment en 1759 et 1789. D'après cela, le temps périodique de cet astre ne pouvait être que d'un petit nombre d'années. M. Encke, astronome de Gotha, entreprit de représenter par une orbite elliptique les observations de 1805 et 1819, et les éléments qu'il détermina, se trouvèrent avoir entre eux plus d'analogie encore que les éléments paraboliques; alors il ne resta plus de doute qu'ils n'appartinssent à une même comète, dont la période était de trois ans et trois mois à peu près, et qui, dans l'intervalle de 1805 à 1819, avait accompli quatre révolutions entières pour revenir à son périhélie. D'après la rapidité de cette révolution, on aurait pu considérer cet astre comme une nouvelle planète; mais on a continué à le ranger parmi les comètes, tant à raison de ses apparences physiques, que parce qu'il n'est pas visible pour nous dans toutes les parties de son orbite. Depuis cette importante découverte, plusieurs géomètres se sont occupés de la détermination des dérangements que cette comète a dû éprouver dans ses diverses révolutions depuis 1805 jusqu'à 1829, époque de sa dernière apparition, et ils sont parvenus à représenter sa marche dans cet intervalle avec une précision à laquelle il paraissait difficile que la théorie pût atteindre. Mais le même succès n'a pas couronné leurs efforts lorsqu'ils ont tenté de remonter aux passages antérieurs à 1805, et les orbites elliptiques résultant du calcul des perturbations n'ont pu que satisfaire imparfaitement aux observations de 1795 et 1786. M. Encke a pensé que pour représenter la marche de la comète dans cet intervalle, il fallait recourir à l'hypothèse d'un milieu éthéré dont la résistance altère insensiblement les éléments de son orbite, et cette idée a donné encore à la théorie de cet astre un plus haut degré d'intérêt. Sans doute, si les corps célestes étaient soumis à cette nouvelle force perturbatrice, dont aucun autre phénomène ne nous a révélé l'existence, son influence serait beaucoup plus sensible sur les comètes que sur les planètes, à cause du peu de densité de la matière qui les compose, de même que nous voyons, à la surface de la Terre, la résistance de l'air altérer d'autant plus les mouvements des corps pesants, que leur densité est plus petite; mais les résultats des calculs qu'on a faits à cet égard, et les hypothèses sur lesquelles ils sont fondés, nous paraissent les premiers trop peu concluants, et les secondes trop arbitraires pour décider une pareille question, et ce n'est qu'après un grand nombre de révolutions de la comète de 1819, et lorsque sa théorie aura été suffisamment approfondie, qu'un point aussi important de la physique céleste pourra être établi avec quelque certitude.

Enfin, c'est dans ces derniers temps seulement que le système du monde s'est enrichi d'une nouvelle comète périodique dont la révolution est de six ans trois quarts à peu près. Elle fut aperçue d'abord le 27 février 1826, en Bohême, par M. Biela; le 9 mars suivant, à Marseille, par M. Gambart, et le 10 à Altona, par M. Clausen. Les éléments paraboliques conclus des premières observations de cet astre, avaient une ressemblance remarquable avec ceux de deux comètes observées en 1772 et 1806. MM. Clausen et Gambart, qui paraissent se partager l'honneur d'avoir fait simultanément ce rapprochement, tentèrent alors de calculer le mouvement de ces trois comètes en leur appliquant une orbite elliptique, et après quelques essais, ils trouvèrent, chacun de leur côté, une ellipse qui en représentait les observations assez exactement pour ne plus laisser aucun doute sur leur identité.

Tel est l'état actuel de l'Astronomie relativement aux comètes dont la révolution est connue. Il n'est pas douteux que l'attention assidue qu'on apporte maintenant aux observations astronomiques, n'en augmente encore le nombre dans la suite; mais il est à présumer que la découverte des comètes à longue période, comme celle de 1682, sera toujours très-rare, surtout si l'on remarque qu'on n'observe ces astres avec assez de soin et assez de précision que depuis deux siècles. Les incertitudes dont les observations précédentes sont affectées, doivent même souvent tromper les conjectures qu'elles ont fait naître; c'est ce qui est arrivé, en effet, pour la comète de 1532, observée par Appien. Les rapports qui existent entre ses éléments et ceux d'une comète observée en 1661, par Hévélius, avaient fait penser qu'ils appartenaient à un même astre dont la révolution était de 128 années environ, et en conséquence on attendait le retour de cette comète vers 1789; mais elle n'a pas reparu.

Nous regrettons que les bornes de cet ouvrage ne nous permettent pas de développer, dans toute leur étendue, les résultats de l'application de la théorie exposée dans le chapitre précédent aux trois comètes dont nous venons de tracer l'histoire; mais du moins, en présentant le résumé de ces calculs, nous en indiquerons la marche avec assez de détails pour éviter tout embarras à ceux qui voudraient les vérifier ou les pousser plus loin, en considérant de nouvelles révolutions de ces comètes.

Détermination du prochain retour au périhélie de la comète de 1759.

41. Les premières observations un peu certaines qu'on ait de cette comète se rapportent à son apparition en 1531; elle repassa depuis à son périhélie en 1607, 1682 et 1759. Les durées de ces trois révolutions sont, comme on voit, très-inégales. La première période, en effet, était de 76 ans et 2 mois à peu près, ou de 27811 jours; la seconde, de 27352 jours, et plus courte, par conséquent, de 459 jours que la précédente; enfin, la dernière, la plus longue des trois, était de 27937 jours. Il serait donc impossible de rien conclure sur les retours futurs de cette comète à son périhélie sans le secours de la théorie, et la détermination des perturbations qu'elle éprouve par l'action des planètes peut seule nous mettre en état de prédire l'instant de sa prochaine apparition.

Il faut, pour cela, commencer, comme nous l'avons vu n° **39**, par déterminer le moyen mouvement diurne de la comète au périhélie de 1759, ce qui exige que l'on calcule les altérations qu'ont subies les éléments de son orbite, pendant la période de 1682 à 1759. Les seules planètes, dont l'action sur la comète ait pu être sensible dans cette révolution, sont Jupiter, Saturne et Uranus. Les mêmes planètes ont encore influé sur son mouvement dans la révolution subséquente; mais dans l'année 1759, la comète s'étant beaucoup approchée de la Terre, il est devenu indispensable d'avoir égard à cette nouvelle planète dans le calcul des perturbations, et l'on verra, en effet, qu'il en résulte une diminution de plusieurs jours dans la durée de la période que nous nous proposons de déterminer. Nous n'aurons donc à nous occuper, dans ce qui va suivre, que de l'action perturbatrice de ces quatre planètes : les calculs qui en résultent exigent des développements très-étendus; je me bornerai ici à indiquer la marche de ces calculs, et je renverrai pour les détails au Mémoire que j'ai présenté à l'Académie des Sciences en 1828 (*) et qui a été couronné par cette Académie qui avait proposé la question *de la détermination des perturbations des comètes*, pour sujet du grand prix de mathématiques de l'année 1829. Je n'ai apporté d'autre changement à ce vaste travail, publié six ans avant le retour de la comète en 1835, que de faire subir aux résultats qu'il renferme des corrections correspondantes à celles qu'ont éprouvées dans ces derniers temps les valeurs des masses de Jupiter et de Saturne. Ces corrections ont eu pour effet de rapprocher beaucoup les résultats de la théorie de ceux de l'observation.

42. Dans le calcul des perturbations qui se rapportent à la révolution de 1682 à 1759, nous regarderons l'orbite de la comète comme une ellipse dont le grand axe répond à la durée observée de cette révolution, que nous supposerons de 27937 jours. En nommant donc $2a$ cet axe et N le moyen mouvement diurne qui lui correspond, on aura $N = \dfrac{360°}{27937}$ et l'on en déduira la valeur de a exprimée en parties de la distance moyenne du Soleil à la Terre, au moyen de l'équation $a = N^{-\frac{2}{3}} \left(\dfrac{365,25638}{360°} \right)^{-\frac{2}{3}}$, on trouvera ainsi :

$$N = 46'',39009, \quad a = 18,0186.$$

Les autres éléments de l'orbite qui se rapportent

(*) Voir *Savants étrangers*, tome VI, et la *Connaissance des Temps* pour 1838.

tant au périhélie de 1682 qu'à celui de 1759, résultent directement des observations faites à ces deux époques. Nous supposerons, d'après les réductions de ces observations faites avec grand soin par Burchkardt (*) :

En 1682.

Instant du passage au périhélie 1682. $15^{sept.}$,24002 (**)

Rapport de l'excentricité au demi-grand axe.   0,967676

Lieu du périhélie. . . . .   302° 3' 45"

Longitude du nœud. 51.17.10

Inclinaison de l'orbite. 17.48

Sens du mouvement, rétrograde.

En 1759.

Instant du passage au périhélie 1759. $13^{mars.}$,08976

Rapport de l'excentricité au demi-grand axe.   0,967557

Lieu du périhélie. . . . .   303° 10' 1"

Longitude du nœud ascendant. 53.50.11

Inclinaison de l'orbite. 17.37.12

Sens du mouvement, rétrograde.

Pour apporter dans les calculs le plus de précision possible, il sera bon d'employer, dans la première moitié de la révolution de 1682 à 1759, les éléments de l'orbite relatifs au périhélie de 1682, et dans la seconde les éléments qui se rapportent au périhélie de 1759.

(*) *Connaissance des Temps* pour 1819.

(**) Le temps est partout exprimé en jours moyens comptés de minuit au méridien de Paris.

Il ne s'agit plus maintenant, pour déterminer le prochain retour au périhélie de la comète de 1759, que de substituer, dans les formules du chapitre troisième, les valeurs numériques précédentes, à la place des quantités qui les représentent, ainsi que celles qui se rapportent uniquement aux planètes perturbatrices, et qui seront données par les Tables astronomiques. Lorsqu'on aura ainsi déterminé les altérations différentielles qu'éprouve chacun des éléments de l'orbite par l'action des forces perturbatrices, on aura, par la formule (P), les altérations totales de ces éléments, correspondantes à une variation donnée de l'anomalie excentrique. Dans l'application de cette formule, on fera varier l'anomalie excentrique de degré en degré pour Jupiter; mais comme les autres planètes que nous considérons exercent sur la comète des actions beaucoup moins sensibles, nous écarterons davantage, dans ce cas, les ordonnées de la courbe parabolique, et nous ferons varier cette anomalie de deux degrés en deux degrés pour Saturne, et de cinq degrés en cinq degrés pour Uranus (*).

(*) On pourrait faciliter encore le calcul des perturbations en appliquant à la partie supérieure de l'orbite la méthode d'approximation exposée n° 56; mais nous avons préféré, dans l'espoir d'obtenir une détermination plus exacte de l'instant du passage au périhélie, 1835, employer la méthode des *quadratures paraboliques* au calcul des variations des éléments pendant les deux révolutions successives de la comète que nous avons eues à considérer. On trouvera, au reste, une application des formules dont il s'agit dans un Mémoire inséré dans la *Connaissance des Temps* pour 1838.

43. Pour donner un exemple de ces calculs, proposons-nous de déterminer les altérations des divers éléments de l'orbite résultant de l'action de Jupiter sur la comète pendant la période de 1682 à 1759, et correspondant à un arc donné de l'anomalie excentrique.

Par les Tables de Bouvard, on aura

Anomalie moyenne de ♃ au moment
du périhélie de la comète en 1682.. 111° 16′ 1″
Lieu du périhélie................ 9. 16.45
Longitude du nœud................ 97. 18.39
Inclinaison de l'orbite.......... 1. 19

En considérant le triangle intercepté sur la sphère céleste, par l'écliptique et les orbites de Jupiter et de la comète, on trouvera aisément, d'après les données précédentes,

Lieu du nœud ascend. de ♃ sur
l'orbite de la comète...... 54° 14′
Lieu du nœud ascend. de la comète sur l'orbite de ♃..... 54. 6
Inclinaison mutuelle des deux
orbites................ 18. 44

d'où l'on conclura d'abord

$$\lambda \ldots\ 112° 10',\quad \gamma \ldots\ 18° 44'.$$

Si de la longitude du périhélie de Jupiter, on retranche l'angle 54° 6′, la différence sera la quantité qu'il faut ajouter aux anomalies vraies de cette planète, comptées du périhélie, pour avoir sa longitude comptée du nœud ascendant de son orbite sur celle de la comète; cet angle sera donc ainsi de $315° 11'$.

Cela posé, on aura pour déterminer les coordonnées de la comète rapportées au plan et au grand axe de son orbite, ainsi que le temps écoulé depuis le passage au périhélie de 1682, les formules suivantes :

$$x = 18,01861 \cos u - 17,43532, \quad y = 4,54494 \sin u,$$
$$t = (4446^{j},3071)(u - 0,967676 \sin u);$$

et pour déterminer les cordonnées de la planète perturbatrice, rapportées au même plan et au même axe, on aura

$$x' = - (0,37730) r' \cos v' - (0,87703) r' \sin v',$$
$$y' = - (0,92609) r' \cos v' + (0,35732) r' \sin v',$$
$$z' = \quad (0,32116) r' \sin v'.$$

Ces formules donneront les valeurs des coordonnées x, y, x', y', z' et du temps t correspondant à un arc quelconque d'anomalie excentrique compris entre o et $180°$. Supposons qu'il s'agisse de déterminer ces valeurs relatives à l'époque qui répond au neuvième degré de cette anomalie, en faisant $u = 9°$, dans les premières formules, on aura d'abord

$$x = 0,36059, \quad y = 0,71099, \quad t = 25^{j},35.$$

On calculera ensuite le lieu de la planète relativement à la même époque.

On aura, par les Tables de Bouvard, en n'ayant égard qu'à l'équation du centre et à la variation séculaire,

Anomalie moy. ♃ au périh.... 111°16′
Mouv. m. p. 9° d'ano. exc...   2. 6

Ano. moy. ♃ pour l'ins. don. 113.22 r'... 5,32198
Équation du centre........   4.44

Anomalie vraie de ♃........ 118. 6
Const. à ajout. aux anom. vr.. 315.11

               v'.... 73.17

Si dans les formules qui déterminent les coordonnées de la planète perturbatrice, on substitue ces valeurs, on trouvera

$$x' = -5,04785, \quad y' = 0,40359, \quad z' = 1,63699.$$

A l'aide de ces valeurs et de celles de x et y, on formera aisément les suivantes :

$$\rho = 5,65908, \quad X = 0,00365, \quad Y = -0,00437.$$

Il ne s'agit plus maintenant que de substituer à la place de x, y, X et Y leurs valeurs numériques dans les formules du n° **32**, après les avoir réduites en nombres. Reprenons d'abord la formule (7) qui détermine l'altération du moyen mouvement, m' désignant ici la masse de Jupiter; on aura, d'après les dernières recherches de M. Airy,

$$m' = \frac{1}{1048,69},$$

et cette formule, en y substituant 1° ou 0,017453 à la place de du, et multipliant tous les termes par

$\dfrac{360 \times 3600''}{365,25638}$ pour les réduire en secondes, deviendra

$$dn = (0'',75200)\sin u\,\mathrm{X} - (0'',18965)\cos u\,\mathrm{Y}.$$

Si l'on fait les mêmes substitutions numériques dans les formules qui donnent les altérations du périhélie et de l'époque, et qu'on réduise en secondes tous les termes, on aura

$$d\omega = (14'',06554)\,y\,(x\,\mathrm{Y} - y\,\mathrm{X}) - (16'',12074)\,r\,\mathrm{X},$$
$$d\varepsilon - d\omega = -(0,25219)\,d\omega - (6'',86571)\,r\,(x\,\mathrm{X} + y\,\mathrm{Y}).$$

Au moyen de ces formules, en faisant $u = 9°$, on trouve

$$dn = +\,0'',00125939, \qquad t\,dn = +\,0'',0319886,$$
$$d\omega = -\,0\,,0895356 \qquad d\varepsilon - d\omega = +\,0\,,0324884.$$

44. On pourra calculer, de cette manière, les valeurs successives de dn, $d\omega$, $d\varepsilon$, depuis 0 jusqu'à 180 degrés d'anomalie excentrique ; en partant ensuite des éléments de 1759, et faisant u négatif, on calculera les mêmes valeurs depuis $u = 0°$ jusqu'à $u = -179°$; on répétera la même suite d'opérations par rapport aux deux autres planètes dont on considère l'action pendant la première révolution, en supposant pour les valeurs des masses m'' et m''' de Saturne et d'Uranus,

$$m'' = \frac{1}{3500,2}, \quad m''' = \frac{1}{17918}.$$

On substituera ensuite ces quantités dans la formule (P), et des résultats ainsi obtenus on formera le tableau suivant :

Résultats de l'intégration par quadratures des altéra-
tions différentielles du moyen mouvement, du péri-
hélie, et de l'anomalie moyenne, présentant les
altérations totales de ces éléments, depuis 1682
jusqu'à 1759.

PLANÈTES	$\int dn$	$T\int dn$	$\int t\,dn$	$\int dt \int dn$	$\int d\dot\omega$	$\int d\varepsilon - \int d\omega$	$\int d\zeta$
♃	$+0,298444''$	$+8337'',63$	$-5540'',21$	$+13877'',84$	$-262'',62$	$+2134'',05$	$+16011'',89$
♄	$+0,028546$	$+\ 797,49$	$+\ 743,05$	$+\ \ \ 54,44$	$-\ 97,06$	$+\ 346,06$	$+\ \ 400,50$
♅	$+0,013958$	$+\ 389,94$	$+\ 149,89$	$+\ \ 240,05$	$-\ 11,03$	$+\ 102,05$	$+\ \ 342,10$
Total..	$+0,340948$	$+9525,06$	$-4647,27$	$+14172,33$	$-370,71$	$+2582,16$	$+16754,49$

A l'aide de ces valeurs, il est facile de déterminer
le moyen mouvement diurne de la comète à l'instant
du passage au périhélie de 1759. En effet, si dans
l'équation

$$\zeta = N t + \int d\zeta,$$

on suppose

$$\zeta = 1296000'', \quad t = T = 27937^{\text{j}}, \quad \int d\zeta = +16754'',49,$$

on aura

$$N = 45'',79038.$$

C'est la valeur du moyen mouvement diurne au
périhélie de 1682 ; en nommant N' cette valeur au
périhélie de 1759, on aura

$$N' = N + \int dn = 46'',13133.$$

De là il est aisé de conclure les valeurs des demi-grands axes a et a' qui répondent aux mêmes époques; on trouvera ainsi

$$a = 18,17560, \quad a' = 18,08593.$$

45. Avec cette valeur de a, on pourrait recommencer le calcul des altérations des éléments de l'orbite pendant la période de 1682 à 1759, et l'on obtiendrait sans doute des résultats plus exacts encore que les précédents; mais la longueur de ces opérations, et le peu d'effet qu'on en doit attendre, font qu'il y a bien peu de calculateurs qui soient tentés de l'entreprendre. La valeur de a', jointe aux valeurs des autres éléments de l'orbite relatifs au périhélie de 1759, fournit toutes les données nécessaires à la détermination des perturbations de la comète pendant la période qui s'écoulera de 1759 jusqu'à sa prochaine apparition.

La comète s'étant beaucoup approchée de la Terre pendant l'année 1759, elle en a éprouvé des perturbations considérables auxquelles il était indispensable d'avoir égard. L'action de la Terre sur la comète, antérieurement au passage au périhélie de 1759, n'a pu avoir aucune influence sur la durée de la révolution suivante, mais cette action est devenue très-sensible après le passage au périhélie, époque à laquelle la comète s'est trouvée dans sa plus grande proximité de la Terre, et elle aura pour effet de diminuer de *douze* jours environ la durée de la révolution actuelle. Les altérations qui en résultent, sont surtout sensibles sur les valeurs du grand axe et du moyen mouvement diurne, nous les avons calculées avec le plus grand soin, en resserrant même les ordonnées de la courbe parabolique pendant tout le temps où la comète s'est trouvée très-voisine de la Terre.

En déterminant ensuite les altérations des éléments de l'orbite, dues à l'action des planètes perturbatrices Jupiter, Saturne et Uranus, pendant la période commencée en 1759, par des opérations semblables à celles qui ont servi à calculer leurs valeurs pendant la période de 1682 à 1759, et en rectifiant, pour plus d'exactitude, l'ellipse de la comète, de 3o degrés en 3o degrés d'anomalie excentrique, pendant le dernier quart de la révolution, nous avons obtenu les résultats suivants :

Résultats de l'intégration par des quadratures des altérations différentielles du moyen mouvement, du périhélie et de l'anomalie moyenne, présentant les altérations totales de ces éléments depuis 1759 jusqu'au prochain retour de la comète.

PLANÈTES perturbatr.	$\int dn$	$t \int dn$	$\int t\,dn$	$\int dt \int dn$	$\int d\omega$	$\int d\varepsilon - \int d\omega$	$\int d\zeta$
♃	$+0,390178''$	$+10923,23''$	$+11370,90''$	$-447,67''$	$-903,41''$	$+1667,40''$	$+1219,73''$
♄	$-0,093061$	$-2605,30$	$-3823,19$	$+1217,89$	$-84,86$	$+765,80$	$+1983,69$
♂	$+0,009408$	$+263,38$	$+151,92$	$+111,46$	$-22,94$	$+119,42$	$+230,88$
♅	$+0,030765$	$+581,32$	$+1,45$	$+579,87$	$+1,19$	$+1,56$	$+581,43$
Alter. tot.	$+0,327290$	$+9162,63$	$+7701,08$	$+1461,55$	$-1010,02$	$+2554,18$	$+4015,73$

46. Il est facile maintenant de fixer l'époque du prochain retour de la comète à son périhélie ; en effet, si, dans l'équation

$$\zeta = N't + \int d\zeta,$$

on suppose

$$\zeta = 360°,\ t = T',\ N' = 46'',13133\ \text{et}\ \int d\zeta = +4015'',73,$$

on aura

$$T' = \frac{360° - 4015'',73}{N'} = 28093^j,69 - 87^j,05 = 28006^j,64.$$

Ainsi l'intervalle compris entre le passage au périhélie en 1759 et le passage suivant sera de $28006^j,64$, ce qui, à compter du 13,09 mars 1759, donne le 16,73 novembre 1835 pour l'instant de ce passage (*).

(*) Depuis que les calculs précédents ont été effectués, la comète est revenue à son périhélie, et les observateurs les plus habiles ont fixé l'instant de ce passage au 16,45 novembre 1835. Il n'y aurait donc, en définitive, qu'une différence de *six heures* à peu près entre l'époque assignée d'avance par la théorie et l'instant véritable de ce passage. On ne pouvait guère espérer un résultat plus satisfaisant, surtout si l'on considère le grand nombre de quantités négligées dans les méthodes d'approximation et l'incertitude qui peut rester encore sur quelques-unes des données employées dans le calcul.

Voici, du reste, le tableau des éléments de la comète déduits par M. Rosemberger des observations faites pendant la durée de la dernière apparition en 1835.

Passage au périh. novem. $16^j,4454$ long. du pér. $304°35'49''$
Demi-grand axe supposé. $17,98791$ *id.* du nœud. $55.\ 9.47$
Excentricité. . . . . $0,967389$ inclinaison... $17.45.17$

Sens du mouvement, rétrograde.

La plus grande différence entre ces valeurs et celles qui résultent de la théorie, se rapporte à l'inclinaison de l'orbite sur

Si l'on compare la durée de la révolution que nous venons d'examiner, à celle de la révolution qui l'a précédée, on voit qu'elle la surpasse de 70 jours à peu près ; en sorte que la révolution actuelle de la comète est la plus longue de celles qui ont été observées depuis 1531.

47. Déterminons maintenant les éléments de l'orbite à l'époque du passage de la comète au périhélie en 1835.

En désignant par N'' le moyen mouvement diurne à cette époque et par a'' le demi-grand axe qui lui correspond, on aura d'abord

$$N'' = N' + \int dn = 46'',45862, \quad a'' = 18,00091.$$

En calculant ensuite, d'après les principes précédents, les altérations de l'excentricité, de l'inclinaison et du nœud, dues à l'action des forces perturbatrices pendant la période de 1759 à 1835, on forme le tableau suivant :

---

l'écliptique, ce qui peut tenir simplement à ce que l'inclinaison que nous avons adoptée pour l'époque de 1759 était un peu trop faible ; car la précision des éléments qui servent de base au calcul, peu importante quand il ne s'agit que de fixer l'instant du passage au périhélie, le devient beaucoup quand il s'agit en même temps de déterminer les éléments de son orbite à cette époque. L'accord des autres éléments est presque complet, ce qui prouve suffisamment la précision de la méthode et l'exactitude des calculs. (*Note écrite en* 1853.)

*Altérations de l'excentricité et des quantités qui dé-
terminent la position de l'orbite, pendant la période
de 1759 à 1835.*

PLANÈTES perturbatrices.	$\int de$	$\int dp$	$\int dq$
♆	— 0,00035974	— 0,00122610	— 0,00164973
♄	+ 0,00010786	— 0,00009947	— 0,00031204
♅	— 0,00002652	— 0,00000766	+ 0,00002672
Altérations totales.	— 0,00027840	— 0,00133323	— 0,00193505

En partant donc des éléments relatifs au périhélie
de 1759 qui ont été rapportés n° **45**, et en nommant e'
le rapport de l'excentricité au demi-grand axe en 1835,
on aura

$$e' = e + \int de = 0,9672786,$$

et la distance périhélie sera 0,58901, à la même
époque.

Les deux équations

$$\tang \varphi \sin \alpha = p, \quad \tang \varphi \cos \alpha = q,$$

donneront ensuite, en observant que $\sin \alpha$ doit être
de même signe que p, et $\cos \alpha$ de même signe que q,

$$\varphi = 8'4'', \quad \alpha = 214° 34'.$$

Les angles φ et α représentent l'inclinaison de l'orbite vraie de la comète et la longitude de son nœud
ascendant sur le plan de son orbite en 1759; pour en

II.   10

conclure la position de cette orbite, par rapport à l'écliptique, considérons le petit triangle formé par les plans de l'écliptique, de l'orbite de la comète en 1759, et de son orbite vraie; désignons par A, B, $180° - C$ les trois angles de ce triangle, et par a, b, c les côtés opposés à ces angles, C étant l'inclinaison de l'orbite vraie de la comète à l'écliptique et b l'arc compris sur ce plan, entre cette même orbite et l'orbite fixe de 1759. On aura dans ce triangle

$$\cos C = \cos A \cos B - \cos c \sin A \sin B.$$

L'angle B représentant, d'après l'hypothèse, l'inclinaison de l'orbite vraie sur l'orbite fixe, B sera une très-petite quantité, et l'on aura, à très-peu près,

$$\cos C = \cos(A + B \cos c),$$

et, par conséquent,

$$C = A + B \cos c;$$

on aura ensuite

$$\sin b = \frac{B \sin c}{\sin C}.$$

Observons maintenant que l'angle α, déterminé précédemment, est supposé compté du périhélie de la comète et dans le sens de son mouvement; la longitude du nœud ascendant de l'orbite vraie de la comète sur son orbite fixe, comptée du même point dans l'ordre des signes, sera donc $144° 26'$. Si l'on ajoute cet arc à la longitude du périhélie en 1759 et qu'on en retranche la longitude du nœud à la même époque, l'angle qui en résultera sera la longitude du nœud ascendant de l'orbite vraie de la comète sur son orbite fixe, comptée du nœud ascendant de cette dernière orbite sur l'écliptique, angle que nous avons désigné par c ; on aura ainsi

$$A = 17°37'12'', \quad c = 34°45'50'', \quad B = 8'4'';$$

d'où l'on conclura :

Inclinaison de l'orbite sur l'écliptique
  en 1835, ou C. . . . . 17°43'50'';
Mouvement direct du nœud ascendant
  sur l'écliptique, ou b . . . . 15' 7''.

En ajoutant à l'altération du nœud $1°4'5''$, pour la précession des équinoxes dans l'intervalle de 76 ans, on aura sa variation par rapport à l'équinoxe mobile.

Nous avons trouvé précédemment, pour la variation de la longitude du périhélie,

$$\int d\omega = - 1010'',02.$$

Cet angle est compté, comme l'angle α, du périhélie de la comète et en sens inverse des signes ; la longitude du périhélie, comptée du nœud ascendant de l'orbite, est donc augmentée de $1010'',02$ par le mouvement propre de ce point pendant la période de 1759 à 1835 ; mais dans cet intervalle la ligne des nœuds se rapproche du périhélie, et la même longitude est diminuée du mouvement du nœud ascendant sur l'écliptique projeté sur l'orbite primitive de la comète.

10.

En désignant donc par g la variation totale du périhélie par rapport au nœud et en employant les dénominations précédentes, on aura

$$g = -\int d\omega - b \cos A;$$

d'où l'on conclura :

Distance du nœud ascendant au périhélie. . . . . $249° 22' 15''$.

Au moyen des valeurs précédentes et en partant des éléments de la comète relatifs au périhélie de 1759, on a formé le tableau suivant :

Eléments de la comète en 1835.

Instant du passage au périhélie (novembre). . . . . $16^j,73$

Demi-grand axe. . . . . $18,00091$

Rapport de l'excentricité au demi-grand axe. . . . . $0,9672786$

Lieu du périhélie sur l'orbite. . . . . . $304° 31' 38''$

Longitude du nœud ascendant. . . . . . . $55. 9.23$

Inclinaison. . . . . $17. 43.50$

Sens du mouvement, rétrograde.

Détermination des perturbations de la comète périodique de $3^{ans},3$.

48. Cette comète paraît avoir été aperçue pour la première fois dans les années 1786 et 1795 ; mais les observations faites à ces deux époques ont été ou trop inexactes ou trop peu nombreuses pour en conclure l'orbite. Nous partirons donc ici des observations relatives à 1805, et nous examinerons les perturbations de la comète depuis son passage au périhélie en 1805 jusqu'à l'époque actuelle.

Dans la première période, c'est-à-dire dans l'intervalle écoulé entre les passages au périhélie en 1805 et en 1819, on peut regarder l'orbite comme une ellipse dont le grand axe répond à la durée moyenne des quatre révolutions que la comète a accomplies dans cet intervalle que nous supposerons de $1203^j,687$. On aura ainsi, en nommant a le demi-grand axe de l'orbite et N le moyen mouvement diurne, au périhélie de 1805,

$$N = \frac{360^o}{1203,687} = 1076'',6925, \quad a = 2,214507.$$

Dans le calcul des perturbations de 1819 à 1822, on peut regarder l'orbite comme une ellipse dont le grand axe répond à la durée observée de cette révolution, qui est de $1212^j,742$, et l'on aura pour cette période

$$N' = \frac{360^o}{1212,742} = 1068'',6525, \quad a' = 2,225600.$$

Nous ferons observer, toutefois, qu'il serait plus exact d'employer à la place de ces valeurs, celles du moyen mouvement et du grand axe résultant du calcul des perturbations précédentes.

Le tableau suivant présente les autres éléments des

orbites elliptiques conclues des observations de 1805 et de 1819 :

PASSAGE au périhélie.	EXCENTRICITÉ	LONGITUDE du périhélie.	LONGITUDE du nœud.	INCLINAISON de l'orbite.
1805, novemb. 22,006	0,8461753	156°.47′.24″	334°.20′.11″	13°.33′.30″
1819, janvier. 27,752	0,8490883	157. 5.53	334.43.37	13.38.42

Les valeurs que renferme ce tableau, jointes à celles qui dépendent des planètes perturbatrices, et qu'on trouvera dans les Tables, fournissent toutes les données nécessaires pour déterminer les perturbations du mouvement de la comète, de 1805 jusqu'à 1822. On partagera, à cet effet, comme précédemment, la courbe décrite par la comète en parties pour chacune desquelles on déterminera l'effet des forces perturbatrices, sur chacun des éléments de son orbite, et l'on aura ensuite par la formule (P), n° **34**, les altérations totales de ces éléments, correspondantes à l'arc d'anomalie excentrique que l'on aura considéré.

Dans l'application de cette formule à la comète dont il s'agit, il suffira de faire varier l'anomalie excentrique de 10° en 10° ; dans le cas cependant où la planète perturbatrice s'approchera beaucoup de la comète, comme cela est arrivé dans la révolution de 1819 à 1822, relativement à Jupiter, il sera bon de resserrer ces intervalles et de faire varier l'anomalie excentrique de 5° en 5°.

Jupiter, la Terre et Vénus sont les seules planètes qui aient pu avoir quelque influence sur le mouvement de la comète pendant la période de 1805 à 1822; encore pourra-t-on se contenter de considérer l'action de ces deux dernières planètes dans la partie seulement de cette période où la proximité de la comète a rendu leur influence plus sensible.

49. Le tableau suivant présente les résultats du calcul que nous venons d'indiquer :

Altérations du moyen mouvement et de l'anomalie moyenne pendant la période de 1805 à 1822.

PÉRIODES.	INTERVALLES observés.	PLANÈTES perturbatrices.	$\int dn$	$\int d\zeta$
1805 à 1819..	48141,746	♃............	$+ 3,\!5889''$	$+15859,\!38''$
		♀ en 1809	$- 0,\!1313$	$- 476,\!76$
		en 1818	$- 0,\!1105$	$- 4,\!97$
		♂ en 1809	$- 0,\!0178$	$+ 64,\!01$
		en 1818	$+ 0,\!0735$	$- 5,\!14$
		TOTAL.....	$+ 3,\!2914$	$+15436,\!52$
1819 à 1822..	12121,742	♃............	$- 7,\!4349$	$- 9939,\!38$
		♀ en 1819	$+ 0,\!0716$	$+ 81,\!26$
		TOTAL.....	$- 7,\!3633$	$- 9858,\!12$

Désignons respectivement par n, n', n'' le moyen mouvement diurne de la comète aux périhélies de 1805, 1819 et 1822, et par T et T' les intervalles de

temps qui séparent ses trois passages en ces points.
Par le calcul des perturbations de la période de 1805
à 1819, on aura

$$n = \frac{360^{\circ} \times 4 - 15436'',52}{T} = 1076'',6925 - 3'',2061 = 1073'',4864,$$

d'où l'on conclura

$$n' = 1073'',4864 + 3'',2914 = 1076'',7778,$$

$$n'' = 1073'',4864 + 3'',2914 - 7'',3633 = 1069'',4145.$$

Par la période de 1819 à 1822, on aura

$$n' = \frac{360^{\circ} + 9858'',12}{T'} = 1068'',6525 + 8'',1288 = 1076'',7813,$$

$$n'' = 1076'',7813 - 7'',3633 = 1069'',4180,$$

$$n = 1076'',7813 - 3'',2914 = 1073'',4899.$$

Si l'on réunit les deux périodes précédentes, en
remarquant qu'au périhélie de 1819 on avait
$n' = n + 3'',2914$, on trouve d'abord pour l'altération de l'anomalie moyenne, dans l'intervalle qui
sépare les périhélies de 1805 et 1822,

$$15436'',52 + 3'',2914\,T' - 9858'',12 = 9570'',02,$$

et l'on en conclura

$$n = \frac{360^{\circ} \times 5 - 9570'',02}{T + T'} = 1075'',0745 - 1'',5877 = 1073'',4868,$$

$$n' = 1073'',4868 + 3'',2914 = 1076'',7782,$$

$$n'' = 1073'',4868 + 3'',2914 - 7'',3633 = 1069'',4149.$$

En rassemblant les valeurs précédentes de chacune des quantités n, n', n'', conclues des trois passages observés, on aura

Périodes.	n	n'	n''
1805 à 1819	1073″,4864	1076″,7778	1069″,4145
1819 à 1822	1073, 4899	1076, 7813	1069, 4180
1805 à 1822	1073, 4868	1076, 7782	1069, 4149.

Les différences 0″,0035, 0″,0031 et 0″,0004 de ces valeurs, sont de l'ordre des quantités négligées.

Au moyen des résultats précédents, concluons des passages observés en 1805 et 1819, l'époque du retour de la comète en 1822. On a, relativement à cette période, $n' = 1076″,7778$, par conséquent,

$$T' = \frac{360° + 9858″,12}{n'} = 1203^{j},591 + 9^{j},155 = 1212^{j},746.$$

Les observations ont donné $T' = 1212^{j},742$; on ne pouvait attendre de la théorie une plus grande précision.

Les perturbations de la comète, pendant la période de 1819 à 1822, ont été, comme on voit, très-considérables, puisqu'elles ont retardé de neuf jours son passage au périhélie. M. Encke est le premier parvenu à ce résultat, qui l'a mis à même de fixer à l'avance l'époque du retour de la comète à son périhélie en 1822. Il annonça en même temps que, d'après ses déclinaisons, elle ne serait pas visible en Europe, et que, pour l'observer, il faudrait se transporter dans l'hémisphère austral. La comète, en effet, revint au périhélie en mai 1822, et c'est d'après les observations faites à Paramatta, dans la Nouvelle-Hollande, qu'on a conclu les éléments de son orbite à cette époque.

50. En partant de ces éléments, que l'on trouvera plus bas, nous avons calculé les altérations du moyen mouvement et de l'anomalie moyenne, pendant les deux périodes suivantes. Dans cet intervalle, la comète n'éprouve que de très-légères perturbations, et l'on doit, par conséquent, attendre d'autant plus de précision des résultats qui s'y rapportent.

Altérations du moyen mouvement et de l'anomalie moyenne de 1822 à 1829.

PÉRIODES.	INTERVALLES observés.	PLANÉTES perturbatrices.	$\int dn$	$\int d\zeta$
1822 à 1825..	$1211^j,290$	♅..........	$+\ 0,7026''$	$+\ 381,46''$
		♂ en 1822	$-\ 0,0494$	$-\ 56,90$
		TOTAL.....	$+\ 0,6532$	$+\ 324,56$
1825 à 1829..	....	♅.........	$-\ 0,4390$	$-\ 702,42$
		♄..........	$+\ 0,0256$	$+\ 10,43$
		♂ en 1828	$-\ 0,0986$	$-\ 6,90$
		TOTAL.....	$-\ 0,5120$	$-\ 698,89$

En nommant n''' et n^{iv} les valeurs du moyen mouvement diurne aux périhélies de 1825 et 1829, T'', T''' les durées des révolutions de 1822 à 1825 et de

1825 à 1829, et prenant pour n'' la valeur moyenne 1069'',4158, qui résulte de la comparaison des trois périodes calculées précédemment, on aura

$$T'' = \frac{360° - 324'',56}{n''} = 1211^j,8766 - 0^j,3035 = 1211^j,5731.$$

Les observations de M. Valz donnent $T''' = 1211^j,290$. Pour concilier ces deux résultats, il faudrait presque doubler l'altération de l'anomalie moyenne pendant la période que nous considérons, ce qui paraît inadmissible.

Il s'agit maintenant de déterminer l'époque du retour de la comète en 1829. On aura d'abord pour le moyen mouvement diurne au périhélie de 1825,

$$n''' = 1069'',4158 + 0'',6532 = 1070'',0690,$$

et, par conséquent,

$$T''' = \frac{360° + 698'',89}{n'''} = 1211^j,1364 + 0^j,6531 = 1211^j,7895.$$

Cet intervalle, compté à partir du 16,7836 sept. 1825, époque du passage au périhélie, répond au 10,5731 janvier 1829, qui sera l'instant du prochain retour de la comète en ce point.

On aura pour cette époque

$$n^{iv} = 1070'',0690 - 0'',5120 = 1069'',5570.$$

Quant aux autres éléments de l'orbite, le tableau suivant contient les altérations qu'ils éprouvent dans les quatre périodes que nous venons de parcourir :

Altérations de l'excentricité, du périhélie, du nœud et de l'inclinaison de l'orbite de 1805 à 1829.

PÉRIODES.	ALTÉRATION de l'excentricité.	ALTÉRATION de la longitude du périhélie.	ALTÉRATION de la longitude du nœud.	ALTÉRATION de l'inclinaison de l'orbite.
1805 à 1819	+ 0,0019950	+ 5′.10″	— 1′.54″	+ 2′.49″
1819 à 1822	— 0,0039038	+ 9.41	—10.50	— 16. 8
1822 à 1825	+ 0,0004305	+ 0.15	— 0.10	+ 1. 4
1825 à 1829	— 0,0002920	+ 1.19	— 0.39	— 0.55

Les altérations des longitudes du périhélie et du nœud sont comptées d'une équinoxe fixe; si on leur ajoute 11′0″ pour la première période et 2′46″ pour les autres, on aura leurs valeurs par rapport à l'équinoxe mobile.

En partant des éléments calculés d'après les observations de Paramatta, on a formé, à l'aide des résultats qui précèdent, le tableau suivant qui présente les éléments elliptiques qui répondent aux cinq passages au périhélie, observés dans l'intervalle de 1805 à 1829.

PASSAGE au périhélie.	MOYEN mouvement diurne.	DEMI-grand axe.	EXCENTRICITÉ	LIEU du périhélie.	LIEU du nœud.	INCLI-NAISON.
1805, nov. 22,006	1073″,4877	2,218912	0,8464567	156°.43′. 0″	334°.18′.29″	13°.35′.44″
1819, janv. 27,752	1076,7791	2,214388	0,8484517	156.59. 1	334.27.36	13.38.33
1822, mai. 24,494	1069,4158	2,224542	0,8445479	157.11.29	334.19.32	13.22.25
1825, sept. 16,784	1070,0690	2,223636	0,8449784	157.14.30	334.22. 8	13.23.29
1829, janv. 10,573	1069,5570	2,224346	0,8446862	157.18.35	334.24.15	13.22.34

Si l'on compare les éléments relatifs aux périhélies de 1805 et 1819, à ceux qui résultent des observations faites à ces deux époques, on voit qu'ils s'accordent d'une manière satisfaisante, les plus grands écarts étant d'une minute sur la longitude du périhélie, de cinq sur celle du nœud, et de deux sur l'inclinaison de l'orbite. Mais on pourrait juger encore mieux leur précision en calculant, d'après ces éléments, quelques lieux de la comète à diverses époques, que l'on comparerait ensuite à des lieux qui auraient été directement observés.

Comète périodique de 6^{ans},7.

51. Les perturbations de cette comète, depuis sa dernière apparition en 1826, et l'époque de son prochain retour au périhélie, ont été déterminées par M. Damoiseau; nous nous contenterons de rapporter ici les résultats de ses calculs.

M. Gambart a fixé les éléments elliptiques de l'orbite pour les époques de 1806 et de 1826, en supposant la révolution moyenne de la comète dans cet intervalle de 2460^j, ainsi qu'il suit :

	1806.	1826.
Pass. au périh., janv.	2^j,4807	mars. 18^j,9688
Excentricité.	0,7470093	0,7457842
Lieu du périhélie. . .	109°51′32″	109°32′23″
Long. du nœud asc. .	251.26. 9	251.15.15
Inclinaison.	13.33.15	13.38.45
Demi-grand axe. . .	3,56705	

En partant de ces éléments, M. Damoiseau a trouvé, pour les altérations du moyen mouvement et de l'anomalie moyenne, pendant la période de 1806 à 1826,

Altér. du moy. mouv.	Altér. de l'anom. moy.
$\mathrm{2\!\!\!\;L} + 1'',4497$	$+ 0°45'39'',94$
$\mathrm{\delta} + 0, 1811$	$+ 0.22.10, 72$
$\mathrm{\hbar} - 0, 0317$	$- 0. 2.45, 95$
$+ 1'',5991$	$+ 1° 5' 4'',71.$

Si l'on désigne donc par n et n' les moyens mouvements diurnes de la comète aux périhélies de 1806 et de 1826, l'intervalle entre les deux passages étant de $7380^j,4881$, on aura

$$n = \frac{360° \times 3 - 1°5'4'',71}{7380,4881} = 8'46'',2652,$$

$$n' = 8'46'',2652 + 1'',5991 = 8'47'',8643.$$

En calculant ensuite les altérations des mêmes éléments, pour la période commencée en 1826, le même astronome a trouvé

Altér. du moy. mouv.	Anomalie moy.
$\mathrm{2\!\!\!\;L} + 5'',5745$	$+ 1°28'50'',94$
$\mathrm{\delta} + 0, 0332$	$- 0. 0.34, 69$
$\mathrm{\hbar} - 0, 0311$	$- 0. 3.14, 83$
$+ 5'',5766$	$+ 1°25' 1'',42$

Soit T l'intervalle de temps inconnu qui s'écoulera entre le passage de la comète à son périhélie en 1806 et son prochain retour au même point de son orbite, et soit n'' le moyen mouvement diurne à cette époque, on aura

$$T = \frac{360° - 1°25'1'',42}{8'47'',8643} = 2455^j,1762 - 9^j,6642 = 2445^j,5120,$$

$$n'' = 8'47'',8643 + 5'',5766 = 8'53'',4409.$$

L'effet des forces perturbatrices diminuera donc de $9^j,6642$ la durée de la révolution actuelle de la comète, et si l'on suppose qu'elle ait passé au périhélie le 18,9688 mars 1826, son prochain retour à ce point aura lieu le 27,4808 novembre 1832, année qui sera remarquable par les réapparitions des deux comètes à courte période de 1819 et de 1826.

Voici le tableau des altérations qu'éprouveront les divers éléments de l'orbite pendant la période actuelle :

$$\text{Variat.} \begin{cases} \text{de la long. du nœud sur l'écl.} & - \quad 3°13'45'' \\ \text{de la longitude du périhélie..} & + \quad\quad 5.13 \\ \text{de l'inclinaison de l'orbite. .} & - \quad\quad 20.\ 2 \\ \text{de l'excentricité. . . . . . .} & + \ 0,0047388. \end{cases}$$

On voit que l'action des forces perturbatrices est surtout sensible sur le mouvement des nœuds de l'orbite. La grandeur des altérations que subissent les divers éléments de l'orbite pendant cette période, tient à ce que Jupiter s'approchera beaucoup de la comète en mai 1831, et qu'il exercera, pendant quelque temps, sur elle une influence considérable.

En partant des éléments de 1826, rapportés plus

haut, on a formé, à l'aide des résultats précédents, le tableau suivant :

Eléments de la comète en 1832.

Passage au périhélie 1832 novembre...	$27^j,4808$
Excentricité..................	$0,7517481$
Lieu du périhélie...........	$109°56'45''$
Longitude du nœud ascendant......	$248.12.24$
Inclinaison................	$13.13.13$
Demi-grand axe.............	$3,53683.$

LIVRE QUATRIÈME.

DU MOUVEMENT DE ROTATION DES CORPS CÉLESTES.

Si la figure des corps célestes était celle de la sphère, ils tourneraient uniformément autour d'axes invariables; mais nous avons dit que la force centrifuge, due à leur mouvement de rotation, abaisse leurs pôles et relève leur équateur. Les forces qui les animent ne passant plus par leurs centres de gravité, il en résulte, dans leurs axes et dans leurs vitesses de rotation, des variations qui fixeront spécialement notre attention dans ce livre. Ici la loi de la pesanteur universelle ne se manifeste pas par des effets aussi précis et aussi sensibles que dans le mouvement de translation; elle est subordonnée à la figure du corps sur lequel elle agit, à la matière qui le compose, aux aspérités mêmes qui hérissent sa surface. Son action est difficile à saisir au milieu de tant d'obstacles qui la modifient, tandis que dans le mouvement des centres de gravité des corps célestes autour du Soleil, les effets de toutes ces causes secondaires se perdent dans les espaces immenses qui les séparent, pour ne plus laisser apercevoir que ceux qui dépendent de leur tendance mutuelle les uns vers les autres. Cependant l'influence de cette grande loi de la nature n'en est pas moins admirable dans la question qui va nous occuper;

II.   11

elle lie entre eux des phénomènes qui sans elle pa-
raîtraient n'avoir aucune analogie. Ainsi, comme nous
l'avons dit, les mouvements des axes de rotation des
planètes ne sont qu'une conséquence de l'ellipticité
de leurs figures, et l'on verra que les rapports qui
peuvent exister entre les durées de leurs mouvements
de révolution et de leurs mouvements de rotation, les
modifient encore d'une manière particulière. La pesanteur universelle, appliquée à cette nouvelle classe
de phénomènes, non-seulement explique d'une manière très-simple plusieurs points importants du système du monde que l'observation avait de tout temps
révélés aux hommes, mais dont ils avaient jusque-là
vainement cherché les causes; elle donne encore le
moyen de calculer les lois de ces phénomènes, avantage précieux, parce que, comme ils procèdent avec
une extrême lenteur, on ne pourrait les déterminer
directement que par des observations séparées par
des milliers de siècles. Enfin, la théorie du mouvement des corps célestes autour de leur centre de gravité a pour nous cet intérêt spécial qui s'attache à
tout ce qui nous touche de près; elle fournit plusieurs données importantes sur la figure et la nature
du globe terrestre, et des renseignements précieux
sur sa stabilité.

L'analyse que nous allons présenter est générale et
peut s'appliquer à tous les corps du système solaire;
elle n'est que le développement des considérations
exposées dans le chapitre III du livre II, et par lesquelles nous avons ramené à un seul et même principe la détermination de toutes les inégalités plané-

taires. Malheureusement, dans la question qui nous occupe, les observations sont bien en arrière de la théorie. On conçoit, en effet, combien elles demandent de précision et combien, à la distance où nous sommes des corps célestes, il est difficile de saisir des phénomènes qui se passent pour ainsi dire à leur surface ; aussi ce n'est encore que par rapport à la Terre et à la Lune que l'on est parvenu à rendre les observations assez certaines pour les comparer à la théorie. Nous examinerons en particulier les phénomènes relatifs aux mouvements de rotation de ces deux planètes, et ils serviront d'application aux formules générales qui seront développées dans le chapitre suivant.

CHAPITRE PREMIER.

INTÉGRATION DES ÉQUATIONS DIFFÉRENTIELLES QUI DÉTERMINENT LES MOUVEMENTS DES CORPS CÉLESTES AUTOUR DE LEURS CENTRES DE GRAVITÉ.

1. Reprenons les trois équations (B) que nous avons trouvées n° 5, livre II, pour déterminer le mouvement des corps célestes autour de leurs centres de gravité :

$$\left.\begin{array}{l} A\,\dfrac{dp}{dt} + (C - B)\,qr = S.\left(y\,\dfrac{dV'}{dz} - z\,\dfrac{dV'}{dy}\right) dm, \\[2ex] B\,\dfrac{dq}{dt} + (A - C)\,rp = S.\left(z\,\dfrac{dV'}{dx} - x\,\dfrac{dV'}{dz}\right) dm, \\[2ex] C\,\dfrac{dr}{dt} + (B - A)\,pq = S.\left(x\,\dfrac{dV'}{dy} - y\,\dfrac{dV'}{dx}\right) dm. \end{array}\right\} \quad (B)$$

Dans ces équations, A, B, C représentent les trois moments d'inertie principaux du corps, respectivement relatifs aux axes des x, des y et des z; en sorte qu'on a

$$A = S.(y^2 + z^2)\,dm, \quad B = S.(x^2 + z^2)\,dm, \quad C = S.(x^2 + y^2)\,dm.$$

Les trois quantités p, q, r déterminent à chaque instant la position de l'axe instantané de rotation par rapport aux axes principaux, et la vitesse de rotation autour de cet axe; en sorte que si l'on désigne par α, ς, γ, les trois angles que forme respectivement l'axe instantané avec les axes des x, des y et des z, on a

$$\cos\alpha = \frac{p}{\sqrt{p^2 + q^2 + r^2}}, \quad \cos\mathfrak{b} = \frac{q}{\sqrt{p^2 + q^2 + r^2}},$$

$$\cos\gamma = \frac{r}{\sqrt{p^2 + q^2 + r^2}},$$

et $\sqrt{p^2 + q^2 + r^2}$ exprime la vitesse de rotation autour du même axe.

Enfin V′ représente la somme des masses des corps agissants du système, divisées respectivement par leur distance à l'élément dm du corps attiré ; le signe intégral S se rapportant au même élément et aux quantités qui varient avec lui, et devant être étendu à la masse entière du corps attiré.

Les trois équations (B) suffisent pour déterminer à chaque instant les mouvements du corps m par rapport aux trois axes principaux qui se croisent à son centre de gravité ; mais pour connaître sa position absolue dans l'espace, il faut déterminer encore la position de ces axes mobiles par rapport à trois axes fixes, ce qui exige l'intégration des trois nouvelles équations suivantes :

$$\left.\begin{array}{l} d\varphi - \cos\theta\, d\psi = rdt, \\ d\theta = \sin\varphi\, qdt - \cos\varphi\, pdt, \\ \sin\theta\, d\psi = \cos\varphi\, qdt + \sin\varphi\, pdt. \end{array}\right\} \ (a)$$

Dans ces équations, θ représente l'inclinaison du plan des xy sur un plan fixe, ψ est l'angle que forme l'intersection de ces deux plans avec une ligne fixe menée dans le second, et φ l'angle compris entre cette intersection et l'axe des x. Ainsi les angles θ et ψ déterminent la position du plan des xy, que, pour abréger, nous appellerons désormais l'équateur du corps, et l'angle φ qui est supposé compté en sens inverse de l'angle ψ, fait connaître la position de l'axe des x dans ce plan.

2. On peut faire subir aux seconds membres des équations (B) une transformation qu'il est bon de connaître, parce qu'elle est très-utile dans la théorie du mouvement de rotation des corps célestes.

Supposons, pour simplifier, que l'on ne considère que l'action d'un seul astre L sur le sphéroïde m. Si l'on nomme $x'_{,}, y'_{,}, z'_{,}$ les coordonnées de cet astre rapportées, ainsi que les coordonnées $x_{,}, y_{,}, z_{,}$ de l'élément dm, à trois axes fixes menés par le centre de gravité de m, on aura, n° 5, livre II,

$$V' = \frac{L}{\sqrt{(x'_{,} - x_{,})^2 + (y'_{,} - y_{,})^2 + (z'_{,} - z_{,})^2}}.$$

L'action des autres astres L', L'', L''', etc., du système ne ferait qu'ajouter au second membre de cette équation des termes semblables.

La fonction V' sous cette forme ne contient pas les angles φ, ψ, θ, d'où dépend à chaque instant la position des trois axes principaux et qui sont les véritables inconnues du problème dans la théorie du mouvement de rotation, mais on peut les y introduire de la manière suivante.

Rapportons la position de la molécule dm aux trois axes principaux qui se croisent au centre de gravité du sphéroïde, ou, ce qui revient au même, transformons les trois coordonnées $x_{,}$, $y_{,}$, $z_{,}$, qui se rapportent à des axes fixes, en d'autres coordonnées x, y, z relatives également à des axes rectangulaires, fixes dans l'intérieur du corps, mais mobiles dans l'espace. Par les formules (1) du n° **28**, livre I, on aura

$$x_{,} = x \left(\cos \theta \sin \psi \sin \varphi + \cos \psi \cos \varphi\right)$$
$$+ y \left(\cos \theta \sin \psi \cos \varphi - \cos \psi \sin \varphi\right) + z \sin \theta \sin \psi,$$

$$y_{,} = x \left(\cos \theta \cos \psi \sin \varphi - \sin \psi \cos \varphi\right)$$
$$+ y \left(\cos \theta \cos \psi \cos \varphi + \sin \psi \sin \varphi\right) + z \sin \theta \cos \psi,$$

$$z_{,} = - x \sin \theta \sin \varphi - y \sin \theta \cos \varphi + z \cos \theta.$$

Si l'on substitue, dans l'expression de V', à la place des coordonnées $x_{,}$, $y_{,}$, $z_{,}$, leurs valeurs, elle deviendra fonction des angles φ, ψ, θ et des variables x, y, z, x', y', z', et comme ces dernières sont indépendantes de ces angles, en prenant la différentielle de V' par rapport à φ, ψ, θ, on aura

$$\left. \begin{aligned} &\frac{dV}{d\varphi} d\varphi + \frac{dV}{d\psi} d\psi + \frac{dV}{d\theta} d\theta \\ &= \frac{dV}{dx_{,}} d'x_{,} + \frac{dV}{dy_{,}} d'y_{,} + \frac{dV}{dz_{,}} d'z_{,} \end{aligned} \right\} \quad (m)$$

en désignant par $d'x_{,}$, $d'y_{,}$, $d'z_{,}$ les différentielles des coordonnées $x_{,}$, $y_{,}$, $z_{,}$ prises en ne faisant varier que les angles φ, ψ, θ. En différentiant de cette manière les valeurs de ces trois quantités, on trouve

$$d'x_{,} = (z \sin \theta \cos \psi - y \cos \theta) d\varphi + y d\psi + z \sin \psi \, d\theta,$$
$$d'y_{,} = (x \cos \theta - z \sin \theta \sin \psi) d\varphi - x d\psi + z \cos \psi \, d\theta,$$
$$d'z_{,} = (y \sin \theta \sin \psi - x \sin \theta \cos \psi) \sin \theta \, d\psi + (y \cos \psi + x \sin \psi) d\theta.$$

Si l'on substitue ces valeurs dans l'équation (m) et qu'ensuite on compare, de part et d'autre, dans les deux membres, les coefficients de $d\varphi$, $d\psi$, $d\theta$, on trouvera

$$\frac{d\,V'}{d\varphi} = \sin\theta\,\cos\psi\left(z_{,}\frac{d\,V'}{dx_{,}} - x_{,}\frac{d\,V'}{dz_{,}}\right)$$
$$+ \sin\theta\,\sin\psi\left(y_{,}\frac{d\,V'}{dz_{,}} - z_{,}\frac{d\,V'}{dy_{,}}\right)$$
$$+ \cos\theta\left(x_{,}\frac{d\,V'}{dy_{,}} - y_{,}\frac{d\,V'}{dx_{,}}\right),$$
$$\frac{d\,V'}{d\psi} = \left(y_{,}\frac{d\,V'}{dx_{,}} - x_{,}\frac{d\,V'}{dy_{,}}\right),$$
$$\frac{d\,V'}{d\theta} = \sin\psi\left(z_{,}\frac{d\,V'}{dx_{,}} - x_{,}\frac{d\,V'}{dz_{,}}\right)$$
$$+ \cos\psi\left(z_{,}\frac{d\,V'}{dy_{,}} - y_{,}\frac{d\,V'}{dz_{,}}\right).$$

Si l'on multiplie par dm les valeurs précédentes, et qu'ensuite on les intègre en observant que l'intégration se rapportant uniquement à la molécule dm et aux quantités qui varient avec elle, on peut faire sortir de dessous le signe intégral les trois variables φ, ψ, θ qui sont indépendantes de la position de la molécule dm dans l'intérieur du corps, on aura par une élimination facile,

$$S.\left(x_{,}\frac{d\,V'}{dy_{,}} - y_{,}\frac{d\,V'}{dx_{,}}\right)dm = -\,S.\frac{d\,V'}{d\psi}\,dm,$$
$$S.\left(z_{,}\frac{d\,V'}{dx_{,}} - x_{,}\frac{d\,V'}{dz_{,}}\right)dm = \frac{\cos\psi}{\sin\theta}\,S.\left(\frac{d\,V'}{d\varphi} + \cos\theta\,\frac{d\,V'}{d\psi}\right)dm + \sin\psi\,S.\frac{d\,V'}{d\theta}\,dm,$$
$$S.\left(y_{,}\frac{d\,V'}{dz_{,}} - z_{,}\frac{d\,V'}{dy_{,}}\right)dm = \frac{\sin\psi}{\sin\theta}\,S.\left(\frac{d\,V'}{d\varphi}\right) + \cos\theta\,\frac{d\,V'}{d\psi}\,dm - \cos\psi\,S.\frac{d\,V'}{d\theta}\,dm.$$

Les trois premiers membres de ces équations représentent la somme des moments des forces accélératrices qui agissent sur chacun des éléments du sphéroïde, parallèlement aux axes fixes des $x_{,,}$ $y_{,,}$ $z_{,}$; ces sommes correspondent aux quantités que nous avons désignées par M'', M', M dans le n° **29** du livre I. En désignant donc semblablement par N'', N', N la somme de ces mêmes moments rapportés respectivement aux axes mobiles des x, des y et des z, on aura, par le théorème général sur la composition des moments (n° **30**, livre I),

$$N = (\cos\theta \sin\psi \sin\varphi + \cos\psi \cos\varphi)\,M$$
$$+ (\cos\theta \cos\psi \sin\varphi - \sin\psi \cos\varphi)\,M' - \sin\theta \sin\varphi\,M'',$$

$$N' = (\cos\theta \sin\psi \cos\varphi - \cos\psi \sin\varphi)\,M$$
$$+ (\cos\theta \cos\psi \cos\varphi + \sin\psi \sin\varphi)\,M' - \sin\theta \cos\varphi\,M'',$$

$$N'' = \sin\theta \sin\psi\,M + \sin\theta \cos\psi\,M' + \cos\theta\,M''.$$

Si l'on substitue dans ces équations pour M, M', M'' leurs valeurs précédentes, que l'on observe que N, N', N'' représentent les trois quantités qui forment les seconds membres des équations (B) et que pour abréger on fasse $V = S.V'\,dm$, le signe intégrale S se rapportant, comme précédemment, à la molécule dm, et devant être étendu à la masse entière du corps attiré, ce qui donne, en observant que les trois variables φ, ψ, θ sont indépendantes de cette intégration :

$$\frac{d V}{d\varphi} = S.\left(\frac{dV'}{d\varphi}\right)dm, \quad \frac{dV}{d\psi} = S.\left(\frac{dV'}{d\psi}\right)dm, \quad \frac{dV}{d\theta} = S.\left(\frac{dV'}{d\theta}\right)dm;$$

on trouvera :

$$\text{S.}\left(x\frac{d\,\text{V}'}{dy} - y\frac{d\,\text{V}'}{dx} \right) dm = \frac{d\,\text{V}}{d\varphi},$$

$$\text{S.}\left(z\frac{d\,\text{V}'}{dx} - x\frac{d\,\text{V}'}{dz} \right) dm = \frac{\cos\varphi}{\sin\theta}\left(\frac{d\,\text{V}}{d\psi} + \cos\theta\frac{d\,\text{V}}{d\varphi} \right) + \sin\varphi\left(\frac{d\,\text{V}}{d\theta} \right),$$

$$\text{S.}\left(y\frac{d\,\text{V}'}{dz} - z\frac{d\,\text{V}'}{dy} \right) dm = \frac{\sin\varphi}{\sin\theta}\left(\frac{d\,\text{V}}{d\psi} + \cos\theta\frac{d\,\text{V}}{d\varphi} \right) - \cos\varphi\left(\frac{d\,\text{V}}{d\theta} \right).$$

En substituant ces valeurs dans les équations (B) elles
deviendront

$$\left.\begin{aligned}
\text{A}\,\frac{dp}{dt} + (\text{C} - \text{B})\,qr &= \frac{\sin\varphi}{\sin\theta}\left(\frac{d\,\text{V}}{d\psi} + \cos\theta\frac{d\,\text{V}}{d\varphi} \right) - \cos\varphi\left(\frac{d\,\text{V}}{d\theta} \right), \\[2mm]
\text{B}\,\frac{dq}{dt} + (\text{A} - \text{C})\,pr &= \frac{\cos\varphi}{\sin\theta}\left(\frac{d\,\text{V}}{d\psi} + \cos\theta\frac{d\,\text{V}}{d\varphi} \right) + \sin\varphi\left(\frac{d\,\text{V}}{d\theta} \right), \\[2mm]
\text{C}\,\frac{dr}{dt} + (\text{B} - \text{A})\,pq &= \frac{d\,\text{V}}{d\varphi}.
\end{aligned}\right\}\ \text{(C)}$$

M. Poisson a le premier donné sous cette forme les
équations du mouvement de rotation. On verra bientôt
les conséquences importantes qu'on en déduit dans la
théorie du mouvement des corps célestes autour de
leur centre de gravité.

3. Il est superflu d'observer de nouveau que ces
équations conserveraient la même forme quel que fût
le nombre des corps agissants du système, et quand
bien même on voudrait avoir égard à la figure de quelqu'un de ces corps, n° **6**, livre II. Les nouveaux astres
que l'on considérera, ne feront en effet (n° **2**) qu'ajouter
à la fonction V' des termes semblables à ceux qu'a introduits l'action de l'astre L, ce qui ne changera rien
à l'analyse précédente, et il suffira dans le second cas

de remplacer leurs masses L, L′, L″, etc., par les éléments infiniment petits de ces masses. La fonction V sera donnée alors par deux intégrations indépendantes l'une de l'autre, la première relative au sphéroïde attiré, la seconde aux astres qui agissent sur lui. En faisant subir aux coordonnées de la molécule dm la transformation précédente, on introduira dans l'expression de V les trois angles φ, ψ, θ, et en prenant les différences partielles $\dfrac{dV}{d\varphi}$, $\dfrac{dV}{d\psi}$, $\dfrac{dV}{d\theta}$ relatives à ces angles, on formera les seconds membres des équations (C).

On doit donc regarder généralement V comme une fonction donnée des angles φ, ψ, θ, qui renferme en outre le temps à raison du mouvement des astres qui agissent sur le sphéroïde; et l'on peut par conséquent supposer cette fonction développée en série de sinus et de cosinus d'angles multiples de φ; on conçoit en effet que si dans la fonction

$$V' = \frac{1}{\sqrt{(x'_, - x_,)^2 + (y'_, - y_,)^2 + (z'_, - z_,)^2}},$$

on substitue pour $x_,$, $y_,$, z, leurs valeurs n° **2**, on pourra développer V′ en une série semblable; en multipliant ensuite par dm chacun des termes de ce développement et en l'intégrant, on aura V $=$ S. V′ dm; et comme le signe S ne se rapporte qu'à la molécule dm, et que les variables φ, ψ, θ sont les mêmes pour toutes les molécules du corps, cette intégration n'altérera pas la forme de la série.

Nous donnerons dans la suite l'expression du développement de V ainsi effectué; il suffira pour le moment d'en concevoir la possibilité. On verra alors que les différences partielles de V sont de l'ordre $\frac{L}{r'^3}$,

L étant la masse de l'astre attirant et r' sa distance à la molécule dm; il est facile de juger par là l'influence de l'action des forces perturbatrices.

On peut observer encore que les différences partielles de V sont de l'ordre de l'aplatissement du sphéroïde que l'on considère. Il est évident en effet que, si le corps était sphérique, la fonction V se réduirait à une quantité indépendante des angles φ, ψ, θ; et comme la figure des corps célestes est peu différente de la sphère, cette circonstance contribue encore à rendre très-petits les seconds membres des équations (C). Il suit de là, comme on l'a vu n° 1Ô, livre II, que l'on doit regarder généralement comme très-petites les forces qui troublent le mouvement de rotation des corps célestes.

4. Si l'on multiplie les équations (C), la première par p, la deuxième par q, la troisième par r, qu'on les ajoute ensuite, et que dans le second membre des équations résultantes on substitue pour p, q et r leurs valeurs tirées des équations (a), on trouvera

$$\mathrm{A}\,pdp + \mathrm{B}\,qdq + \mathrm{C}\,rdr = \frac{d\mathrm{V}}{d\varphi}\,d\varphi + \frac{d\mathrm{V}}{d\psi}\,d\psi + \frac{d\mathrm{V}}{d\theta}\,d\theta. \quad (b)$$

Le second membre de cette équation serait une différentielle complète, si les astres qui agissent sur le sphéroïde étaient fixes; mais comme ils changent de position, la fonction V contient, outre les variables φ, ψ, θ, les variables x', y', z', qui dépendent du mouvement de ces astres ; soit donc

$$\frac{d\mathrm{V}}{d\varphi}\,d\varphi + \frac{d\mathrm{V}}{d\psi}\,d\psi + \frac{d\mathrm{V}}{d\theta}\,d\theta = d'\mathrm{V},$$

la caractéristique d' se rapportant uniquement aux variables φ, ψ, θ, relatives aux déplacements des trois axes principaux du sphéroïde. En intégrant l'équation (b), on aura

$$\mathrm{A}p^2 + \mathrm{B}q^2 + \mathrm{C}r^2 = \text{const.} + 2.\!\int d'\mathrm{V}. \quad (c)$$

Cette équation renferme le principe des forces vives : nous avons fait voir en effet, n° **33**, livre Ier, que la fonction $\mathrm{A}p^2 + \mathrm{B}q^2 + \mathrm{C}r^2$ exprimait la force vive du sphéroïde dont les trois moments d'inertie principaux sont A, B, C, et dont $\sqrt{p^2 + q^2 + r^2}$ est la vitesse de rotation autour de l'axe instantané.

Si l'on suppose donc

$$\mathrm{T} = \frac{\mathrm{A}p^2 + \mathrm{B}q^2 + \mathrm{C}r^2}{2},$$

l'équation (c) devient

$$\mathrm{T} - \int d'\mathrm{V} = \text{constante.}$$

En appliquant à cette équation l'analyse du n° **13**, livre II, on en tirera trois équations analogues aux équations (c) du même numéro. En effet, p, q, r étant donnés en fonction des variables φ, ψ, θ et de leurs différentielles par les équations (a), on peut regarder T comme une fonction de ces variables, et si pour abréger on fait $\frac{d\varphi}{dt} = \varphi'$, $\frac{d\psi}{dt} = \psi'$, $\frac{d\theta}{dt} = \theta'$, en différentiant

on aura

$$\frac{d\,T}{d\varphi'}\,d\varphi' + \frac{d\,T}{d\psi'}\,d\psi' + \frac{d\,T}{d\theta'}\,d\theta' + \frac{d\,T}{d\varphi}\,d\varphi + \frac{d\,T}{d\psi}\,d\psi + \frac{d\,T}{d\theta}\,d\theta$$

$$= \frac{d\,T}{dp}\,dp + \frac{d\,T}{dq}\,dq + \frac{d\,T}{dr}\,dr.$$

Les équations (a) donnent

$$\left.\begin{array}{l} p = \psi' \sin\theta \sin\varphi - \theta' \cos\varphi, \\[4pt] q = \psi' \sin\theta \cos\varphi + \theta' \sin\varphi, \\[4pt] r = \varphi' - \psi' \cos\theta. \end{array}\right\} \quad (\alpha)$$

Si, après avoir différentié ces valeurs, on les substitue dans le second membre de l'équation précédente, et qu'on compare ensuite les coefficients de $d\varphi'$, $d\psi'$, etc., cette équation donnera

$$\frac{d\,T}{d\varphi'} = \frac{d\,T}{dr}; \;\; \frac{d\,T}{d\psi'} = \sin\theta \sin\varphi \frac{d\,T}{dp} + \sin\theta \cos\varphi \frac{d\,T}{dq} - \cos\theta \frac{d\,T}{dr};$$

$$\frac{d\,T}{d\theta'} = \sin\varphi \frac{d\,T}{dq} - \cos\varphi \frac{d\,T}{dp}; \;\; \frac{d\,T}{d\varphi} = q \frac{d\,T}{dp} - p \frac{d\,T}{dq};$$

$$\frac{d\,T}{d\psi} = 0; \frac{d\,T}{d\theta} = \left[\cos\theta \left(\sin\varphi \frac{d\,T}{dp} + \cos\varphi \frac{d\,T}{dq} \right) + \sin\theta \frac{d\,T}{dr} \right] \psi'.$$

La valeur précédente de T donne d'ailleurs

$$\frac{d\,T}{dp} = \mathrm{A}p, \quad \frac{d\,T}{dq} = \mathrm{B}q, \quad \frac{d\,T}{dr} = \mathrm{C}r;$$

les équations (c) du n° **13**, livre II, deviennent donc ainsi

$$\mathrm{C}\frac{dr}{dt} + (\mathrm{B} - \mathrm{A})pq = \frac{d\,\mathrm{V}}{d\varphi},$$

$$\frac{d.[\sin\theta\,(\mathrm{A}p \sin\varphi + \mathrm{B}q \cos\varphi) - \cos\theta.\mathrm{C}r]}{dt} = \frac{d\,\mathrm{V}}{d\psi},$$

$$\frac{d.(\mathrm{B}q \sin\varphi - \mathrm{A}p \cos\varphi)}{dt} - [\cos\theta\,(\mathrm{A}p \sin\varphi + \mathrm{B}q \cos\varphi) + \sin\theta.\mathrm{C}r]\psi' = \frac{d\,\mathrm{V}}{d\theta}.$$

Ces équations sont identiques avec les équations (f) du n° **15**, livre II, lorsqu'on suppose dans celles-ci $V = 0$, $\Omega = V$, et qu'on y remplace les différences partielles de la fonction T par leurs valeurs; on peut par conséquent intégrer ces équations par le même procédé, et comme elles ne sont qu'une transformation des équations différentielles (C), il est clair que leurs intégrales conviendront également à ces dernières, et réciproquement. Nous supposerons donc, conformément aux principes de la méthode générale d'intégration développée dans le chap. III du livre II, les équations précédentes, ou, ce qui revient au même, les équations (C) intégrées dans le cas où leurs seconds membres sont nuls, et nous avons vu n° **35**, livre Ier, que cette intégration est toujours possible; nous ferons varier ensuite les constantes introduites par l'intégration, de manière à satisfaire encore aux mêmes équations dans le cas où l'on considère l'action des forces perturbatrices.

Il est bon de remarquer ici que nous avons supposé dans le chapitre cité que Ω, qui représente l'intégrale de la somme des forces perturbatrices multipliées respectivement par l'élément de leur direction, est en effet une fonction toujours intégrable; mais cette condition, qui n'est remplie ni dans la question du mouvement de translation, ni dans celle du mouvement de rotation des corps célestes, n'est nullement nécessaire et ne doit limiter en rien la généralité de cette analyse. Il suffit en effet, pour son exactitude, que les différences partielles de la fonction Ω, qui représentent les forces perturbatrices, soient une fonction finie des variables φ, ψ, θ, puisque ces différences partielles entrent seules dans les formules des variations des constantes arbitraires.

5. Reprenons les diverses intégrales auxquelles nous sommes parvenus dans le n° 35, du Ier livre, savoir :

$$
\left.\begin{aligned}
& \mathrm{A}ap + \mathrm{B}bq + \mathrm{C}cr = \beta, \\
& \mathrm{A}a'p + \mathrm{B}b'q + \mathrm{C}c'r = \beta', \\
& \mathrm{A}a''p + \mathrm{B}b''q + \mathrm{C}c''r = \beta'', \\
& \mathrm{A}p^2 + \mathrm{B}q^2 + \mathrm{C}r^2 = h, \\
& \mathrm{A}^2 p^2 + \mathrm{B}^2 q^2 + \mathrm{C}^2 r^2 = k^2; \\
& t + l = \int \frac{\sqrt{\mathrm{AB}}\,.\,\mathrm{C}dr}{\sqrt{[\,k^2 - \mathrm{B}h + (\mathrm{B} - \mathrm{C})\,\mathrm{C}r^2\,][\,-k^2 + \mathrm{A}h + (\mathrm{C} - \mathrm{A})\,\mathrm{C}r^2\,]}}, \\
& \psi_{,} + g = \int \frac{k\,.\,(\mathrm{C}r^2 - h)\,.\,\sqrt{\mathrm{AB}}\,.\,\mathrm{C}dr}{(k^2 - \mathrm{C}^2 r^2)\,.\,\sqrt{[\,k^2 - \mathrm{B}h + (\mathrm{B} - \mathrm{C})\,\mathrm{C}r^2\,][\,-k^2 + \mathrm{A}h + (\mathrm{C} - \mathrm{A})\,\mathrm{C}r^2\,]}}.
\end{aligned}\right\} \quad (d)
$$

Ces sept équations n'équivalent qu'à six intégrales distinctes, et les quatre constantes β, β', β'', k sont liées entre elles par l'équation de condition

$$\beta^2 + \beta'^2 + \beta''^2 = k^2. \quad (e)$$

Les trois arbitraires β, β', β'' déterminent la position du plan principal de projection, en sorte que si l'on appelle γ son inclinaison sur un plan fixe quelconque, et α la longitude de son nœud comptée d'une origine arbitraire, on aura

$$\operatorname{tang}\alpha = \frac{\beta}{\beta'}, \quad \operatorname{tang}\gamma = \frac{\sqrt{\beta^2 + \beta'^2}}{\beta''}. \quad (f)$$

La constante h est celle qui sert à compléter l'intégrale des forces vives ; la constante l dépend de la position du corps à un instant déterminé ; enfin , relativement à la constante g, nous observerons que ψ, représente la longitude du nœud de l'équateur du corps, sur le plan principal de projection, comptée à partir de l'intersection de ce dernier plan avec le plan fixe, n° 35, livre Ier. On peut donc, pour fixer les idées, supposer que $— g$ est la valeur de cette longitude à l'origine du mouvement, puisqu'il suffit pour cela de le faire commencer à l'instant où l'intégrale de la valeur de ψ, s'évanouit.

Les intégrales (d) suffisent pour déterminer à chaque instant la position du corps par rapport au plan invariable, en sorte que si l'on désigne par φ, et θ,, relativement à ce plan, les angles que nous avons nommés φ et θ par rapport au plan fixe, on connaîtra par les formules précédentes les valeurs des angles φ,, ψ,, θ,, γ et α, et l'on déterminera celles des trois angles φ, ψ, θ, par les formules du n° 35, livre Ier.

Cela posé, concevons que l'on veuille étendre les intégrales précédentes aux équations (C), où l'on considère l'action des forces perturbatrices. Les trois arbitraires β, β', β'' ne seront plus constantes ; le plan principal de projection que nous avions considéré comme invariable n° 35, livre cité, cessera de l'être, mais il conservera toujours la propriété d'être à chaque instant le plan par rapport auquel la somme des projections des aires décrites par les rayons vecteurs des éléments du sphéroïde, multipliées par les masses de ces éléments, est un maximum ; les quatre constantes

II.   12

$h, k, l, g,$ deviendront également variables, et l'on déterminera les variations de ces différentes quantités par la formule générale (D), n° **18**, livre II.

Pour cela, il est nécessaire d'exprimer préalablement ces constantes en fonction des variables indépendantes du problème et des quantités $s, u, v,$ qui sont, comme on sait, des fonctions de ces variables et de leurs différences premières. Dans la question qui nous occupe, comme dans celle du mouvement de translation, les variables indépendantes sont au nombre de trois : nous avons pris les trois angles $\varphi, \psi, \theta,$ pour ces variables; nous avons désigné, pour abréger, par φ', ψ', θ' les différentielles $d\varphi, d\psi, d\theta,$ divisées par $dt,$ et par T la moitié de la force vive du sphéroïde; on aura par conséquent, n° **13**, livre II,

$$s = \frac{d\mathrm{T}}{d\varphi'}, \quad u = \frac{d\mathrm{T}}{d\psi'}, \quad v = \frac{d\mathrm{T}}{d\theta'}.$$

Nous avons trouvé, n° **4**, pour l'expression de T,

$$\mathrm{T} = \frac{\mathrm{A}p^2 + \mathrm{B}q^2 + \mathrm{C}r^2}{2};$$

on aura donc, en vertu des valeurs de $\frac{d\mathrm{T}}{d\varphi'}, \frac{d\mathrm{T}}{d\psi'}, \frac{d\mathrm{T}}{d\theta'},$ données dans le même numéro,

$$s = \mathrm{C}r,$$
$$u = (\mathrm{A}p \sin\varphi + \mathrm{B}q \cos\varphi) \sin\theta - \mathrm{C}r \cos\theta,$$
$$v = -\mathrm{A}p \cos\varphi + \mathrm{B}q \sin\varphi,$$

d'où l'on tire

$$\left. \begin{array}{l} \mathrm{A}p = (u + s \cos\theta)\dfrac{\sin\varphi}{\sin\theta} - v \cos\varphi, \\[2mm] \mathrm{B}q = (u + s \cos\theta)\dfrac{\cos\varphi}{\sin\theta} + v \sin\varphi, \\[2mm] \mathrm{C}r = s. \end{array} \right\} \quad (g)$$

Si dans les expressions des constantes β, β', β'', on substitue ces valeurs, et qu'on remplace en même temps les quantités a, b, c, a', b', c', a'', b'', c'', par leurs valeurs données n° **28**, liv. 1er, on trouvera

$$\left.\begin{aligned}
\beta &= (s + u\cos\theta)\frac{\sin\psi}{\sin\theta} - v\cos\psi,\\
\beta' &= (s + u\cos\theta)\frac{\cos\psi}{\sin\theta} + v\sin\psi,\\
\beta'' &= -u.
\end{aligned}\right\} \quad (h)$$

En mettant pour β, β', β'', leurs valeurs dans les équations (f), on exprimera les constantes α et γ en fonctions des mêmes variables. On pourrait exprimer de même les constantes h et k en fonction des six variables φ, ψ, θ, s, u, v, mais il sera plus simple de les regarder comme déterminées par les équations (d) et (e), en y considérant les quantités p, q, r, β, β', β'' comme des fonctions données de ces variables. Enfin, on substituera sous le signe intégral s à la place de Cr dans les deux dernières équations (d), et en supposant les intégrations effectuées, on pourra regarder les six constantes h, k, α, γ, l, g, comme exprimées en fonction des six variables φ, ψ, θ, s, u, v. Il ne restera donc plus qu'à substituer leurs différentielles partielles, prises par rapport à ces quantités, dans la formule générale

$$(a,b) = \frac{da}{ds}\cdot\frac{db}{d\varphi} - \frac{da}{d\varphi}\cdot\frac{db}{ds} + \frac{da}{du}\cdot\frac{db}{d\psi} - \frac{da}{d\psi}\cdot\frac{db}{du} + \frac{da}{dv}\cdot\frac{db}{d\theta} - \frac{da}{d\theta}\cdot\frac{db}{dv},$$

pour avoir les valeurs des quinze symboles (k, α), (k, γ), etc.

12.

6. Pour suivre ici la même marche que dans la recherche des variations des éléments elliptiques, commençons par déterminer les valeurs des quantités (k, α), (k, γ), (α, γ), (h, k), (h, α), (h, γ), où n'entrent point les lettres l et g; et, afin de simplifier ce calcul, formons d'abord les trois combinaisons (β, β'), (β, β''), (β', β''); on trouvera sans peine

$$(\beta, \beta') = -\beta'', \quad (\beta, \beta'') = \beta', \quad (\beta', \beta'') = -\beta.$$

Si l'on regarde α et γ comme des fonctions de β, β', β'', données par les équations

$$\operatorname{tang}\alpha = \frac{\beta}{\beta'}, \quad \operatorname{tang}\gamma = \frac{\sqrt{\beta^2 + \beta'^2}}{\beta''},$$

on aura

$$(k, \alpha) = (k, \beta)\frac{d\alpha}{d\beta} + (k, \beta')\frac{d\alpha}{d\beta'},$$

$$(k, \gamma) = (k, \beta)\frac{d\gamma}{d\beta} + (k, \beta')\frac{d\gamma}{d\beta'} + (k, \beta'')\frac{d\gamma}{d\beta''}.$$

D'ailleurs, k étant une fonction de β, β', β'', donnée par l'équation $k^2 = \beta^2 + \beta'^2 + \beta''^2$, on a

$$(k, \beta) = (\beta', \beta)\frac{dk}{d\beta'} + (\beta'', \beta)\frac{dk}{d\beta''} = (\beta', \beta)\frac{\beta'}{k} + (\beta'', \beta)\frac{\beta''}{k},$$

et par conséquent $(k, \beta) = 0$; on aurait de même $(k, \beta') = 0$, $(k, \beta'') = 0$; d'où l'on conclura

$$(k, \alpha) = 0, \quad (k, \gamma) = 0.$$

La valeur précédente de $\operatorname{tang}\gamma$ donne

$$\cos\gamma = \frac{\beta''}{k};$$

en observant donc que (α, k) est nul par ce qui précède, on aura simplement

$$(\alpha, \gamma) = (\alpha, \beta'')\ \frac{d\gamma}{d\beta''} = -\ (\alpha, \beta'')\frac{1}{k\sin\gamma}.$$

Or

$$(\alpha, \beta'') = (\beta', \beta'')\frac{d\alpha}{d\beta} + (\beta', \beta'')\frac{d\alpha}{d\beta'} = \cos^2\alpha\left(\frac{\beta^2 + \beta'^2}{\beta'^2}\right) = 1;$$

donc

$$(\alpha, \gamma) = -\ \frac{1}{k\sin\gamma}.$$

Si l'on combine la constante h avec les trois constantes β, β', β'', on trouvera

$$(h, \beta) = 0, \quad (h, \beta') = 0, \quad (h, \beta''') = 0.$$

En effet, la constante β'', par exemple, ne contenant que la variable u, la formule (C) (n° **18**, livre II) donnera

$$(h, \beta'') = -\ \frac{dh}{d\psi}\frac{d\beta''}{du}.$$

Or la constante h est fonction de p, q, r, et les valeurs (α) de ces quantités ne contiennent pas la variable ψ; on a donc $\frac{dh}{d\psi} = 0$, et par conséquent $(h, \beta'') = 0$. On peut en conclure par analogie que (h, β) et (h, β') sont nuls pareillement; il est facile d'ailleurs de le vérifier en calculant directement leurs valeurs.

Il suit de là que, si l'on regarde k, α, γ comme fonctions de β, β', β'', on aura

$$(h, k) = 0, \quad (h, \alpha) = 0, \quad (h, \gamma) = 0.$$

Formons maintenant les quatre combinaisons (l, h),

(l, k), (l, α), (l, γ) qui renferment la constante l sans contenir la constante g.

La sixième des intégrales (d), en mettant s à la place de Cr sous le signe intégral, devient

$$t + l = \int \frac{\sqrt{AB}.C\,ds}{\sqrt{[C\,k^2 - BC\,h + (B - C)\,s^2][- C\,k^2 + AC\,h + (C - A)\,s^2]}} \cdot \quad (d')$$

Si l'on suppose l'intégration effectuée, cette équation donne

$$l = -\, t + \text{fonct.}\ (h, k, s).$$

On aura ainsi $\dfrac{dl}{ds} = \dfrac{dt}{ds}$, et pour avoir les différences partielles $\dfrac{dl}{dh}$, $\dfrac{dl}{dk}$, il suffira de différentier sous le signe intégral le second membre de l'équation (d') par rapport aux constantes h et k.

La valeur de l ne contenant que la variable s, en la combinant avec une constante quelconque b, et en faisant d'abord abstraction des constantes h et k qu'elle renferme, on aura

$$(l, b) = \frac{dt}{ds}\,\frac{db}{d\varphi}.$$

Pour avoir égard aux constantes h et k, il faudrait ajouter au second membre les deux termes

$$(h, b)\,\frac{dl}{dh} + (k, b)\,\frac{dl}{dk}.$$

Mais on peut s'en dispenser, parce que b devant représenter l'une des quatre constantes h, k, α, γ, ces deux termes sont toujours nuls.

Substituons d'abord la constante h à la place de b,

on a

$$\frac{dh}{d\varphi} = 2\,A\,p\,\frac{dp}{d\varphi} + 2\,B\,q\,\frac{dq}{d\varphi} + 2\,C\,r\,\frac{dr}{d\varphi}.$$

Or les valeurs de $A\,p$, $B\,q$, $C\,r$ donnent

$$A\,\frac{dp}{d\varphi} = B\,q, \quad B\,\frac{dq}{d\varphi} = -\,A\,p, \quad C\,\frac{dr}{d\varphi} = 0;$$

on aura, par conséquent,

$$\frac{dh}{d\varphi} = 2\,(B - A)\,pq = -\,2\,C\,\frac{dr}{dt},$$

en vertu de la troisième des équations (A).

On aura donc, en observant que $C\,\dfrac{dr}{dt} = \dfrac{ds}{dt}$,

$$(l,\,h) = -\,2\,\frac{dt}{ds}\,\frac{ds}{dt},$$

et, par conséquent,

$$(l,\,h) = -\,2.$$

Les trois constantes β, β', β'' ne renfermant pas la variable φ, il s'ensuit que si la lettre b représente une fonction quelconque de ces arbitraires, $(l,\,b)$ sera nul; on aura donc ainsi

$$(l,\,k) = 0, \quad (l,\,\alpha) = 0 \quad (l,\,\gamma) = 0.$$

Passons enfin au calcul des cinq combinaisons $(g,\,h)$, $(g,\,k)$, $(g,\,\alpha)$, $(g,\,\gamma)$, $(g,\,l)$ qui renferment la constante g.

La dernière des équations (d), en substituant s à la place de $C\,r$, devient

$$\psi_{,} + g = \int \frac{k\,(s^2 - C\,h)\,\sqrt{AB}\,ds}{(k^2 - s^2)\,\sqrt{[C\,k^2 - BC\,h + (B - C)\,s^2][-\,C\,k^2 + AC\,h + (C - A)\,s^2]}}.$$

Si l'on suppose l'intégration effectuée, cette équation donnera g en fonction de $\psi_{,}$, s, h, k, en sorte qu'on aura

$$g = -\,\psi_{,} + \text{fonct. } (h,\, k,\, s).$$

En la différentiant on a d'ailleurs

$$\frac{dg}{ds} = \frac{d\psi_{,}}{ds} = \frac{k\,(s^2 - \mathrm{C}\,h)}{\mathrm{C}\,(k^2 - s^2)}\,\frac{dt}{ds}.$$

On obtiendrait les différences partielles de g, par rapport à h et à k, en différentiant sous le signe intégral par rapport à ces constantes.

Cela posé, on aura, relativement à une constante quelconque b,

$$(g,\, b) = \frac{dg}{ds}\,\frac{db}{d\varphi} + (h,\, b)\frac{dg}{dh} - (\psi_{,},\, b). \quad (k)$$

Nous omettons le terme $(k,\, b)\dfrac{dg}{dk}$, parce que b devant représenter l'une des quatre constantes α, γ, h, l, ce terme est toujours nul.

Pour former la quantité $(\psi_{,},\, b)$, il est nécessaire de connaître la valeur de $\psi_{,}$ en fonction des variables φ, ψ, θ, s, u, v. Or nous avons trouvé, n° 35, livre II,

$$\cos\theta = \cos\gamma\,\cos\theta_{,} - \sin\gamma\,\sin\theta_{,}\,\cos\psi_{,},$$
$$\sin(\psi - \alpha)\,\sin\theta = \sin\psi_{,}\,\sin\theta_{,}.$$

On a d'ailleurs, n° 35, livre II,

$$k\cos\gamma = \beta'' = -\,u, \quad \text{et} \quad k\cos\theta_{,} = \mathrm{C}\,r = s;$$

les deux équations précédentes donneront donc

$$\cos\psi_{,} = -\,\frac{k^2\cos\theta + us}{\sqrt{k^2 - u^2}\,\sqrt{k^2 - s^2}}, \quad \sin\psi_{,} = \frac{k\sin(\psi - \alpha)\,\sin\theta}{\sqrt{k^2 - s^2}}.$$

Si l'on différentie la valeur de $\cos \psi_{,}$ par rapport aux variables s, u, θ qu'elle renferme, et qu'on substitue dans le résultat pour $\sin \psi$, sa valeur, on trouvera

$$\frac{d\psi_{,}}{ds} = \frac{u + s \cos\theta}{(k^2 - s^2)\sin\gamma \sin\theta \sin(\psi - \alpha)},$$

$$\frac{d\psi_{,}}{du} = \frac{s + u \cos\theta}{k^2 \sin^3\gamma \sin\theta \sin(\psi - \alpha)},$$

$$\frac{d\psi_{,}}{d\theta} = - \frac{1}{\sin\gamma \sin(\psi - \alpha)},$$

par conséquent,

$$(\psi_{,}, b) = \frac{u + s \cos\theta}{(k^2 - s^2)\sin\gamma \sin\theta \sin(\psi - \alpha)} \frac{db}{d\varphi}$$

$$+ \frac{s + u \cos\theta}{k^2 \sin^3\gamma \sin\theta \sin(\psi - \alpha)} \frac{db}{d\psi} + \frac{1}{\sin\gamma \sin(\psi - \alpha)} \frac{db}{dv}.$$

Substituons maintenant successivement dans (g, b) et $(\psi_{,}, b)$ à la place de la lettre b, les quatre constantes h, k, α, γ.

On trouve aisément

$$\frac{dh}{d\varphi} = - 2\frac{ds}{dt}, \quad \frac{dh}{d\psi} = 0, \quad \frac{dh}{dv} = - 2\,(p\cos\varphi - q\sin\varphi);$$

par conséquent,

$$(g,h) = \frac{2\,k\,(h - Cr^2)}{k^2 - s^2} - (\psi_{,}, h),$$

$$(\psi,h) = \frac{2}{\sin\gamma \sin(\psi - \alpha)}\left[\left(\frac{u + s\cos\theta}{\sin\theta}\right)\frac{(B - A)pq}{k^2 - s^2} - p\cos\varphi + q\sin\varphi\right].$$

Les équations (g) donnent

$$\frac{u + s\cos\theta}{\sin\theta} = A p \sin\varphi + B q \cos\varphi,$$

$$k \sin\gamma \sin(\psi - \alpha) = \beta' \sin\psi - \beta \cos\psi = - A p \cos\varphi + B q \sin\varphi.$$

L'expression de $(\psi_{,,}k)$, au moyen de ces valeurs et en observant que $k^2 - s^2 = A^2 p^2 + B^2 q^2$, se réduit à

$$(\psi_{,,}h) = \frac{2k\,(Ap^2 + Bq^2)}{k^2 - s^2} = \frac{2k\,(h - Cr^2)}{k^2 - s^2}.$$

Si l'on substitue cette valeur dans l'expression de (g, h), on aura

$$(g, h) = 0.$$

Si l'on combine la constante g avec chacune des trois constantes β, β', β'', et qu'on observe qu'en vertu des équations (h) on a

$$\frac{s + u\cos\theta}{\sin\theta} = \beta\sin\psi + \beta'\cos\psi,$$

on trouvera sans peine

$$(\psi_{,,}\beta) = \frac{\beta}{k\sin^2\gamma}, \quad (\psi_{,,}\beta') = \frac{\beta'}{k\sin^2\gamma}, \quad (\psi_{,,}\beta'') = 0.$$

La constante k étant regardée comme une fonction de β, β', β'' donnée par l'équation

$$k^2 = \beta^2 + \beta'^2 + \beta''^2,$$

on a

$$(\psi_{,,}k) = (\psi_{,,}\beta)\frac{dk}{d\beta} + (\psi_{,,}\beta')\frac{dk}{d\beta'} = \frac{\beta^2 + \beta'^2}{k^2\sin^2\gamma};$$

par conséquent,

$$(\psi', k) = 1.$$

La constante γ étant donnée par l'équation

$$\tan\gamma = \frac{\sqrt{\beta^2 + \beta'^2}}{\beta''},$$

on aura

$$(\psi_{,,}\gamma) = (\psi_{,,}\beta)\frac{d\gamma}{d\beta} + (\psi_{,,}\beta')\frac{d\gamma}{d\beta'} = \frac{\cos^2\gamma}{k\sin^2\gamma}\frac{\sqrt{\beta^2 + \beta'^2}}{\beta''},$$

par conséquent,

$$(\psi_{,},\gamma) = \frac{\cos\gamma}{k\sin\gamma}.$$

Enfin, la constante α étant déterminée par l'équation

$$\operatorname{tang}\alpha = \frac{\beta}{\beta'},$$

on aura

$$(\psi_{,},\alpha) = (\psi_{,},\beta)\frac{d\alpha}{d\beta} + (\psi_{,},\beta')\frac{d\alpha}{d\beta'} = \frac{\cos^2\alpha}{k\sin^2\gamma}\left(\frac{\beta}{\beta'} - \frac{\beta\beta'}{\beta'^2}\right),$$

c'est-à-dire

$$(\psi_{,},\alpha) = 0.$$

Ces valeurs substituées dans la formule (k) donneront, en remarquant que les constantes β, β', β'' ne contiennent pas la variable φ,

$$(g,k) = -1, \quad (g,\gamma) = -\frac{\cos\gamma}{k\sin\gamma}, \quad (g,\alpha) = 0.$$

Il ne nous reste plus à former que la combinaison (g,l); mais au lieu de substituer la constante l à la lettre b dans la formule (k), il est plus simple de considérer cette constante comme fonction des variables s, t et des constantes h, k; on aura ainsi

$$(g,l) = (g,s)\frac{dl}{ds} + (g,h)\frac{dl}{dh} + (g,k)\frac{dl}{dk},$$

valeur qui, en observant que $(g,h) = 0$, $(g,k) = -1$, $(g,s) = -\frac{dg}{d\varphi}$, se réduit à

$$(g,l) = -\frac{dg}{d\varphi}\frac{dl}{ds} - \frac{dl}{dk}.$$

D'ailleurs $g = \operatorname{fonct.}(s, \psi_{,}, h, k)$, et comme s, $\psi_{,}$, k ne contiennent pas la variable φ, on a

$$\frac{dg}{d\varphi} = \frac{dg}{dh}\frac{dh}{d\varphi};$$

par conséquent,

$$(g,\, l) = -\frac{dh}{d\varphi}\frac{dl}{ds}\frac{dg}{dh} + \frac{dl}{dk} = 2\frac{dg}{dh} - \frac{dl}{dk},$$

en observant que $\dfrac{dh}{d\varphi}\dfrac{dl}{ds} = (l,\, h) = -2$.

Pour avoir les différences partielles $\dfrac{dg}{dh}$, $\dfrac{dl}{dk}$, il faut différentier, sous le signe intégral, par rapport à h et à k, les valeurs de ces deux constantes ; on aura ainsi

$$\frac{dg}{dh} = -\int \frac{k\,dt}{k^2 - s^2} + \frac{1}{2}\int \frac{A\,k\,(s^2 - C\,h)\,dt}{(k^2 - s'^2)\,[C\,k^2 - AC\,h + (A - C)\,s^2]}$$
$$+ \frac{1}{2}\int \frac{B\,k\,(s^2 - C\,h)\,dt}{(k^2 - s^2)\,[C\,k^2 - BC\,h + (B - C)\,s^2]},$$

valeur qui peut se mettre sous cette forme,

$$\frac{dg}{dh} = -\frac{1}{2}\int \frac{C\,k\,dt}{C\,k^2 - AC\,h + (A - C)\,s^2} - \frac{1}{2}\int \frac{C\,k\,dt}{C\,k^2 - BC\,h + (B - C)\,s^2}.$$

En différentiant de la même manière, par rapport à k, la valeur de l, on trouve

$$\frac{dl}{dk} = -\int \frac{C\,k\,dt}{C\,k^2 - AC\,h + (A - C)\,s^2} - \int \frac{C\,k\,dt}{C\,k^2 - BC\,h + (B - C)\,s^2}.$$

Ces valeurs, substituées dans l'expression de $(g,\, l)$, donnent

$$(g,\, l) = 0.$$

7. En réunissant les valeurs des quinze quantités que nous venons de calculer, on trouve

$$(h,\, l) = 2, \quad (k,\, g) = 1, \quad (\gamma,\, g) = \frac{\cos\gamma}{k\,\sin\gamma}, \quad (\gamma,\, \alpha) = \frac{1}{k\,\sin\gamma}.$$

Toutes les autres sont nulles, en sorte qu'on a

$$(h, k) = 0, \quad (h, \gamma) = 0, \quad (h, \alpha) = 0, \quad (h, g) = 0,$$
$$(l, k) = 0, \quad (l, \gamma) = 0, \quad (l, \alpha) = 0, \quad (l, g) = 0,$$
$$(k, \gamma) = 0, \quad (k, \alpha) = 0, \quad (g, \alpha) = 0.$$

Au moyen de ces valeurs, il est aisé de conclure, en vertu de la formule générale (D) (n° **18**, livre II),

$$dh = 2\,dt \left(\frac{d\mathrm{V}}{dl}\right),$$

$$dl = -2\,dt \left(\frac{d\mathrm{V}}{dh}\right),$$

$$dk = dt \left(\frac{d\mathrm{V}}{dg}\right),$$

$$dg = -dt \left(\frac{d\mathrm{V}}{dk}\right) - \frac{\cos\gamma\,dt}{k\,\sin\gamma}\left(\frac{d\mathrm{V}}{d\gamma}\right), \qquad \text{(P)}$$

$$d\alpha = -\frac{dt}{k\,\sin\gamma}\left(\frac{d\mathrm{V}}{d\gamma}\right),$$

$$d\gamma = \frac{\cos\gamma\,dt}{k\,\sin\gamma}\left(\frac{d\mathrm{V}}{dg}\right) + \frac{dt}{k\,\sin\gamma}\left(\frac{d\mathrm{V}}{d\alpha}\right).$$

Ces équations serviront à déterminer les variations que produit, sur les six constantes arbitraires qui entrent dans les équations du mouvement de rotation, l'action des forces perturbatrices.

8. Ce qu'on observe d'abord en considérant les formules précédentes, c'est la singulière analogie qu'elles ont avec celles qui déterminent les variations des éléments elliptiques des orbites planétaires. On voit, en effet, que, pour les rendre identiques avec les formules (o) du n° **41**, livre II, il suffit de changer dans ces dernières $\frac{1}{a}$ en $-h$, φ en γ, et de prendre, au lieu de l'angle α, son supplément. Ce résultat remarquable tient à ce que les constantes dont nous avons fait choix, ont une signification semblable dans les deux problèmes. Ainsi, dans le mouvement de translation $-\dfrac{1}{a}$ et dans le mouvement de rotation h sont les constantes qui équivalent à la force vive du système. Dans ce dernier cas, γ est l'inclinaison du plan principal de projection sur un plan fixe, α la longitude de son nœud comptée sur ce plan à partir d'une ligne fixe; de même, dans le mouvement de translation, φ est l'inclinaison sur un plan fixe du plan de la trajectoire, qui est évidemment le plan principal de projection, et α la longitude de son nœud comptée sur ce plan, seulement cet angle n'est pas compté dans le même sens dans les deux cas; d'où résulte la différence de signe qu'on remarque dans les formules qui dépendent de la variation de cet angle; l est la constante ajoutée au temps t et provient de ce que les équations différentielles du mouvement ne renferment, dans les deux questions, que l'élément de cette variable; k représente l'aire décrite, pendant l'unité de temps, sur le plan principal de projection par le rayon vecteur de chacun des éléments du corps en mouvement, multipliée par la masse de cet élément; enfin, la constante g représente des quantités analogues dans les deux cas.

Ainsi donc les expressions des variations des constantes arbitraires sont identiquement les mêmes dans le mouvement de translation et dans le mouvement de rotation, et les perturbations qu'éprouvent les corps célestes dans leurs mouvements, soit autour du Soleil, soit autour de leur centre de gravité, se trouvent ainsi exprimées par les mêmes formules, comme elles dérivent de la même cause. Cet important résultat n'est pas sans doute ce qu'offre de moins remarquable la belle méthode que nous avons employée pour déterminer toutes les inégalités des planètes. Cette méthode, qui réunit dans une même analyse les deux principaux problèmes du système du monde, a de plus l'avantage de présenter sous un même point de vue les différents effets que produisent, dans les mouvements de ces corps, leurs attractions mutuelles. On voit que ces effets, qui, au premier aspect, paraissent avoir si peu d'analogie entre eux, se bornent à faire varier par degrés insensibles les arbitraires du mouvement ; de sorte qu'en introduisant ces arbitraires ainsi corrigées dans les formules du mouvement qui aurait lieu abstraction faite des forces perturbatrices, on aura celles qui conviennent au mouvement troublé, et l'on pourra déterminer ainsi, de la manière la plus simple, la valeur des variables qui doivent fixer à chaque instant la situation du corps que l'on considère. Nous ne craignons pas de l'affirmer, cet ingénieux procédé d'analyse, par sa généralité et par la clarté nouvelle qu'il répand sur toutes les parties de la mécanique céleste, est la plus belle conception dont se soit enrichie la théorie du système du monde, depuis les immortelles découvertes de Newton. Ce grand géomètre nous avait montré quelles sont les forces principales qui donnent le mouvement aux différents corps du système solaire ; Lagrange nous a appris à calculer l'effet plus compliqué des forces perturbatrices, et peut-être il a posé la limite où devait s'arrêter l'esprit humain dans ces sublimes recherches.

9. On peut donner aux formules (P) différentes formes en substituant aux constantes h, l, k, g, α, γ, de nouvelles arbitraires, et en exprimant leurs différentielles au moyen des différences partielles de la fonction V, prises par rapport à ces mêmes quantités. Remarquons d'abord que g désigne, dans ces formules, l'angle compris à l'origine du mouvement entre les intersections du plan principal de projection avec le plan fixe et avec le plan qui contient les deux premiers axes principaux du corps ; dg est donc l'accroissement de cet angle pendant l'instant dt ; mais l'intersection du plan principal de projection avec le plan fixe est mobile, et $\cos\gamma\, d\alpha$ exprime son mouvement pendant l'instant dt projeté sur le premier de ces plans. En désignant donc par ω la longitude de l'intersection de l'équateur du corps avec le plan principal de projection, cette longitude étant comptée sur ce dernier plan à partir d'une ligne fixe, on aura

$$d\omega = dg - \cos\gamma\, d\alpha.$$

En considérant d'ailleurs V comme fonction des arbitraires ω et α, on trouve

$$\frac{dV}{dg} = \frac{dV}{d\omega}, \quad \frac{dV}{d\alpha} = \left(\frac{dV}{d\alpha}\right) - \cos\gamma\left(\frac{dV}{d\omega}\right).$$

Les trois dernières formules (P) deviendront ainsi

$$d\omega = \quad dt\left(\frac{dV}{dk}\right),$$
$$d\alpha = -\ \frac{dt}{k\sin\gamma}\left(\frac{dV}{d\gamma}\right), \left.\right\} \ (Q)$$
$$d\gamma = \quad \frac{dt}{k\sin\gamma}\left(\frac{dV}{d\alpha}\right).$$

En joignant ces expressions aux trois premières équations (P), les variations de toutes les arbitraires se trouveront exprimées par des formules qui ne contiennent qu'un seul terme, ce qui contribue à les simplifier. Si le corps tournait rigoureusement autour de son troisième axe principal, le plan principal de projection coïnciderait avec son équateur; les deux dernières formules précédentes suffiraient donc pour déterminer dans ce cas les mouvements de ce plan. C'est ce qui a lieu, comme on le verra, relativement à la Terre.

Enfin, si l'on suppose

$$p = \tang\gamma\sin\alpha, \quad q = \tang\gamma\cos\alpha,$$

on trouvera

$$\frac{dV}{d\alpha} = q\frac{dV}{dp} - p\frac{dV}{dq},$$
$$\frac{dV}{d\gamma} = \frac{\sin\alpha}{\cos^2\gamma}\frac{dV}{dp} + \frac{\cos\alpha}{\cos^2\gamma}\frac{dV}{dq},$$

et, par suite,

$$dp = -\ \frac{dt}{k\cos^3\gamma}\left(\frac{dV}{dq}\right),$$
$$dq = \quad \frac{dt}{k\cos^3\gamma}\left(\frac{dV}{dp}\right);$$

II.   13

formules qu'il est avantageux de substituer aux deux dernières équations (Q), lorsque γ est un très-petit angle.

10. Il nous suffira maintenant de développer chacune des formules (P), pour en voir résulter tous les phénomènes que cause, dans le mouvement de rotation des planètes, l'action des forces perturbatrices; mais comme la situation initiale du corps, sa figure et ses dimensions ont sur ce mouvement la plus grande influence, il serait inutile d'examiner d'une manière générale ces formules, comme nous l'avons fait dans le problème de la translation des corps célestes, et nous déterminerons séparément les inégalités du mouvement de rotation de la Terre et de la Lune, qui sont les seules planètes pour lesquelles l'état de l'Astronomie ait permis jusqu'ici de comparer sur ce point la théorie à l'observation. Cependant, parmi les arbitraires du mouvement de rotation, il en est une dont la variation donne lieu à des remarques importantes; c'est celle qui entre dans l'équation des forces vives, nous allons, par cette raison, la considérer ici en particulier.

La première des formules (P) donne, pour déterminer la variation de la constante h, l'équation

$$dh = 2\,dt\left(\frac{dV}{dt}\right).$$

On peut faire prendre à cette expression une autre forme. En effet, l étant la constante qui est jointe au temps t dans les expressions finies des variables φ, ψ, θ, il est clair que si l'on regarde V comme une fonction donnée de ces variables, on aura

$$\frac{d\mathrm{V}}{dt} = \frac{d\mathrm{V}}{dt} = \left(\frac{d\mathrm{V}}{d\varphi}\right)\frac{d\varphi}{dt} + \left(\frac{d\mathrm{V}}{d\psi}\right)\frac{d\psi}{dt} + \left(\frac{d\mathrm{V}}{d\theta}\right)\frac{d\theta}{dt};$$

par conséquent,

$$dh = 2\left(\frac{d\mathrm{V}}{d\varphi}\,d\varphi + \frac{d\mathrm{V}}{d\psi}\,d\psi + \frac{d\mathrm{V}}{d\theta}\,d\theta\right),$$

ou bien simplement

$$dh = 2\,d'\mathrm{V}, \quad (l)$$

en désignant par la caractéristique d', la différentielle de V prise en y faisant varier le temps t introduit par la substitution des valeurs des coordonnées φ, ψ, θ du corps dont on considère la rotation, et en regardant comme constant celui que cette fonction peut contenir à raison du mouvement des astres attirants.

On doit observer, d'abord, que cette formule peut s'obtenir directement et indépendamment de celles qui déterminent les variations des autres constantes; elle résulte immédiatement, en effet, de la quatrième des équations (d), différentiée par rapport aux variables et aux constantes qu'elle renferme, pour avoir égard aux forces perturbatrices, en observant qu'on a, n° 4,

$$\mathrm{A}\,p\,dp + \mathrm{B}\,q\,dq + \mathrm{C}\,r\,dr = d'\mathrm{V}.$$

La même remarque s'applique au mouvement de translation, et en général au mouvement d'un système de corps, quelle que soit leur liaison entre eux, puisque l'équation des forces vives a lieu dans toute espèce de système qui n'est sollicité que par l'action mutuelle de ses différentes parties et par des forces dirigées vers des centres fixes. Nous allons maintenant démontrer une propriété importante qui résulte de la formule (k), et qui consiste en ce que la constante h, devenue variable par l'action des forces perturbatrices, ne peut contenir le temps t que sous la forme périodique, lorsque la fonction perturbatrice V ne le contient que sous cette forme.

En effet, lorsqu'on n'a égard qu'à la première puissance des forces perturbatrices, ce qui permet de regarder comme constantes les arbitraires qui entrent dans V, si cette fonction ne contient le temps que sous les signes sinus ou cosinus, il est clair que la différentiation relative à t fera disparaître tous les termes indépendants du temps, ou qui le contiendraient simplement à raison du mouvement des astres attirants; et, par conséquent, l'intégration ne pourra donner, dans la valeur de h, aucun terme non périodique ou de la forme $N t$ qui croisse avec le temps t.

Il existe cependant une circonstance où ce résultat cesserait d'avoir lieu et qu'il est important d'examiner, parce que le système planétaire en offre un exemple. Pour cela, supposons la fonction V développée en série dont les différents termes soient de cette forme,

$$H \frac{\sin.}{\cos.} (int - i'n't + K);$$

H et K étant des fonctions des arbitraires h, k, etc.; l'angle nt étant le moyen mouvement de rotation du sphéroïde autour de son centre de gravité et l'angle $n't$ le moyen mouvement de l'astre attirant, i et i' des nombres entiers quelconques. Il est aisé de voir que ce terme produira, dans dh, le suivant :

$$2\,\mathrm{H}\,in\,dt\,{\textstyle{\cos.\atop\sin.}}\,(int - i'n't + \mathrm{K});$$

et en l'intégrant, il en résultera un terme périodique dans h, à moins que l'on n'ait $int - i'n't = 0$, ce qui exige que les coefficients n et n' soient commensurables entre eux. Or ce cas particulier a lieu dans le mouvement de rotation de la Lune, altéré par l'action de la Terre. Le moyen mouvement de rotation de la Lune est exactement égal à son moyen mouvement de révolution autour de la Terre, et ce rapport singulier produit, comme on le verra, le phénomène de sa libration.

11. Démontrons que le résultat précédent subsiste encore dans la seconde approximation, où l'on tient compte des termes dépendants du carré des forces perturbatrices. En effet, pour avoir égard à ces termes, il faut à la place des constantes h, k, l, g, γ, α, substituer ces arbitraires augmentées de leurs variations, déterminées par l'intégration des formules (P); on aura ainsi

$$\eth\mathrm{V} = \frac{d\mathrm{V}}{dh}\,\eth h + \frac{d\mathrm{V}}{dl}\,\eth l + \frac{d\mathrm{V}}{dk}\,\eth k + \frac{d\mathrm{V}}{dg}\,\eth g + \frac{d\mathrm{V}}{d\gamma}\,\eth\gamma + \frac{d\mathrm{V}}{d\alpha}\,\eth\alpha,$$

et, en ne considérant que les termes de l'ordre du carré des forces perturbatrices,

$$dh = 2d'.\eth\mathrm{V}.$$

Substituons dans l'expression précédente de $\eth\mathrm{V}$, pour

∂h, ∂l, ∂k, etc., leurs valeurs, on aura

$$\partial V = 2 \left(\frac{dV}{dh} \int \frac{dV}{dl} dt - \frac{dV}{dl} \int \frac{dV}{dh} dt \right)$$
$$+ \frac{dV}{dk} \int \frac{dV}{dg} dt - \frac{dV}{dg} \int \frac{dV}{dk} dt$$
$$+ \frac{\cos\gamma}{k \sin\gamma} \left(\frac{dV}{d\gamma} \int \frac{dV}{dg} dt - \frac{dV}{dg} \int \frac{dV}{d\gamma} dt \right)$$
$$+ \frac{1}{k \sin\gamma} \left(\frac{dV}{d\gamma} \int \frac{dV}{d\alpha} dt - \frac{dV}{d\alpha} \int \frac{dV}{d\gamma} dt \right)$$

Pour avoir la différentielle $d'.\partial V$, il faut différentier cette expression par rapport au temps t contenu dans les valeurs de $\varphi + \partial\varphi$, $\psi + \partial\psi$, $\theta + \partial\theta$, c'est-à-dire qu'il faut, $1°$ différentier totalement les quantités renfermées sous les signes intégrales, ce qui revient à effacer les signes $\int$, et alors cette expression se réduit à zéro ; $2°$ différentier seulement par rapport au temps t contenu dans les valeurs des variables φ, ψ, θ, les quantités hors du signe $\int$. L'expression de ∂V est composée de termes de la forme

$$A \int B \, dt - B \int A \, dt,$$

A et B pouvant, par l'hypothèse, se développer en une suite de termes de la forme $H^{\sin}_{\cos}.(it + ft + K)$, dans lesquels H, i, K sont des fonctions des constantes h, k, l, etc., et ft des angles qui proviennent des mouvements des astres attirants. Soit donc H $\cos(ft + mt + K)$ un terme quelconque de A, et soit H' $\cos(ft + mt + K')$ le terme correspondant de B qui a le même argument, il faudra que l'on combine ensemble ces deux termes pour avoir dans

$d'.(\mathrm{A} \int \mathrm{B}\, dt - \mathrm{B} \int \mathrm{A}\, dt)$ des quantités non périodiques.
Or on trouve ainsi

$$d'.(\mathrm{A} \int \mathrm{B}\, dt - \mathrm{B} \int \mathrm{A}\, dt) =$$
$$-\frac{\mathrm{HH}' f\, dt}{f + m} \times [\,\sin(ft + mt + \mathrm{K}) \sin(ft + mt + \mathrm{K}')$$
$$-\sin(ft + mt + \mathrm{K}') \sin(ft + mt + \mathrm{K})\,],$$

quantité qui se réduit à zéro.

Il suit de là, par conséquent, que si l'expression de V est périodique, la valeur de ∂h ne contiendra que des termes semblables, du moins tant qu'on n'aura égard, dans les approximations, qu'aux premières et secondes puissances des forces perturbatrices.

On voit que le résultat auquel nous sommes parvenus dans le chapitre VIII, livre II, sur l'invariabilité des grands axes des orbites planétaires, n'était qu'un cas particulier d'une propriété générale dont jouit la variation de la constante arbitraire qui entre dans l'équation des forces vives.

Dans le mouvement de rotation, h représente la force vive du corps en mouvement, et l'on a

$$\mathrm{A}p^2 + \mathrm{B}q^2 + \mathrm{C}r^2 = h.$$

Les trois quantités p, q, r, sont les vitesses de rotation du corps autour des trois axes principaux qui se croisent à son centre de gravité, n° 1, en sorte que si l'on nomme ρ la vitesse du corps autour de son axe instantané de rotation et a, b, c les angles qu'il forme avec les trois premiers axes, on a

$$p = \rho \cos a, \quad q = \rho \cos b, \quad r = \rho \cos c\,;$$

l'équation des forces vives deviendra donc ainsi

$$\rho^2 \left(A \cos^2 a + B \cos^2 b + C \cos^2 c \right) = h.$$

Le second membre de cette équation ne contenant aucun terme croissant comme le temps t, le premier ne peut renfermer non plus aucun terme pareil, et comme tous les termes du premier membre sont de même signe, il s'ensuit que chacun d'eux n'est composé que de termes périodiques.

On peut conclure de là que la vitesse de rotation et la position de l'axe instantané ne sauraient être affectées d'aucune inégalité croissant comme le temps, et que l'action des forces perturbatrices ne peut y causer que des altérations alternatives dont la période, dépendant du mouvement du sphéroïde autour de son centre de gravité, ou de celui des astres attirants dans leur orbite, sera toujours assez courte.

Il faut remarquer ici que nous n'avons pas eu égard, dans la valeur de V, aux termes qui proviennent de la variation des éléments des orbites des astres attirants ; il faut donc restreindre, en ce sens, la généralité des résultats précédents.

Après ces résultats généraux, applicables à tous les corps du système solaire, nous allons examiner en particulier les mouvements de rotation de la Terre et de la Lune. On verra qu'ils présentent tous deux des phénomènes extrêmement importants ; qui, quoique très-différents, peuvent se déduire directement des formules que nous venons de développer.

CHAPITRE II.

DU MOUVEMENT DE LA TERRE AUTOUR DE SON CENTRE DE GRAVITÉ.

12. Hipparque paraît être le premier, parmi les astronomes, qui ait remarqué que les étoiles ne sont pas fixes, relativement à nous, et que leur position rapportée au plan de l'équateur, varie dans les différents siècles. En comparant ses propres observations à celles de Tymocharis, faites 155 ans auparavant, il s'aperçut que, dans ce mouvement, leur hauteur au-dessus du plan de l'écliptique restait la même, en sorte que leurs latitudes n'étaient point altérées, tandis que leurs longitudes, rapportées à l'équinoxe, augmentaient chaque année d'une quantité à peu près constante pour toutes les étoiles. Il conclut de là que la sphère céleste a un mouvement autour des pôles de l'écliptique, d'où résultent les changements observés dans les ascensions droites et les déclinaisons des étoiles, et l'invariabilité de leurs distances à ce plan, comme l'observation l'indique. Copernic, occupé toute sa vie à substituer aux mouvements apparents des astres leurs mouvements réels, et à redresser des erreurs nées des illusions de nos sens et d'un sentiment exagéré de notre importance, reconnut que les mêmes phénomènes pouvaient s'expliquer en supposant aux pôles de la Terre un mouvement circulaire de rotation

autour des pôles de l'écliptique. Pendant ce mouvement, l'inclinaison de l'équateur à l'écliptique reste la même, mais ses nœuds, ou les équinoxes, rétrogradent uniformément de 5o″ environ par an, d'où résulte par conséquent un accroissement égal des longitudes des étoiles rapportées à ces points. C'est en cela que consiste le phénomène désigné sous le nom de *la précession des équinoxes*.

L'hypothèse de Copernic suffirait donc pour expliquer de la manière la plus simple les variations observées par Hipparque dans la position des étoiles, et confirmées par tous les astronomes qui sont venus après lui. Mais les rapides progrès de l'Astronomie depuis l'invention des lunettes firent bientôt découvrir de nouveaux phénomènes dans ces variations; il fallut, pour les expliquer, supposer divers mouvements à l'axe de la Terre, et c'est ainsi que Bradley fut conduit à la connaissance de leurs véritables lois.

Ce grand astronome, par la précision de ses observations, reconnut dans la position des étoiles une variation annuelle qu'il suivit pendant une période de dix-huit années, après laquelle elles lui semblèrent revenir à la même position. La coïncidence de cette période avec celle du mouvement des nœuds de la Lune lui fit penser que l'axe de la Terre avait, par rapport aux étoiles, un mouvement périodique dépendant de la longitude de ces nœuds; et pour représenter en conséquence le vrai mouvement de l'axe terrestre, il suppose que l'extrémité de cet axe, prolongé jusqu'au ciel, se meut sur la circonférence d'une petite ellipse tangente à la sphère céleste, et dont le centre, qu'on peut regarder comme le lieu moyen du pôle de l'équateur, est situé sur un petit cercle de la sphère parallèle à l'écliptique, et décrit annuellement d'un mouvement uniforme un arc de 63″ sur ce cercle. L'observation fait connaître les dimensions de cette ellipse, et les lois du mouvement du pôle sur sa circonférence, d'où résulte dans l'axe terrestre cette espèce de balancement qu'on a nommée *sa nutation*.

Ainsi, l'observation devança sur ce point la théorie, et tous les phénomènes qui dépendent des déplacements de l'axe de la Terre, étaient parfaitement connus avant qu'on eût tenté d'en approfondir les causes. Képler avait avoué l'inutilité de ses recherches à cet égard, et c'est à Newton qu'il était réservé de nous montrer comment ils se lient, par la loi de la pesanteur universelle, aux autres phénomènes du mouvement des corps célestes, avec lesquels jusque-là ils ne semblaient avoir aucun rapport. Il fit plus, il essaya d'en déterminer les lois par la théorie. Considérant la Terre comme un sphéroïde renflé à son équateur, il la suppose composée d'une sphère dont le diamètre est l'axe des pôles, et de l'excès du sphéroïde terrestre sur cette sphère, disposé sous la forme d'un anneau autour de son équateur. Il regarde ensuite chaque molécule de cet anneau comme un astre adhérent à la Terre et qui fait sa révolution autour d'elle en vingt-quatre heures, et de là il conclut que l'action du Soleil sur chacun de ces astres, et par conséquent sur l'anneau entier, devait produire le même effet que celui qu'il produit sur la Lune, et faire rétrograder les nœuds de son orbite sur le plan de l'écliptique. Le mouvement rétrograde se communique à la Terre entière, à cause de l'adhérence de l'anneau à la sphère qu'il entoure, et il s'ensuit que l'intersection de l'équateur terrestre et de l'écliptique, où la ligne des équinoxes doit avoir, par l'action du Soleil, un mouvement rétrograde, comme les observations l'indiquent; mais, quelque ingénieux que soit cet aperçu, il y avait encore loin de là à une théorie approfondie et complète des lois du mouvement de l'axe terrestre. Newton lui-même se trompa en voulant les en déduire par des considérations purement rationnelles, et l'analyse, ce puissant auxiliaire de l'esprit humain, pouvait seule montrer, dans cette question délicate, l'accord parfait de la théorie et de l'observation; mais il fallait auparavant en reculer les limites. D'Alembert eut la gloire d'y réussir, et la solution qu'il donna le premier du problème de la précession des équinoxes, doit être regardée comme une des plus belles conceptions de son génie inventif, si l'on considère l'insuffisance des moyens qu'offraient alors pour cet objet l'Analyse et la Mécanique.

D'Alembert explique par la théorie les divers mouvements de l'axe terrestre, par rapport aux étoiles, et montre que la nutation observée par Bradley en est une conséquence immédiate. Il détermine le rapport exact des deux axes de la petite ellipse que décrit le pôle, et la loi de son mouvement sur cette ellipse. En comparant ensuite ses expressions de la nutation et de la précession aux observations, il en conclut le rapport de la masse de la Lune à celle du Soleil; mais il observe, en même temps, qu'il suffirait d'un très-petit changement dans ce rapport, pour altérer considérablement les lois de ces phénomènes. Enfin, il donne, d'après les mêmes expressions, la loi de décroissement de densité des couches de la Terre et détermine son ellipticité.

Tels sont les principaux résultats de la théorie établie par d'Alembert. L'Analyse, en se perfectionnant, a depuis permis de la présenter d'une manière plus simple et de l'étendre à des points qui n'avaient point été abordés par ce géomètre.

Le premier de tous, par son importance, est la détermination des mouvements de l'axe instantané de rotation de la Terre dans l'intérieur du globe. Cette question, comme il est aisé de le concevoir, est pour le moins aussi intéressante pour nous que celle qui a pour but de déterminer les mouvements de cet axe, par rapport aux étoiles, la seule dont d'Alembert se soit occupé. En effet, si l'axe de rotation variait dans l'intérieur de la Terre, chacun de ces mouvements déplacerait son équateur, et toutes les latitudes géographiques en seraient, à la longue, sensiblement altérées ; il y a plus, les mers troublées dans leur équilibre, suivraient les mouvements de l'équateur, et descendant vers la partie de la Terre qui se serait abaissée sous elles, laisseraient dans la partie opposée de nouvelles régions à découvert. Les observations, il est vrai, montrent bien que l'axe terrestre n'est soumis à aucune variation sensible dans l'intervalle d'un jour et même de plusieurs années; mais s'il était sujet à quelque inégalité à longue période du genre de celles que nous avons nommées inégalités séculaires, les observations astronomiques, qui ne comprennent encore qu'un assez court intervalle de temps, ne suffiraient pas pour nous rassurer sur les conséquences de ces variations, et ne sauraient rien nous apprendre sur leur marche. C'est donc à la théorie seule qu'il était réservé d'éclairer cette grande question, et M. Poisson est le premier qui l'ait traitée avec tout le soin que son importance exigeait.

Il a montré, par une savante analyse, que l'action du Soleil et de la Lune n'introduisait dans l'expression des variables qui fixent la position de l'axe terrestre dans l'intérieur du globe, aucune inégalité à longue période que la suite des siècles puisse rendre sensible, même lorsqu'on a égard à la seconde puissance des forces perturbatrices. Il en est de même de l'expression de la vitesse de rotation de la Terre autour de cet axe. Il en résulte que cette vitesse est constante, et que les pôles de rotation et l'équateur terrestre sont inaltérables à la surface de la Terre.

Nous confirmerons, d'une manière nouvelle, ces deux résultats importants; nous examinerons ensuite les mouvements de l'axe terrestre par rapport aux étoiles, et nous déduirons des formules exposées dans le chapitre précédent, les équations très-simples d'où dépendent les lois de sa nutation et de la précession des équinoxes.

La durée de l'année, qui se mesure par le retour du Soleil au même équinoxe ou au même solstice, serait constante si le mouvement des équinoxes était uniforme, mais ses inégalités doivent la faire varier dans les différents siècles. Cette longueur est plus courte lorsque le mouvement s'accélère; c'est ce qui arrive actuellement, et la durée de l'année tropique est de nos jours moindre d'environ $10''$ qu'au temps d'Hipparque. La même cause, jointe aux variations de l'obliquité de l'écliptique et de la précession des équinoxes, introduit des inégalités dans la durée du jour moyen solaire, et leur détermination serait importante si elles pouvaient devenir sensibles, parce que toutes les Tables astronomiques étant calculées dans l'hypothèse d'un jour moyen constant, les longitudes et les latitudes qu'on en déduirait ne s'accorderaient bientôt plus avec celles qui résultent de l'observation directe. Il était donc important de s'assurer par la théorie de l'invariabilité du jour moyen solaire, et nous verrons, en effet, que ces inégalités ne s'élevant pas à quelques secondes en plusieurs millions de siècles, leur considération est à peu près inutile aux astronomes.

Enfin, pour compléter l'exposition analytique des phénomènes de la précession et de la nutation, nous réduirons en nombres les formules qui les déterminent, en employant les données les plus exactes que nous ayons sur les masses des planètes, et nous les comparerons ensuite à quelques observations anciennes, qui, par leur accord avec les résultats de ces formules, montreront la précision de la théorie.

Les phénomènes de la précession et de la nutation dépendant de la figure et de la constitution du sphéroïde terrestre, il en résulte qu'on peut, au moyen de l'observation de ces phénomènes, établir le rapport

qui doit exister entre les lois de la densité et de l'ellipticité des couches de la Terre. On verra que l'ellipticité qui en résulte, s'accorde très-bien avec celle
qu'on a conclue des observations du pendule à différentes latitudes et des autres phénomènes qui en dépendent. Les lois de la précession indiquent de plus
une diminution dans la densité des couches du sphéroïde terrestre, en allant du centre à la surface; résultat qui s'accorde avec les expériences de Cavendish,
sur l'attraction des montagnes, et avec les principes
de l'hydrostatique qui exigent que si la Terre est supposée avoir été originairement fluide, les parties les
plus denses soient en même temps les plus rapprochées de son centre. L'admirable concordance de tous
ces phénomènes, si étrangers l'un à l'autre, montre
évidemment qu'ils ont tous pour principe la même
cause, et l'on doit la regarder comme la preuve la
plus irrécusable de la loi de la pesanteur universelle.

13. Pour traiter dans toute sa généralité la question du mouvement de la Terre autour de son centre
de gravité, nous supposerons d'abord qu'aucune force
accélératrice ne trouble le mouvement de rotation
résultant de l'impulsion primitive qu'elle a reçue, et
nous verrons quelles ont dû être, dans ce cas, les circonstances initiales du mouvement pour que les résultats de la théorie s'accordent avec les phénomènes
observés. Nous considérerons ensuite l'action perturbatrice du Soleil et de la Lune, et nous déterminerons les altérations qu'elle doit produire dans les
mouvements de l'axe de rotation de la Terre, soit

dans l'intérieur du sphéroïde, soit relativement aux étoiles.

Les intégrales (d), n° 5, s'appliquent évidemment au cas que nous allons considérer, et les résultats qui s'y rapportent pourraient s'en tirer directement; mais il est plus simple de les déduire des équations différentielles dont ces intégrales dérivent. Reprenons donc les trois équations (B); en faisant abstraction des forces perturbatrices, c'est-à-dire en regardant comme nuls leurs seconds membres, on aura

$$\left.\begin{array}{l} A\,dp + (C - B)\,qr\,dt = 0, \\ B\,dq + (A - C)\,rp\,dt = 0, \\ C\,dr + (B - A)\,pq\,dt = 0. \end{array}\right\} \quad (a)$$

L'axe instantané de rotation de la Terre s'éloignant toujours très-peu de son troisième axe principal, comme les observations l'indiquent, p et q sont de très-petites quantités dont on peut, sans erreur sensible, négliger le produit dans la dernière des équations précédentes, ce qui d'ailleurs est d'autant plus permis, que la figure de la Terre étant à très-peu près celle d'un sphéroïde de révolution, la différence $B - A$ des deux moments d'inertie B et A est aussi une fort petite quantité. Cette équation se réduit ainsi à $dr = 0$; d'où l'on tire $r = n$, n étant une constante qui représente la vitesse moyenne angulaire de rotation de la Terre autour de son troisième axe principal. Si l'on substitue cette valeur dans les deux premières équations (a), on aura

$$A\,dp + (C - B)\,nq\,dt = 0, \quad B\,dq + (A - C)\,np\,dt = 0.$$

On satisfait à ces deux équations (n° **34**, livre I) en prenant

$$p = \mathrm{K} \sin(n't + l'), \quad q = i\mathrm{K} \cos(n't + l'),$$

K et l' étant deux constantes arbitraires, et n' et i deux quantités données par les équations

$$n' = n \sqrt{\frac{(\mathrm{C} - \mathrm{A})(\mathrm{C} - \mathrm{B})}{\mathrm{AB}}}, \quad i = \sqrt{\frac{(\mathrm{A} - \mathrm{C})\mathrm{A}}{(\mathrm{B} - \mathrm{C})\mathrm{B}}}.$$

Déterminons les mouvements de l'axe de rotation dans l'espace. La seconde des équations (a) du n° **1** donne

$$\frac{d\theta}{dt} = q \sin\varphi - p \cos\varphi.$$

Si l'on néglige, comme nous le faisons, les quantités très-petites du second ordre, par rapport à p et à q, il suffira de substituer pour φ, dans cette équation, sa valeur indépendante de ces quantités. La première des équations (a) donne, dans ce cas, $d\varphi = ndt$, et par conséquent $\varphi = nt + l$, l étant une constante arbitraire. L'équation précédente, en y mettant pour p et q leurs valeurs, deviendra donc (n° **34**, livre II)

$$\frac{d\theta}{dt} = \frac{\mathrm{K}\,(i - 1)}{2} \sin(nt + n't + l + l') + \frac{\mathrm{K}\,(i + 1)}{2} \sin(nt - n't + l - l');$$

d'où l'on tire, en intégrant,

$$= h + \frac{\mathrm{K}\,(1 - i)}{2\,(n + n')} \cos(nt + n't + l + l') - \frac{\mathrm{K}\,(1 + i)}{2\,(n - n')} \cos(nt - n't + l - l'),$$

h étant une constante arbitraire.

Il suit de cette analyse que, si la constante K avait une valeur sensible, les pôles feraient à la surface de la Terre des oscillations d'une étendue arbitraire, dont la période dépendrait des moments d'inertie du sphéroïde terrestre, et serait, d'après les données que l'on a sur les valeurs de A, B, C, d'environ deux années. L'angle θ changerait aussi de valeur durant cet espace de temps; il aurait de plus des inégalités dépendantes de l'angle nt, c'est-à-dire qu'il varierait même dans le court intervalle d'une journée; or les observations les plus précises n'ayant jamais fait apercevoir, dans la hauteur du pôle, aucune variation de ce genre, il en faut conclure que K est insensible, et que, par conséquent, on peut supposer que les oscillations de l'axe terrestre qui dépendent de l'état initial du mouvement, sont depuis longtemps anéanties, et qu'il ne subsiste maintenant que celles qui ont une cause permanente.

14. Comme les valeurs que nous avons trouvées (n° **34**, livre I) pour p et q, ne sont qu'approchées, il pourrait rester quelque doute sur l'exactitude du résultat précédent; mais il est facile de la démontrer d'une manière tout à fait rigoureuse par les considérations suivantes. En intégrant directement les équations (a), nous avons obtenu (n° **35**, livre I) ces deux intégrales,

$$A p^2 + B q^2 + C r^2 = h, \quad A^2 p^2 + B^2 q^2 + C^2 r^2 = k^2.$$

Si, après avoir multiplié la première par C, on la retranche de la seconde, on aura

$$A (C - A) p^2 + B (C - B) q^2 = D^2, \quad (m)$$

en représentant, pour abréger, par D^2 la quantité constante $Ch - k^2$.

On voit par cette équation que, si les valeurs de p

et q sont supposées très-petites à un instant quelconque, la constante du second membre sera aussi très-petite; les quantités p et q demeureront donc toujours peu considérables, puisque chacune d'elles sera moindre que la constante D. Par conséquent, si ces quantités n'ont que des valeurs inappréciables, comme cela a lieu à l'époque où nous sommes, on peut être assuré qu'elles resteront éternellement insensibles; on aura, dans tous les temps,

$$p < \frac{D}{\sqrt{A(C-A)}}, \qquad q < \frac{D}{\sqrt{B(C-B)}},$$

et l'axe de rotation de la Terre coïncidera toujours à très-peu près avec son troisième axe principal.

Ce résultat suppose tous les termes du premier membre de l'équation (m) de même signe, ce qui exige que C soit le plus grand ou le plus petit des moments d'inertie relatifs aux axes principaux qui se croisent au centre de gravité du corps. C'est, en effet, ce qui a lieu pour la Terre, sa figure étant celle d'un sphéroïde aplati vers ses pôles, l'axe autour duquel elle semble tourner, à très-peu près, est le plus petit de ses trois axes principaux, et, par conséquent, celui auquel se rapporte le plus grand moment d'inertie. Dans le cas contraire, on ne pourrait rien conclure de l'équation (m) relativement aux quantités p et q; mais on voit aussi qu'alors les sinus et cosinus que renferment les valeurs de p et q, se changent en exponentielles; elles pourraient donc croître indéfiniment avec le temps, et l'équilibre du globe terrestre en serait à la longue entièrement bouleversé.

Nous n'aurons donc plus à nous occuper désormais que de l'action des forces perturbatrices sur le sphéroïde terrestre. Nous examinerons dans les chapitres suivants leur influence sur les déplacements des pôles à la surface de la Terre, sur les variations de sa vitesse de rotation, et enfin sur les mouvements de ses axes principaux autour du centre de gravité. Ces différentes questions renferment des résultats extrêmement importants pour la théorie du système du monde. Des deux premières dépendent la permanence des latitudes géographiques; l'invariabilité du jour sidéral, cette donnée si précieuse pour tous les calculs astronomiques; enfin la stabilité même de l'univers. La dernière comprend tous les phénomènes relatifs aux mouvements de l'équateur par rapport aux étoiles, c'est-à-dire la précession des équinoxes et la nutation de l'axe de rotation de la Terre. On verra la solution de ces questions, qui avait exigé jusqu'ici tous les efforts de l'analyse la plus compliquée, résulter, de la manière la plus simple et la plus complète, des formules générales que nous avons développées dans le chapitre précédent. Ces formules, comme nous l'avons dit, s'appliquent également au mouvement de la Lune, troublé par l'action de la Terre; mais les conséquences que nous allons en tirer ne doivent pas s'étendre à cet astre, à cause du rapport commensurable qui existe entre le moyen mouvement de rotation de la Lune et le moyen mouvement du centre de la force perturbatrice.

CHAPITRE III.

DÉPLACEMENT DES PÔLES A LA SURFACE DE LA TERRE ET VARIATION DE LA VITESSE DE ROTATION.

15. Nous supposerons dans ce qui va suivre que, sans l'action du Soleil et de la Lune, la Terre tournerait rigoureusement autour de son troisième axe principal, en sorte que les écarts de l'axe instantané de rotation ne peuvent être attribués qu'à l'action des forces perturbatrices. Cette hypothèse est fondée sur les résultats du chapitre précédent, où nous avons démontré que les oscillations de l'axe de rotation de la Terre, dues à l'état initial du mouvement, demeureront toujours insensibles.

Il suit de là que les quantités p et q sont de l'ordre des forces perturbatrices, puisque la fonction $\dfrac{\sqrt{p^2 + q^2}}{\sqrt{p^2 + q^2 + r^2}}$, qui exprime le sinus de l'angle formé par l'axe instantané avec le troisième axe principal, doit être nulle en même temps qu'elles. Le déplacement des pôles à la surface de la Terre dépendra des valeurs finies de ces deux quantités, et il s'agira d'examiner avec soin les différentes inégalités auxquelles elles peuvent être assujetties en vertu de l'action des forces perturbatrices, pour s'assurer qu'il n'en existe aucune que l'intégration puisse rendre appréciable, et que les pôles, par conséquent, demeureront dans tous les temps invariables à la surface du globe, comme ils le sont aujourd'hui.

Cela posé, la troisième des équations (C), n° **2**, donne en l'intégrant et en négligeant les quantités de l'ordre des forces perturbatrices, $r = n$. La constante n exprime aux quantités du premier ordre la vitesse de rotation de la Terre, car cette vitesse est égale à $\sqrt{p^2 + q^2 + r^2}$ qui ne diffère de r qu'aux quantités près du second ordre.

Les deux dernières équations (a), n° **1**, montrent que les différentielles $d\theta$ et $d\psi$ sont de même ordre que p et q, les angles θ et ψ sont donc constants quand on néglige les quantités du premier ordre. Dans ce cas, la première de ces trois équations se réduit à $d\varphi = ndt$, d'où l'on tire $\varphi = nt + c$, c étant une constante arbitraire.

Les équations (o), n° **35**, livre I, qui déterminent la position de l'équateur par rapport au plan principal de projection, ou au plan qui serait invariable sans l'action des forces perturbatrices, donnent

$$\sin\theta_, \sin\varphi_, = -\frac{Ap}{k}, \quad \sin\theta_, \cos\varphi_, = -\frac{Bq}{k}.$$

On tire de là

$$\sin\theta_, = \frac{\sqrt{Ap^2 + Bq^2}}{k}.$$

L'angle $\theta_,$ représente l'inclinaison de l'équateur sur le plan principal de projection, cet angle est, comme on voit, de l'ordre des forces perturbatrices; on pourra donc le supposer nul, lorsqu'on néglige les quantités de cet ordre, et l'on aura alors, n° **35**, livre I,

$$\theta = \gamma, \quad \psi = \alpha, \quad \varphi = \varphi_{,} - \psi_{,,}$$

ce qui doit en effet résulter de la coincidence de l'équateur et du plan principal de projection.

16. Reprenons maintenant l'équation (m) à laquelle nous sommes parvenus, n° **14**,

$$A(C - A)p^2 + B(C - B)q^2 = Ch - k^2. \quad (m)$$

Les deux termes du premier membre étant supposés de même signe, ce qui a lieu lorsque C est le plus grand ou le plus petit des trois moments d'inertie du sphéroïde, chacun de ces termes est plus petit que la quantité qui forme le second membre, en sorte que si, pour abréger, on fait $Ch - k^2 = (C - A)(C - B)e^2$, on aura

$$p < e\sqrt{\frac{C - B}{A}}, \quad q < e\sqrt{\frac{C - A}{B}}.$$

Sans l'action des forces perturbatrices, la constante e serait nulle ou tout à fait insensible, n° **13** ; il s'agit donc de prouver que l'action de ces forces n'introduit dans son expression aucune inégalité séculaire qui puisse devenir considérable dans la suite des temps, et que, par conséquent, les quantités p et q seront toujours insensibles comme elles le sont aujourd'hui.

Faisons, pour abréger, $\dfrac{C - B}{A} = a$, $\dfrac{C - A}{B} = b$, ce qui donne $e^2 = \dfrac{Ch - k^2}{AB\,ab}$. En différentiant cette expression et en substituant pour dh et dk leurs valeurs données par les formules n° **7**, on aura

$$ede = \frac{1}{\mathrm{AB}\,ab}\left(\mathrm{C}\,d'\mathrm{V} - k\,dt\,\frac{d\mathrm{V}}{dg}\right)\cdot \quad (n)$$

Si l'on néglige les quantités du second ordre par rapport aux forces perturbatrices et qu'on regarde V comme une fonction donnée des variables φ, ψ, θ, il suffira dans l'équation précédente de substituer dans V qui est déjà du premier ordre, pour φ, ψ et θ leurs valeurs indépendantes des forces perturbatrices. On pourra donc mettre $\varphi, - \psi,$ à la place de φ, α et γ à la place de ψ et θ. Or on voit, d'après les valeurs de $\varphi,$ et de $\psi,$, données n° **35**, livre I, que la différence $\varphi, - \psi,$ est égale à la constante g augmentée d'une certaine fonction de p, q, r, h, k, et comme les valeurs de p, q, r ne renferment aucune des trois constantes α, γ, g, il s'ensuit qu'on aura

$$\frac{d\mathrm{V}}{dg} = \frac{d\mathrm{V}}{d\varphi}, \quad \frac{d\mathrm{V}}{d\alpha} = \frac{d\mathrm{V}}{d\psi}, \quad \frac{d\mathrm{V}}{d\gamma} = \frac{d\mathrm{V}}{d\theta}.$$

D'ailleurs, en négligeant les forces perturbatrices, on a $\varphi = nt + c$, par conséquent

$$\frac{d\mathrm{V}}{dg} = \frac{d\mathrm{V}}{n\,dt}.$$

Quant à la constante k qui multiplie une quantité du premier ordre dans l'équation (n), nous remarquerons que si l'on néglige les quantités de cet ordre, p et q sont nuls et l'on a $r = n$; l'équation

$$k^2 = \mathrm{A}^2 p^2 + \mathrm{B}^2 q^2 + \mathrm{C}^2 r^2$$

donne donc, dans ce cas, $k = \mathrm{C}n$. L'équation (n) deviendra, par la substitution de ces valeurs,

$$ede = \frac{1}{\mathrm{AB}\,ab}\left(\mathrm{C}\,d'\mathrm{V} - \mathrm{C}.ndt\,\frac{d\mathrm{V}}{ndt}\right) = 0,$$

en observant que $d'\mathrm{V}$ désigne, n° **10**, la différentielle de V prise en ne faisant varier que le temps t introduit par la substitution de la valeur de φ, c'est-à-dire qu'autant qu'il est multiplié par la constante n, puisque l'on peut dans cette première approximation regarder les angles ψ et θ comme des constantes.

La quantité e est donc constante tant qu'on n'a égard qu'à la première puissance des forces perturbatrices, voyons maintenant ce que devient la variation de e lorsque l'on considère le carré de ces forces. Dans ce cas il faut dans l'équation (n) substituer $\mathrm{C}n + \partial k$ à la place de k et $\mathrm{V} + \partial\mathrm{V}$ à la place de V, ∂k désignant une quantité du premier ordre et $\partial\mathrm{V}$ une quantité du deuxième. On aura ainsi, en négligeant les quantités du troisième ordre,

$$ede = \frac{1}{\mathrm{AB}\,ab}\left(\mathrm{C}\,d'.\partial\mathrm{V} - \mathrm{C}\,ndt\,\frac{d.\partial\mathrm{V}}{dg} - \partial k\,dt\,\frac{d\mathrm{V}}{dg}\right). \quad (p)$$

Nous avons trouvé, n° **11**, en négligeant les quantités d'un ordre supérieur au second,

$$\partial\mathrm{V} = \frac{d\mathrm{V}}{dh}\,\partial h + \frac{d\mathrm{V}}{dl}\,\partial l + \frac{d\mathrm{V}}{dk}\,\partial k + \frac{d\mathrm{V}}{dg}\,\partial g + \frac{d\mathrm{V}}{d\alpha}\,\partial\alpha + \frac{d\mathrm{V}}{d\gamma}\,\partial\gamma.$$

Pour former la différentielle $d'.\partial\mathrm{V}$, il faut, numéro cité, différentier seulement par rapport au temps t contenu dans les valeurs des variables φ, ψ, θ, les différences partielles de V qui multiplient les variations ∂h, ∂l, etc. Or, dans les différences partielles de la fonction V on peut substituer $nt + c$ à la place de φ et regarder ψ et θ comme constants ; il faut aussi avoir soin, en prenant la différence partielle de ∂V par rapport à g, de ne point faire varier la quantité g introduite par la substitution des valeurs de ∂h, ∂l, etc. Si l'on différentie de cette manière et si l'on remarque que $\dfrac{dV}{dg} = \dfrac{dV}{ndt}$, on aura évidemment

$$\frac{d.\partial V}{dg} = \frac{d.\partial V}{ndt} = \frac{1}{ndt}\,d'.\,\partial V.$$

L'équation (p), en substituant pour ∂k sa valeur, n° **7**, donnera donc simplement

$$ede = -\,\frac{dt}{AB\,ab}\left(\frac{dV}{dg}\right)\int dt\left(\frac{dV}{dg}\right);$$

d'où l'on tire, en intégrant,

$$e^2 = \text{const} - \frac{1}{AB\,ab}\left[\,\int dt\left(\frac{dV}{dg}\right)\right]^2.$$

La différentielle $\dfrac{dV}{dg}$ ou $\dfrac{dV}{d\varphi}$ ne renferme que des termes dépendants de l'angle φ ou du mouvement diurne de la Terre ; elle ne contient par conséquent aucune inégalité susceptible de croître par l'intégration, puisque l'observation montre que toutes les inégalités dépendantes du mouvement diurne qui peuvent exister dans la position de l'axe terrestre, sont absolument insensibles. Il suit de là que tous les termes de l'expression de $\int dt\left(\dfrac{dV}{dg}\right)$ demeurent, après l'intégration, du même ordre que les termes correspondants de la différentielle $dt\,\dfrac{dV}{dg}$, et l'on en peut conclure que, si la quantité

$\left[\int dt \left(\dfrac{d\mathrm{V}}{dg}\right)\right]^2$ renferme des inégalités séculaires, elles sont nécessairement de l'ordre du carré des forces perturbatrices.

En effet, considérons dans l'expression de **V** deux termes dépendants du même argument $i\varphi$, on aura

$$\mathrm{V} = \mathrm{H} \cos (i\varphi + ft + l) - \mathrm{H}' \cos (i\varphi + f't + l').$$

En différentiant par rapport à φ et intégrant l'expression résultante en supposant $\varphi = nt + c$, on en conclura

$$\int dt \left(\frac{d\mathrm{V}}{dg}\right) = \frac{\mathrm{H}\,i}{in+f}\cos (i\varphi + ft + l) - \frac{\mathrm{H}'\,i}{in+f'}\cos (i\varphi + f't + l'),$$

et il en résultera dans $-\left[\int dt \left(\dfrac{d\mathrm{V}}{dg}\right)\right]^2$ un terme de cette forme,

$$-\left[\int dt \left(\frac{d\mathrm{V}}{dt}\right)\right]^2 = \frac{\mathrm{H}\mathrm{H}'\,i^2}{(in+f)(in+f')}\cos[(f'-f)t + l'-l],$$

inégalité indépendante de l'angle φ, mais de l'ordre du carré des forces perturbatrices, puisque les quantités H et H' sont supposées de l'ordre de ces forces et qu'elles n'augmentent pas par les diviseurs $in+f$, et $in+f'$ que l'intégration leur fait acquérir.

La quantité e^2 ne peut donc renfermer aucun terme croissant comme le temps t, ni aucune inégalité périodique ou séculaire susceptible de s'abaisser au premier ordre ; on peut donc la regarder comme une quantité rigoureusement constante lorsqu'on fait abstraction des quantités du second ordre ; il résulte d'ailleurs de l'équation (m) que quelques variations qu'éprouvent dans la suite des siècles les valeurs de p et q, ces quantités resteront du même ordre que c ;

elles demeureront donc toujours de l'ordre des forces perturbatrices et, par conséquent, insensibles comme elles le sont aujourd'hui.

17. Nous avons montré, dans le n° 13, que la position de l'axe de rotation de la Terre, dans l'intérieur du globe, n'est soumise à aucune inégalité périodique que les observations les plus précises aient pu rendre sensible; nous venons de voir qu'elle n'est affectée non plus d'aucune inégalité séculaire susceptible d'acquérir une valeur considérable, d'où il résulte généralement qu'elle ne peut être sujette à aucune espèce de variation qu'un intervalle plus ou moins long puisse rendre appréciable.

Concluons donc que l'axe de rotation de la Terre coïncidera toujours à très-peu près avec son troisième axe principal, et que les pôles et l'équateur répondront dans tous les temps aux mêmes points de sa surface. Si cette coïncidence n'a pas rigoureusement lieu, on est assuré du moins que les oscillations de l'axe de rotation, autour du troisième axe principal, seront toujours insensibles aux observations les plus précises, et l'on a calculé en effet, d'après les données qu'on peut avoir sur la constitution du sphéroïde terrestre, qu'elles ne s'élèveraient pas à un *dixième* de seconde sexagésimale en plusieurs millions de siècles.

18. Considérons maintenant la vitesse de rotation de la Terre. Si l'on nomme ρ cette vitesse, $\int \rho\, dt$ sera le nombre de degrés que décrit dans le temps t l'un quelconque des méridiens du sphéroïde terrestre; il en résulte que si ρ contenait un terme proportionnel

au temps t, l'intégrale $\int \rho\, dt$ en renfermerait un croissant comme le carré du temps, et la durée du jour en serait à la longue sensiblement altérée.

Il est donc extrêmement important d'examiner, avec le plus grand soin, la valeur de $d\rho$ et de démontrer qu'elle ne renferme aucune inégalité séculaire susceptible de s'abaisser au premier ordre, par la double intégration que subit cette quantité dans l'expression $\int dt \int d\rho$. On a, par ce qui précède,

$$\rho = \sqrt{p^2 + q^2 + r^2}.$$

Nous venons de voir que p et q n'auront jamais de valeurs appréciables ; la vitesse angulaire de rotation de la Terre sera donc toujours, à très-peu près, égale à r, et si elle subit quelques altérations, elles ne proviendront que des variations auxquelles cette quantité peut être assujettie. Nous allons donc examiner quelles sont les inégalités que doit contenir l'expression de r.

Reprenons, pour cela, l'équation

$$A p^2 + B q^2 + C r^2 = h.$$

Si l'on différentie cette équation, en y faisant varier à la fois les variables et les constantes qu'elle renferme, on en tirera

$$A\, pdp + B\, qdq + C\, rdr = \frac{1}{2} dh. \quad (q)$$

Si l'on néglige les quantités du second ordre par rapport aux forces perturbatrices, les différentielles dp, dq, dr étant déjà du premier ordre, on pourra, dans cette équation, supprimer les deux premiers termes, puisque p et q sont de l'ordre des forces perturbatrices, faire $r = n$ dans la troisième, et substituer pour dh sa valeur donnée par la formule (l), n° **10**. On aura ainsi

$$dr = \frac{1}{Cn} d' V, \quad (r)$$

et dans le second membre, il faudra mettre $nt + c$ à la place de φ et regarder ψ et θ comme des constantes. Si l'on suppose donc la fonction V développée en série de sinus et de cosinus des multiples de l'angle φ ou de l'angle $nt + c$, les termes du développement qui ne le renfermeront pas, disparaîtront par la différentiation dans $\frac{dV}{ndt}$: la valeur dr ne contiendra donc que des termes périodiques dépendants de l'angle $nt + c$, et, par conséquent, l'expression de r ne renfermera que des inégalités dont la période sera d'un jour ou d'un sous-multiple du jour, inégalités qui resteront toujours insensibles et de l'ordre des forces perturbatrices, puisque l'observation la plus attentive ne laisse apercevoir aucune variation journalière dans la vitesse de rotation du globe.

19. Voyons maintenant quelles sont les inégalités qui peuvent résulter, dans l'expression de la vitesse r, de la considération des quantités dépendantes du carré des forces perturbatrices. De l'équation (q), on tire

$$Crdr = \frac{1}{2} dh - \frac{1}{2} d(A p^2 + B q^2).$$

Si l'on substitue dans cette équation $n + \delta r$ à la place de r, δr étant une quantité du premier ordre déterminée par l'intégration de l'équation (r), on aura

$$dr = - \frac{1}{C^2 n^3} d'V \int d'V + \frac{1}{2Cn} dh - \frac{d(Ap^2 + Bq^2)}{2Cn}.$$

Examinons successivement les différentes inégalités que peut renfermer chacun des termes de la valeur de *dr*, en rejetant toutes celles qui dépendront de l'angle $nt + c$, puisque nous sommes assurés d'avance qu'elles ne peuvent devenir sensibles.

Pour que l'angle $nt + c$ puisse disparaître dans le premier terme de cette valeur, il faut combiner ensemble les termes de ses deux facteurs qui renferment le même multiple de cet angle. Or si, dans l'expression de la fonction V développée en série de cosinus d'angles proportionnels à φ, on considère deux termes dépendants du même multiple $i\varphi$, on aura

$$V = H \cos(i\varphi + ft + g) + H' \cos(i\varphi + f't + g'),$$

H, H', f, f', g, g' étant des constantes arbitraires dont les deux premières sont de l'ordre des forces perturbatrices. Si l'on substitue $nt + c$ à la place de φ, on aura

$$d'V = - indt\, H \sin(int + ic + ft + g)$$
$$- indt\, H' \sin(int + ic + f't + g'),$$

$$\int d'V = \frac{in}{in + f} H \cos(int + ic + ft + g)$$
$$+ \frac{in}{in + f'} H' \cos(int + ic + f't + g').$$

Si l'on combine ensemble ces deux expressions,

on aura

$$dV'\int dV' = -\frac{HH'\,i^2 n^2 (f'-f)\,dt}{(in+f)(in+f')}\sin[(f'-f)t+g'-g]$$

en rejetant tous les termes dépendants de l'angle $2\,nt+2\,c$ dont la période est à peu près d'un demi-jour.

Les deux termes que nous avons considérés dans V, produiront donc, dans la valeur de dr, le terme

$$dr = \frac{HH'\,i^2 (f'-f)\,dt}{2\,C^2 n\,(in+f)(in+f')}\sin[(f'-f)\,t+g'-g],$$

qui n'est pas susceptible de s'abaisser au premier ordre dans la valeur de r; car en l'intégrant on a

$$r = -\frac{HH'\,i^2}{2\,C^2 n\,(in+f')(in+f')}\cos[(f-f')\,t+g'-g],$$

quantité du second ordre, puisque H et H' sont du premier.

Le premier terme de la valeur de dr ne produit donc, dans la vitesse r, aucune inégalité du premier ordre indépendante de l'angle $nt+c$.

Nous avons fait voir, n° **11**, que tous les termes de la valeur de dh pouvaient être mis sous cette forme :

$$d'\left(M\int N\,dt - N\int M\,dt\right).$$

Soit $H\cos(int+ic+ft+g)$ un terme quelconque du développement de M, et soit $H'\cos(int+ic+f't+g')$ le terme du développement de N qui contient le même multiple de l'angle $nt+c$. On aura, en vertu

II. 15

de ces deux termes seulement,

$$d' \left(M \int N dt - N \int M dt \right) = \frac{HH'i(f'-f)n dt}{2(in+f)(in+f')} \cos[(f'-f)t+g'-g],$$

en rejetant l'inégalité périodique dépendante de l'angle $2\,int + 2\,ic$.

Il en résultera dans la valeur de dr, le terme

$$dr = \frac{HH'\,i\,(f'-f)\,dt}{2\,C\,(in+f)\,(in+f')} \cos[(f'-f)\,t + g'-g],$$

et en intégrant, on aura

$$r = \frac{HH'\,i}{2\,C\,(in+f)\,(in+f')} \sin[(f'-f)\,t + g'-g],$$

quantité du même ordre que le produit HH'.

Enfin le dernier terme de la valeur de dr étant une différentielle exacte, on aura, en l'intégrant,

$$r = -\frac{A\,p^2 + B\,q^2}{2\,C\,n},$$

quantité du second ordre, puisque p et q sont du premier.

20. On peut conclure de ce qui précède, que si l'on néglige les quantités du second ordre, par rapport aux forces perturbatrices, l'expression de r ne contiendra que des inégalités périodiques dépendantes de l'angle $nt + c$ et de ses multiples : de sorte que si sa valeur rigoureuse renferme des termes multipliés par les *sinus* ou les *cosinus* d'angles croissant avec une grande lenteur, leurs coefficients seront au moins du second ordre. La vitesse de rotation de la

Terre n'éprouvera donc, dans la suite des temps, que des variations du même ordre, et l'on pourra toujours regarder son mouvement comme uniforme. En effet, la vitesse de rotation de la Terre autour de son axe instantané étant (n° 1), $\sqrt{p^2 + q^2 + r^2}$, l'intégrale $\int dt \sqrt{p^2 + q^2 + r^2}$ exprimera le nombre de degrés décrits par la Terre, dans un temps quelconque t; et si l'on développe le radical suivant les puissances de p et q, on aura

$$\int dt \sqrt{p^2 + q^2 + r^2} = \int r\,dt + \frac{1}{2}\int \frac{p^2}{r}\,dt + \frac{1}{2}\int \frac{q^2}{r}\,dt + \dots$$

Or les inégalités séculaires que renferme r étant toutes du second ordre, il s'ensuit qu'elles ne peuvent s'abaisser qu'au premier dans la valeur de l'intégrale $\int r\,dt$. De même, puisque les inégalités que contiennent p et q, sont toutes de l'ordre des forces perturbatrices, comme nous l'avons démontré n° 16, si $\frac{p^2}{r}$ et $\frac{q^2}{r}$ renferment des inégalités séculaires, elles sont du second ordre et ne pourront s'abaisser qu'au premier dans les intégrales $\int \frac{p^2}{r}\,dt$, $\int \frac{q^2}{r}\,dt$.

Les inégalites séculaires dont peut être affecté le mouvement de rotation de la Terre, sont donc toutes de l'ordre des forces perturbatrices; on peut, par conséquent, en faire abstraction sans erreur sensible et considérer ce mouvement comme parfaitement uniforme.

21. Concluons donc, enfin, que l'action du Soleil

15.

et de la Lune sur le sphéroïde terrestre ne produira jamais dans la position des pôles à sa surface aucun déplacement appréciable, ni aucune variation sensible dans la vitesse et dans l'uniformité de son mouvement diurne de rotation ; résultats importants qui assurent pour toujours la stabilité des latitudes terrestres, et l'invariabilité du jour sidéral.

On verra, dans le chapitre suivant, que ces mêmes astres, qui sont impuissants pour produire aucun dérangement dans la position de l'axe terrestre dans l'intérieur du globe, font varier, au contraire, d'une manière très-sensible, sa position dans l'espace ; en sorte qu'il ne correspond pas, dans tous les siècles, aux mêmes points du ciel ; d'où résultent, comme nous l'avons dit, les phénomènes de *la nutation* et de *la précession des équinoxes*. On peut se rendre raison de cette différence en remarquant que les oscillations de l'axe instantané de rotation, par rapport au troisième axe principal de la Terre, dépendent simplement des quantités p et q, tandis que les mouvements de ce dernier axe, par rapport aux étoiles, dépendent des angles θ et ψ qui résultent, comme on le voit par les équations (a), n° 1, d'une double intégration des valeurs différentielles de p et de q. On conçoit donc comment ces quantités, d'abord insensibles, peuvent ensuite devenir considérables par les très-petits diviseurs que l'intégration leur fait acquérir.

CHAPITRE IV.

MOUVEMENTS DE L'AXE DE ROTATION DE LA TERRE
DANS L'ESPACE, OU NUTATION DE L'AXE TERRESTRE
ET PRÉCESSION DES ÉQUINOXES.

———

22. Après nous être occupé, dans le chapitre précédent, des déplacements de l'axe de rotation de la Terre dans l'intérieur du globe, nous allons déterminer, dans celui-ci, les mouvements du même axe relativement aux étoiles; ce sont ces mouvements qui produisent, comme on sait, les importants phénomènes de *la précession* et de *la nutation*.

On peut employer, pour cette détermination, soit l'intégration des formules du mouvement troublé, soit les formules de la variation des constantes arbitraires. Nous emploierons la première méthode comme la plus directe, et nous montrerons ensuite comment les formules qui déterminent les mouvements de l'axe de rotation de la Terre, peuvent se déduire des formules générales (P), n° **7.**

Reprenons les trois équations (C) du n° **2,**

$$
\left.
\begin{aligned}
&A\,dp + (C - B)\,qr\,dt \\
&= dt\left[\frac{\sin\varphi}{\sin\theta}\left(\frac{d V}{d\psi} + \cos\theta\,\frac{d V}{d\varphi}\right) - \cos\varphi\left(\frac{d V}{d\theta}\right)\right], \\
&B\,dq + (A - C)\,pr\,dt \\
&= dt\left[\frac{\cos\varphi}{\sin\theta}\left(\frac{d V}{d\psi} + \cos\theta\,\frac{d V}{d\varphi}\right) + \sin\varphi\left(\frac{d V}{d\theta}\right)\right], \\
&C\,dr + (B - A)\,pq\,dt = dt\left(\frac{d V}{d\varphi}\right).
\end{aligned}
\right\} \quad (1)
$$

Nous avons vu, n° **1**, que les angles θ et ψ fixent la position de l'équateur du corps dont on considère le mouvement de rotation ; c'est donc de la détermination de ces deux angles que nous aurons spécialement à nous occuper dans ce chapitre. Ces angles sont donnés au moyen des quantités p et q et de l'angle φ, supposés connus, par les équations suivantes :

$$\left.\begin{aligned}
d\theta &= qdt \sin\varphi - pdt \cos\varphi, \\
\sin\theta\, d\psi &= qdt \cos\varphi + pdt \sin\varphi.
\end{aligned}\right\} \quad (2)$$

Mais si l'on multiplie par $\sin\varphi$ la première des équations (1) et qu'on l'ajoute à la seconde multipliée par $\cos\varphi$, qu'on multiplie ensuite les mêmes équations, la première par $\cos\varphi$, la seconde par $\sin\varphi$, et qu'on les retranche l'une de l'autre, on trouve les deux suivantes :

$$A\,dp \sin\varphi + B\,dq \cos\varphi + r\,dt\,(A p \sin\varphi - B q \cos\varphi)$$
$$+ Cr(q\,dt \sin\varphi - p\,dt \cos\varphi) = \frac{dt}{\sin\theta}\left(\frac{dV}{d\psi} + \cos\theta\,\frac{dV}{d\varphi}\right),$$

$$A\,dp \cos\varphi - B\,dq \sin\varphi - r\,dt\,(A p \cos\varphi + B q \sin\varphi)$$
$$+ Cr(q\,dt \cos\varphi + p\,dt \sin\varphi) = -\frac{dt}{\sin\theta}\left(\frac{dV}{d\theta}\right).$$

Si l'on substitue pour $qdt \sin\varphi - pdt \cos\varphi$ et $qdt \cos\varphi + pdt \sin\varphi$ leurs valeurs données par les équations (2) et qu'on observe que n représentant le moyen mouvement diurne de la Terre, on peut, lorsqu'on néglige le carré des forces perturbatrices, supposer $r = n$ dans les équations précédentes, puisque p

et q sont déjà de l'ordre de ces forces, on aura

$$\left.\begin{aligned}
d\theta &= \frac{\cos\theta\, dt}{Cn\sin\theta}\left(\frac{dV}{d\varphi}\right) + \frac{dt}{Cn\sin\theta}\left(\frac{dV}{d\psi}\right) \\
&\quad - \frac{d.(Ap\sin\varphi + Bq\cos\varphi)}{Cn}, \\
d\psi &= - \frac{dt}{Cn\sin\theta}\left(\frac{dV}{d\theta}\right) - \frac{d.(Ap\cos\varphi - Bq\sin\varphi)}{Cn\sin\theta}.
\end{aligned}\right\} \quad (3)$$

Ces formules serviront à déterminer les valeurs des angles θ et ψ qui fixent la position de l'équateur terrestre par rapport à un plan fixe quelconque, et comme elles ne renferment que les différentielles premières de ces deux quantités, elles sont sous une forme très-commode pour cette détermination.

23. Avant d'aller plus loin, il convient de faire voir comment les équations (3) peuvent se déduire des formules générales (P), n° **7**, en sorte que les lois du mouvement de l'axe terrestre, soit dans l'intérieur du globe, soit dans l'espace, se trouvent toutes contenues dans la théorie de la variation des constantes arbitraires.

Pour cela, observons que la position, par rapport au plan principal de projection, de l'axe de rotation de la Terre, ou du plan qui lui est perpendiculaire et qu'on nomme l'équateur, dépend des deux angles θ, et ψ, dont l'un détermine l'inclinaison de l'équateur sur le plan principal de projection, qui serait invariable sans l'action des forces perturbatrices, et l'autre la longitude de son nœud comptée sur ce plan à partir d'une droite fixe. L'angle φ, détermine la longitude du même nœud comptée sur l'équateur. Lorsque les valeurs des angles $\theta_,$, $\psi_,$, φ, sont connues, on détermine celles des angles θ, ψ, φ, qui se rapportent à un plan fixe quelconque, au moyen des équations suivantes, dans lesquelles γ représente l'inclinaison du plan de projection sur le plan fixe, et α l'angle que forme l'intersection de ces deux plans avec la droite d'où l'on compte l'angle ψ sur ce dernier plan,

$$\left. \begin{aligned} \cos\theta &= \cos\gamma\cos\theta_, - \sin\gamma\sin\theta_,\cos\psi_, \\ \sin(\psi - \alpha) &= \frac{\sin\theta_,\sin\psi_,}{\sin\theta}, \\ \sin(\varphi_, - \varphi) &= \frac{\sin\gamma\sin\psi_,}{\sin\theta}. \end{aligned} \right\} \quad (4)$$

L'angle $\theta_,$ est du même ordre que les déplacements des pôles à la surface de la Terre, n° **15**, et si l'on fait abstraction des forces perturbatrices, on peut supposer $\theta_, = 0$, les trois équations (4) donnent alors

$$\theta = \gamma, \quad \psi = \alpha, \quad \varphi = \varphi_, - \psi_,. \quad (5)$$

Ainsi donc, sans l'action des forces perturbatrices, l'inclinaison de l'équateur sur le plan fixe serait constante et la longitude ψ de son nœud serait invariable. Mais l'attraction du Soleil et de la Lune sur le sphéroïde terrestre fait varier d'une manière très-lente les angles θ et ψ, et ce sont ces variations qui constituent le phénomène de la précession des équinoxes et de la nutation de l'axe terrestre.

Dans les recherches qui ont pour objet la détermination du mouvement de rotation de la Terre, on a coutume de négliger les carrés et les puissances supérieures des forces perturbatrices. Il suffit, dans ce cas, de conserver dans les valeurs de θ et de ψ les termes dépendants de la première puissance de ces forces. Or, puisque $\theta_,$ est du premier ordre, on aura d'abord $\cos\theta_, = 1$, et ensuite, en vertu des équations (4),

$$\sin\theta_, \sin\psi_, = \sin\theta_, \sin(\varphi_, - \varphi),$$
$$\sin\theta_, \cos\psi_, = \sin\theta_, \cos(\varphi_, - \varphi).$$

En développant les seconds membres de ces équations et substituant pour $\sin\theta_, \sin\varphi_,$ et $\sin\theta_, \cos\varphi_,$ leurs valeurs n° **35**, livre I, on aura

$$\sin\theta_, \sin\psi_, = \frac{\mathrm{B}q\sin\varphi - \mathrm{A}p\cos\varphi}{k},$$
$$\sin\theta_, \cos\psi_, = - \frac{\mathrm{B}q\cos\varphi + \mathrm{A}p\sin\varphi}{k}.$$

En substituant ces valeurs dans les deux premières équations (4), elles deviennent

$$\cos\theta = \cos\gamma + \sin\gamma\left(\frac{\mathrm{B}q\cos\varphi + \mathrm{A}p\sin\varphi}{k}\right),$$
$$\sin(\psi - \alpha) = \frac{\mathrm{B}q\sin\varphi - \mathrm{A}p\cos\varphi}{k\sin\theta}.$$

La première de ces expressions, en négligeant les quantités du second ordre, peut s'écrire ainsi :

$$\cos\theta = \cos\left(\gamma - \frac{\mathrm{B}q\cos\varphi + \mathrm{A}p\sin\varphi}{k}\right).$$

On aura donc, aux quantités près du même ordre,

$$\theta = \gamma - \frac{\mathrm{B}q\cos\varphi + \mathrm{A}p\sin\varphi}{k},$$
$$\psi = \alpha + \frac{\mathrm{B}q\sin\varphi - \mathrm{A}p\cos\varphi}{k\sin\theta}.$$

On peut d'ailleurs dans cette seconde équation substituer $\sin\gamma$ à la place de $\sin\theta$ dans les termes multipliés par p et q qui sont déjà du premier ordre.

Nous avons vu, n° **15**, que lorsqu'on néglige le carré des forces perturbatrices, on a

$$\frac{d\mathrm{V}}{d\alpha} = \frac{d\mathrm{V}}{d\psi}, \quad \frac{d\mathrm{V}}{d\gamma} = \frac{d\mathrm{V}}{d\theta}, \quad \frac{d\mathrm{V}}{dg} = \frac{d\mathrm{V}}{d\varphi}.$$

Que l'on substitue ces valeurs et que l'on fasse de plus $k = \mathrm{C}n$ dans les deux dernières formules (P) du n° **7**, on aura

$$d\gamma = \frac{\cos\theta\, dt}{\mathrm{C}n\sin\theta}\left(\frac{d\mathrm{V}}{d\varphi}\right) + \frac{dt}{\mathrm{C}n\sin\theta}\left(\frac{d\mathrm{V}}{d\psi}\right),$$

$$d\alpha = -\frac{dt}{\mathrm{C}n\sin\theta}\left(\frac{d\mathrm{V}}{d\theta}\right),$$

formules qui ont, sur celles du numéro cité, l'avantage d'employer la quantité V sous la forme où elle est donnée immédiatement, c'est-à-dire en fonction des variables φ, ψ et θ.

Différentions maintenant les expressions précédentes de θ et ψ, substituons pour $d\gamma$ et $d\alpha$ leurs valeurs, et faisons $k = \mathrm{C}n$ dans les termes qui sont du premier ordre par rapport aux forces perturbatrices, nous aurons

$$d\theta = \frac{\cos\theta\, dt}{\mathrm{C}n\sin\theta}\left(\frac{d\mathrm{V}}{d\varphi}\right) + \frac{dt}{\mathrm{C}n\sin\theta}\left(\frac{d\mathrm{V}}{d\psi}\right)$$
$$- \frac{d.(\mathrm{A}p\sin\varphi + \mathrm{B}q\cos\varphi)}{\mathrm{C}n},$$

$$d\psi = -\frac{dt}{\mathrm{C}n\sin\theta}\left(\frac{d\mathrm{V}}{d\theta}\right) - \frac{d.(\mathrm{A}p\cos\varphi - \mathrm{B}q\sin\varphi)}{\mathrm{C}n\sin\theta}.$$

Ces expressions sont identiques avec les équations
(3) auxquelles nous sommes parvenus directement
par la considération des formules générales qui déterminent les mouvements de rotation des corps célestes
autour de leur centre de gravité. Cette dernière méthode est plus simple sans doute que celle qui consiste
à considérer d'abord le mouvement de rotation qui
n'est troublé par l'action d'aucune force étrangère, et
à faire varier ensuite les constantes que ces formules
renferment, en déterminant leurs variations conformément aux principes généraux de la *variation des
constantes arbitraires* dans les problèmes de la Mécanique. Mais cette seconde manière d'envisager la
question a l'avantage d'établir une analogie très-
remarquable entre les formules du mouvement de
translation et du mouvement de rotation troublés par
l'action des forces secondaires introduites dans le
système, et elle nous a servi d'ailleurs à démontrer *la
permanence des pôles* à la surface de la Terre et *l'invariabilité* de la vitesse de rotation d'une manière à
la fois plus simple et plus rigoureuse qu'on ne pourrait le faire par d'autres méthodes.

24. Des considérations, particulières au mouvement de la Terre, permettent de simplifier considérablement les formules (3) qui déterminent à chaque
instant la position de son équateur. En effet, tous les
termes des valeurs de $d\theta$ et de $d\psi$ sont insensibles
en eux-mêmes, puisqu'ils sont de l'ordre des forces
perturbatrices ; mais il se peut que quelques-uns
d'entre eux deviennent sensibles dans les valeurs de θ

et ψ, soit parce qu'ils s'y trouveront multipliés par le temps t hors des signes *sinus* et *cosinus*, soit à cause des petits diviseurs que leur fera acquérir l'intégration. C'est donc à ces termes seuls qu'il faut avoir égard, et l'on peut rejeter tous les autres des valeurs de $d\theta$ et de $d\psi$; or il est évident que l'on doit supprimer d'abord la partie de ces valeurs qui est une différentielle exacte, parce que les termes qui la composent sont encore après l'intégration de l'ordre des quantités p et q, et par conséquent insensibles, comme on l'a vu dans le chapitre précédent. Les formules (3) donnent simplement ainsi :

$$d\theta = \frac{\cos\theta\,dt}{C\,n\,\sin\theta}\left(\frac{d\mathrm{V}}{d\psi}\right) + \frac{dt}{C\,n\,\sin\theta}\left(\frac{d\mathrm{V}}{d\psi}\right),$$

$$d\psi = -\,\frac{dt}{C\,n\,\sin\theta}\left(\frac{d\mathrm{V}}{d\theta}\right).$$

Si l'on substitue maintenant dans la fonction V, qui est du premier ordre, à la place de φ sa valeur $nt + c$, indépendante des forces perturbatrices, il faudra rejeter des valeurs de $d\theta$ et de $d\psi$ tous les termes qui dépendent des *sinus* et des *cosinus* de cet angle, puisqu'il n'en résulterait dans θ et ψ que des inégalités dépendantes du mouvement diurne de la Terre, et qui, par conséquent, seront toujours inappréciables. Supposons donc qu'on ait développé la fonction V en une série de sinus et de cosinus de l'angle φ et de ses multiples; soit F le premier terme du développement, ou la partie indépendante de l'angle φ, on pourra substituer F à la place de V dans les expressions précédentes de $d\theta$ et de $d\psi$, ce qui les réduit aux deux suivantes :

$$d\theta = \frac{dt}{C\,n\,\sin\theta}\left(\frac{d\,F}{d\,\psi}\right) \;\Bigg\} \;(6)$$
$$d\psi = -\,\frac{dt}{C\,n\,\sin\theta}\left(\frac{d\,F}{d\,\theta}\right).$$

C'est sous cette forme remarquable par son élégance et sa simplicité, que M. Poisson a présenté le premier les formules qui déterminent les mouvements du plan de l'équateur par rapport aux étoiles. Il ne s'agit plus que de développer ces formules et de les intégrer ensuite pour en voir dériver toutes les lois de la *précession des équinoxes* et de *la nutation de l'axe terrestre*.

25. Pour développer les équations (6), reprenons la valeur de V du n° **2**, nous aurons $V' = S.V'\,dm$, ou, en substituant pour V' sa valeur (n° **5**, livre II),

$$V = S.\frac{L\,dm}{\sqrt{[(x'-x)^2 + (y'-y)^2 + (z'-z)^2]}},$$

x', y', z' étant les coordonnées de l'astre L relatives aux trois axes principaux qui se croisent au centre de gravité de la Terre, x, y, z les coordonnées de l'élément *dm* rapportées aux mêmes axes ; enfin le signe intégral S étant relatif à la molécule *dm* et à ses coordonnées, et devant s'étendre à la masse entière du globe.

Si dans cette expression on fait, pour abréger,

$$x'^2 + y'^2 + z'^2 = r'^2, \quad x^2 + y^2 + z^2 = r^2,$$

on aura

$$V = S.\frac{L\,dm}{\sqrt{[r'^2 - 2(xx' + yy' + zz') + r^2]}}.$$

Les distances des centres des forces perturbatrices au centre de la terre étant fort grandes relativement aux dimensions de cette planète, il en résulte qu'on peut réduire la fonction V en une série très-convergente, en la développant suivant les puissances descendantes de r'. Si l'on observe en outre que les six intégrales $S.x\,dm$, $S.y\,dm$, $S.z\,dm$, $S.xy\,dm$, $S.xz\,dm$, $S.yz\,dm$ sont nulles par les propriétés du centre de gravité et des axes principaux, on aura, de cette manière,

$$V = \frac{L}{r'}\,S.dm - \frac{1}{2}\,\frac{L}{r'^3}\,S.r^2 dm.$$

$$+ \frac{3L}{2\,r'^3}\left(x'^2\,S.x^2 dm + y'^2\,S.y^2 dm + z'^2\,S.z^2 dm\right).$$

Nous omettons, comme on le fait ordinairement, les termes de ce développement qui dépendent du produit de trois ou d'un plus grand nombre de dimensions en x, y, z, lesquels termes sont du même ordre que le cube et les puissances supérieures du rapport $\frac{r}{r'}$, c'est-à-dire de la parallaxe de l'astre L : de sorte que, relativement aux puissances de cette parallaxe, l'approximation suivante est bornée au carré inclusivement.

Nous avons désigné par A, B, C les trois moments d'inertie principaux du sphéroïde terrestre, respectivement relatifs aux axes des x, des y et des z; on aura donc

$$S.(y^2 + z^2)\,dm = A, \quad S.(x^2 + z^2)\,dm = B, \quad S.(x^2 + y^2)\,dm = C,$$

d'où l'on tire

$$S.x^2\,dm = \frac{B + C - A}{2}, \quad S.y^2\,dm = \frac{A + C - B}{2},$$

$$S.z^2\,dm = \frac{A + B - C}{2}.$$

La fonction V deviendra donc, en y substituant ces valeurs,

$$V = \frac{m\,L}{r'} - \frac{L}{4\,r'^3}(A + B + C)$$

$$+ \frac{3\,L}{4\,r'^5}[x'^2(B + C - A) + y'^2(A + C - B) + z'^2(A + B - C)].$$

Pour introduire, dans cette expression, les angles φ, ψ, θ, il faut transformer les coordonnées x', y', z' de l'astre L, en trois autres x, y, z relatives à des axes fixes. Nous prendrons, pour plan fixe des x, y, le plan de l'écliptique à une époque déterminée ; l'angle θ sera, par conséquent, l'inclinaison variable de l'équateur sur l'écliptique, l'angle ψ la longitude de l'intersection de ces deux plans, ou de la ligne mobile des équinoxes, et φ l'angle compris entre cette intersection et l'axe principal des x ; on aura, par les formules du n° **34**, livre Ier,

$$x' = (\text{x}\cos\psi - \text{y}\sin\psi)\cos\varphi + [(\text{x}\sin\psi + \text{y}\cos\psi)\cos\theta - \text{z}\sin\theta]\sin\varphi,$$

$$y' = (\text{y}\sin\psi - \text{x}\cos\psi)\sin\varphi + [(\text{x}\sin\psi + \text{y}\cos\psi)\cos\theta - \text{z}\sin\theta]\cos\varphi,$$

$$z' = (\text{x}\sin\psi + \text{y}\cos\psi)\sin\theta + \text{z}\cos\theta.$$

Avant de substituer ces valeurs dans l'expression de V, remarquons que le rayon vecteur r' de l'astre L doit être indépendant des angles φ, ψ, θ : les termes qui ne contiendront que ce rayon vecteur, disparaîtront donc dans les valeurs des différences partielles de la fonction V relatives à ces angles; on peut donc les supprimer d'avance et donner à l'expression de V cette forme,

$$V = - \frac{3\,L}{2\,r'^5}(A\,x'^2 + B\,y'^2 + C\,z'^2).$$

Si l'on élève au carré les valeurs de x', y', z', et qu'on les substitue dans cette équation, en faisant, pour abréger,

$$\mathrm{x}' = \mathrm{x}\cos\psi - \mathrm{y}\sin\psi, \quad \mathrm{y}' = \mathrm{x}\sin\psi + \mathrm{y}\cos\psi,$$

et en observant que la relation $x'^2 + y'^2 + z'^2 = r'^2$ donne

$$\mathrm{x}'^2 + (\mathrm{y}'\cos\theta - \mathrm{y}\sin\theta)^2 = r'^2 - (\mathrm{y}'\sin\theta + \mathrm{z}\cos\theta)^2,$$

on aura

$$V = - \frac{3\,L}{4\,r'^5}(A - B)\left\{[\mathrm{x}'^2 - (\mathrm{y}'\cos\theta - \mathrm{z}\sin\theta)^2]\cos 2\varphi + 2\,\mathrm{x}'(\mathrm{y}'\cos\theta - \mathrm{z}\sin\theta)\sin 2\varphi\right]$$

$$+ \frac{3\,L}{4\,r'^5}(A + B - 2C)(\mathrm{x}'\sin\theta + \mathrm{z}\cos\theta)^2.$$

Il est bon d'observer qu'on obtiendrait identiquement la même valeur en développant la fonction V exprimée au moyen des coordonnées $x_,$, $y_,$, $z_,$, $x'_,$, $y'_,$, $z'_,$ relatives à des axes fixes, et en substituant ensuite à la place des coordonnées $x_,$, $y_,$, $z_,$, leurs valeurs, n° **2**, exprimées en coordonnées relatives aux trois axes principaux du sphéroïde, conformément à l'analyse suivie, numéro cité.

Si l'on rejette les termes dépendants de l'angle φ, la fonction V se change dans la fonction que nous avons désignée par F ; on aura donc simplement

$$F = \frac{3L}{4 \, r'^5} (A + B - 2C) (Y' \sin\theta + z \cos\theta)^2.$$

En différentiant cette expression, on formera les valeurs des quantités $\frac{dF}{d\theta}$ et $\frac{dF}{d\psi}$, qui entrent dans les formules (6) ; mais pour rendre possible l'intégration de ces formules, il sera nécessaire d'exprimer les coordonnées x, y, z de l'astre L, en fonction du temps t.

Pour cela, nommons γ l'inclinaison du plan de l'orbite que décrit l'astre L dans son mouvement autour de la Terre, sur le plan des x, y ou sur l'écliptique fixe ; soient de plus α la longitude de son nœud et v' la longitude de la projection de son rayon vecteur, comptées sur le même plan à partir de l'axe des x ; en désignant par s' la latitude, on aura

$$x = r' \cos v' \cos s', \quad y = r' \sin v' \cos s', \quad z = r' \sin s'.$$

On a d'ailleurs $\tang s' = \tang \gamma \sin(v' - \alpha)$; en observant donc que γ est généralement un très-petit angle dont on peut négliger les puissances supérieures à la seconde, on trouvera

$$X = r' \cos v' \sqrt{1 - \gamma^2 \sin^2(v' - \alpha)}, \quad Y = r' \sin v' \sqrt{1 - \gamma^2 \sin^2(v' - \alpha)},$$

$$Z = r' \gamma \sin(v' - \alpha),$$

on tire de là

$$X' = r' \cos(v' + \psi) \sqrt{1 - \gamma^2 \sin^2(v' - \alpha)},$$

$$Y' = r' \sin(v' + \psi) \sqrt{1 - \gamma^2 \sin^2(v' - \alpha)},$$

et, au moyen de ces valeurs, on trouve

$$\left(\frac{x'}{r'}\sin\theta + \frac{z}{r'}\cos\theta\right)^2 = \sin^2\theta\,\sin^2(v'+\psi)$$
$$+ 2\gamma\sin\theta\cos\theta\sin(v'+\psi)\sin(v'-\alpha)$$
$$+ \gamma^2\sin^2(v'-\alpha)\left[\cos^2\theta - \sin^2\theta\,\sin^2(v'+\psi)\right].$$

Si l'on substitue cette valeur dans l'expression de F, qu'on remplace ensuite r' et v' par leurs valeurs relatives au mouvement elliptique de l'astre L, et développées en séries de sinus et de cosinus des multiples de son moyen mouvement mt, il sera facile de réduire en séries semblables la valeur de F, et par suite celles de $\frac{d\mathrm{F}}{d\theta}$ et de $\frac{d\mathrm{F}}{d\psi}$; les expressions différentielles de θ et ψ se trouveront donc développées en une suite de termes dont chacun sera intégrable séparément.

Soient e l'excentricité de l'orbite de L et a sa moyenne distance à la Terre; désignons par ε et ω les longitudes de l'époque et du périhélie, comptées de la même origine que ψ; on aura, par les formules du mouvement elliptique, n^{os} **24** et **25**, livre II,

$$\frac{r'}{a} = 1 + \frac{1}{2}e^2 - e\cos(mt+\varepsilon-\omega) - \frac{1}{2}e^2\cos 2(mt+\varepsilon-\omega) + \ldots,$$

$$v' = mt + \varepsilon + 2e\sin(mt+\varepsilon-\omega) + \frac{5}{4}e^2\sin 2(mt+\varepsilon-\omega)$$

$$- \frac{1}{4}\gamma^2\sin 2(mt+\varepsilon-\alpha) + \ldots.$$

L'excentricité de l'orbite de L et son inclinaison

sur l'écliptique fixe étant toujours peu considérables, e et γ sont de très-petites quantités ; nous négligerons en conséquence leurs troisièmes puissances ainsi que leurs produits de trois dimensions. Nous observerons, de plus, que les termes de la valeur de V, qui dépendent du mouvement de l'astre L dans son orbite, ne produisant dans les valeurs de θ et de ψ que des inégalités périodiques qui sont nécessairement très-petites, comme les observations l'indiquent, on peut n'avoir égard qu'aux plus considérables d'entre elles ; en conséquence, nous ne considérerons parmi ces termes que ceux qui sont indépendants de l'excentricité e et de l'inclinaison γ. Cela posé, il est facile de se convaincre qu'il suffira de faire dans l'expression de V,

$$\frac{a^3}{r'^3} = 1 + \frac{3}{2} e^2 \quad \text{et} \quad v' = mt + \varepsilon.$$

On trouvera ainsi, après avoir substitué pour $\left(\frac{x'}{r'} \sin\theta + \frac{z}{r'} \cos\theta\right)^2$ sa valeur,

$$F = \frac{3 L}{8 a^3} (A + B - 2C) \left\{ \sin^2\theta \left(1 + \frac{3}{2} e^2 - \frac{1}{2} \gamma^2 \right) \right.$$
$$+ \gamma \sin 2\theta \cos(\alpha + \psi) + \gamma^2 \left[\cos^2\theta - \frac{1}{4} \sin^2\theta \cos 2(\alpha + \psi)\right]$$
$$\left. - \sin^2\theta \cos 2(mt + \varepsilon + \psi) \right\}.$$

Cette expression conserverait la même forme, quel que fût le nombre des corps agissants du système.

Nous admettrons, conformément à ce qu'indiquent

16.

les observations, que le Soleil et la Lune sont les seuls astres qui influent sur les mouvements de l'équateur terrestre, et nous supposerons que l'astre L, dont nous venons de considérer l'action, soit le Soleil. Marquons respectivement d'un accent les lettres m, a, e, γ, α, ε qui sont relatives à cet astre, pour les rapporter à la Lune dont nous désignerons la masse par L'. Supposons de plus, pour abréger, $\dfrac{\frac{L'}{a'^3}}{\frac{L}{a^3}} = \lambda$, en sorte que λ désigne le rapport de l'action de la Lune à celle du Soleil, et, d'après les formules du mouvement elliptique, faisons $\dfrac{L}{a^3} = m^2$, et, par suite, $\dfrac{L'}{a'^3} = m^2\lambda$. L'action de L' ajoutera à la valeur de F des termes semblables à ceux qui ont été introduits par l'action de l'astre L, et, en vertu de ces actions réunies, on aura

$$
\begin{aligned}
F = \frac{3\,m^2}{8}\,(A + B - 2\,C) \Bigg\{ & \sin^2\theta \Bigg[1 + \frac{3}{2}c^2 - \frac{1}{2}\gamma^2 + \lambda \Big(1 + \frac{3}{2}c'^2 - \frac{1}{2}\gamma'^2 \Big) \Bigg] \\
& + \cos^2\theta\,(\gamma^2 + \lambda\gamma'^2) + \sin 2\theta\,[\gamma\cos(\alpha + \psi) + \lambda\gamma'\cos(\alpha' + \psi)] \\
& - \sin^2\theta \Bigg[\frac{1}{4}\gamma^2\cos 2(\alpha + \psi) + \frac{1}{4}\lambda\gamma'^2\cos 2(\alpha' + \psi) \\
& \qquad + \cos 2(mt + \varepsilon + \psi) + \lambda\cos 2(m't + \varepsilon' + \psi)\cdot \Bigg] \Bigg\} .
\end{aligned}
$$

On peut négliger, à cause de leur petitesse, les termes dépendant du carré de l'inclinaison de l'écliptique mobile sur l'écliptique fixe, en différentiant ensuite la valeur précédente, on aura

$$\frac{d\mathrm{F}}{d\theta} = -\frac{3\,m^2}{4}\,(2\,\mathrm{C}-\mathrm{A}-\mathrm{B})\Big\{\sin\theta\cos\theta\Big[1+\frac{3}{2}e^2+\lambda\Big(1+\frac{3}{2}e'^2-\frac{3}{2}\gamma'^2\Big)\Big]$$
$$+\cos2\theta\,[\gamma\cos(\alpha+\psi)+\lambda\gamma'\cos(\alpha'+\psi)]$$
$$-\sin\theta\cos\theta\Big[\frac{1}{4}\lambda\gamma'^2\cos2(\alpha'+\psi)+\cos2(mt+\varepsilon+\psi)+\lambda\cos2(m't+\varepsilon'+\psi)\Big]\Big\},$$

$$\frac{d\mathrm{F}}{d\psi} = \frac{3\,m^2}{4}\,(2\,\mathrm{C}-\mathrm{A}-\mathrm{B})\Big\{\sin\theta\cos\theta\,[\gamma\sin(\alpha+\psi)+\lambda\gamma'\sin(\alpha'+\psi)]$$
$$-\sin^2\theta\Big[\frac{1}{4}\lambda\gamma'^2\sin2(\alpha'+\psi)+\sin2(mt+\varepsilon+\psi)+\lambda\sin2(m't+\varepsilon'+\psi)\Big]\Big\}.$$

Telles sont les valeurs qu'il faudra substituer dans les formules (6), nº **24**. Pour simplifier, nous ferons d'abord abstraction des termes simplement périodiques, c'est-à-dire dépendants des mouvements du Soleil et de la Lune dans leurs orbites, et nous négligerons dans une première approximation les termes multipliés par le carré des quantités très-petites e, e' et γ'. Nous aurons simplement ainsi :

$$d\theta = \frac{3\,m^2dt}{4\,n}\Big(\frac{2\,\mathrm{C}-\mathrm{A}-\mathrm{B}}{\mathrm{C}}\Big)\cos\theta\Big[\begin{array}{l}\gamma\sin(\alpha+\psi)\\+\lambda\gamma'\sin(\alpha'+\psi)\end{array}\Big],$$
$$d\psi = \frac{3\,m^2dt}{4\,n}\Big(\frac{2\,\mathrm{C}-\mathrm{A}-\mathrm{B}}{\mathrm{C}}\Big)\Big\{\cos\theta$$
$$+\frac{\cos2\theta}{\sin\theta}\,[\gamma\cos(\alpha+\psi)+\lambda\gamma'\cos(\alpha'+\psi)]\Big\}.\qquad(7)$$

26. Avant de nous occuper de l'intégration de ces formules, considérons les quatre quantités $\gamma\sin(\alpha+\psi)$, $\gamma\cos(\alpha+\psi)$, $\lambda\gamma'\sin(\alpha'+\psi)$ et $\lambda\gamma'\cos(\alpha'+\psi)$ qui entrent dans leurs seconds membres. Commençons par les deux premières : elles représentent, comme il est facile de le voir, les produits de l'inclinaison de l'orbite du Soleil sur l'écliptique fixe, par le *sinus* et le *cosinus* de la longitude de son nœud, comptée sur ce plan à partir de son intersection avec l'équateur, ou de la ligne mobile des équinoxes. Si l'on développe le premier de ces produits, on a

$$\gamma \sin(\alpha + \psi) = \gamma \sin\alpha \cos\psi + \gamma \cos\alpha \sin\psi. \quad (8)$$

Dans cette valeur, $\gamma \sin\alpha$ et $\gamma \cos\alpha$ sont les produits de l'inclinaison de l'orbite solaire sur l'écliptique fixe, par le sinus et le cosinus de la longitude de son nœud comptée à partir d'une droite fixe. Ces quantités ne sont pas constantes, elles sont sujettes à des variations séculaires qu'il n'est pas permis de négliger parce qu'elles peuvent devenir très-sensibles par l'intégration dans les valeurs de θ et de ψ. Or nous avons vu dans le n° **69** du livre II, que si l'on nomme γ l'inclinaison de l'orbite d'une planète L sur un plan fixe, et α la longitude de son nœud ascendant comptée à partir d'une origine fixe, le produit $\tang\gamma \sin\alpha$ est exprimé par un nombre fini de termes de la forme $B \sin(bt + \epsilon)$, et le produit $\tang\gamma \cos\alpha$ par la même suite de termes dans lesquels on change simplement les *sinus* en *cosinus*. Nous représenterons la première suite par $\Sigma.B \sin(bt + \epsilon)$ et la seconde par $\Sigma.B \cos(ct + \epsilon)$. En observant donc que l'inclinaison γ étant supposée très-petite, on peut prendre cet angle pour sa tangente, on aura

$$\gamma \sin \alpha = \Sigma . \sin (bt + \epsilon), \quad \gamma \cos \alpha = \Sigma . B \cos (bt + \epsilon).$$

Ces valeurs substituées dans l'équation (8) donnent

$$\gamma \sin (\alpha + \psi) = \Sigma . B \sin (bt + \psi + \epsilon),$$

d'où l'on voit que pour avoir $\gamma \sin (\alpha + \psi)$, il suffit d'augmenter de la quantité ψ les angles des différents termes de l'expression de $\gamma \sin \alpha$, c'est-à-dire qu'il suffit de rapporter ces angles à la ligne mobile des équinoxes. Nous verrons que la valeur de ψ se compose d'un terme croissant comme le temps t et d'une suite d'inégalités à longue période du même ordre que la quantité B, on pourra donc, en négligeant les quantités très-petites de l'ordre B^2, substituer à l'angle ψ, dans l'expression précédente, le moyen mouvement des équinoxes. La valeur de $\gamma \sin (\alpha + \psi)$ sera exprimée alors par un nombre fini de termes de la forme $B \sin (ct + \epsilon)$, qui ne différeront des termes de l'expression de $\sin \gamma \sin \alpha$, qu'en ce que les angles bt seront augmentés du moyen mouvement des équinoxes. On prouverait de la même manière que $\gamma \cos (\alpha + \psi)$ sera composée de la même suite de termes dans lesquels on changera seulement les *sinus* en *cosinus,* d'où il suit qu'on aura généralement

$$\left. \begin{aligned} \gamma \sin (\alpha + \psi) &= \Sigma . B \sin (ct + \epsilon), \\ \gamma \cos (\alpha + \psi) &= \Sigma . B \cos (ct + \epsilon). \end{aligned} \right\} \quad (9)$$

Telles sont les valeurs qu'il faudra substituer dans les seconds membres des équations (7) en vertu de l'action du Soleil.

Considérons maintenant les deux quantités

$$\gamma' \sin(\alpha' + \psi) \quad \text{et} \quad \gamma' \cos(\alpha' + \psi),$$

introduites par l'action de la Lune. L'analyse précédente s'appliquerait encore à la détermination de ces quantités; mais une circonstance particulière au mouvement de la Lune permet de simplifier leur expression. En effet, l'observation montre que l'inclinaison moyenne de l'orbe lunaire sur l'écliptique mobile est à peu près constante; il y a donc de l'avantage à introduire cet angle à la place de l'inclinaison sur l'écliptique fixe dans les formules (7).

Pour cela, observons que α' représentant la longitude du nœud de l'orbite lunaire sur l'écliptique fixe, comptée de la droite qui sert d'origine à l'angle ψ, si l'on désigne par π la longitude de la Lune comptée de la même ligne fixe sur l'écliptique invariable, ses latitudes par rapport à l'écliptique fixe et à l'écliptique mobile, seront respectivement, aux quantités près du second ordre, $\tang \gamma' \sin(\pi - \alpha')$ et $B' \sin(\pi - \alpha')$, en désignant par B' la tangente de l'inclinaison moyenne de l'orbe lunaire sur l'écliptique vrai. Mais si la Lune était en mouvement sur le plan même de cette écliptique, sa latitude au-dessus de l'écliptique fixe correspondante à la même longitude π serait

$$\tang \gamma \sin(\pi - \alpha).$$

Cette dernière latitude est aux quantités près de l'ordre γ^2, égale à la différence des deux premières; on aura donc, quel que soit π,

$$\tang \gamma \sin(\pi - \alpha) = \tang \gamma' \sin(\pi - \alpha') - B' \sin(\pi - \alpha');$$

d'où, en supposant successivement π égal à zéro et π égal à un angle droit, et substituant les angles γ et γ' à la place de leurs tangentes, on tire

$$\gamma' \sin \alpha' = \gamma \sin \alpha + B' \sin \alpha',$$

$$\gamma' \cos \alpha' = \gamma \cos \alpha + B' \cos \alpha'.$$

Cela posé, les deux quantités

$$\gamma' \sin(\alpha' + \psi) \quad \text{et} \quad \gamma' \cos(\alpha' + \psi)$$

donneront, en les développant,

$$\gamma' \sin(\alpha' + \psi) = \gamma' \sin \alpha' \cos \psi + \gamma' \cos \alpha' \sin \psi,$$

$$\gamma' \cos(\alpha' + \psi) = \gamma' \cos \alpha' \cos \psi - \gamma' \sin \alpha' \sin \psi.$$

Si l'on substitue dans ces expressions pour $\gamma' \sin \alpha'$ et pour $\gamma' \cos \alpha'$ leurs valeurs précédentes, on trouvera

$$\gamma' \sin(\alpha' + \psi) = \gamma \sin(\alpha + \psi) + B' \sin(\alpha' + \psi),$$

$$\gamma' \cos(\alpha' + \psi) = \gamma \cos(\alpha + \psi) + B' \cos(\alpha' + \psi).$$

On peut, dans les seconds membres de ces équations, remplacer $\gamma \sin(\alpha + \psi)$ et $\gamma \cos(\alpha + \psi)$ par leurs valeurs, n° **26**, en désignant d'ailleurs par $c't + 6'$ la valeur moyenne de la longitude du nœud de l'orbite lunaire comptée de l'équinoxe mobile, la seule à laquelle il soit nécessaire d'avoir égard, ce qui donne $\alpha' + \psi = c't + 6'$, les expressions précédentes deviendront :

$$\gamma' \sin(\alpha' + \psi) = \Sigma.B \sin(ct + 6) + B' \sin(c't + 6'),$$

$$\gamma' \cos(\alpha' + \psi) = \Sigma.B \cos(ct + 6) + B' \cos(c't + 6').$$

Les seconds termes de ces valeurs dépendent des mouvements des nœuds de l'orbe lunaire, et leur période, par conséquent, est nécessairement très-courte par rapport à celle des autres termes, qui dépendent des variations très-lentes des orbites planétaires ; on sait en effet que les nœuds de l'orbe lunaire font le tour entier du ciel dans un intervalle de moins de dix-huit ans ; on peut donc, lorsqu'on se propose simplement, comme nous le faisons ici, de déterminer les variations séculaires du plan de l'équateur terrestre, faire abstraction de ces termes, et les comprendre parmi les inégalités périodiques des valeurs finies des angles θ et ψ que nous déterminerons séparément. On aura simplement ainsi :

$$\gamma' \sin(\alpha' + \psi) = \Sigma.\mathrm{B} \sin(ct + \epsilon),$$

$$\gamma' \cos(\alpha' + \psi) = \Sigma.\mathrm{B} \cos(ct + \epsilon).$$

Si l'on substitue ces valeurs ainsi que celles de $\gamma \sin(\alpha + \psi)$ et de $\gamma \cos(\alpha + \psi)$ dans les équations (7), on aura, en vertu des actions réunies du Soleil et de la Lune,

$$\left. \begin{aligned} d\theta &= \frac{3\,m^2\,(1 + \lambda)\,dt}{4\,n} \left(\frac{2\,\mathrm{C} - \mathrm{A} - \mathrm{B}}{\mathrm{C}} \right) \cos\theta\; \Sigma.\mathrm{B} \sin(ct + \epsilon), \\ d\psi &= \frac{3\,m^2\,(1 + \lambda)\,dt}{4\,n} \left(\frac{2\,\mathrm{C} - \mathrm{A} - \mathrm{B}}{\mathrm{C}} \right) \left\{ \cos\theta + \frac{\cos 2\theta}{\sin\theta}\, \Sigma.\mathrm{B} \cos(ct + \epsilon) \right\} \end{aligned} \right\} \quad (10)$$

Il ne s'agit plus que d'intégrer les formules précédentes pour en déduire les parties des valeurs des deux angles θ et ψ, qui dépendent des déplacements séculaires de l'équateur terrestre.

27. Pour cela, nous emploierons la méthode ordinaire des approximations successives. Nous négligerons dans une première approximation tous les termes qui seraient de l'ordre du carré des forces perturbatrices; on pourra regarder alors comme des constantes les quantités $\sin\theta$ et $\cos\theta$ qui entrent dans les seconds membres des équations (10), et ces seconds membres ne renfermeront plus que des quantités toutes connues. On substituera ensuite dans ces formules pour θ sa valeur donnée par la première approximation, et l'on en conclura par une nouvelle intégration des valeurs plus approchées de θ et de ψ; en continuant ainsi successivement, on aura les valeurs de ces deux quantités avec toute la précision qu'on voudra atteindre.

En considérant ainsi θ comme une quantité constante dans les formules (10), et en intégrant d'abord la première de ces formules, on aura

$$\theta = h' + \frac{3\,m^2(1+\lambda)}{4\,n}\left(\frac{A+B-2C}{C}\right)\cos\theta\,\Sigma.\,\frac{B}{c}\cos(ct+6),$$

h' étant une constante arbitraire.

Pour déterminer cette constante, désignons par h l'inclinaison de l'équateur à l'écliptique fixe lorsque commence le temps t, on aura pour cet instant

$$h = h' + \frac{3\,m^2(1+\lambda)}{4\,n}\left(\frac{A+B-2C}{C}\right)\cos h\,\Sigma.\,\frac{B}{c}\cos 6.$$

En faisant donc, pour abréger,

$$l = \frac{3\,m^2(1+\lambda)}{4\,n}\left(\frac{2C-A-B}{C}\right)\cos h,$$

on aura, aux quantités près de l'ordre B^2,

$$\theta = h - \Sigma. {}_c \left[\cos(ct + \mathcal{G}) - \cos\mathcal{G} \right]. \quad (11)$$

Passons à l'expression de $d\psi$. Si l'on y suppose $\theta = h$ et qu'on remplace par l la quantité que cette lettre représente, on aura

$$d\psi = \left[l + 2 \cot 2 h \, \Sigma. B \, l \cos(ct + \mathcal{G}) \right] dt,$$

d'où l'on tire, en intégrant,

$$\psi = lt + l' + 2 \cot 2 h \, \Sigma. \frac{B \, l}{c} \sin(ct + \mathcal{G}),$$

l' étant une nouvelle constante arbitraire.

Nous prendrons pour origine de l'angle ψ et des autres longitudes comptées sur le plan de l'écliptique fixe, l'équinoxe du printemps à l'époque d'où l'on compte le temps t, en sorte que ψ sera nul en même temps que t; on aura ainsi

$$0 = l' + 2 \cot 2 h \, \Sigma. \frac{B \, l}{c} \sin\mathcal{G},$$

et par conséquent

$$\psi = lt + 2 \cot 2 h \, \Sigma. \frac{B \, l}{c} \left[\sin(ct + \mathcal{G}) - \sin\mathcal{G} \right]. \quad (12)$$

Ces valeurs de θ et ψ serviront à déterminer les mouvements de l'axe terrestre par rapport aux étoiles; jointes à la valeur $\varphi = nt + c$, elles fournissent toutes les données nécessaires pour fixer à chaque instant la position de la Terre autour de son centre de gravité.

Dans les valeurs précédentes de θ et de ψ, nous avons négligé les termes dépendants du carré des forces perturbatrices, et ces valeurs suffisent pour la comparaison de la théorie aux plus anciennes observations qui nous soient parvenues. Cependant, pour montrer comment on devrait procéder pour porter plus loin la précision, supposons qu'on veuille tenir compte des termes du second ordre dont nous avons d'abord fait abstraction. Nous observerons d'abord qu'on peut, comme précédemment, continuer à regarder $\cos\theta$ comme constant dans l'expression de $d\theta$, parce que les termes qui résulteraient de sa variation, seraient des quantités de l'ordre du carré des forces perturbatrices multipliées par le carré de B, qui est lui-même une très-petite quantité du second ordre ; ces termes seraient donc, par cette raison, tout à fait insensibles. Il en serait de même à l'égard du second terme de l'expression de $d\psi$; mais dans le premier terme de cette même quantité il ne sera plus permis de regarder l'angle θ comme constant, parce que sa variation y produit des termes qui sont du second ordre par rapport aux forces perturbatrices, mais seulement du premier par rapport à la quantité B. C'est donc uniquement dans le premier terme de l'expression de $d\psi$ qu'il sera nécessaire d'avoir égard à la variation de l'angle θ. Nommons donc $\partial\theta$ cette variation déterminée par l'équation (11), en sorte qu'on ait $\theta = h - \partial\theta$, en négligeant les quantités de l'ordre $(\partial\theta)^2$, on aura

$$\cos\theta = \cos h\,(1 + \operatorname{tang} h\,\partial\theta),$$

ou bien, en mettant pour $\partial\theta$ sa valeur,

$$\cos\theta = \cos h\left\{ 1 + \operatorname{tang} h\,\Sigma.\frac{B\,l}{c}\left[\cos(ct + \varepsilon) - \cos\varepsilon\right] \right\}.$$

Si dans le premier terme de l'expression de $d\psi$ on substitue cette valeur, et si l'on remplace par l la quantité que cette lettre représente, on trouvera

$$d\psi = \left[l + \Sigma.\mathrm{B}l\cot h \left(1 + \frac{l-c}{c} \tan^2 h \right) \cos(ct + 6) \right] dt.$$

Nous omettons, pour plus de simplicité dans le coefficient de dt, le terme du second ordre

$$- \Sigma. \frac{\mathrm{B}l^2}{c} \tan g\, h \cos 6,$$

qu'on pourra supposer compris dans la constante l.

En intégrant l'expression précédente, on aura

$$\psi = lt + l' + \Sigma. \frac{\mathrm{B}l}{c} \cot h \left(1 + \frac{l-c}{c} \tan^2 h \right) \sin(ct+6),$$

l' étant la constante introduite par l'intégration. En déterminant cette constante comme nous l'avons fait précédemment, on aura

$$\psi = lt + \Sigma. \frac{\mathrm{B}l}{c} \cot h \left(1 + \frac{l-c}{c} \tan^2 h \right) [\sin(ct + 6) - \sin 6]. \quad (13)$$

Cette expression coïncide avec la valeur de ψ, donnée par la formule (12), lorsqu'on néglige les termes de l'ordre du carré des forces perturbatrices, c'est-à-dire les termes qui ont l^2 pour coefficient.

28. Il est important de remarquer que l'on serait parvenu à des formules très-différentes des précédentes, si l'on avait négligé de tenir compte dans les valeurs de $d\theta$ et $d\psi$ des variations séculaires des quantités $\gamma \sin \alpha$ et $\gamma \cos \alpha$. En effet, il est aisé de voir que si l'on désigne par lt le moyen mouvement des équinoxes, en sorte qu'on ait

$$b + l = c,$$

les produits de la tangente de l'inclinaison du plan de l'orbite de l'astre L sur l'écliptique fixe, par le sinus ou le cosinus de la longitude de son nœud, comptée de l'équinoxe mobile, seront dans ce cas,

$$\gamma \sin(\alpha + \psi) = \Sigma . B \sin(lt + \mathcal{E}),$$
$$\gamma \cos(\alpha + \psi) = \Sigma . B \cos(lt + \mathcal{E}).$$

En substituant ces valeurs dans les équations (7) du n° 25, et en leur appliquant ensuite l'analyse précédente, on trouve

$$\left. \begin{array}{l} \theta = h - \Sigma . B [\cos(lt + \mathcal{E}) - \cos\mathcal{E}], \\ \psi = lt + \Sigma . B \cot h [\sin(lt + \mathcal{E}) - \sin\mathcal{E}]. \end{array} \right\} \ (14)$$

Ces formules ont été données d'abord par Lagrange, dans les *Mémoires de Berlin*, pour l'année 1780, et on les retrouve dans plusieurs ouvrages d'Astronomie qui ont paru depuis; on voit qu'elles dérivent naturellement des valeurs de θ et de ψ, n° 25, en supposant qu'on a égard, dans ces valeurs, à l'aplatissement du sphéroïde terrestre en tant qu'il produit la précession moyenne lt des équinoxes, mais qu'on peut négliger l'effet de cet aplatissement combiné avec le déplacement séculaire du plan de l'orbite de l'astre L. Or cette hypothèse n'est pas suffisamment exacte, et l'on verra plus bas, comme l'a remarqué Laplace, que les formules (14) ne peuvent servir que pendant un siècle au plus à partir de l'époque d'où l'on compte le temps t, mais qu'au delà elles donneraient des résultats fort différents des phénomènes observés.

29. Nous avons rapporté jusqu'ici les angles θ et ψ à une écliptique fixe; mais pour comparer la théorie aux observations, il faut avoir les valeurs de ces angles par rapport à l'écliptique mobile, puisque c'est en effet de ce plan que nous les observons. Supposons que l'astre L, dont nous considérons l'action sur le sphéroïde terrestre, soit le Soleil, et considérons le triangle formé sur la surface d'une sphère décrite du centre de gravité de la Terre avec un rayon arbitraire, par l'écliptique fixe, l'équateur et le plan mobile de l'orbe solaire ou l'écliptique vraie. Si l'on désigne par θ' l'inclinaison de l'équateur à l'écliptique vraie, les trois angles de ce triangle seront θ, γ et $180° - \theta'$, et l'arc $\alpha + \psi$ sera le côté opposé à l'angle $180° - \theta'$; on aura donc, pour déterminer cet angle,

$$\cos\theta' = \cos\theta \cos\gamma - \sin\theta \sin\gamma \cos(\alpha + \psi).$$

Cette équation donne, aux quantités près de l'ordre γ, $\theta' = \theta$; si l'on néglige seulement les quantités de l'ordre γ^3, on trouve

$$\theta' = \theta + \gamma \cos(\alpha + \psi) + \frac{1}{2} \cot\theta \, \gamma^2 \sin^2(\alpha + \psi),$$

ou bien, en substituant pour $\gamma \cos(\alpha + \psi)$ et $\gamma^2 \sin^2(\alpha + \psi)$ leurs valeurs, n° **26**, et négligeant toujours les quantités du troisième ordre,

$$\theta' = \theta + \Sigma.\mathrm{B} \cos(ct + \epsilon) + \frac{1}{2} \cot h \, [\,\Sigma.\mathrm{B} \sin(ct + \epsilon)\,]^2. \quad (15)$$

Désignons, dans le même triangle sphérique, par δ le côté opposé à l'angle γ, nous aurons

$$\sin \delta = \frac{\sin \gamma \, \sin (\alpha + \psi)}{\sin \theta'},$$

d'où, en développant après avoir substitué pour θ' sa valeur, et négligeant les puissances de γ supérieures au carré, on tire

$$\delta = \frac{\gamma \sin (\alpha + \psi)}{\sin \theta} - \frac{1}{2} \frac{\cos \theta \, \gamma^2 \sin 2 (\alpha + \psi)}{\sin^2 \theta}.$$

Nommons ψ' la distance de l'intersection de l'équateur et de l'écliptique vraie, projetée sur l'écliptique fixe, à l'origine invariable d'où l'on compte l'angle ψ sur ce dernier plan, et considérons le triangle sphérique rectangle dont δ est l'hypoténuse et dans lequel θ est l'angle adjacent au côté $\psi - \psi'$, nous aurons

$$\tang (\psi - \psi') = \cos \theta \, \tang \delta.$$

La supposition de $\gamma = 0$ donne $\delta = 0$, et par conséquent $\psi = \psi'$. Si l'on substitue pour δ sa valeur précédente et qu'on développe l'équation résultante en négligeant toujours les quantités de l'ordre γ^3, on trouvera

$$\psi' = \psi - \cot \theta \, \gamma \sin (\alpha + \psi) + \frac{1}{2} \cot^2 \theta \, \gamma^2 \sin 2 (\alpha + \psi),$$

ou bien, en mettant pour $\gamma \sin (\alpha + \psi)$ et $\gamma^2 \sin 2 (\alpha + \psi)$ leurs valeurs, n° **26**,

$$\left. \begin{aligned} \psi' = \psi &- \cot h \, \Sigma . B \sin (ct + \epsilon) \\ &+ \frac{1}{2} \cot^2 h \, [\, \Sigma . B \sin (ct + \epsilon) \times \Sigma . B \cos (ct + \epsilon)]. \end{aligned} \right\} \quad (16)$$

II.   17

On remarquera que nous avons tenu compte dans les expressions précédentes de θ' et de ψ', des termes de l'ordre du carré de l'inclinaison γ de l'écliptique vraie sur l'écliptique fixe, tandis que nous avions négligé les quantités du même ordre dans les valeurs différentielles de θ et de ψ, n° **25**; c'est que dans ces expressions ces quantités étaient déjà multipliées par des coefficients de l'ordre des forces perturbatrices, ce qui les rendait à peu près insensibles : mais dans les expressions finies de θ' et de ψ', ces quantités, quoique très-petites généralement par rapport aux autres, doivent être conservées pour la précision des formules, parce qu'elles produisent par leur développement des termes du même ordre que ceux auxquels nous nous proposons d'avoir égard.

Nous avons représenté par γ l'inclinaison de l'écliptique vraie sur l'écliptique fixe; en vertu des équations (9), on a

$$\gamma^2 = \left[\, \Sigma.\mathrm{B}\sin(ct + \mathfrak{e})\right]^2 + \left[\, \Sigma.\mathrm{B}\cos(ct + \mathfrak{e})\right]^2.$$

Prenons pour plan fixe celui de l'écliptique au commencement du temps t, γ sera nul pour cette époque, puisqu'alors l'écliptique vraie coïncide avec l'écliptique fixe. On aura donc

$$\Sigma.\mathrm{B}\sin\mathfrak{e} = 0, \quad \Sigma.\mathrm{B}\cos\mathfrak{e} = 0.$$

Cela posé, si dans les équations (15) et (16) on remplace θ et ψ par leurs valeurs données par les formules (11) et (13), on aura pour déterminer θ' et ψ'

les deux équations suivantes :

$$\theta' = h - \Sigma.\frac{\mathrm{B}(l-c)}{c}\left[\cos(ct+6) - \cos 6\right] + \frac{1}{2}\cot h\left[\Sigma.\mathrm{B}\sin(ct+6)\right]^2,$$

$$\psi' = lt\left(1 - \tan g\, h\,\Sigma.\frac{\mathrm{B}l}{c}\cos 6\right)$$
$$+ \Sigma.\frac{\mathrm{B}(l-c)}{c}\cot h\left(1 + \frac{l}{c}\tan g^2\, h\right)\left[\sin(ct+6) - \sin 6\right]$$
$$+ \cot^2 h\left[\Sigma.\mathrm{B}\sin(ct+6)\ \Sigma.\mathrm{B}\cos(ct+6)\right],$$

$$\left.\begin{array}{c}\\ \\ \\ \\ \\ \end{array}\right\}\quad(17)$$

les constantes h et l ayant ici la même signification que dans le n° **27**.

30. Ces formules sont celles que nous emploierons pour déterminer les variations séculaires de l'obliquité de l'écliptique vraie et de la précession des équinoxes relatives à ce plan. Pour les comparer à celles qu'on obtiendrait en négligeant l'effet de l'aplatissement de la Terre combiné avec le déplacement séculaire de l'écliptique, substituons dans les équations (15) et (16) pour θ et ψ leurs valeurs données par les équations (14), n° **28**, et nommons, comme précédemment, h l'obliquité de l'écliptique lorsque t est nul. En négligeant les termes de l'ordre γ^2, on aura ainsi :

$$\theta' = h + \Sigma.\mathrm{B}\left[\cos(ct+6) - \cos(lt+6)\right],$$
$$\psi' = lt - \Sigma.\mathrm{B}\cot h\left[\sin(ct+6) - \sin(lt+6)\right].\quad\left.\right\}\ (18)$$

Ces formules s'accordent assez bien avec les précédentes, lorsque le temps t, que l'on suppose exprimer un nombre d'années tropiques, n'excède pas *cent*; elles donnent également, en effet, en les développant par rapport à t, et en négligeant les termes de l'ordre t^2, pour la variation de l'obliquité de l'écliptique,

$$\delta\theta' = t\,\Sigma.(l - c)\,\mathrm{B}\sin\mathfrak{C};$$

mais ces formules diffèrent beaucoup, lorsque le nombre t est de plusieurs mille, parce qu'il n'est plus permis alors de négliger les termes dépendants du carré du temps.

Si la Terre était sphérique, les actions des autres corps du système n'auraient aucune influence sur les mouvements de son axe de rotation, puisque leur résultante passerait exactement dans ce cas par son centre de gravité. Les trois moments d'inertie principaux du sphéroïde terrestre seraient alors égaux entre eux; on aurait par conséquent $l = 0$, ce qui donne $c = b$, et les valeurs de θ' et ψ' se réduiraient aux suivantes :

$$\theta' = h + \Sigma.\mathrm{B}\left[\cos(bt + \mathfrak{C}) - \cos\mathfrak{C}\right],$$

$$\psi' = -\,\Sigma.\mathrm{B}\cot h\left[\sin(bt + \mathfrak{C}) - \sin\mathfrak{C}\right].$$

Ces équations déterminent la variation de l'obliquité de l'écliptique et la précession des équinoxes qui auraient lieu par le seul effet du déplacement de l'orbe solaire, résultant de l'action mutuelle des différents corps du système. En les comparant aux formules (17), on voit que l'action du Soleil et de la Lune sur le sphéroïde terrestre, change considérablement les lois de ces deux phénomènes; mais cette différence ne devient sensible qu'après un grand nombre d'années. En effet, la valeur précédente de θ' donne pour la variation de l'obliquité de l'écliptique, en négligeant les quantités de l'ordre t^2,

$$\delta\theta = - t\,\Sigma.b\,\mathrm{B}\sin\mathfrak{C}.$$

Cette valeur, en observant que l'on a $a - b = l - c$, coïncide avec celles qu'on obtient en développant la première des formules (17) et (18), et en négligeant les termes de l'ordre t^2. La variation séculaire de l'obliquité de l'écliptique est donc la même pour les temps voisins de l'époque, que la Terre soit supposée s'éloigner ou non de la figure sphérique ; mais cette variation est fort différente dans les siècles suivants, parce qu'il n'est plus permis alors de négliger dans son expression les termes dépendants du carré du temps. Dans les suppositions les plus vraisemblables sur les masses des planètes, l'étendue entière de la variation de l'obliquité de l'écliptique est réduite, par l'action du Soleil et de la Lune sur le sphéroïde terrestre, à peu près au quart de la valeur qu'elle aurait sans cette action.

31. Les valeurs précédentes de θ, ψ, θ' et ψ' déterminent les *déplacements séculaires* de l'équateur terrestre, et fixent ce qu'on appelle sa *position moyenne ;* considérons maintenant ses variations périodiques dont nous avons jusqu'ici fait abstraction. Pour cela, il suffira de substituer dans les formules (6) à la place de $\frac{d\mathrm{F}}{d\psi}$ et de $\frac{d\mathrm{F}}{d\theta}$ leurs valeurs données n° **25**, en y conservant les termes que nous avions d'abord négligés et en omettant ceux dont nous avons déjà tenu compte. Si l'on désigne par Θ et Ψ les parties simplement périodiques des valeurs de θ et de ψ, et qu'on observe qu'en n'ayant égard qu'à la partie périodique des valeurs des deux quantités $\gamma' \sin(\alpha' + \psi)$ et $\gamma' \cos(\alpha' + \psi)$, on a, n° **26**,

$$\gamma' \sin(\alpha' + \psi) = B' \sin(c' t + \mathfrak{C}'),$$
$$\gamma' \cos(\alpha' + \psi) = B' \cos(c' t + \mathfrak{C}'),$$

d'où l'on conclut

$$\gamma'^2 \sin 2(\alpha' + \psi) = B'^2 \sin 2(c' t + \mathfrak{C}'),$$
$$\gamma'^2 \cos 2(\alpha' + \psi) = B'^2 \cos 2(c' t + \mathfrak{C}');$$

on trouvera

$$d\Theta = \frac{3 m^2 dt}{4 n} \left(\frac{2 C - A - B}{C} \right) \left\{ \cos\theta\, \lambda B' \sin(c' t + \mathfrak{C}') \right.$$
$$- \sin\theta \left[\frac{1}{4} \lambda B'^2 \sin 2(c' t + \mathfrak{C}') + \sin 2(mt + \varepsilon + \psi) \right.$$
$$\left. \left. + \lambda \sin 2(m' t + \varepsilon' + \psi) \right] \right\},$$

$$d\Psi = \frac{3 m^2 dt}{4 n} \left(\frac{2 C - A - B}{C} \right) \left\{ \frac{\cos 2\theta}{\sin\theta} \lambda B' \cos(c' t + \mathfrak{C}') \right.$$
$$- \cos\theta \left[\frac{1}{4} \lambda B'^2 \cos 2(c' t + \mathfrak{C}') + \cos 2(mt + \varepsilon + \psi) \right.$$
$$\left. \left. + \lambda \cos 2(m' t + \varepsilon' + \psi) \right] \right\}.$$

Il suffira, dans l'intégration de ces formules, d'y regarder θ comme constant et ψ comme égal à zéro; on pourra aussi, à cause de la petitesse des termes qui dépendent des longitudes moyennes $mt + \varepsilon$, et $m' t + \varepsilon'$, remplacer ces angles par les longitudes vraies v et v' après l'intégration, en substituant l à la place de la quantité que cette lettre représente, on aura ainsi :

$$\Theta = - \frac{\lambda B' l}{(1+\lambda)c'} \cos(c't+6') + \frac{\lambda B'^2 l \tan g\, h}{4(1+\lambda)c'} \cos 2(c't+6')$$
$$+ \frac{l \tan g\, h}{2(1+\lambda)} \left(\frac{\cos 2v}{m} + \frac{\lambda \cos 2v'}{m'} \right),$$
$$\Psi = \frac{\lambda B' l}{(1+\lambda)c'} \sin(c't+6') - \frac{\lambda B'^2 l}{4(1+\lambda)c'} \sin 2(c't+6') \qquad (19)$$
$$- \frac{l}{2(1+\lambda)} \left(\frac{\sin 2v}{m} + \frac{\lambda \sin 2v'}{m'} \right).$$

Pour compléter ces valeurs, il faudrait leur ajouter deux constantes arbitraires qui les rendissent nulles en même temps que le temps t; mais on pourra s'en dispenser, pourvu qu'on détermine convenablement les angles θ et ψ à l'origine du mouvement.

Le premier terme de chacune des deux expressions précédentes en forme la partie la plus considérable, son argument dépend du mouvement des nœuds de l'orbe lunaire sur l'écliptique vraie, et sa période, égale à celle d'une révolution de ces nœuds, est d'environ *dix-huit* ans. C'est ce terme qui constitue spécialement le balancement particulier de l'axe terrestre, que Bradley a le premier découvert par l'observation, et qu'il a nommé sa *nutation*. Le coefficient de cette inégalité ne renferme que des quantités relatives aux circonstances du mouvement lunaire : ce phénomène dépend donc uniquement de l'action de la Lune sur le sphéroïde terrestre, et il est complétement indépendant de l'action du Soleil.

Le second terme des valeurs de Θ et de Ψ a un argument double de celui du premier terme, sa période est donc égale à celle d'une demi-révolution des nœuds de l'orbe lunaire ou de *neuf années* à peu près. On voit que le coefficient de cette inégalité, ainsi que celui de la précédente, augmente à mesure que le mouvement des nœuds se ralentit, en sorte que la valeur, par exemple, du coefficient de la *nutation* ne serait que moitié de sa valeur actuelle, si le mouvement des nœuds de l'orbe lunaire était deux fois plus rapide qu'il ne l'est aujourd'hui.

Enfin les deux derniers termes de ces mêmes expressions dépendent des mouvements du Soleil et de la Lune dans leurs orbites respectives, leurs périodes par conséquent sont beaucoup plus rapides que celles des deux termes précédents, l'une est de six mois, à peu près, pour le terme qui se rapporte au Soleil, l'autre d'un demi-mois lunaire environ pour celui qui est relatif à la Lune. Les coefficients de ces deux inégalités sont d'ailleurs très-peu considérables, et il a fallu toute la précision des observations modernes pour qu'il devînt nécessaire d'y avoir égard.

32. Les valeurs de Θ et de Ψ déterminent les inégalités périodiques qui affectent les mouvements de l'équateur terrestre, elles doivent être ajoutées respectivement aux valeurs de θ, θ', ψ et ψ', trouvées précédemment, pour former les valeurs complètes de ces quatre quantités. En réunissant ces différents termes, et en supposant, n° 27,

$$l = \frac{3\,m^2(1+\lambda)}{4\,n}\left(\frac{2\,\mathrm{C} - \mathrm{A} - \mathrm{B}}{\mathrm{C}}\right)\cos h,$$

on aura ainsi, en vertu des actions combinées du Soleil

et de la Lune :

$$\theta = h - \Sigma.\frac{\mathrm{B}\,l}{c}\left[\cos(ct+6)-\cos 6\right] - \frac{\mathrm{B}'\,l\lambda}{c'(1+\lambda)}\cos(c't+6')$$
$$+ \frac{\mathrm{B}'^2\,l\lambda\tan h}{4(1+\lambda)c'}\cos 2(c't+6') + \frac{l\tan h}{2(1+\lambda)}\left(\frac{\cos 2v}{m}+\frac{\lambda\cos 2v'}{m'}\right),$$

$$\theta' = h - \Sigma.\frac{\mathrm{B}(l-c)}{c}\left[\cos(ct+6)-\cos 6\right] - \frac{\mathrm{B}'\,l\lambda}{c'(1+\lambda)}\cos(c't+6')$$
$$+ \frac{\mathrm{B}'^2\,l\lambda\tan h}{4(1+\lambda)c'}\cos 2(c't+6') + \frac{l\tan h}{2(1+\lambda)}\left(\frac{\cos 2v}{m}+\frac{\lambda\cos 2v'}{m'}\right),$$

$$\psi = lt + \Sigma.\frac{\mathrm{B}\,l}{c}\cot h\left(1+\frac{l-c}{c}\tan^2 h\right)\left[\sin(ct+6)-\sin 6\right]$$
$$+ \frac{2\,\mathrm{B}'\,l\lambda}{c'(1+\lambda)}\cot 2h\sin(c't+6') - \frac{\mathrm{B}'^2\,l\lambda}{4(1+\lambda)c'}\sin 2(c't+6')$$
$$- \frac{l}{2(1+\lambda)}\left(\frac{\sin 2v}{m}+\frac{\lambda\sin 2v'}{m'}\right),$$

$$\psi' = lt + \Sigma.\frac{\mathrm{B}(l-c)}{c}\cot h\left(1+\frac{l}{c}\tan^2 h\right)\left[\sin(ct+6)-\sin 6\right]$$
$$+ \frac{2\,\mathrm{B}'\,l\lambda}{c'(1+\lambda)}\cot 2h\sin(c't+6') - \frac{\mathrm{B}'^2\,l\lambda}{4(1+\lambda)c'}\sin 2(c't+6')$$
$$- \frac{l}{2(1+\lambda)}\left(\frac{\sin 2v}{m}+\frac{\lambda\sin 2v'}{m'}\right).$$

Dans ces formules, h représente l'inclinaison moyenne de l'équateur à l'écliptique, ou l'obliquité apparente de l'écliptique à l'époque où l'on fait commencer le temps t, et l le moyen mouvement des équinoxes à la même époque.

La seconde de ces formules détermine l'inclinaison θ' de l'équateur sur l'écliptique vraie; la quatrième, la distance de l'équinoxe mobile à une origine fixe comptée sur le plan de l'écliptique vraie ou ce que les astronomes appellent la précession totale. On voit, en effet, d'après la signification que nous avons donnée à la quantité ψ', n° **28**, que ces deux angles ne diffèrent entre eux que de termes de l'ordre du produit de γ^2 par des quantités de l'ordre des forces perturbatrices, produits très-petits que nous avons négligés.

L'angle ψ devant toujours être compté en sens opposé à l'angle φ, n° **1**, on voit que le mouvement des équinoxes sera rétrograde si cet angle croît avec le temps t, puisqu'en effet ses variations seront dans ce cas dirigées en sens inverse du mouvement diurne, ou de l'ordre des signes. Or le premier terme de la valeur de ψ, n° **27**, surpasse tous les autres, et C étant le plus grand des trois moments d'inertie du sphéroïde terrestre, l est nécessairement une quantité positive : le mouvement des équinoxes est donc rétrograde à la fois sur l'écliptique fixe et sur l'écliptique mobile.

Telles sont donc les valeurs de θ, ψ, θ' et ψ' qui résultent de l'action du Soleil et de la Lune sur le sphéroïde terrestre, et les formules précédentes sont celles qu'il faudra employer pour déterminer les déplacements de son équateur. La première partie de ces formules donne la variation séculaire des angles θ, ψ, θ' et ψ', et détermine par conséquent les altérations progressives que la position de ce plan subira dans la suite des siècles ; la seconde partie est périodique, et constitue un simple balancement de l'axe terrestre et une espèce d'oscillation de la ligne des équinoxes autour d'une position moyenne ; le terme dont la période est celle d'une révolution des nœuds de la Lune, qui est le plus considérable de tous les termes périodiques, constitue spécialement le phénomène de la *nutation*.

33. Examinons l'influence du mouvement des équinoxes et des déplacements de l'équateur terrestre sur la longueur de l'année tropique et sur la durée du jour moyen solaire. L'espace de temps qui s'écoule entre les retours du Soleil au même équinoxe ou au même solstice, forme l'année tropique; l'intervalle compris entre deux de ces retours aux mêmes étoiles forme l'année sidérale. Si les équinoxes étaient fixes, l'année tropique serait égale à l'année sidérale; mais comme ils ont sur l'écliptique un mouvement rétrograde ou contraire au mouvement propre du Soleil, ils s'avancent au-devant de cet astre, et resserrent l'espace qu'il avait à parcourir pour accomplir sa ré-volution. On aura la durée de l'année tropique en retranchant de l'année sidérale l'arc parcouru pendant ce temps par l'équinoxe sur l'écliptique vraie réduit en temps, à raison de la circonférence entière pour une année. Soit donc T l'année sidérale, la longueur de l'année tropique sera

$$T\left(1 - \frac{d\psi'}{dt.360^\circ}\right).$$

L'année sidérale est de $365^j,256384$; le moyen mouvement des équinoxes dans ce siècle est de $50'',2230$; l'année sidérale surpasse donc l'année tropique de $0^j,014155$. Mais comme le mouvement des équinoxes est variable, la longueur de l'année tropique change dans les différents siècles; elle est maintenant d'environ $9''$ plus courte qu'au temps d'Hipparque.

On distingue en Astronomie trois espèces de jours: le jour sidéral, le jour solaire et le jour moyen. Le jour sidéral est l'intervalle de temps qui s'écoule entre les retours d'une même étoile à un méridien donné. Le jour solaire se mesure par les passages successifs du Soleil par le même plan. Si l'on imagine dans le plan de l'écliptique vraie un Soleil fictif, qui se meuve d'un mouvement uniforme et passe au périgée et à l'apogée en même temps que le Soleil véritable, que l'on imagine ensuite dans le plan de l'équateur un troisième Soleil, qui passe par l'équinoxe du printemps en même temps que le second, et qui se meuve uniformément, de manière que les distances angulaires de ces deux astres fictifs au même équinoxe soient constamment égales entre elles, l'intervalle de deux retours consécutifs de ce troisième Soleil au méridien sera ce qu'on appelle le *jour moyen*. Le mouvement de rotation de la Terre autour de son axe étant uniforme, n° **20**, et le moyen mouvement du Soleil dans son orbite étant invariable, n° **61**, livre II, la durée du jour moyen serait constante, si l'obliquité de l'écliptique était toujours la même et si le mouvement des équinoxes était uniforme; les variations auxquelles elle peut être assujettie, ne dépendront donc que des variations séculaires de l'obliquité de l'écliptique et de la précession des équinoxes.

Pour les déterminer, considérons la marche du Soleil fictif que nous avons supposé en mouvement sur le plan de l'équateur. Soient v la vitesse dont cet astre est animé, s sa longitude comptée de l'intersection de l'équateur avec l'écliptique fixe. La position de cette ligne varie, et son mouvement rétrograde, projeté sur le plan de l'équateur, sera $d\psi \cos\theta$ pendant l'instant

dt, on aura donc, à la fin de cet instant,

$$ds = v\,dt + d\psi \cos\theta.$$

Nommons s' la distance du même Soleil à l'équinoxe réel, c'est-à-dire à l'intersection de l'équateur avec l'écliptique vraie; $s - s'$ sera l'arc compris sur l'équateur entre l'équinoxe réel et l'équinoxe relatif à l'écliptique fixe. Nous avons désigné par ∂ ce même arc, n° **28**, on aura donc à très-peu près

$$s - s' = \frac{\gamma \sin(\alpha + \psi)}{\sin\theta'} - \frac{1}{2}\frac{\cot\theta\,\gamma^2 \sin 2(\alpha + \psi)}{\sin\theta},$$

d'où, en différentiant et mettant pour ds sa valeur, on tire

$$\frac{ds'}{dt} = v + \frac{d\psi}{dt}\cos\theta - d.\left[\frac{\gamma \sin(\alpha+\psi)}{\sin\theta'\,dt.}\right] - \frac{1}{2}\,d.\left[\frac{\cot\theta\,\gamma^2 \sin 2(\alpha+\psi)}{\sin\theta\,dt}\right].$$

Soit mt le mouvement angulaire du second Soleil, ou de l'astre fictif qui se meut uniformément sur le plan de l'écliptique vraie, la vitesse de ce Soleil par rapport à une ligne fixe sera m. L'équinoxe réel a, relativement à la même ligne, une vitesse rétrograde égale, aux quantités près que nous négligeons, à $\frac{d\psi'}{dt}$; la vitesse du second Soleil par rapport à cet équinoxe sera donc $m + \frac{d\psi'}{dt}$. Or, d'après la définition du temps moyen, il est clair que cette vitesse doit être égale à $\frac{ds'}{dt}$; on aura donc pour déterminer v, l'équation

$$v = m + \frac{d\psi'}{dt} - \frac{d\psi}{dt}\cos\theta + d.\frac{\gamma \sin(\alpha+\psi)}{\sin\theta'\,dt} + \frac{1}{2}\,d.\frac{\cot\theta\,\gamma^2 \sin 2(\alpha+\psi)}{\sin\theta\,dt}.$$

Nous avons, par le n° **28**,

$$\frac{d\psi'}{dt} = \frac{d\psi}{dt} - \frac{d.\cot\theta\,\gamma \sin(\alpha+\psi)}{dt} + \frac{1}{2}\frac{d.\cot^2\theta\,\gamma^2 \sin 2(\alpha+\psi)}{dt}.$$

Si l'on substitue cette valeur dans l'expression de v, et qu'après l'avoir multipliée par dt, on intègre l'expression résultante, on trouvera

$$\int v\, dt = mt + \int (1 - \cos\theta)\frac{d\psi}{dt} + \gamma \sin(\alpha + \psi) \tang\frac{1}{2}\theta'$$
$$+ \frac{1}{2}\gamma^2 \sin 2(\alpha + \psi).$$

Nous avons désigné par n la vitesse de rotation de la Terre, et nous avons vu que cette vitesse était invariable; il s'ensuit que $n - v$ est la vitesse relative dont un méridien quelconque de la Terre est animé par rapport au Soleil moyen qui se meut sur l'équateur; si l'on nomme donc ζ la longitude de ce méridien, comptée de ce point, on aura

$$\zeta = \int (n - v)\, dt,$$

ou bien, en substituant pour $\int v\, dt$ sa valeur,

$$\zeta = (n - m)t - \int (1 - \cos\theta)\frac{d\psi}{dt} - \gamma \sin(\alpha + \psi)\tang\frac{1}{2}\theta'$$
$$+ \frac{1}{2}\gamma^2 \sin 2(\alpha + \psi).$$

Si dans cette expression on substitue pour $\frac{d\psi}{dt}$ sa valeur trouvée précédemment,

$$\frac{d\psi}{dt} = l - 2(\cot 2h\, \Sigma.\mathrm{B}\, lb \sin\mathfrak{S})\, t,$$

qu'on observe ensuite qu'en vertu des valeurs de $\gamma \sin(\alpha + \psi)$ et $\gamma \cos(\alpha + \psi)$, n° **26**, on a

$$\frac{1}{2}\gamma^2 \sin 2(\alpha + \psi) = [\Sigma.\mathrm{B}\sin(ct + \mathfrak{S})][\Sigma.\mathrm{B}\cos(ct + \mathfrak{S})],$$

$$\tang\frac{1}{2}\theta' = \tang\frac{1}{2}h - \frac{1}{2\cos^2\frac{1}{2}h}\,\Sigma.\frac{\mathrm{B}(l - c)}{c}\cos(ct + \mathfrak{S}),$$

en négligeant, pour plus de simplicité, les termes de l'ordre l^2 et $l\mathrm{B}^2$ qui seraient insensibles, on trouvera

$$\zeta = [n - m - (1 - \cos h)\, l]\, t - \frac{2\,(1 - \cos h)}{\tang 2\, h}\, \Sigma.\frac{\mathrm{B}\, l}{c}\, \sin\,(ct + 6)$$

$$- \tang\frac{1}{2}\, h\;\Sigma.\mathrm{B}\sin\,(ct + 6) - \frac{1}{2\cos^2\frac{1}{2}\, h}[\Sigma.\mathrm{B}\sin\,(ct + 6)][\Sigma.\mathrm{B}\cos(ct + 6)]$$

$$+ [\Sigma.\mathrm{B}\sin\,(ct + 6)][\Sigma.\mathrm{B}\cos\,(ct + 6)].$$

L'intervalle de temps pendant lequel cet angle croît de 360°, forme le jour moyen solaire ; on aura donc sa variation séculaire, en retranchant la valeur de ζ, déterminée pour une époque donnée, de sa valeur à une autre époque. On verra que cette variation ne s'élèverait pas à *une seconde* dans une période de plusieurs millions d'années, et que par conséquent on peut se dispenser d'y avoir égard.

34. Réduisons en nombres les précédentes formules pour les comparer aux observations. Pour cela, considérons d'abord les quantités $\Sigma.\mathrm{B}\sin\,(bt + 6)$ et $\Sigma.\mathrm{B}\cos\,(bt + 6)$ qu'elles renferment et qui représentent l'inclinaison de l'écliptique vraie sur l'écliptique fixe, multipliée respectivement par le *sinus* et le *cosinus* de la longitude de son nœud. Ces quantités correspondent à celles que nous avons désignées par p et q dans le nº **69** du livre II ; on aura donc

$$p = \Sigma.\mathrm{B}\sin\,(bt + 6), \quad q = \Sigma.\mathrm{B}\cos\,(bt + 6).$$

La détermination exacte des valeurs de p et q dépend d'un calcul très-compliqué et suppose une connaissance parfaite des masses planétaires. Il reste encore trop d'incertitudes à cet égard pour qu'on puisse employer la méthode que nous avons exposée n° **69**, livre **II**, dans la recherche qui nous occupe. Mais comme les inégalités séculaires de ces quantités croissent avec une extrême lenteur, on peut les supposer développées suivant les puissances du temps, conformément à ce que nous avons dit dans le numéro cité, et les résultats que l'on obtiendra ainsi pourront s'étendre à mille ou douze cents ans avant ou après l'époque que l'on aura choisie, ce qui suffit aux besoins de l'Astronomie. En prenant pour plan fixe celui de l'écliptique au commencement de 1750 et fixant à cette époque l'origine du temps t, Bouvard a trouvé, d'après les données les plus exactes que nous ayons sur les masses des planètes,

$$p = \quad t.0'',066314 + t^2.0'',000018658,$$

$$q = -\, t.0'',456917 + t^2.0'',000005741,$$

t exprimant un nombre quelconque d'années juliennes.

Si l'on développe les valeurs que p et q représentent par rapport au temps, on aura

$$p = \Sigma.\mathrm{B}\sin\mathfrak{G} + t\,\Sigma.\mathrm{B}b\cos\mathfrak{G} - \frac{t^2}{2}\,\Sigma.\mathrm{B}b^2\sin\mathfrak{G},$$

$$q = \Sigma.\mathrm{B}\cos\mathfrak{G} - t\,\Sigma.\mathrm{B}b\sin\mathfrak{G} - \frac{t^2}{2}\,\Sigma.\mathrm{B}b^2\cos\mathfrak{G}.$$

En comparant ces valeurs aux précédentes, on trouvera

$$\Sigma.\mathrm{B}\sin\mathfrak{G}=0,\quad \Sigma.\mathrm{B}b\sin\mathfrak{G}=0'',456917,\quad \Sigma.\mathrm{B}b^2\sin\mathfrak{G}=-0'',000037316,$$

$$\Sigma.\mathrm{B}\cos\mathfrak{G}=0,\quad \Sigma.\mathrm{B}b\cos\mathfrak{G}=0'',066314,\quad \Sigma.\mathrm{B}b^2\cos\mathfrak{G}=-0'',000011482.$$

Cela posé, développons les valeurs de θ, ψ, θ' et ψ' en ayant égard aux termes dépendants du carré du temps t, ce qui exige que l'on conserve, comme nous l'avons fait dans ces deux dernières expressions, les termes dépendants du carré de l'inclinaison γ. Prenons pour plan fixe celui de l'écliptique en 1750, l'origine du temps étant fixée au 1er janvier de la même année, ce qui donne $\Sigma.\mathrm{B}\sin 6 = 0$ et $\Sigma.\mathrm{B}\cos 6 = 0$; observons que d'après les suppositions précédentes on a $c = l + b$, et qu'on peut négliger les termes multipliés par l^2 qui seraient de l'ordre du carré des forces perturbatrices; on aura

$$\theta = h + \frac{t^2}{2}\,\Sigma.\mathrm{B}\,lb\,\cos 6,$$

$$\theta' = h - t\,\Sigma.\mathrm{B}\,b\,\sin 6 - \frac{t^2}{2}\left[\Sigma.\mathrm{B}\,(l+b)\,b\,\cos 6 - \cot h\,(\Sigma.\mathrm{B}\,b\,\cos 6)^2\right],$$

$$\psi = lt - t^2\cot 2\,h\,\Sigma.\mathrm{B}\,lb\,\sin 6,$$

$$\psi' = t\,(l - \cot h\,\Sigma.\mathrm{B}\,b\,\cos 6)$$

$$+ t^2\left\{\begin{array}{l}\dfrac{1}{2}\cot h\,\Sigma.\mathrm{B}\,b^2\sin 6 + \dfrac{1}{\sin 2\,h}\,\Sigma.\mathrm{B}\,lb\,\sin 6\\[2mm] - \cos^2 h\,[\Sigma.\mathrm{B}\,b\,\sin 6]\,[\Sigma.\mathrm{B}\,b\,\cos 6]\end{array}\right\}.$$

Il ne reste plus qu'à substituer dans ces formules, à la place des constantes qu'elles renferment, leurs valeurs résultantes des observations; h désigne, comme nous l'avons vu, l'obliquité de l'écliptique à l'équateur au commencement de 1750, corrigée de la valeur de Θ dans laquelle on suppose $t = 0$; la constante l dépend des trois moments d'inertie du sphéroïde terrestre. La figure et la constitution du globe sont loin d'être assez bien connues pour qu'on puisse déterminer directement cette constante, mais on peut aisément la déduire de l'observation. En effet, en différentiant la valeur de ψ et supposant $t = 0$ dans la différentielle, on a $\frac{d\psi}{dt} = l$: c'est l'expression de la précession moyenne des équinoxes, pendant l'unité de temps, rapportée à l'écliptique fixe à l'époque où commence le temps t. Bessel a trouvé la précession annuelle pour 1750, rapportée à l'écliptique fixe de la même époque, égale à $50'',37572$, et l'obliquité de l'écliptique correspondante égale à $23°28'18''$ (*); en prenant donc pour unité de temps l'année julienne de $365^j,25$, et fixant l'origine du temps au 1er janvier 1750, on aura

$$h = 23°28'18'', \quad l = 50'',37572.$$

Avec ces données, on trouve pour déterminer les valeurs de θ, θ', ψ et ψ', après un nombre t d'années juliennes, comptées de 1750,

$$\left.\begin{array}{l} \theta \;= 23°28'18'' + t^2.0'',0000080978, \\ \theta' = 23°28'18'' - t.0'',456917 - t^2.0'',0000023323, \\ \psi \;= t.50'',37572 - t^2.0'',0001042679, \\ \psi' = t.50'',22300 + t^2.0'',000108976. \end{array}\right\} \quad (20)$$

Le rapport $\dfrac{\dfrac{L'}{r'^3}}{\dfrac{L}{r^3}}$ de l'action de la Lune à celle du Soleil, d'après les observations les plus exactes des marées, est $2,35333$, on a par conséquent

$$\lambda = 2,35333.$$

(*) *Connaissance des Temps*, 1829, page 315.

Nous avons désigné par B′, n° **30**, la tangente de l'inclinaison moyenne de l'orbe lunaire sur l'écliptique vraie; cette inclinaison est de $5°8'49''$, on a donc

$$\log B' = 8,9545973 :$$

c'est le moyen mouvement des nœuds de la Lune pendant l'unité de temps, c'est-à-dire pendant une année julienne; ce mouvement est rétrograde et de $19°21'21''$ d'après les observations. En réduisant cet arc en parties du rayon, on aura

$$c' = - 0,33782.$$

Enfin m étant le moyen mouvement du Soleil pendant l'année sidérale de $365^{\text{j}},25638$, pour le rapporter à la même unité de temps que les valeurs précédentes, on fera la proportion

$$365^{\text{j}},25638 : 360° :: 365^{\text{j}},25 : m,$$

d'où l'on tire

$$m = 359°59'37''.$$

On a encore par les observations $\dfrac{m}{m'} = 0,0748.$

En réduisant en nombres, d'après ces données, les expressions de Θ et de Ψ, n° **31**, en faisant, pour abréger, $c't + \theta' = \Lambda$, on trouve

$$\left.\begin{aligned}
\Theta &= \quad 9'',42627 \cos \Lambda - 0'',09217 \cos 2\Lambda \\
&\quad + 0'',51909 \cos 2v + 0'',09138 \cos 2v', \\
\Psi &= - 17'',61516 \sin \Lambda + 0'',21226 \sin 2\Lambda \\
&\quad - 1'',19560 \sin 2v - 0'',21046 \sin 2v'.
\end{aligned}\right\} \quad (21)$$

18.

Les deux derniers termes de Θ et de Ψ dépendent du mouvement du Soleil et de la Lune dans leurs orbites. Les astronomes ne les avaient pas considérés jusqu'ici, mais la précision des observations modernes exige qu'on en tienne compte. Ils avaient pareillement négligé les inégalités de la précession et de la nutation qui dépendent du double de la longitude du nœud de la Lune; on voit qu'elles sont, en effet, très-petites par rapport aux inégalités qui dépendent de la longitude du même nœud. Bessel a le premier considéré dans la valeur de Θ l'inégalité dépendante de l'angle 2Λ; il n'y a aucun motif pour négliger l'inégalité correspondante de la précession qui a, comme on voit, un coefficient plus de deux fois plus considérable.

35. Les valeurs précédentes de Θ et de Ψ doivent être ajoutées à celles de θ, ψ, θ' et ψ' données par les formules (20) pour former les valeurs complètes de ces quatre quantités, n° **31**. On aura ainsi :

$$\theta = 23°\,28'\,18'' + t^2.0'',0000080978$$
$$+\,9'',42627\cos\Lambda - 0'',0921704\cos 2\,\Lambda$$
$$+\,0'',51909\cos 2\,v + 0'',09138\cos 2\,v',$$
$$\psi = t.50'',37572 - t^2.0'',0001042679$$
$$-\,17'',615164\sin\Lambda + 0'',212264\sin 2\,\Lambda$$
$$-\,1'',19560\sin 2\,v - 0'',21046\sin 2\,v',$$
$$\theta' = 23°\,28'\,18'' - t.0'',456917 - t^2.0'',0000023323$$
$$+\,9'',42627\cos\Lambda - 0'',0921704\cos 2\,\Lambda$$
$$+\,0'',51909\cos 2\,v + 0'',09138\cos 2\,v',$$
$$\psi' = t.50'',22300 + t^2.0'',000108976$$
$$-\,17'',615164\sin\Lambda + 0'',212264\sin 2\,\Lambda$$
$$-\,1'',19560\sin 2\,v - 0'',21046\sin 2\,v'.$$

Ces formules serviront à déterminer l'obliquité de l'écliptique et la précession des équinoxes dans l'intervalle de mille ou douze cents ans à partir de l'époque de 1750, en ayant soin de faire t négatif pour les temps antérieurs à cette époque.

L'une des observations les plus anciennes qui nous soient parvenues, est l'observation chinoise citée dans la quatrième édition de l'*Exposition du système du Monde* et qui se rapporte à l'an 1100 avant l'ère chrétienne. Selon cette observation, l'obliquité de l'écliptique était alors de $23°54'2''$. C'est la valeur de θ' abstraction faite de la partie périodique. Pour remonter à cette époque, il faut faire $t = -2850$ dans les formules précédentes, on trouve ainsi

$$\theta' = 23°49'41''.$$

La différence entre la théorie et l'observation est donc de $4'19''$; elle semble indiquer dans l'obliquité de l'écliptique une diminution plus rapide que nous ne la supposons. Au reste, cette différence paraîtra bien petite, si l'on considère l'incertitude de l'époque précise de cette ancienne observation et l'inexactitude des observations du gnomon qui lui ont servi de base.

36. On peut, par les variations observées dans l'ascension droite et la déclinaison des étoiles, déterminer directement les valeurs des coefficients des différents termes des deux quantités Θ et de Ψ, n° 34. C'est ainsi que Bradley a trouvé le coefficient de $\cos\Lambda$ ou de la nutation. Ce coefficient, selon cet astronome, serait de $8'',997$; Maskelyne, en discutant de nou-

veau les observations qui avaient servi à l'établir, l'a trouvé de 9″,449; suivant M. Lindeneau, il serait réduit à 8″,977 : c'est cette valeur évidemment trop faible qu'avait adoptée Bessel ; enfin, d'après des recherches plus récentes et faites avec le plus grand soin par le Dr Brinkley et M. Robinson, le même coefficient serait de 9″,25 suivant le premier de ces observateurs, et de 9″,234 suivant le second. Ces derniers nombres se rapprochent beaucoup du coefficient de la théorie. La différence est dans les limites des erreurs des observations. Il suffirait, pour la faire disparaître tout à fait, de diminuer un peu la valeur de λ, que nous avons supposée égale à 2,35333. Laplace, d'après les observations des marées, avait d'abord supposé cette valeur égale à 3; il a été obligé ensuite de la diminuer beaucoup, ce qui la rend plus concordante avec celle qui résulte de plusieurs autres phénomènes : mais elle est peut-être encore un peu trop forte.

Au reste, on peut déduire cette quantité que nous avons regardée comme une des données du problème, de la comparaison de l'expression analytique du coefficient de la *nutation* à sa valeur donnée par l'observation. En effet, si l'on nomme N le coefficient de la *nutation* en latitude, on aura, d'après la première des formules (19),

$$N = - \frac{B' l}{(1 + \lambda) c'}.$$

Dans cette formule, la nutation N et la précession moyenne l peuvent être supposées données par l'observation, les quantités B', c' résultent de la théorie de la Lune ; on peut donc en conclure la valeur du coefficient λ, et comme on connaît à très-peu près le rapport des distances moyennes du Soleil et de la Lune à la Terre, qui est inverse de celui de leurs parallaxes, on en déduit par un calcul très-simple la masse de la Lune ou plutôt le rapport de cette masse à celle de la Terre.

La valeur de λ que nous avons adoptée, d'après Laplace, donne ce rapport égal à $\frac{1}{75}$; en admettant pour le coefficient de la nutation le résultat des observations de M. Lindeneau, on trouve que ce même rapport se réduirait à $\frac{1}{87}$, valeur qui paraît beaucoup trop faible pour pouvoir être admise; enfin les valeurs du coefficient de la nutation en latitude déterminées par le Dr Brinkley et M. Robinson s'accordent à donner une masse de la Lune égale à $\frac{1}{78}$ à très-peu près de celle du sphéroïde terrestre, résultat qui paraît se rapprocher beaucoup de la valeur de la masse de la Lune déduite d'autres phénomènes du système du monde (*).

37. Il est facile de déterminer, d'après les résultats précédents, les dimensions de la petite ellipse que Bradley avait imaginée pour représenter les inégalités du mouvement de l'axe terrestre. En effet, on peut regarder la précession ψ des équinoxes sur l'écliptique fixe, comme produite par le mouvement rétrograde

---

(*) *Voir* les Notes du livre VII, tome IV, page 651.

du pôle de l'équateur sur un cercle parallèle à cette écliptique. Ce mouvement est égal à $\psi \sin h$ ou à

$$lt \sin h + \frac{\mathrm{B}' l \lambda}{c'(1+\lambda)} \frac{\cos 2h}{\cos h} \sin \Lambda,$$ en ne considérant que

la principale inégalité périodique de ψ. L'inégalité $\dfrac{\mathrm{B}' l \lambda}{c'(1+\lambda)} \cos \Lambda$ de la valeur de θ, indique d'ailleurs dans l'axe terrestre un mouvement qui se fait dans le plan du cercle de latitude qui passe par cet axe. Ce double mouvement peut être représenté de la manière suivante : « *On suppose le pôle de la Terre mû sur la circonférence d'une petite ellipse dont le centre, qu'on peut considérer comme le lieu moyen du pôle, est situé sur le cercle mené parallèlement à l'écliptique fixe, et décrit chaque année uniformément un arc de 50″,37572 sur sa circonférence.* » Le plan de cette ellipse est tangent à la sphère céleste, et son grand axe, toujours compris dans le plan d'un cercle de latitude, sous-tend un arc de 18″,852. Le petit axe est au grand axe comme le *cosinus* du double de l'obliquité de l'écliptique est au *cosinus* de cette obliquité, c'est-à-dire comme $\cos 2h$ est à $\cos h$; cet axe sous-tend un arc de 14″,032. Pour déterminer la position du pôle sur la circonférence elliptique, on imagine, dans le plan de l'ellipse, un cercle décrit du même centre avec son grand axe pour diamètre. On conçoit ensuite qu'un rayon de ce cercle le parcourt d'un mouvement uniforme et rétrograde pendant une période des nœuds de la Lune, de manière qu'il coïncide avec la moitié du grand axe la plus voisine de l'écliptique toutes les fois que le nœud moyen ascendant de l'orbe lunaire coïncide avec l'équinoxe du printemps. Enfin, de l'extrémité de ce rayon on abaisse une perpendiculaire sur le grand axe de l'ellipse, et le point où cette perpendiculaire rencontre la circonférence, est le vrai lieu du pôle terrestre.

38. Déterminons maintenant les variations de l'année tropique, du jour moyen et du temps exprimé en jours moyens solaires.

La valeur de ψ', n° **34**, donne, en la différentiant,

$$\frac{d\psi'}{dt} = 50'',22300 + t.0'',000217952.$$

Cet arc réduit en temps, à raison de la circonférence entière, pour une année sidérale de $365^j,2563748$, donne

$$\frac{d\psi'}{dt} = 0^j,014155 + i.0^j,0000061426,$$

i désignant un nombre quelconque de siècles dont l'origine est en 1750. La longueur de l'année tropique sera donc

$$365^j,24222 - i.0^j,0000061426.$$

Il s'ensuit que cette longueur diminue d'une demi-seconde à peu près par siècle, tandis que l'année sidérale, au contraire, est invariable, n° **62**, livre II. Si l'on fait $i = -18,78$, on aura la longueur de l'année tropique qui avait lieu au temps d'Hipparque, ou cent vingt-huit ans avant l'ère chrétienne; on trouve ainsi que cette année est aujourd'hui d'environ $9''$ plus courte qu'elle ne l'était à cette époque.

Si l'on développe la valeur de ζ du n° **32**, qu'on néglige les termes de l'ordre l^2 et qu'on arrête l'approximation au carré du temps, on trouvera

$$\zeta = \left[n - m - (1 - \cos h) \left(l + \frac{\Sigma.\mathrm{B}\, b \cos\mathfrak{6}}{\sin h} \right) \right] t + \mathrm{H}\, t^2,$$

en faisant, pour abréger,

$$\mathrm{H} = \left\{ \begin{array}{l} \frac{1}{2} \Sigma.\mathrm{B}\, b^2 \sin\mathfrak{6} + \Sigma.\mathrm{B}\, lb \sin\mathfrak{6} \left(1 + \frac{\cos 2h}{2 \cos h} \right) \\[2mm] - [\Sigma.\mathrm{B}\, b \sin\mathfrak{6}]\,[\Sigma.\mathrm{B}\, b \cos\mathfrak{6}] \cot h \end{array} \right\} \tan\tfrac{1}{2}h.$$

Le jour moyen est l'intervalle de temps qui répond à une augmentation de 360° de l'angle ζ; en appelant donc u sa longueur, on aura

$$360° = \left[n - m - (1 - \cos h) \left(l + \frac{\Sigma.\mathrm{B}\, b \sin\mathfrak{6}}{\sin h} \right) \right] u + 2\,\mathrm{H}\, t u. \quad (22)$$

Si l'on prend pour unité de temps le jour moyen à l'époque où commence le temps t, en faisant dans l'équation précédente $u = 1$, $t = 0$, on aura, pour cet instant,

$$360° = n - m - (1 - \cos h) \left(l + \frac{\Sigma.\mathrm{B}\, b \sin\mathfrak{6}}{\sin h} \right).$$

Pour rapporter à la nouvelle unité de temps le dernier terme de cette équation, il faut y substituer pour l et $\Sigma.\mathrm{B}\, b \sin\mathfrak{6}$ leurs valeurs précédentes, après les avoir divisées par 365,25, parce que ces valeurs sont relatives à une année julienne; ce terme devient alors inutile à considérer. La valeur de m donnée par l'observation, et rapportée à la même unité, est

$$m = 0°,98561.$$

On aura donc
$$n = 360°,98561,$$

et la longueur du jour sidéral, exprimé en jours moyens, était par conséquent $0^j,997262$ à l'époque de 1750.

Si après avoir divisé les valeurs de $\Sigma.\mathrm{B}b^2 \sin\mathfrak{G}$, de $\Sigma.\mathrm{B}\,lb \sin\mathfrak{G}$ et de $(\Sigma.\mathrm{B}\,b \sin\mathfrak{G})(\Sigma.\mathrm{B}\,b \cos\mathfrak{G})$, n° **33**, par le carré de 365,25, pour les rapporter à la nouvelle unité de temps, on les substitue dans l'expression de H, on trouvera

$$H = \frac{0'',0000278669}{(365,25)^2}.$$

L'équation (22) donne

$$u = 1 - \frac{2\,H\,t}{360°}.$$

Soit donc i un nombre quelconque de siècles écoulés depuis 1750, on aura pour la grandeur du jour moyen à cette époque, en faisant $t = i.36525$ dans la formule précédente,

$$u = 1 - \frac{i.0,1177398}{(100000)^2},$$

d'où l'on voit que la diminution séculaire du jour moyen sera tout à fait insensible, puisqu'elle ne s'élèverait pas à quelques *dixièmes* de secondes dans une période de plusieurs millions d'années, on pourra, par conséquent, se dispenser d'en tenir compte.

Si l'on fait $\zeta = \tau\,360°$, la variable τ sera la mesure du temps en jours moyens solaires, et d'après les valeurs de ζ et de H on aura

$$t = \tau - \frac{\tau^2\,0,0000002502\mathrm{2}}{(36525)^2},$$

Le temps t n'est donc pas rigoureusement proportionnel à τ; mais comme le second terme de l'expression précédente est insensible, sa considération est inutile aux astronomes, et l'on peut continuer sans inconvénient à prendre le jour moyen solaire pour servir de mesure au temps.

En effet, c'est dans la théorie de la Lune que la différence qui résulterait de la variation du temps compté en jours moyens solaires, devrait être le plus sensible, tant à cause de la rapidité du mouvement de la Lune, que par le long intervalle que comprennent les observations qui s'y rapportent. La longitude moyenne de la Lune étant représentée par $m't + \varepsilon'$, si pour t on substitue sa valeur précédente, qu'on fasse $\tau = i\,(36525)$, i représentant un nombre de siècles écoulés depuis 1750, on aura

$$m'\tau + \varepsilon' - i^2 m'\,(0,0000002\,15022).$$

Le ✳ dernier terme s'ajoutera à l'équation séculaire qu'on peut supposer comprise dans ε', et le moyen mouvement de la Lune étant à l'époque actuelle,

$$m' = 13°,176396,$$

ce dernier terme deviendra

$$- i^2.0'',0101996;$$

et comme l'équation séculaire était de $i^2.10'',7232$ à la même époque, ce terme aurait pour effet de la diminuer de sa millième partie à peu près. Ainsi, il en résulterait par exemple une augmentation de $6''$ en-

viron sur la longitude de la Lune en l'an 720 avant
l'ère chrétienne, époque à laquelle se rapportent les
observations des plus anciennes éclipses, faites par les
Chaldéens, qui nous aient été transmises. L'incertitude de ces observations rend cette correction tout à
fait insignifiante. La même cause produirait dans
l'expression de la longitude moyenne un terme proportionnel au carré du nombre de siècles écoulés,
mais comme son coefficient serait au coefficient de
l'inégalité séculaire correspondante de la longitude
moyenne de la Lune, dans le rapport des moyens
mouvements du Soleil et de la Lune, c'est-à-dire dans
le rapport de 1 à 13 à peu près, on voit que ce coefficient ne s'élèverait pas à un *millième* de secondes,
et que par conséquent l'inégalité dont il s'agit demeurera toujours insensible.

Enfin, il faut encore observer que ces variations
séculaires du *jour moyen*, et du temps compté en jours
moyens sont, d'après l'analyse du n° 32, des inégalités *périodiques* comme celles de la précession des
équinoxes et de l'obliquité de l'écliptique; mais leur
calcul dépend de données sur lesquelles les observations laissent encore beaucoup d'incertitude, et les
premiers termes de leur développement suivant les
puissances du temps suffiront longtemps encore, sans
doute, aux besoins de l'astronomie.

39. La théorie donne (n° 36) le moyen de déterminer les rapports qui existent entre la précession et
la nutation, elle fournit aussi des données précieuses
sur les lois de la densité et de l'ellipticité des cou-

ches terrestres de la surface au centre du globe. En effet, l désignant toujours la précession moyenne, pendant l'unité de temps, rapportée à l'écliptique fixe, on aura pour sa valeur complète, n° **25**,

$$l = \frac{3\,m^2(1+\lambda)}{4\,n}\left(\frac{2\,C - A - B}{C}\right)\cos h\left(1 + \frac{3}{2}c^2 + \frac{3}{2}\lambda e'^2 - \frac{3}{2}\gamma^2 - \frac{3}{2}\lambda\gamma'^2\right).$$

Si dans cette équation on substitue pour λ, l, h leurs valeurs, n° **34**, en observant que la valeur de m rapportée à la même unité de temps que l, donne

$$m = 359°,99371,$$

que l'on a en outre

$$\frac{m}{n} = 0,0027303,$$

et pour l'époque de 1750, origine du temps t,

$$e = 0,016814, \quad e' = 0,054865, \quad \gamma' = 0,08983;$$

on trouvera

$$\frac{2\,C - A - B}{C} = 0,0062810,$$

et comme on a, à très-peu près, $A = B$, il en résultera

$$\frac{C - A}{C} = 0,0031405.$$

Cette équation établit un rapport important entre les trois moments d'inertie du sphéroïde terrestre; nous reviendrons sur les conséquences qui en résultent, relativement à la configuration et à la disposition des couches qui le composent, lorsque nous nous occuperons de la figure des corps célestes.

40. Nous avons jusqu'à présent regardé le sphéroïde terrestre comme entièrement solide; cette supposition n'est point parfaitement exacte, et pour que les résultats de la théorie précédente fussent rigoureusement applicables à la Terre, il faudrait avoir la certitude qu'ils ne sont pas altérés par les oscillations et les frottements du fluide qui la couvre en très-grande partie. C'est ce que Laplace est parvenu à démontrer par une savante analyse, qui l'a conduit à cet important théorème que nous nous contenterons de rappeler ici : *Les phénomènes de la précession des équinoxes et de la nutation de l'axe de la Terre sont exactement les mêmes que si la mer formait une masse solide avec elle.*

CHAPITRE V.

MOUVEMENT DE ROTATION DE LA LUNE AUTOUR DE SON CENTRE DE GRAVITÉ.

41. Un phénomène extrêmement remarquable dans le système du monde, et qui paraît avoir été connu de tout temps, c'est que la Lune, dans son mouvement de révolution autour de la Terre, nous présente toujours la même face. L'explication que les anciens astronomes avaient donnée de ce singulier phénomène était erronée. C'est à Hévélius et à Newton que l'on doit la connaissance de sa véritable cause. Ils montrèrent que, pour en rendre raison, il fallait supposer une égalité parfaite entre le mouvement de révolution et le mouvement de rotation de la Lune ; d'où il résulte qu'à mesure que son centre de gravité s'avance sur l'orbite qu'il décrit autour de la Terre, l'axe du sphéroïde lunaire, qui est tourné vers nous, décrit, par un mouvement contraire, le même nombre de degrés, en sorte que ce second mouvement, ramenant sans cesse vers le centre de la Terre le même hémisphère de la Lune, toutes les autres parties de sa surface nous restent à jamais cachées. Bientôt après, Dominique Cassini, par une observation plus attentive encore des taches de la Lune, découvrit, dans son mouvement de rotation, de nouveaux phénomènes ; il reconnut, 1° *que l'inclinaison de l'axe de rotation* *de la Lune à l'écliptique est invariable ; 2° que les nœuds de son équateur coïncident constamment avec les nœuds de son orbite, c'est-à-dire que les plans de l'équateur et de l'orbite lunaire coupent toujours celui de l'écliptique suivant la même ligne droite.* Ces deux importantes découvertes, les plus belles peut-être dont nous soyons redevables à ce grand astronome, et que les observations de Tobie Mayer et de Lalande ont depuis confirmées, complètent la théorie astronomique du mouvement de rotation de la Lune, et ont permis aux géomètres de chercher, avec le secours de l'analyse, l'explication physique des singuliers phénomènes que ce mouvement nous présente.

D'Alembert tenta le premier cette entreprise. Il essaya d'appliquer à la Lune ses formules de la précession des équinoxes ; mais la lenteur du mouvement de rotation de cet astre, et surtout la circonstance particulière de l'égalité de ce mouvement à celui de révolution, exigeait, pour traiter cette question, une analyse toute nouvelle, et celle qu'employa d'Alembert le conduisit à des résultats inexacts. Lagrange eut plus de succès, et son Mémoire, qui remporta le prix proposé par l'Académie des Sciences pour 1764, joint à celui qu'il publia en 1780 dans les *Mémoires de Berlin,* renferme la théorie complète du mouvement de rotation de la Lune autour de son centre de gravité.

Lagrange donne d'abord l'explication du phénomène que l'on a nommé la *libration en longitude ;* il montre qu'il est dû à ce que l'égalité du mouvement moyen de révolution et de rotation de la Lune n'ayant point été rigoureusement exacte à l'origine des temps, ce qui paraîtrait en effet infiniment peu vraisemblable, il en est résulté une espèce de balancement dans l'axe du sphéroïde lunaire dirigé vers la Terre, qui le fait osciller de part et d'autre du rayon vecteur mené du centre de la Terre à celui de la Lune, comme un pendule oscille sans cesse autour de la verticale dont on l'a légèrement écarté. Après avoir développé les lois de la libration en longitude, ainsi que les petites inégalités qui résultent dans le mouvement de rotation des inégalités du mouvement de révolution, passant à la libration de la Lune en latitude, par un choix de variables extrêmement ingénieux, et qui a été utile dans un grand nombre de questions de la Mécanique céleste, il parvient à déterminer les lois du mouvement de l'équateur lunaire. Il montre que l'inclinaison de l'axe de rotation de la Lune est constante, et que le singulier phénomène de la coïncidence des nœuds de son équateur et de son orbite, en est une conséquence immédiate. Pour que cette coïncidence existe, il n'est pas nécessaire qu'elle ait eu lieu rigoureusement à l'origine du mouvement, il suffit que la différence, qui existait à cette époque entre les positions des nœuds de l'équateur et de l'orbite lunaire, ait été très-petite; l'attraction de la Terre a établi ensuite et maintiendra éternellement la coïncidence de leurs nœuds moyens.

Cette belle analyse, comme la plupart de celles que nous a laissées Lagrange, a presque épuisé la question qu'elle avait à traiter, et les géomètres qui s'en sont depuis occupés, n'ont fait que la simplifier et ajouter aux inégalités de la libration en longitude et en latitude déterminées par lui, quelques inégalités nouvelles qui sont très-petites en elles-mêmes, mais auxquelles la précision des observations modernes obligera désormais d'avoir égard. C'est ainsi que M. Poisson, en discutant avec un nouveau soin les inégalités de la libration en latitude, en a reconnu une qui dépend de la différence en longitude du nœud et du périgée lunaire, et qui peut devenir sensible; mais il s'est assuré en même temps qu'elle était la seule de cette espèce qui eût été omise dans l'analyse de Lagrange et de Laplace, en sorte que toutes les autres inégalités auxquelles ils s'étaient dispensés d'avoir égard, pouvaient en effet être négligées.

On doit donc regarder comme complète la théorie physique de la libration de la Lune; la seule chose qu'elle laisse encore à désirer, c'est un assez grand nombre d'observations pour fixer avec précision les données que l'analyse emprunte à l'Astronomie, surtout celles qui déterminent les rapports des moments d'inertie des trois axes principaux du sphéroïde lunaire, et qui fournissent par conséquent des notions exactes sur sa figure. M. Nicollet a déjà exécuté un travail de ce genre, en y employant 174 observations faites par lui ou par MM. Bouvard et Arago; espérons qu'une plus longue suite encore d'observations confirmera les résultats auxquels il est parvenu et ajoutera à leur précision.

On pourrait déterminer les inégalités du mouvement de rotation de la Lune troublé par l'action du Soleil et de la Terre, au moyen des formules contenues dans le chapitre Ier; mais il est plus simple de reprendre pour cela les équations différentielles du mouvement troublé, données n° **2**. On verra aisément d'ailleurs comment les résultats que nous allons développer se concluraient des formules générales (P), n° **7**, qui s'appliquent au mouvement de rotation de toutes les planètes.

42. Nous placerons l'origine des coordonnées au centre de la Lune, que nous supposerons immobile, et nous regarderons le Soleil et la Terre comme circulant autour d'elle. Soient donc L la masse de la Terre, x, y, z ses trois coordonnées relatives à un plan fixe mené par le centre de la Lune paralèllement au plan de l'écliptique à une époque donnée, r' son rayon vecteur compté du même point; en ne poussant les approximations que jusqu'aux termes du troisième ordre par rapport aux dimensions du sphéroïde lunaire, on aura, n° **25**,

$$V = - \frac{3\,L}{4\,r'^3}\,(A - B)\left\{\left[x'^2 - (x'\cos\theta - z\sin\theta)^2\right]\cos 2\varphi + 2\,x'\,(x'\cos\theta - z\sin\theta)\sin 2\varphi\right\}$$
$$- \frac{3\,L}{4\,r'^3}\,(A + B - 2\,C)\left[x'^2 + (x'\cos\theta - z\sin\theta)^2\right].$$

Dans cette expression, A, B, C représentent les trois moments d'inertie principaux de la Lune. Nous continuerons à donner le nom d'*équateur* au plan qui renferme les deux premiers axes principaux, c'est-à-dire ceux auxquels se rapportent les moments d'inertie A et B. Ce plan n'est plus ici, comme dans le mouvement de rotation de la Terre, perpendiculaire à l'axe instantané de rotation; cet axe varie dans l'intérieur du sphéroïde lunaire, en sorte que les pôles de rotation se déplacent à la surface de la Lune, circonstance qui établit une différence essentielle entre le mouvement de rotation de ce satellite et celui du sphéroïde terrestre.

Cela posé, θ représente l'inclinaison de l'équateur lunaire sur le plan fixe parallèle à l'écliptique, φ est l'angle compris entre le premier axe principal de la Lune et le nœud descendant de son équateur ; nous supposerons l'angle φ compté à partir de ce nœud dans le sens du mouvement de rotation de la Lune ; enfin, nous nommerons ψ l'angle compris entre le nœud descendant de l'équateur lunaire et une droite fixe menée dans le plan de l'écliptique, et nous supposerons cet angle compté à partir de cette droite, en sens inverse de l'ordre des signes.

Si l'on différentie la fonction V par rapport aux trois variables φ, ψ, θ, en observant que l'on a, n° **25**,

$$\frac{dx'}{d\psi} = -y', \quad \frac{dx'}{d\psi} = x', \quad \frac{dz'}{d\psi} = 0,$$

on aura

$$\frac{dV}{d\varphi} = \frac{3L}{2r'^5}(A-B)\left\{[x'^2 - (y'\cos\theta - z\sin\theta)^2]\sin 2\varphi - 2x'(y'\cos\theta - z\sin\theta)\cos 2\psi\right\},$$

$$\frac{dV}{d\psi} = \frac{3L}{2r'^5}(A-B)\left\{[y'(y'\cos\theta - z\sin\theta) - x'^2\cos\theta]\sin 2\varphi + x'.[y' + (y'\cos\theta - z\sin\theta)\cos\theta]\cos 2\varphi\right\}$$

$$+ \frac{3L}{2r'^5}(A+B-2C)[x'(y'\sin\theta + z\cos\theta)\sin\theta],$$

$$\frac{dV}{d\theta} = \frac{3L}{2r'^5}(A-B)[x'(y'\sin\theta + z\cos\theta)\sin 2\varphi - (y'\cos\theta - z\sin\theta)(y'\sin\theta + z\cos\theta)\cos 2\varphi]$$

$$+ \frac{3L}{2r'^5}(A+B-2C)(y'\cos\theta - z\sin\theta)(y'\sin\theta + z\cos\theta),$$

et, par suite,

$$\frac{1}{\sin\theta}\left(\frac{dV}{d\psi}+\cos\theta\,\frac{dV}{d\varphi}\right)=\frac{3\,L}{2\,r'^{5}}(A-B)\left[(x'\cos\theta-z\sin\theta)(x'\sin\theta+z\cos\theta)\sin 2\varphi\right.$$

$$+\,x'(x'\sin\theta+z\cos\theta)\cos 2\varphi]$$

$$+\,\frac{3\,L}{2\,r'^{5}}(A+B-2\,C)[x'(x'\sin\theta+z\cos\theta)].$$

Les trois équations (C) du n° **2** deviendront ainsi

$$A\,dp+(C-B)\,qr\,dt=\frac{3\,L\,dt}{r'^{5}}(C-B)\left[(x'\cos\theta-z\sin\theta)(x'\sin\theta+z\cos\theta)\cos\varphi\right.$$

$$-\,x'(x'\sin\theta+z\cos\theta)\sin\varphi],$$

$$B\,dq+(A-C)\,pr\,dt=\frac{3\,L\,dt}{r'^{5}}(A-C)\left[x'(x'\sin\theta+z\cos\theta)\cos\varphi\right.$$

$$+\,(x'\cos\theta-z\sin\theta)(x'\sin\theta+z\cos\theta)\sin\varphi],$$

$$C\,dr+(B-A)\,pq\,dt=\frac{3\,L\,dt}{2\,r'^{5}}(B-A)\left\{2\,x'(x'\cos\theta-z\sin\theta)\cos 2\varphi\right.$$

$$-\,[x'^{2}-(x'\cos\theta-z\sin\theta)^{2}]\sin 2\varphi\}. \qquad (1)$$

Il est bon de remarquer qu'on peut arriver très-simplement aux mêmes équations de la manière suivante : nous avons supposé n° **5**, livre II,

$$V'=\frac{L}{\sqrt{(x'-x)^{2}+(y'-y)^{2}+(z'-z)^{2}}},$$

x', y', z' représentant les coordonnées de l'astre L rapportées aux trois axes principaux du sphéroïde attiré, et x, y, z les coordonnées d'un élément dm de ce corps, relatives aux mêmes axes et à la même origine. En différentiant cette valeur, on trouve

$$y\frac{dV'}{dz}-z\frac{dV'}{dy}=z'\frac{dV'}{dy'}-y'\frac{dV'}{dz'},$$

$$z\frac{dV'}{dx}-x\frac{dV'}{dz}=x'\frac{dV'}{dz'}-z'\frac{dV'}{dx'}, \qquad (m)$$

$$x\frac{dV'}{dy'}-y\frac{dV'}{dx}=y'\frac{dV'}{dx'}-x'\frac{dV'}{dy'}.$$

Si l'on multiplie par *dm* les deux membres de ces équations, qu'on les intègre ensuite, qu'on fasse, pour abréger, $V = S.V' dm$, l'intégrale S étant relative à l'élément *dm* et aux quantités qui varient avec lui, en observant que les trois coordonnées x', y', z' sont les mêmes pour tous les éléments *dm*, en vertu des trois équations (m), on pourra supposer :

$$S.\left(y \frac{d V'}{dz} - z \frac{d V'}{dy} \right) dm = z' \frac{d V}{dy'} - y' \frac{d V}{dz'},$$

$$S.\left(z \frac{d V'}{dx} - x \frac{d V'}{dz} \right) dm = x' \frac{d V}{dz'} - z' \frac{d V}{dx'},$$

$$S.\left(x \frac{d V'}{dy} - y \frac{d V'}{dx} \right) dm = y' \frac{d V}{dx'} - x' \frac{d V}{dy'}.$$

Cela posé, en ne portant l'approximation que jusqu'aux termes du troisième ordre, nous avons trouvé, n° **25**,

$$V = - \frac{3 L}{2 r'^5} (A x'^2 + B y'^2 + C z'^2),$$

x', y', z' représentant, comme plus haut, les coordonnées de L, rapportées aux trois axes principaux du sphéroïde attiré.

Cette expression, en la différentiant, donne, en vertu des formules précédentes,

$$S.\left(y \frac{d V'}{dz} - z \frac{d V'}{dy} \right) dm = \frac{3 L}{r'^5} (C - B) y' z',$$

$$S.\left(z \frac{d V'}{dx} - x \frac{d V'}{dz} \right) dm = \frac{3 L}{r'^5} (A - C) x' z',$$

$$S.\left(x \frac{d V'}{dy} - y \frac{d V'}{dx} \right) dm = \frac{3 L}{r'^5} (B - A) x' y'.$$

Si l'on substitue ces valeurs dans les équations (B),

n° 1, et qu'on remplace ensuite les coordonnées x', y', z' par leurs valeurs en fonction des angles φ, ψ, θ, données n° 25, on retrouvera identiquement les équations (1).

L'observation ayant montré que l'inclinaison de l'équateur lunaire sur l'écliptique est toujours peu considérable, θ est un fort petit angle dont nous négligerons le carré et le produit par le carré de l'inclinaison de l'orbite lunaire, qui est aussi une très-petite quantité. En observant que z est du même ordre que cette inclinaison, les trois équations (1) deviendront

$$A\,dp + (C - B)\,qr\,dt = \frac{3\,L.dt}{r'^5}(C - B)[(y'\theta + z)(y'\cos\varphi - x'\sin\varphi)].$$

$$B\,dq + (A - C)\,pr\,dt = \frac{3\,L\,dt}{r'^5}(A - C)[(y'\theta + z)(x'\cos\varphi + y'\sin\varphi)],$$

$$C\,dr + (B - A)\,pq\,dt = \frac{3\,L\,dt}{2\,r'^5}(B - A)[2\,x'\,y'\cos 2\varphi - (x'^2 - y'^2)\sin 2\varphi].$$

On peut encore aux coordonnées x', y', z de L, substituer d'autres variables qui rendent l'intégration plus facile. Soit v la longitude de la Terre vue de la Lune, cette longitude étant comptée du nœud ascendant de l'équateur lunaire; soit α la longitude du nœud descendant de l'orbe lunaire comptée du même point, et γ l'inclinaison de cette orbite sur l'écliptique fixe; en désignant s' la latitude de la Terre au-dessus de ce dernier plan, on aura

$$\text{tang}\,s' = \text{tang}\,\gamma \sin(v - \alpha).$$

La longitude de la Terre, comptée d'une droite fixe sur le plan parallèle à l'écliptique, sera $v - \psi$; en suivant donc l'analyse du n° **25**, et en observant que γ est un très-petit angle dont on peut négliger les carrés dans la recherche qui nous occupe, on trouvera

$$\mathrm{x}' = r' \cos v, \quad \mathrm{y}' = r' \sin v, \quad \mathrm{z} = r'\gamma . \sin(v - \alpha),$$

valeurs exactes, aux quantités près de l'ordre γ^2.

Les équations précédentes deviennent ainsi

$$\left.\begin{array}{l}
\mathrm{A}\,dp + (\mathrm{C} - \mathrm{B})\,qr\,dt = \dfrac{3\,\mathrm{L}\,dt}{r'^3}(\mathrm{C} - \mathrm{B})\left[\theta\sin v + \gamma\sin(v-\alpha)\right]\sin(v-\varphi), \\[2ex]
\mathrm{B}\,dq + (\mathrm{A} - \mathrm{C})\,pr\,dt = \dfrac{3\,\mathrm{L}\,dt}{r'^3}(\mathrm{A} - \mathrm{C})\left[\theta\sin v + \gamma\sin(v-\alpha)\right]\cos(v-\varphi), \\[2ex]
\mathrm{C}\,dr + (\mathrm{B} - \mathrm{A})\,pq\,dt = \dfrac{3\,\mathrm{L}\,dt}{2\,r'^3}(\mathrm{B} - \mathrm{A})\sin 2(v - \varphi).
\end{array}\right\} \quad (2)$$

43. Occupons-nous d'intégrer ces équations; considérons d'abord la troisième, d'où dépend le mouvement du sphéroïde lunaire autour de son axe de rotation.

Si la Lune était un sphéroïde de révolution, on aurait $\mathrm{B} = \mathrm{A}$, et par conséquent $r =$ constante. r exprime la vitesse du mouvement de rotation du sphéroïde autour de son troisième axe principal (n° **33**, livre Ier). Cette vitesse serait donc constante, et le mouvement de rotation uniforme. Ce cas n'a pas lieu dans la nature, mais on peut toujours regarder la quantité $\mathrm{B} - \mathrm{A}$ comme peu considérable; et comme p et q sont aussi très-petits, puisque l'observation a prouvé que l'axe de rotation de la Lune s'écarte toujours très-peu de son troisième axe principal, on pourra négliger le produit $(\mathrm{B} - \mathrm{A})\,pq$ à cause de la petitesse de ses trois facteurs. La dernière des équations (2) deviendra donc

$$dr = \frac{3\,\mathrm{L}\,dt}{2\,r'^3}\left(\frac{\mathrm{B}-\mathrm{A}}{\mathrm{C}}\right)\sin 2\,(v - \varphi). \quad (3)$$

L'observation ayant fait voir que la Lune nous présente toujours à peu près le même hémisphère, on en a conclu que son moyen mouvement de rotation est exactement égal à son moyen mouvement de révolution; en sorte que si ce mouvement est sujet à quelques inégalités, elles doivent être peu considérables.

Or, si l'on néglige, comme nous le supposons, les quantités de l'ordre θ^2, l'arc $\varphi - \psi$ représentera (n° **1**) le mouvement de rotation de la Lune autour de son troisième axe principal, mouvement qui serait uniforme sans l'action des forces perturbatrices. Si l'on désigne donc par u les inégalités qu'elles peuvent y produire, par $mt + c$ la longitude moyenne de la Terre vue de la Lune et correspondante au temps t, longitude qui est égale à celle de la Lune vue de la Terre plus une demi-circonférence, on aura

$$\varphi - \psi = mt + c + u,$$

et l'angle u représentera la libration de la Lune, ou l'excès de son moyen mouvement de rotation sur son moyen mouvement de révolution. Il ne s'agit donc, pour déterminer la libration, que de connaître la valeur de l'angle u. Or, il est facile d'y parvenir en introduisant cette nouvelle variable à la place de r dans l'équation (3), et en intégrant ensuite l'équation résultante.

En effet, on a, n° **1**, aux quantités près de l'ordre θ^2,

$$r = \frac{d\varphi - d\psi}{dt}, \ (4)$$

et, par conséquent, en différentiant l'équation (m) en faisant varier la constante c, pour avoir égard à l'équation séculaire dont est affectée la longitude moyenne de la Lune et qui est introduite dans son expression par la variation de l'époque (n° **7**, livre I), on aura

$$\frac{dr}{dt} = \frac{d^2 u}{dt^2} + \frac{d^2 c}{dt^2}.$$

L'angle v représentant la longitude de la Terre vue de la Lune et comptée à partir du nœud descendant de l'équateur lunaire, $v - \psi$ sera la même longitude comptée à partir d'un équinoxe fixe, l'angle ψ devant être compté, comme nous l'avons dit, en sens inverse de l'angle v. Cette longitude est égale à $mt + c$, plus à une suite de sinus et de cosinus d'angles multiples du moyen mouvement mt; on aura, par conséquent,

$$v = mt + c + \psi + \Sigma.\mathrm{H} \sin(ht + h'),$$

en représentant par $\Sigma.\mathrm{H} \sin(ht + h')$ les inégalités de v ordonnées par rapport à mt.

Cette valeur, comparée à celle de $\varphi - \psi$, donne

$$v - \varphi = - u + \Sigma.\mathrm{H} \sin(ht + h'),$$

et, par conséquent,

$$\sin 2(v - \varphi) = - \sin 2u + 2 \cos 2u \, \Sigma.\mathrm{H} \sin(ht + h') - \cdots.$$

L'équation (3) devient ainsi, en y substituant $\frac{d^2 u}{dt^2} + \frac{d^2 c}{dt^2}$ pour $\frac{dr}{dt}$,

$$\frac{d^2 u}{dt^2} + \frac{d^2 c}{dt^2} = -\frac{3\,\mathrm{L}}{2\,r'^3}\left(\frac{\mathrm{B}-\mathrm{A}}{\mathrm{C}}\right) \sin 2u + \frac{3\,\mathrm{L}}{r'^3}\left(\frac{\mathrm{B}-\mathrm{A}}{\mathrm{C}}\right) \Sigma.\mathrm{H}\cos 2u \sin(ht + h').$$

L'angle u étant toujours une très-petite quantité, si l'on néglige son carré et ses puissances supérieures, on pourra supposer dans cette équation $\sin 2u = 2u$ et $\cos 2u = 1$; de plus, comme on a, à très-peu près, $\frac{\mathrm{L}}{r'^3} = m^2$, l'équation précédente deviendra

$$\frac{d^2 u}{dt^2} + 3\,m^2\left(\frac{\mathrm{B}-\mathrm{A}}{\mathrm{C}}\right) u = -\frac{d^2 c}{dt^2} + 3\,m^2\left(\frac{\mathrm{B}-\mathrm{A}}{\mathrm{C}}\right) \Sigma.\mathrm{H}\sin(ht + h'). \quad (5)$$

Si l'on fait d'abord abstraction des termes sans u, on satisfera à cette équation en supposant

$$u = \mathrm{K}\sin(kt + k'),$$

et l'on aura, pour déterminer k,

$$k = m\sqrt{3\left(\frac{\mathrm{B}-\mathrm{A}}{\mathrm{C}}\right)},$$

K et k' étant deux constantes qui demeurent arbitraires.

Si l'on nomme m' le moyen mouvement du Soleil, et e' l'excentricité de son orbite, en ne considérant que le terme principal de l'équation séculaire de la Lune, par la théorie de cet astre (n° 94, livre VII), on aura

$$\frac{dc}{dt} = -\frac{3\,m'^2 e'^2}{2\,m};$$

et, par conséquent,

$$\frac{d^2 c}{dt} = -\frac{3\, m'^2\, e'\, de'}{m\, dt}.$$

En substituant cette valeur dans l'équation (5) et en l'intégrant ensuite en regardant la quantité précédente comme constante, ou, ce qui revient au même, en négligeant la quantité très-petite du troisième ordre $\dfrac{m'^2\, d^2.e'\, de'}{m^3\, dt^3 \left(\dfrac{B-A}{C}\right)}$, on aura, en vertu de ce terme seul,

$$u = \frac{m'^2\, e'\, de'}{m^3\, dt \left(\dfrac{B-A}{C}\right)}.$$

Si l'on désigne ensuite par $L \sin(ht + h')$, le terme de la valeur de u qui doit correspondre au terme $3\, m^2 \left(\dfrac{B-A}{C}\right) H \sin(ht + h')$ de l'équation (5), en y substituant cette valeur et en comparant les termes qui ont même sinus ou même cosinus, on aura

$$-L h^2 + 3\, m^2 \left(\frac{B-A}{C}\right)(L - H) = 0,$$

d'où l'on tire

$$L = -\frac{3\, m^2 \left(\dfrac{B-A}{C}\right) H}{h^2 - 3\, m^2 \left(\dfrac{B-A}{C}\right)}.$$

Ainsi, d'après la théorie des équations linéaires, la valeur complète de u sera

$$u = \frac{m'^2\, e'\, de'}{m^3\, dt \left(\dfrac{B-A}{C}\right)} + K \sin(kt + k') + \Sigma . L \sin(ht + h'),$$

K et k' étant les deux constantes arbitraires qui doivent entrer dans l'intégrale finie de l'équation du second ordre (5), et le signe Σ désignant une suite de termes semblables au terme $L \sin(ht + k')$, et déterminés de la même manière.

44. Examinons les conséquences qui résultent de cette expression. Le premier terme de la valeur de u est insensible quoiqu'il ait pour diviseur la petite fraction $\dfrac{B - A}{C}$, à cause de la lenteur avec laquelle varie l'excentricité e' de l'orbe solaire; cette variation, en effet, qui produit l'équation séculaire de la Lune, ne devient sensible que par la double intégration qu'elle subit dans l'expression de la longitude moyenne. On peut donc négliger ce terme, et il résulte, en effet, des données que l'on a sur la valeur de la fraction $\dfrac{B - A}{C}$ qu'il ne s'élèverait pas à $0'',018$ en un siècle.

Tous les autres termes de l'expression de u varient avec beaucoup plus de rapidité, mais sa valeur demeurera toujours peu considérable, si les coefficients K, L, etc., sont de très-petits coefficients. Le second terme de la valeur de u dépend de l'état initial du mouvement, et elle demeure toujours peu considérable si l'arbitraire K est supposée très-petite. Jusqu'ici les observations les plus précises ne paraissent indiquer aucune trace de cette inégalité, il en faut conclure ou que la constante K était nulle à l'origine du mouvement, ou que son influence a été annulée depuis par l'effet de quelque cause étrangère, et que par conséquent la partie de la libration de la Lune qui dépend de l'état initial du mouvement sera toujours insensible. Cette remarque est analogue à celle que nous avons faite dans le n° **13**, relativement à la Terre.

On a, par ce qui précède, $k = m \sqrt{3\left(\dfrac{B-A}{C}\right)}$, m représentant le moyen mouvement de la Lune dans l'unité de temps; la durée de la période de l'argument dont il s'agit, sera donc d'un mois sidéral divisé par $\sqrt{3\left(\dfrac{B-A}{C}\right)}$. Nous verrons bientôt que ce diviseur est une très-petite quantité, et que des observations récentes sur lesquelles on peut compter donnent, à très-peu près, $0,0018$ pour sa valeur. Cette durée, dans ce cas, n'excéderait pas deux années; il sera donc facile, par des observations faites à des intervalles de temps assez grands pour que la variation de l'angle kt soit sensible, de reconnaître si le coefficient K a ou non une valeur appréciable.

Au reste, il faut observer que ce premier terme de la valeur de u sert à expliquer, par la théorie, comment il se fait que la Lune nous présente toujours le même hémisphère, sans qu'il soit besoin de supposer que la vitesse primitive de rotation, imprimée à cet astre, a été exactement égale à sa vitesse de révolution autour de la Terre, ce qui paraît en effet infiniment peu vraisemblable. Pour le faire voir, remarquons qu'en faisant abstraction de l'inclinaison de l'équateur lunaire à l'écliptique, on a, par le n° **43**,

$$d\varphi - d\psi = r\,dt, \quad r = m + \frac{dc}{dt} + \frac{du}{dt}.$$

On aura, par conséquent,

$$\int r\,dt = \int m\,dt + c + u.$$

En comprenant dans l'intégrale $\int m\,dt$ l'équation séculaire qui affecte le moyen mouvement lunaire, ou plutôt la longitude moyenne, et qui est introduite par la variation de la constante c.

r représentant la vitesse de rotation de la Lune autour de son troisième axe principal (n° **43**), l'intégrale $\int r\,dt$ exprime son mouvement de rotation autour du même axe, ou le nombre de degrés, minutes et secondes que décrit en un temps donné l'un des points de son équateur. Comme la quantité u n'est composée que de termes périodiques, l'équation précédente montre que le moyen mouvement de rotation et le moyen mouvement de révolution sont parfaitement égaux entre eux, et que l'action de la Terre sur le sphéroïde lunaire fait participer le premier de ces mouvements aux inégalités séculaires dont le second est affecté, puisque nous avons vu, en effet, que la vitesse de rotation r serait rigoureusement constante sans cette action. On en peut conclure que la parfaite égalité des deux mouvements se conservera dans tous les siècles telle qu'elle est aujourd'hui, condition nécessaire (n° **41**) pour que la Lune nous présente toujours la même face. Si, au contraire, le mouvement de révolution était affecté d'une inégalité à laquelle n'aurait point part le mouvement de rotation, l'hémisphère lunaire opposé à la Terre anticiperait progressivement, par la suite des siècles, sur la partie qui est tournée vers elle, et avec quelque lenteur que croisse cette inégalité, elle suffirait pour nous faire découvrir un jour toute la partie de la surface lunaire qui semble pour jamais soustraite à nos yeux.

Pour que cette inégalité subsiste et se maintienne éternellement, il n'est pas même nécessaire que les moyens mouvements de rotation et de révolution de la Lune aient été égaux à l'origine du mouvement. En effet, en différentiant et substituant pour $\frac{du}{dt}$ sa valeur, on a

$$r = m + m\,\mathrm{K}\,\sqrt{3\left(\frac{B-A}{C}\right)}\,\cos(kt+k') + \Sigma.\mathrm{L}\,l\cos(lt+l').$$

En sorte que, comme K est arbitraire, la vitesse primitive de rotation de la Lune peut être supposée quelconque ; et il suffit, pour que les moyens mouvements de rotation et de révolution aient dans la suite toujours coïncidé, que cette vitesse ait été comprise entre

$$m + m\,\mathrm{K}\,\sqrt{3\left(\frac{B-A}{C}\right)} \quad \text{et} \quad m - m\,\mathrm{K}\,\sqrt{3\left(\frac{B-A}{C}\right)}.$$

Ces limites sont très-resserrées, il est vrai, et elles s'éloignent peu de la valeur moyenne m, à cause de la petitesse de la constante K et du coefficient $\sqrt{3\left(\frac{B-A}{C}\right)}$; mais elles suffisent pour faire disparaître l'invraisemblance qu'il y aurait à supposer, à l'origine du mouvement, une parfaite égalité entre le moyen mouvement de rotation de la Lune et son moyen mouvement de révolution.

Pour que la libration en longitude demeure tou-

II.   20

jours peu considérable, comme l'observation l'indique, il faut que les coefficients L, etc., des différents termes de la valeur de u, soient supposés très-petits, ainsi que le coefficient K; mais cette condition ne suffit pas, il faut de plus que les valeurs des constantes k, h, etc., soient toutes réelles; car autrement quelques-uns des sinus ou cosinus qui entrent dans l'expression de u, se changeraient en arcs de cercle ou en exponentielles, et la valeur de u pourrait croître indéfiniment, ce qui est contre l'hypothèse. Les valeurs de h et des autres coefficients semblables sont réelles de leur nature; mais pour que celle de k le soit aussi, il faut que $\dfrac{B - A}{C}$ soit une quantité positive, c'est-à-dire que l'on ait $B > A$. Or, A est le moment d'inertie qui se rapporte à l'axe principal de l'équateur lunaire, qui est constamment dirigé vers la Terre; en effet, cet axe est celui qui forme l'angle φ avec l'intersection de l'équateur lunaire et de l'écliptique, tandis que la projection du rayon vecteur mené de la Lune à la Terre, forme l'angle ν avec la même ligne. $\nu - \varphi$ est toujours, par ce qui précède, un très-petit angle; le premier axe principal de la Lune est donc toujours, à très-peu près, dirigé vers la Terre; et il est naturel par conséquent de supposer que l'équateur lunaire s'est allongé dans ce sens par l'effet de l'attraction de la Terre, en sorte que le moment d'inertie A, qui se rapporte à l'axe de l'équateur dirigé vers la Terre, doit être plus petit que le moment d'inertie B, relatif au second axe principal situé dans le même plan.

Quant aux coefficients K, L, etc., comme le premier K est arbitraire, sa valeur peut être supposée aussi petite qu'on voudra ; mais pour rendre en même temps très-petite celle de L, il faudra supposer une valeur très-petite à la quantité $\frac{B - A}{C}$. On voit, en effet, d'après l'expression de L, que ce coefficient pourrait devenir sensible si H avait une valeur assez grande, ou si la valeur de h était peu différente de $m \sqrt{3 \left(\frac{B - A}{C} \right)}$, ce qui rendrait très-petit le dénominateur de cette expression.

45. Nous avons désigné par $\Sigma.\mathrm{H}\sin(ht + h')$ la somme des termes périodiques de la longitude vraie de la Lune : le premier de ces termes, ou l'équation du centre, est celui qui a le plus grand coefficient ; en le supposant représenté par $\mathrm{H}\sin(ht + h')$, on a, par la théorie de la Lune (tome IV, page 601), $\mathrm{H} = 22639''$, $h^2 = m^2\,0{,}98317$; on aura donc, en vertu de ce terme,

$$L = -\ \frac{3 \left(\dfrac{B - A}{C} \right) 22639''}{0{,}98317 - 3 \left(\dfrac{B - A}{C} \right)},$$

d'où l'on tire

$$\frac{B - A}{C} = \frac{0{,}32772\,L}{L - 22639''}.$$

La valeur de L doit être peu considérable, puisque le terme de la valeur de u qui en dépend n'a pu être reconnu par l'observation. Il est probable, vu la précision des observations modernes, qu'elle n'excède guère un demi-degré ; si l'on suppose donc $L = \mp 32'$

ou 1920″, on aura

$$\frac{B-A}{C} = 0,025621, \quad \frac{B-A}{C} = -0,030369.$$

La valeur de B — A devant d'ailleurs être nécessairement positive, il en résulte que $\frac{B-A}{C}$ est au-dessous de 0,025621, et que L est négatif.

Parmi les termes de l'expression de u qui peuvent devenir sensibles en acquérant de très-petits diviseurs, le plus considérable est celui qui dépend de l'équation annuelle; il suffira donc d'examiner l'effet de ce terme. Si l'on suppose que $H \sin(ht + h')$ représente cette équation, $ht + h'$ étant ici l'anomalie moyenne du Soleil, on aura, par la théorie de la Lune (tome IV, page 601), $H = 669''$ et $h = m\,0,0748$, et par conséquent $h^2 = m^2\,0,005595$; on aura donc, en vertu de ce terme,

$$L = -\frac{3\left(\dfrac{B-A}{C}\right)669''}{0,005595 - 3\left(\dfrac{B-A}{C}\right)},$$

d'où l'on tire

$$\frac{B-A}{C} = \frac{0,001865\,L}{L - 669''}.$$

Puisque les observations n'ont point fait reconnaître le terme de la valeur de u proportionnel à L, ce coefficient doit être peu considérable; si l'on suppose en conséquence $L = \mp 1920''$, on aura

$$\frac{B-A}{C} = 0,0013831, \quad \frac{B-A}{C} = 0,0028624.$$

Ainsi, dans le cas de L négatif, les deux limites

de $\dfrac{B-A}{C}$ sont zéro et 0,0013831, et, dans le cas de L positif, 0,0028624 et ∞ ou 0,0028624 et 0,025621, puisque nous venons de voir que $\dfrac{B-A}{C}$ ne pouvait pas dépasser cette dernière limite. Nous verrons tout à l'heure que la valeur de $\dfrac{B-A}{C}$ est moindre que 0,0006; elle est donc comprise entre zéro et 0,0013831, et par conséquent L est négatif.

Si l'on substitue dans la valeur précédente de L, pour $\dfrac{B-A}{C}$ la dernière limite que nous venons d'assigner à cette quantité, on trouvera, relativement à l'équation du centre, $L = -41''$, et relativement à l'équation annuelle, $L = -317''$. Ce sont les limites de ce coefficient, et par conséquent celles des arguments qui en dépendent dans la valeur de u. Or, le dernier arc, vu de la Terre sur la surface de la Lune, ne s'élèverait pas à $1'',5$; c'est la seule partie de la libration qu'on puisse espérer de rendre sensible par les observations; et si l'on parvenait à la déterminer, on en déduirait la valeur de $\dfrac{B-A}{C}$ qui n'est pas encore connue d'une manière positive; mais sa petitesse rend cette appréciation très-difficile.

MM. Bouvard et Nicollet, par la discussion de 174 observations de la libration de la Lune en longitude, ont trouvé le coefficient de l'inégalité dépendante de l'équation annuelle, de $4'45''$, d'où l'on conclut

$$\frac{B-A}{C} = 0,0005567.$$

Si l'on détermine, d'après cette valeur, le coefficient du terme de u qui dépend de l'équation du centre de la Lune et qu'on joigne ce terme à celui de l'équation annuelle déterminé par l'observation, on aura

$$u = -285'' \sin l - 39'' \sin l',$$

l étant l'argument de l'équation annuelle de la Lune et l' celui de son équation du centre.

La valeur précédente de $\dfrac{B - A}{C}$ s'accorde avec la limite que nous avons fixée à cette quantité, et qui a été conclue de la libration de la Lune en latitude, plus facile à observer que la libration en longitude. Cependant, il reste encore de l'incertitude sur ce résultat, et il est à désirer que de nouvelles observations ajoutent à son exactitude.

46. Occupons-nous maintenant du mouvement des nœuds et des variations de l'inclinaison de l'équateur lunaire. Pour déterminer les mouvements de ce plan, il faut connaître les angles ψ et θ d'où dépend à chaque instant sa position par rapport à l'écliptique fixe; or, l'angle ψ est donné en fonction de φ et du temps t, au moyen de l'équation (4); il ne nous reste donc à déterminer que les angles θ et φ. Pour y parvenir, il convient de leur substituer de nouvelles variables qui facilitent l'intégration des équations d'où leurs valeurs dépendent. On conçoit, en effet, que si l'on choisit ces variables de manière à ce qu'elles soient astreintes, par la nature même de la question, à demeurer constamment très-petites, on pourra, dans la première approximation, négliger les termes où elles se trouveraient multipliées entre elles ou par leurs différences, et l'on n'aura plus à considérer que des équations linéaires, les seules qui puissent, comme on sait, s'intégrer dans tous les cas, quel que soit le nombre des variables qu'elles renferment et le degré de leur différence. Ces conditions sont faciles à remplir dans la question qui nous occupe; car, comme nous avons supposé l'inclinaison θ de l'équateur lunaire à l'écliptique fixe toujours peu considérable, il suffira, pour y satisfaire, de substituer aux variables φ et θ, des variables analogues à celles que nous avons déjà employées dans un cas semblable, n° **34**, livre I.

Soient donc

$$s = \tang\theta \sin\varphi, \quad s' = \tang\theta \cos\varphi.$$

En différentiant et négligeant le carré de θ, on aura

$$\frac{ds}{dt} = \sin\varphi \frac{d\theta}{dt} + \theta \cos\varphi \frac{d\varphi}{dt},$$

$$\frac{ds'}{dt} = \cos\varphi \frac{d\theta}{dt} - \theta \sin\varphi \frac{d\varphi}{dt}.$$

Les équations (a) du n° **1** donnent

$$\frac{d\theta}{dt} = - p \cos\varphi + q \sin\varphi,$$

$$\theta \frac{d\varphi}{dt} = p \sin\varphi + q \cos\varphi + r \tang\theta.$$

Substituons ces valeurs dans les équations précédentes; on trouve

$$\frac{ds}{dt} = rs' + q, \quad \frac{ds'}{dt} = - rs - p, \quad (6)$$

d'où, en différentiant, on tire

$$\frac{d^2 s}{dt^2} - r \frac{ds'}{dt} - s' \frac{dr}{dt} = \frac{dq}{dt},$$

$$\frac{d^2 s'}{dt^2} + r \frac{ds}{dt} + s \frac{dr}{dt} = - \frac{dp}{dt}.$$

Si l'on remplace dans ces équations $\frac{dp}{dt}$ et $\frac{dq}{dt}$ par leurs valeurs tirées des équations (2), et qu'on observe qu'on peut supposer r constant et égal à m dans les termes multipliés par les quantités très-petites s et s', et par leurs différences, et qu'on peut négliger, par la même raison, les différentielles $s \frac{dr}{dt}$, $s' \frac{dr}{dt}$, on aura

$$\frac{d^2 s}{dt^2} - m \frac{ds'}{dt} + \left(\frac{A-C}{B}\right) mp = \frac{3L}{r'^3}\left(\frac{A-C}{B}\right) [\theta \sin v + \gamma \sin(v-\alpha)] \cos(v-\varphi),$$

$$\frac{d^2 s'}{dt^2} + m \frac{ds}{dt} + \left(\frac{B-C}{A}\right) mq = \frac{3L}{r'^3}\left(\frac{B-C}{A}\right) [\theta \sin v + \gamma \sin(v-\alpha)] \sin(v-\varphi),$$

ou bien, en mettant pour p et q leurs valeurs tirées des équations (6),

$$\left.\begin{aligned}
\frac{d^2 s}{dt^2} - \left(\frac{A+B-C}{B}\right) m \frac{ds'}{ds} - \left(\frac{A-C}{B}\right) m^2 s &= \frac{3L}{r'^3}\left(\frac{A-C}{B}\right)[\theta \sin v + \gamma \sin(v-\alpha)]\cos(v-\varphi),\\
\frac{d^2 s'}{dt^2} + \left(\frac{A+B-C}{A}\right) m \frac{ds}{dt} - \left(\frac{B-C}{A}\right) m^2 s' &= \frac{3L}{r'^3}\left(\frac{B-C}{A}\right)[\theta \sin v + \gamma \sin(v-\alpha)]\sin(v-\varphi).
\end{aligned}\right\} \quad (5)$$

v est la longitude de la Terre vue de la Lune, et rapportée au nœud descendant de l'équateur lunaire; $v - \alpha$ est la même longitude comptée du nœud ascendant de l'orbite lunaire, en sorte que $\gamma \sin(v - \alpha)$ est la latitude de la Terre vue de la Lune. Si l'on remplace $\frac{L}{r'^3}$ par m^2 dans ces équations et qu'on observe que

$$\operatorname{tang} \theta \sin v = \operatorname{tang} \theta \cos \varphi \sin(v - \varphi) + \operatorname{tang} \theta \sin \varphi \cos(v - \varphi)$$
$$= s' \sin(v - \varphi) + s \cos(v - \varphi),$$

elles deviendront

$$\frac{d^2 s}{dt^2} - \left(\frac{A + B - C}{B}\right) m \frac{ds'}{dt} - \left(\frac{A - C}{B}\right) m^2 s = 3 m^2 \left(\frac{A - C}{B}\right)$$
$$\times [s' \sin(v - \varphi) + s \cos(v - \varphi) + \gamma \sin(v - \alpha)] \cos(v - \varphi),$$
$$\frac{d^2 s'}{dt^2} + \left(\frac{A + B - C}{A}\right) m \frac{ds}{dt} - \left(\frac{B - C}{A}\right) m^2 s' = 3 m^2 \left(\frac{B - C}{A}\right)$$
$$\times [s' \sin(v - \varphi) + s \cos(v - \varphi) + \gamma \sin(v - \alpha)] \sin(v - \varphi).$$

L'angle $v - \varphi$ étant toujours, par ce qui précède, peu considérable, $\sin(v - \varphi)$ est une très-petite quantité dont on peut, sans erreur sensible, dans les seconds membres de ces équations, négliger le carré multiplié par les quantités très-petites s et s'; on aura ainsi

$$\left.\begin{aligned}
&\frac{d^2 s}{dt^2} - \left(\frac{A + B - C}{B}\right) m \frac{ds'}{dt} - 4 \left(\frac{A - C}{B}\right) m^2 s = 3 m^2 \left(\frac{A - C}{B}\right) \\
&\qquad \times [s' \sin(v - \varphi) + \gamma \sin(v - \alpha)] \cos(v - \varphi), \\
&\frac{d^2 s'}{dt^2} + \left(\frac{A + B - C}{A}\right) m \frac{ds}{dt} - \left(\frac{B - C}{A}\right) m^2 s' = 3 m^2 \left(\frac{B - C}{A}\right) \\
&\qquad \times [s \cos(v - \varphi) + \gamma \sin(v - \alpha)] \sin(v - \varphi).
\end{aligned}\right\} \quad (7)$$

47. Occupons-nous d'intégrer ces équations. Si l'on fait d'abord abstraction de leurs seconds membres, elles deviennent simplement

$$\left.\begin{aligned}
&\frac{d^2 s}{dt^2} - \left(\frac{A + B - C}{B}\right) m \frac{ds'}{dt} - 4 \left(\frac{A - C}{B}\right) m^2 s = 0, \\
&\frac{d^2 s'}{dt^2} + \left(\frac{A + B - C}{A}\right) m \frac{ds}{dt} - \left(\frac{B - C}{A}\right) m^2 s' = 0.
\end{aligned}\right\} \quad (8)$$

Pour satisfaire à ces équations, supposons

$$s = \mathrm{M}\sin(lt + k), \quad s' = \mathrm{M}'\cos(lt + k).$$

Ces valeurs, substituées dans les équations précédentes, donnent

$$\mathrm{M}\,l^2 - \left(\frac{\mathrm{A} + \mathrm{B} - \mathrm{C}}{\mathrm{B}}\right) m\mathrm{M}'\,l + 4\left(\frac{\mathrm{A} - \mathrm{C}}{\mathrm{B}}\right) m^2\,\mathrm{M} = 0,$$

$$\mathrm{M}'\,l^2 - \left(\frac{\mathrm{A} + \mathrm{B} - \mathrm{C}}{\mathrm{A}}\right) m\mathrm{M}\,l + \left(\frac{\mathrm{B} - \mathrm{C}}{\mathrm{A}}\right) m^2\,\mathrm{M}' = 0.$$

De la seconde de ces équations, on tire

$$\mathrm{M}' = \frac{\left(\dfrac{\mathrm{A} + \mathrm{B} - \mathrm{C}}{\mathrm{A}}\right) ml}{l^2 + \left(\dfrac{\mathrm{B} - \mathrm{C}}{\mathrm{A}}\right) m^2}\,\mathrm{M}. \quad (9)$$

Cette valeur, substituée dans la première, donne

$$l^2 - \frac{\dfrac{(\mathrm{A} + \mathrm{B} - \mathrm{C})^2}{\mathrm{AB}}\, m^2\,l^2}{l^2 + \left(\dfrac{\mathrm{B} - \mathrm{C}}{\mathrm{A}}\right) m^2} + 4\left(\frac{\mathrm{A} - \mathrm{C}}{\mathrm{B}}\right) m^2 = 0. \quad (10)$$

Les équations (9), (10) serviront à déterminer les constantes M' et l; les deux autres constantes M et k demeureront arbitraires.

Si l'on ordonne l'équation (10) par rapport à l, on aura

$$l^4 - \left[\frac{(\mathrm{A} + \mathrm{B} - \mathrm{C})^2}{\mathrm{AB}} - 4\left(\frac{\mathrm{A} - \mathrm{C}}{\mathrm{B}}\right) - \left(\frac{\mathrm{B} - \mathrm{C}}{\mathrm{A}}\right)\right] m^2 l^2 + 4\left(\frac{\mathrm{A} - \mathrm{C}}{\mathrm{B}}\right)\left(\frac{\mathrm{B} - \mathrm{C}}{\mathrm{A}}\right) m^4 = 0, \quad (11)$$

équation qu'on peut résoudre comme une équation du second degré, et qui donnera pour l deux valeurs. Désignons la première par l et la seconde par l'; on aura, par la théorie des équations linéaires,

$$s = \text{M} \sin(lt + k) + \text{N} \sin(l't + k'),$$

$$s' = \text{M}' \cos(lt + k) + \text{N}' \cos(l't + k'),$$

en supposant, pour abréger,

$$\text{M}' = \frac{\left(\dfrac{\text{A}+\text{B}-\text{C}}{\text{A}}\right) ml}{l^2 + \left(\dfrac{\text{B}-\text{C}}{\text{A}}\right) m^2} \text{M}, \quad \text{N}' = \frac{\left(\dfrac{\text{A}+\text{B}-\text{C}}{\text{A}}\right) ml'}{l'^2 + \left(\dfrac{\text{B}-\text{C}}{\text{A}}\right) m^2} \text{N}. \left.\right\} \quad (12)$$

Ces valeurs de s et s' renferment quatre arbitraires, M, N, k, k'; elles sont donc les intégrales complètes des équations (8).

48. Reprenons maintenant les équations (7). La quantité $\gamma \sin(v - \alpha)$ représente, comme nous l'avons dit, la latitude de la Terre vue de la Lune, latitude qui est égale et de signe contraire à celle de la Lune vue de la Terre. Sa valeur peut se développer, d'après les formules du n° **25**, liv. II, en une suite de sinus et de cosinus des multiples du moyen mouvement mt; il en est de même des trois quantités $\sin v$, $\sin(v - \varphi)$ et $\cos(v - \varphi)$; en substituant donc ces valeurs dans les équations (7), leurs seconds membres se trouveront composés d'une suite de termes semblables, et chacun d'eux produira, dans les valeurs de s et s', un terme correspondant qu'on déterminera de la manière suivante.

Soit $\text{H} \sin(ht + h')$ un terme quelconque du développement de $[s' \sin(v - \varphi) + \gamma \sin(v - \alpha)] \cos(v - \varphi)$, ht désignant ici un multiple quelconque de mt, et H et h' étant des fonctions données des éléments de l'orbite lunaire; et soit $H' \cos(ht + h')$ le terme du développement de $[s \cos(v - \varphi) + \gamma \sin(v - \alpha)] \sin(v - \varphi)$ qui lui correspond, c'est-à-dire qui a même argument ht; on aura, en ne considérant que ces termes,

$$\frac{d^2 s}{dt^2} - \left(\frac{A+B-C}{B}\right) m \frac{ds'}{ds} - 4 \left(\frac{A-C}{B}\right) m^2 s = 3 m^2 \left(\frac{A-C}{B}\right) H \sin(ht+h'),$$

$$\frac{d^2 s'}{dt^2} + \left(\frac{A+B-C}{A}\right) m \frac{ds}{dt} - \left(\frac{B-C}{A}\right) m^2 s' = 3 m^2 \left(\frac{B-C}{A}\right) H' \cos(ht+h').$$

On satisfait à ces équations, en supposant

$$s = P \sin(ht + h'), \quad s' = P' \cos(ht + h').$$

Si l'on substitue ces valeurs dans les équations précédentes, on trouve, pour déterminer P et P',

$$- P h^2 + \left(\frac{A+B-C}{B}\right) m P' h - \left(\frac{A-C}{B}\right) m^2 (4P + 3H) = 0,$$

$$- P' h^2 + \left(\frac{A+B-C}{A}\right) m P h - \left(\frac{B-C}{A}\right) m^2 (P' + 3H') = 0,$$

d'où l'on tire

$$P = \frac{3 \left[h^2 + \left(\frac{B-C}{A}\right) m^2 \right] \left(\frac{A-C}{B}\right) m^2 H + 3 \left(\frac{A+B-C}{B}\right) \left(\frac{B-C}{A}\right) m^3 h H'}{D},$$

$$P' = \frac{3 \left[h^2 + 4 \left(\frac{A-C}{B}\right) m^2 \right] \left(\frac{B-C}{A}\right) m^2 H' + 3 \left(\frac{A+B-C}{A}\right) \left(\frac{A-C}{B}\right) m^3 h H}{D},$$

en faisant, pour abréger,

$$D = \frac{(A+B-C)}{AB} m^2 h^2 - \left[h^2 + \left(\frac{B-C}{A}\right) m^2 \right] \left[h^2 + 4 \left(\frac{A-C}{B}\right) m^2 \right].$$

Chacun des termes des produits

$$[s'\sin(v-\varphi) + \gamma\sin(v-\alpha)]\cos(v-\varphi)$$

et

$$[s\cos(v-\varphi) + \gamma\sin(v-\alpha)]\sin(v-\varphi)$$

introduira dans les valeurs de s et s' des termes semblables, et l'on aura les valeurs complètes de ces quantités en prenant la somme de tous ces termes, et en y joignant les valeurs de s et s' qui ont lieu lorsqu'on suppose nuls les seconds membres des équations (7). On trouve, de cette manière,

$$s = M\sin(lt+k) + N\sin(l't+k') + P\sin(ht+h') +\ldots,$$
$$s' = M'\cos(lt+k) + N\cos(l't+k') + P\cos(ht+h') +\ldots,$$

M, N, k, k' étant des constantes arbitraires.

49. Ces valeurs satisfont aux équations (7) dans toute leur étendue; elles doivent donc renfermer les lois de la précession des équinoxes lunaires et de la nutation de son axe de rotation. Mais avant d'en examiner les conséquences, il est bon de faire quelques observations qui en restreindront la généralité.

Nous avons dit, n° 45, que $\dfrac{B-A}{C}$ était toujours une quantité très-petite; on verra bientôt qu'il en est de même de $\dfrac{C-A}{C}$, en sorte que si l'on fait

$$\frac{C-A}{C} = i, \quad \frac{C-B}{C} = i',$$

ce qui donne $A = C(1-i)$ et $B = C(1-i')$, i et i' seront de très-petites quantités dont on pourra négliger les carrés et le produit. Si l'on substitue ces valeurs dans l'équation (11), elle devient

$$l^4 - \left(\frac{1 + 2i - i'}{1 - i - i'} \right) m^2 l^2 + \frac{4\,ii'}{1 - i - i'}\,m^4 = 0,$$

équation qui donne, en la résolvant par approximation,

$$l^2 = m^2 \left[\frac{1 + 2i - i' \pm (1 + 2i - i' - 8\,ii')}{2(1 - i - i')} \right].$$

On tire de là ces deux valeurs, $l^2 = m^2 + 3\,im^2$ et $l^2 = 4\,ii'm^2$; on aura donc, en prenant pour l et l' les deux racines positives de ces équations,

$$l = m + \tfrac{3}{2}\,im, \quad l' = 2\,m\sqrt{ii'},$$

ou bien, en remettant pour i et i' les valeurs que ces lettres représentent,

$$l = m - \frac{3}{2}\,m\left(\frac{A - C}{C} \right), \quad l' = 2\,m\,\frac{\sqrt{(A - C)(B - C)}}{C}.$$

Ces valeurs substituées dans les équations (12) donneront, en observant que i et i' sont de très-petites quantités,

$$M' = M, \quad N' = -\,2\,N\sqrt{\frac{A - C}{B - C}}.$$

Les valeurs de s et s' deviendront ainsi

$$s = M \sin(lt + k) + N \sin(l't + k') + P \sin(ht + h') + \ldots,$$

$$s' = M \cos(lt + k) + 2\,N\sqrt{\frac{A - C}{B - C}} \cos(lt + k') + P' \cos(ht + h') + \ldots.$$

Si, dans une première approximation, on néglige dans les équations différentielles (7), les produits de l'angle $v - \varphi$ par les quantités s, s' et γ, le second membre de la première de ces équations se réduira à $3\,m^2\left(\dfrac{A-C}{B}\right)\gamma\sin(v-\alpha)$ et celui de la deuxième à zéro; $H\sin(ht+h')+\ldots$ représentera donc dans ce cas la latitude de la Lune développée en fonction des sinus et des cosinus du moyen mouvement mt. Le terme le plus considérable de cette valeur est celui qui dépend de l'argument de la latitude : en ne considérant que ce seul terme et en le supposant représenté par $H\sin(ht+h')$, on aura les valeurs qui en résultent dans s et s', en faisant $H'=0$ dans les équations du n° **48**, d'où l'on conclura P et P'; les valeurs de s et s' se réduiront ainsi aux suivantes :

$$s = M\sin(lt+k) + N\sin(l't+k') + P\sin(ht+h'),$$

$$s' = M\cos(lt+k) + 2\,N\sqrt{\frac{A-C}{B-C}}\cos(l't+k') + P'\cos(ht+h').$$

50. Examinons maintenant ce qui résulte de ces intégrales par rapport aux déplacements de l'équateur lunaire.

On a, par le n° **46**,

$$s = \operatorname{tang}\theta\sin\varphi, \qquad s' = \operatorname{tang}\theta\cos\varphi,$$

d'où l'on tire

$$\operatorname{tang}\varphi = \frac{s}{s'}, \qquad \operatorname{tang}\theta = \sqrt{s^2+s'^2}.$$

Si, à la place de s et s', on substitue leurs valeurs, on aura ainsi

$$\operatorname{tang}\varphi = \frac{M\sin(lt+k) + N\sin(l't+k') + P\sin(ht+h')}{M\cos(lt+k) + 2\,N\sqrt{\dfrac{A-C}{B-C}}\cos(l't+k') + P'\cos(ht+h')},$$

et en supposant, pour abréger,

$$N\left(\frac{1}{2} - \sqrt{\frac{A-C}{B-C}}\right) = L, \quad N\left(\frac{1}{2} + \sqrt{\frac{A-C}{B-C}}\right) = K,$$

il est aisé de voir, n° **66**, livre II, que la valeur précédente pourra prendre cette forme,

$$\operatorname{tang}(\varphi - ht - h')$$
$$= \frac{M \sin[(l-h)\,t+k-h'] + L\sin[(l'-h)\,t+k'-h'] + K\sin[(l'+h)\,t+k'+h']}{P + M\cos[(l-h)t+k-h'] + L\cos[(l'-h)\,t+k'-h'] + K\cos[(l'+h)\,t+k'+h']}.$$

Si l'on suppose d'abord nulles les deux constantes M et N, cette équation donnera

$$\varphi = ht + h' \quad \text{ou} \quad \varphi = 180^\circ + ht + h',$$

selon que P sera une quantité positive ou négative. Voyons quelle est celle de ceux valeurs qui s'accorde avec les observations.

L'angle $mt + c + \psi$ est la longitude du rayon vecteur mené de la Lune à la Terre, comptée à partir du nœud descendant de l'équateur lunaire; $180^\circ + ht + h'$ est l'argument de la latitude de la Lune, et par conséquent $ht + h'$ la distance de la Terre au nœud ascendant de l'orbe lunaire; $mt + c + \psi - ht - h'$ exprime donc l'angle compris entre le nœud ascendant de l'orbite et le nœud descendant de l'équateur de la Lune. Or, on a, par ce qui précède,

$$\varphi = ht + h' \quad \text{et} \quad \varphi - \psi = mt + c + u,$$

u étant une très-petite quantité qui exprime la libration de la Lune en longitude, et qui n'est composée que de termes périodiques. Si l'on néglige ces termes, on aura

$$mt + c + \psi - ht - h' = mt + c + \psi - \varphi = 0;$$

d'où il suit que le lieu moyen du nœud descendant

de l'équateur de la Lune coïncidera exactement avec le lieu moyen du nœud ascendant de l'orbite, résultat qui s'accorde avec la théorie fondée sur les observations faites par Cassini et répétées ensuite par Mayer et Lalande.

Dans le second cas, on a

$$\varphi = 180° + ht + h';$$

on aura donc

$$mt + c + \psi - ht - h' = 180°,$$

et le nœud descendant de l'équateur lunaire coïncidera par conséquent alors avec le nœud descendant de l'orbite. Ce cas pourrait, comme on voit, avoir également lieu; il suffirait pour cela que P fût une quantité négative; mais comme le premier résultat s'accorde exactement avec les observations, il faut en conclure que la valeur de P est positive.

Considérons actuellement l'expression générale de $\tang(\varphi - ht - h')$. Il est aisé de voir que l'angle $\varphi - ht - h'$ ne pourra jamais atteindre l'angle droit en plus ou en moins, si le dénominateur de cette expression est constamment de même signe et plus grand que zéro. En sorte que φ sera dans ce cas égal à $ht + h'$ plus ou moins un angle toujours moindre que 90°, et par conséquent la valeur moyenne de φ sera encore alors $ht + h'$. Si, au contraire, ce dénominateur pouvait devenir nul, la valeur de $\tang(\varphi - ht - h')$ deviendrait infinie; l'angle $\varphi - ht - h'$ dépasserait alors 90°, il pourrait même, par la suite, devenir égal à une ou plusieurs circonférences, et il ne serait plus possible, par conséquent, d'assigner dans ce cas aucune limite à ses accroissements.

II. 21

Or, les observations ayant fait voir que le nœud descendant de l'équateur de la Lune ne s'éloigne jamais que très-peu du nœud moyen ascendant de son orbite, et qu'ainsi $\varphi - ht - h'$ est toujours un angle peu considérable, il en résulte que l'expression

$$P + M \cos[(l-h)\,t + k - h'] + L \cos[(l'-h)\,t + k' - h'] + K \cos[(l'+h)\,t + k' + h'],$$

ne doit jamais devenir nulle, quels que soient les angles $(l - h)\,t + k - h'$, etc., ce qui exige que cette quantité ne change pas de signes, et que par conséquent la valeur de P soit plus grande que la somme des coefficients M, L, K, abstraction faite des signes de ces quantités. Nous avons vu que lorsque M, L, K sont nuls, P doit être une quantité positive; il faut donc, dans le cas général, que P ait une valeur positive plus grande que la somme des valeurs de M, L, K, pour que $\varphi - ht - h'$ soit un angle toujours moindre que l'angle droit; et il faut en outre que les quantités M, L, K, et par conséquent M et N, soient très-petites par rapport à P, pour que l'angle $\varphi - ht - h'$ soit toujours fort petit, comme l'observation l'indique. Or, comme M et N sont arbitraires, cette dernière condition est toujours facile à remplir, et doit être considérée comme une donnée fournie par les observations.

Si l'on fait $\varphi - ht - h' = \zeta$, en sorte que $\varphi = ht + h' + \zeta$, on aura

$$\psi = \varphi - mt - c - u = ht + h' - mt - c - u + \zeta$$

pour la longitude du nœud descendant de l'équateur lunaire. Or, $mt + c - ht - h'$ est le lieu moyen du nœud ascendant de l'orbite; on aura donc le lieu vrai du nœud descendant de l'équateur lunaire, en retranchant le lieu moyen du nœud ascendant de l'orbite de l'angle $\zeta - u$, u étant la libration réelle de la Lune en longitude, et ζ un très-petit angle déterminé par l'équation

$$\operatorname{tang}\zeta = \frac{\mathrm{M}\sin[(l-h)t+k-h']+\mathrm{L}\sin[(l'-h)t+k'-h']+\mathrm{K}\sin[l'+h')t+k'+h']}{\mathrm{PM}\cos[(l-h)+t+k-h']+\mathrm{L}\cos[(l'-h)t+k'-h']+\mathrm{K}\cos[l'+h')t+k'+h']}.$$

Considérons maintenant l'expression de l'inclinaison de l'équateur lunaire sur l'écliptique fixe. Si l'on ajoute les carrés des valeurs de s et s', en observant que

$$\mathrm{N} = \mathrm{K} + \mathrm{L} \quad \text{et} \quad 2\,\mathrm{N}\sqrt{\frac{\mathrm{A}-\mathrm{C}}{\mathrm{B}-\mathrm{C}}} = \mathrm{K} - \mathrm{L},$$

on aura

$$\begin{aligned}
\operatorname{tang}^2\theta = {}& \mathrm{P}^2+\mathrm{M}^2+\mathrm{L}^2+\mathrm{K}^2+2\,\mathrm{MP}\cos[(l-h)t+k-h']\pm 2\,\mathrm{ML}\cos[(l'-l)t+k'-k]\\
& -2\,\mathrm{MK}\cos[(l'+l)t+k'+k]+2\,\mathrm{PL}\cos[(l'-h)t+k'-h']\\
& -2\,\mathrm{PK}\cos[(l'+h)t+k'+h']-2\,\mathrm{LK}\cos 2(l'+k').
\end{aligned}$$

Nous venons de voir que pour que $\varphi - ht - h'$ soit constamment un très-petit angle, les constantes M, L et K doivent être très-petites, par rapport à P; l'inclinaison θ est donc, à très-peu près, constante et égale à P. Ainsi donc, *la coïncidence des nœuds de l'équateur et de l'orbite lunaire, et l'invariabilité de l'inclinaison du premier de ces plans à l'écliptique ne sont pas deux phénomènes isolés dans le système du monde;* ils résultent l'un de l'autre par la théorie de la pesanteur, comme ils sont donnés simultanément par l'observation.

On voit, par ce qui précède et par ce que nous avons dit n° 44, que dans la théorie de la libration de la Lune, on peut regarder comme nulles, ou du moins comme insensibles, les constantes arbitraires qui dépendent de l'état initial du mouvement. Nous avons remarqué semblablement, dans le n° **13**, que les observations les plus précises n'indiquaient, dans le mouvement de l'équateur terrestre, aucune inégalité dépendante de la même cause. Ce résultat doit sans doute être étendu à toutes les planètes; et l'on conçoit en effet que l'influence de l'impulsion primitive qu'ont reçue les corps célestes, sur les perturbations de leur mouvement uniforme de rotation autour de leur centre de gravité, a dû être depuis longtemps anéantie par les frottements et les résistances qu'ils éprouvent; en sorte qu'il ne subsiste plus aujourd'hui que celles qui ont une cause permanente.

51. Nous allons maintenant reprendre en détail les différents termes des expressions générales de s et s' et en déduire, comme nous l'avons fait relativement à l'expression de la libration en longitude, les données qu'elles fournissent sur la constitution du sphéroïde lunaire. Il est évident d'abord que pour que les valeurs de s et s' demeurent constamment très-petites, comme les observations l'indiquent, il faut que les coefficients M, N, M', N', P et P' soient très-petits, et que, de plus, les coefficients l, l', h, etc., soient réels. Or, les quantités h, etc., sont réelles de leur nature; mais pour que les valeurs de l et l' le soient aussi, il faut que les racines de l'équation (10) soient non-seulement réelles, mais encore positives, ce qui donne les trois équations de condition suivantes :

$$(A + B - C)^2 - 4 (A - C) A - (B - C) B > 0,$$
$$(A+B-C)^2 - 4(A-C) A + (A-B) B > 16 (A-C) (B-C) AB,$$
$$(A - C)(B - C) > 0.$$

Si l'une de ces conditions n'était pas satisfaite, les valeurs de s et s' renfermeraient le temps t hors des signes sinus et cosinus, et pourraient augmenter indéfiniment, ce qui est contraire aux phénomènes observés. La dernière montre que le produit $(A - C)(B - C)$ doit toujours être positif, ce qui exige que C soit le plus grand ou le plus petit des trois moments d'inertie A, B, C. Or, C est le moment d'inertie qui se rapporte au troisième axe principal de la Lune, celui autour duquel elle tourne; il est donc naturel de supposer qu'il est plus grand que les moments d'inertie A, B, qui se rapportent aux axes principaux situés dans l'équateur, puisque la Lune a dû nécessairement s'aplatir dans le sens des pôles par l'effet du mouvement de rotation. Nous avons déjà vu, n° 44, que B — A doit être une quantité positive pour que la libration de la Lune en longitude soit toujours peu considérable; C est donc le plus grand, et A le plus petit des trois moments d'inertie du sphéroïde lunaire.

52. Reprenons les équations (5), n° **46**; en remarquant que α est un fort petit angle, on peut les écrire ainsi :

$$\left. \begin{aligned} \frac{d^2 s}{dt^2} - \frac{(A+B-C)}{B} m \frac{ds'}{dt} - \left(\frac{A-C}{B}\right) m^2 s &= \frac{3L}{r'^3} \left(\frac{A-C}{B}\right) (\theta+\gamma) \sin(v-\alpha) \cos(v-\varphi), \\ \frac{d^2 s'}{dt^2} - \frac{(A+B-C)}{A} m \frac{ds}{dt} - \left(\frac{B-C}{A}\right) m^2 s' &= \frac{3L}{r'^3} \left(\frac{B-C}{A}\right) (\theta+\gamma) \sin(v-\alpha) \sin(v-\varphi). \end{aligned} \right\} \quad (13)$$

Les seuls termes de ces expressions qui puissent devenir sensibles sont ceux qui dépendent de l'argument moyen de la latitude, à raison de leur grandeur, et ceux qui acquièrent par l'intégration de très-petits diviseurs, circonstance qui peut les rendre considérables, quoique très-petits par eux-mêmes. Voyons ce que deviennent dans ces deux cas les quantités que nous avons désignées généralement par P et P'. Si, dans une première approximation, on néglige les termes des seconds membres des équations précédentes qui dépendent des angles θ et $v - \varphi$ qui sont de très-petites quantités, le second membre de la première des équations (13) se réduit à

$$3\, m^2 \left(\frac{A - C}{B} \right) \gamma \sin(v - \alpha),$$

et celui de la seconde à zéro.

On a vu, n° **48**, que $\gamma \sin(v - \alpha)$ représente la tangente de la latitude de la Terre vue de la Lune, et α la longitude du nœud ascendant de l'orbe lunaire comptée d'une ligne fixe. Ce point a un mouvement rétrograde sur le plan de l'écliptique fixe, et en désignant par $- amt + g$ la partie moyenne de ce mouvement qu'il nous suffira de considérer ici, et substituant pour v la longitude moyenne $mt + c$ de la Terre vue de la Lune, on aura

$$\gamma \sin(v - \alpha) = \gamma \sin[(1 + a)\, mt + \mathfrak{6}].$$

Nous avons représenté, n° **48**, par $\Sigma . \mathrm{H} \sin(ht + h')$ la somme des termes périodiques du second membre de la première des équations (7); en supposant donc que $H \sin(ht + h')$ est le terme de cette suite que nous considérons, on aura

$$H = \gamma, \quad h = (1 + a)\,m,$$

a étant une très-petite quantité dont on peut néglig-gliger le carré. Si l'on substitue cette valeur de h dans D (n° **48**) et qu'on néglige les termes de l'ordre a^2, on pourra lui donner cette forme,

$$D = - \frac{A + B - C}{AB}\,[2\,Ca + 3(A - C)]\,m^4 - 6\,A\left(\frac{A - C}{B}\right) am^4.$$

On peut négliger le dernier terme de cette expression, à cause de la petitesse de ses deux facteurs, et en faisant (n° **49**) $H' = 0$ dans les valeurs de P et P', on aura, à très-peu près,

$$P = P' = \frac{3(C - A)\gamma}{2\,Ca - 3(C - A)}.$$

Tous les termes des valeurs de s et s' qui acquièrent de petits diviseurs par l'intégration, ont été discutés avec soin, en tenant compte des principales inéga-lités de la Lune du premier et du second ordre, par rapport à l'inclinaison et à l'excentricité de son orbite, et l'on a reconnu que le seul d'entre eux qui puisse devenir sensible est celui qui dépend de la longitude du périgée lunaire. L'inégalité qui en résulte a une période d'environ six années; elle dépend de la se-conde approximation, c'est-à-dire qu'elle est du se-cond ordre par rapport aux quantités θ, γ et e, en désignant par e l'excentricité de l'orbe lunaire. Pour la déterminer, reprenons les équations (13); en ré-marquant que α, désignant la longitude du nœud ascendant de l'orbite de la Lune, comptée du nœud descendant de son équateur, est un très-petit angle dont on peut faire abstraction, on aura

$$\left.\begin{aligned} \frac{d^2s}{dt^2} - \frac{(A+B-C)}{B}\, m\, \frac{ds'}{dt} - \left(\frac{A-C}{B}\right) m^2 s &= \frac{3L}{r'^3}\left(\frac{A-C}{B}\right)(\theta+\gamma)\sin v \cos(v-\varphi), \\ \frac{d^2s'}{dt^2} - \frac{(A+B-C)}{A}\, m\, \frac{ds}{dt} - \left(\frac{B-C}{A}\right) m^2 s &= \frac{3L}{r'^3}\left(\frac{B-C}{A}\right)(\theta+\gamma)\sin v \sin(v-\varphi). \end{aligned}\right\} \quad (14)$$

Par les formules du mouvement elliptique, on a

$$\frac{r'}{a} = 1 - e\cos(mt + c - \omega);$$

$$v = mt + c - \Pi + 2e\sin(mt + c - \omega),$$

e étant l'excentricité et Π la longitude du nœud ascendant de l'orbe lunaire, $mt+c$ la longitude moyenne de la Terre vue de la Lune, et ω la longitude du périgée de l'orbite qu'elle est supposée décrire, ces trois longitudes étant comptées sur le plan de l'écliptique à partir d'une ligne fixe. De ces équations, en n'ayant égard qu'aux termes qui dépendent de la première puissance de e, on tire

$$\frac{1}{r'^3} = \frac{1}{a^3}\big[1 + 3e\cos(mt + c - \omega)\big],$$

$$\sin v = \sin(mt + c - \Pi) + 2e\cos(mt + c - \omega)\sin(mt + c - \omega).$$

On peut d'ailleurs, comme $v - \varphi$ est un très-petit arc, négliger son carré dans les seconds membres des équations (14), ou, ce qui revient au même, le substituer à la place de son sinus, et supposer son cosinus égal à l'unité. Or, l'expression de cet arc contient, d'après le n° 45, le terme $2e\sin(mt + c - \omega)$;

on aura donc

$$\cos(v - \varphi) = 1, \quad \sin(v - \varphi) = 2\,e\sin(mt + c - \omega).$$

En vertu des valeurs précédentes, le second membre de la première des équations (14), en ne considérant que les termes de l'ordre des excentricités de l'orbe lunaire, devient

$$\frac{3\mathrm{L}}{a^3}\left(\frac{\mathrm{A}-\mathrm{C}}{\mathrm{B}}\right)(\theta+\gamma)\left[2\,e\cos(mt+c-\Pi)\sin(mt+c-\omega)+3\,e\sin(mt+c-\Pi)\right],$$

ou bien, en négligeant les termes périodiques,

$$\frac{3\mathrm{L}}{a^3}\left(\frac{\mathrm{A}-\mathrm{C}}{2\,\mathrm{B}}\right).(\theta+\gamma)\,e\sin(\omega-\Pi).$$

On verra, de la même manière, que le second membre de la deuxième de ces équations se réduit à

$$\frac{3\mathrm{L}}{a^3}\left(\frac{\mathrm{B}-\mathrm{C}}{\mathrm{A}}\right)(\theta+\gamma)\left[2\,e\sin(mt+c-\Pi)\sin(mt+c-\omega)\right],$$

ce qui donne, en négligeant la partie périodique, le terme

$$\frac{3\mathrm{L}}{a^3}\left(\frac{\mathrm{B}-\mathrm{C}}{\mathrm{A}}\right)(\theta+\gamma)\,e\cos(\omega-\Pi).$$

Il faut substituer ces valeurs dans les équations (14); mais, pour ne rien laisser à désirer sur cet article, nous observerons que $\gamma\sin(v-\alpha)$ exprime, n° **52**, la latitude de la Terre vue de la Lune, qui est égale et de signe contraire à la latitude de la Lune. Or, l'expression de cette dernière latitude contient, dans la partie qui est due à la force perturbatrice, une inégalité de cette forme,

$$-\tfrac{1}{2}\,e\gamma\,\mathrm{K}\sin(\omega-\Pi),.$$

laquelle produira, dans le second membre de la première des équations (14), le terme suivant :

$$\frac{3\mathrm{L}}{a^3}\left(\frac{\mathrm{A}-\mathrm{C}}{2\,\mathrm{B}}\right) e\gamma\mathrm{K}\sin(\omega-\Pi),$$

qu'il faudra joindre au terme déterminé plus haut.

Les équations (14), en observant qu'on a $m^2=\dfrac{\mathrm{L}}{a^3}$, deviendront ainsi :

$$\frac{d^2 s}{dt^2}-\frac{(\mathrm{A}+\mathrm{B}-\mathrm{C})}{\mathrm{B}}\,m\,\frac{ds'}{dt}-\left(\frac{\mathrm{A}-\mathrm{C}}{\mathrm{B}}\right)m^2 s=3\,m^2\left(\frac{\mathrm{A}-\mathrm{C}}{2\,\mathrm{B}}\right)[\theta+\gamma\,(1+\mathrm{K})]\,e\sin(\omega-\Pi),$$

$$\frac{d^2 s}{dt^2}+\frac{(\mathrm{A}+\mathrm{B}-\mathrm{C})}{\mathrm{B}}\,m\,\frac{ds}{dt}-\left(\frac{\mathrm{B}-\mathrm{C}}{\mathrm{A}}\right)m^2 s'=3\,m^2\left(\frac{\mathrm{B}-\mathrm{C}}{\mathrm{A}}\right)(\theta+\gamma)\,e\cos(\omega-\Pi).$$

L'action du Soleil fait varier les nœuds et le périgée de l'orbite lunaire ; le mouvement du périgée est direct ; désignons par $bmt+f$ sa longitude moyenne comptée à partir d'une ligne fixe ; le mouvement des nœuds étant rétrograde, soit comme précédemment $-amt+g$ la longitude moyenne du nœud ascendant comptée de la même ligne ; ω représentant la longitude de l'orbite de la Terre vue de la Lune, est égal à la longitude de l'orbe lunaire augmentée d'une demi-circonférence ; on aura donc ainsi :

$$\omega-\Pi=(a+b)\,mt+f-g+180°.$$

Si l'on substitue cette valeur dans les équations différentielles précédentes et que pour y satisfaire on suppose

$$s=\mathrm{P}\sin[(a+b)\,mt+f-g],$$
$$s'=\mathrm{P}'\cos[(a+b)\,mt+f-g],$$

a et b étant de petites quantités dont on peut négliger les carrés et les produits par $\dfrac{A - C}{B}$ et $\dfrac{B - C}{A}$, on trouvera, à très-peu près,

$$P = \frac{3\left(\dfrac{C - B}{A}\right)(\theta + \gamma)\,e}{a + b}, \qquad P' = \frac{3\left(\dfrac{C - A}{2\,B}\right)[\theta + \gamma(1 + K)]\,c}{a + b},$$

On aura donc, en vertu des deux termes que nous venons de considérer, pour les valeurs complètes de s et de s',

$$s = \frac{3(C - A)\gamma}{2\,Ca - 3(C - A)}\sin\left[(1 + a)\,mt + \mathcal{E}\right]$$
$$+ 3\left(\frac{C - B}{A}\right)\frac{\theta + \gamma}{a + b}\,e\sin\left[(a + b)\,mt + f - g\right],$$

$$s' = \frac{3(C - A)\gamma}{2\,Ca - 3(C - A)}\cos\left[(1 + a)\,mt + \mathcal{E}\right]$$
$$+ 3\left(\frac{C - A}{2\,B}\right)\frac{[\theta + \gamma(1 + K)]}{a + b}\,e\cos\left[(a + b)\,mt + f - g\right].$$

53. Si l'on élève au carré ces valeurs et qu'on les substitue ensuite dans l'équation $\operatorname{tang}\theta = \sqrt{s^2 + s'^2}$, en négligeant les produits de trois dimensions, par rapport à e, θ et γ, on aura

$$\operatorname{tang}\theta = \frac{3(C - A)\gamma}{2\,Ca - 3(C - A)} + 3\left(\frac{C - B}{A}\right)\left(\frac{\theta + \gamma}{a + b}\right)e\sin\left[(1 + a)\,mt + \mathcal{E}\right]\sin\left[(a + b)\,mt + f - g\right]$$
$$+ 3\left(\frac{C - A}{2\,B}\right)\left(\frac{\theta + \gamma(1 + K)}{a + b}\right)e\cos\left[(1 + a)\,mt + \mathcal{E}\right]\cos\left[(a + b)\,mt + f - g\right].$$

Comparons cette valeur aux observations. En ne considérant d'abord que son premier terme, on a

$$\operatorname{tang}\theta = \frac{3(C - A)\gamma}{2\,Ca - 3(C - A)}. \quad (15)$$

Mayer, par des observations faites en 1749, avait trouvé l'inclinaison de l'équateur lunaire égale à $1^\circ 29'$. MM. Bouvard et Nicollet, par des observations renouvelées dans ces derniers temps et que nous avons déjà citées, ont réduit cette inclinaison à $1^\circ 28' 45''$; résultat qui ne diffère que de $15''$ de celui de Mayer, et qui démontre avec évidence l'invariabilité de l'inclinaison moyenne. Nous supposerons donc $\theta = 1^\circ 28' 45''$; on a d'ailleurs par la théorie de la Lune (tome IV, page 592),

$$\gamma = 5^\circ 8' 49'', \quad a = 0,004022.$$

On aura donc, au moyen de l'équation (15),

$$3\left(\frac{C - A}{C}\right) = \frac{2a + \theta}{\theta + \gamma} = 0,0017972.$$

Or, d'après l'ordre de grandeur des trois quantités A, B, C, on a

$$\frac{B - A}{C} < \frac{C - A}{C}.$$

La première de ces deux quantités est donc moindre que 0,0006, comme nous l'avons supposé n° **45**.

Reprenons maintenant la valeur complète de $\tang\theta$; en ne considérant que les termes dont nous avons d'abord fait abstraction, et négligeant, comme nous le faisons, le carré de θ, on en tire

$$\tang\theta = 3\left(\frac{C - B}{A}\right)\frac{\theta + \gamma}{a + b}\, c \sin[(1 + a)\,mt + \varepsilon]\sin[(a + b)\,mt + f - g]$$

$$+ 3\left(\frac{C - A}{2B}\right)\frac{\theta + \gamma(1 + K)}{a + b}\, c \cos[(1 + a)\,mt + \varepsilon]\cos[(a + b)\,mt + f - g],$$

équation dans le second membre de laquelle on substituera pour θ sa valeur donnée par l'équation (15).

Les deux inégalités que cette expression renferme
ont pour limites leurs coefficients, et l'on peut en calculer approximativement les valeurs. En effet, on a,
par ce qui précède,

$$\theta = 0,2879\,\gamma, \quad \gamma = 5°8'49'',$$

et par la théorie de la Lune (tome IV, page 589),

$$e = 0,05473, \quad a = 0,004022,$$
$$b = 0,008452, \quad K = 0,039106.$$

En supposant donc pour un moment,

$$\frac{C-A}{B} = \frac{C-A}{C} = 0,00059907,$$

on aura

$$3\left(\frac{C-A}{2\,B}\right)\left(\frac{\frac{\theta}{\gamma}+1+K}{a+b}\right)e\gamma = 1'37'',188.$$

Ainsi, le *maximum* de la seconde inégalité de θ ne
s'élèvera pas à $1'37''$, c'est-à-dire à la cinquantième
partie environ de l'inclinaison moyenne.

Le *maximum* de la première inégalité ne saurait
être déterminé rigoureusement, parce que la valeur
de $\frac{C-B}{A}$ est encore inconnue; mais on peut en fixer
la limite en observant que l'on a

$$\frac{C-B}{A} < \frac{C-A}{B};$$

d'où il suit que la première inégalité est moindre dans son *maximum* que le double de la seconde, c'est-à-dire qu'elle est au-dessous de $\frac{1}{25}$ de l'inclinaison moyenne de l'équateur lunaire à l'écliptique.

54. Les valeurs de s et de s' produisent deux inégalités semblables aux précédentes, dans la valeur de φ, et, par suite, dans l'expression de la distance du nœud descendant de l'équateur lunaire au nœud ascendant de l'orbite. En effet, en ne considérant que le premier terme de ces valeurs, on a

$$\operatorname{tang}\varphi = \frac{s}{s'} = \operatorname{tang}[(1 + a)\,mt + c - g],$$

d'où l'on tire

$$\varphi = (1 + a)\,mt + c - g.$$

On a d'ailleurs, en faisant abstraction de la libration en longitude qui est très-petite,

$$\psi = \varphi - mt - c;$$

on aura donc

$$\psi = amt - g,$$

c'est-à-dire que le nœud de l'équateur lunaire coïncide avec le nœud de l'orbite, comme nous l'avons démontré généralement nº **50**. Considérons maintenant les termes du second ordre des valeurs de s et s'; faisons, pour abréger,

$$\zeta = -\psi + amt - g,$$

en sorte que ζ exprime l'angle compris entre le nœud de l'équateur de la Lune et le nœud de son orbite compté sur le plan parallèle à l'écliptique, et dans l'ordre des signes. On aura, en mettant pour ψ sa valeur,

$$\zeta = (1 + a)\, mt + c - g - \varphi,$$

d'où l'on tire

$$\tan\theta \sin\zeta = \tan\theta \sin[(1 + a)\, mt + c - g - \varphi)]$$
$$= s' \sin[(1+a)\, mt+c-g] - s \cos[(1+a)\, mt+c-g].$$

Si l'on substitue pour s et s' leurs valeurs, qu'on divise ensuite l'équation résultante par la valeur de $\tan\theta$ et qu'on néglige les puissances de e supérieures à la première, ce qui permet de mettre l'arc ζ à la place de son sinus, on aura

$$\zeta = 3\left(\frac{C-B}{A}\right)\frac{(\theta+\gamma)\,e}{(a+b)\theta}\cos[(1+a)\,mt+c-g]\sin[(a+b)\,mt+f-g]$$
$$- 3\left(\frac{C-A}{2\,B}\right)\frac{[\theta+\gamma\,(1+K)]\,e}{(a+b)\theta}\sin[(1+a)\,mt+c-g]\cos[(a+b)\,mt+f-g].$$

On peut calculer le coefficient de la seconde de ces deux inégalités; en effet, si l'on suppose

$$3\left(\frac{C-A}{2\,B}\right) = 0,0008986,$$

au moyen des valeurs de e, a, b, θ, γ, K, données précédemment, on trouvera $1°2'45''$ pour la valeur de ce coefficient, d'où l'on voit qu'en vertu de la seconde des inégalités de ζ, les nœuds de l'équateur et de l'orbite lunaires peuvent s'écarter l'un de l'autre de plus d'un degré. Le *maximum* de la première inégalité ne peut encore se déterminer, parce qu'on ignore, comme nous l'avons dit, la valeur de $\frac{C-B}{A}$, mais on est assuré qu'il ne saurait surpasser le double de la seconde, c'est-à-dire environ deux degrés. Mayer avait trouvé par ses observations $\zeta = -3°36'$; MM. Bouvard et Nicollet ont conclu des leurs $\zeta = 1°48'$. On peut attribuer la différence des deux résultats, en partie aux erreurs des observations, et en partie aux variations que subit la quantité ζ en vertu des inégalités qu'elle renferme.

55. M. Nicollet, d'après les derniers calculs qu'il a faits sur les observations de Bouvard, a trouvé l'inclinaison moyenne de l'équateur lunaire sur l'écliptique de $1°28'42''$, valeur un peu moins grande que celle que nous avions d'abord adoptée; on en a déduit

$$\frac{3(C - A)}{B} = 0{,}000178.$$

Au moyen de cette valeur et de celle de $\frac{B - A}{C}$ rapportée n° 45, on conclut, à très-peu près,

$$\frac{3(C - B)}{A} = 0{,}00012.$$

Si à l'aide de ces valeurs et de celles que nous avons rapportées plus haut, pour les quantités a, b, θ, e, etc., on réduit en nombres les coefficients des inégalités des expressions précédentes de θ et de ζ, en faisant, pour abréger,

$$D = (1 + a)\,mt + c - g, \quad E = (a + b)\,mt + f - g,$$

on trouve

$$\theta = 1°28'42'' + 13'' \sin D \sin E + 97'' \cos D \cos E,$$
$$\zeta = 447'' \cos D \sin E - 3721'' \sin D \cos E.$$

Dans ces formules, θ représente l'inclinaison vraie de l'équateur lunaire sur l'écliptique, φ la distance du nœud descendant de l'équateur de la Lune au nœud ascendant de son orbite, D est la distance moyenne de la Lune à son nœud ascendant, et E celle de son périgée à ce même nœud.

56. Nous avons dit, n° **42**, que la position des pôles n'était pas stable à la surface de la Lune ; il est aisé de déterminer maintenant les variations qu'ils éprouvent.

En effet, si, à l'aide des données précédentes, on convertit en nombres les coefficients des expressions de s et de s', n° **52**, on trouve

$$s = (1° 28' 42'') \sin D + 13'' \sin E,$$
$$s' = (1° 28' 42'') \cos D + 97'' \cos E,$$

d'où, en différentiant et observant que l'on a

$$\frac{dD}{mdt} = 1 + a = 1,00402, \quad \frac{dE}{mdt} = a + b = 0,01247,$$

on tire

$$\frac{ds}{mdt} = (1° 28' 63'') \cos D + 0'',3 \cos E,$$

$$\frac{ds'}{mdt} = - (1° 28' 63'') \sin D - 1'' \sin E.$$

Les équations (6) donnent

$$s + \frac{ds'}{mdt} = - \frac{p}{m}, \quad s' - \frac{ds}{mdt} = - \frac{q}{m};$$

II. 22

on aura donc

$$\frac{p}{m} = 21'' \sin D - 12'' \sin E,$$

$$\frac{q}{m} = 21'' \cos D - 97'' \cos E.$$

Si l'on nomme δ l'angle que forme l'axe instantané de rotation de la Lune avec l'axe auquel se rapporte le plus grand moment d'inertie C, $\dfrac{\sqrt{p^2+q^2}}{\sqrt{p^2+q^2+r^2}}$ exprimera généralement, n° 1, le sinus de cet angle ; on aura donc, à très-peu près,

$$\delta = \frac{\sqrt{p^2+q^2}}{m}.$$

En substituant pour p et q leurs valeurs, on verra que la plus grande valeur de l'angle δ serait de 2′ 36″, en sorte que les pôles de rotation de la Lune peuvent faire autour des pôles de son équateur des excursions dont l'étendue, dans son *maximum*, est de 2′ 36″.

57. Nous avons rapporté jusqu'ici les mouvements de l'équateur lunaire à une écliptique fixe; il resterait, pour compléter la théorie de la libration de la Lune, à considérer les mouvements de ce plan relativement à l'écliptique mobile. Mais il est aisé de se convaincre, par une analyse très-simple, que les équations qui déterminent la position de l'équateur lunaire sont absolument de même forme, soit qu'on la rapporte à l'écliptique fixe ou à l'écliptique mobile, pourvu qu'on rapporte au même plan la position de la Lune dans son orbite; d'où l'on peut conclure que

les lois des phénomènes qui dépendent des mouvements de son équateur, sont les mêmes dans les deux cas. Pour se rendre raison de ce résultat, il faut concevoir que l'attraction de la Terre sur le sphéroïde lunaire, ramenant sans cesse l'équateur et l'orbite de la Lune au même degré d'inclinaison sur l'écliptique vraie, la constance de l'inclinaison mutuelle de ces deux plans, et la coïncidence de leurs nœuds, n'éprouvent aucune altération des déplacements séculaires de l'écliptique. Enfin, nous n'avons pas tenu compte, dans la théorie précédente, de l'action du Soleil sur le sphéroïde lunaire, parce que toutes les recherches qu'on a faites à cet égard, ont prouvé que cette action n'a aucune influence sensible sur les mouvements de la Lune autour de son centre de gravité.

LIVRE CINQUIÈME.

DE LA FIGURE DES CORPS CÉLESTES.

Pour déterminer, par la théorie, la figure des corps célestes, les géomètres regardent chacun de ces corps comme une masse originairement fluide, douée d'un mouvement de rotation autour de son centre de gravité, et dont toutes les parties s'attirent réciproquement au carré de la distance ; la question consiste alors à déterminer la figure que doit prendre une pareille masse lorsqu'elle parvient à l'état d'équilibre. Pour la résoudre dans toute sa généralité, il faudrait connaître *à priori* les attractions que les différentes parties du fluide exercent les unes sur les autres. Ces attractions dépendent de la densité des molécules qui le composent, et de leur arrangement mutuel, c'est-à-dire de la forme même du corps. On est donc réduit à faire une hypothèse arbitraire sur la figure primitive des corps célestes ; on détermine, d'après cette hypothèse, les actions que leurs différentes parties supposées fluides exercent les unes sur les autres, et l'équation de l'équilibre, qui ne contient plus rien d'indéterminé, fait connaître ensuite la forme de ces corps, et la loi de la pesanteur à leur surface, en supposant toutefois que leurs molécules ont conservé, en se solidifiant, la même disposition qu'elles avaient à l'état fluide.

Nous nous occuperons donc d'abord, dans ce livre, des attractions des sphéroïdes, et spécialement de ceux dont la figure est supposée différer très-peu de la sphère, parce que cette hypothèse est celle qui s'applique avec le plus de vraisemblance aux différents corps du système du monde. Nous déterminerons ensuite, par les lois de l'Hydrostatique, la figure des corps célestes, et nous comparerons enfin, relativement à la Terre et à Jupiter, les résultats de la théorie et de l'observation.

La partie de la Mécanique céleste que nous allons aborder, n'a point encore atteint le haut degré de perfection auquel sont parvenues celles dont nous nous sommes occupé dans les livres précédents. C'est qu'ici le géomètre a été obligé de tout emprunter à son propre génie, l'expérience et l'observation ne lui ont prêté qu'un faible appui. Pour traiter ces questions délicates et d'une nature particulière, il lui a fallu créer une branche d'Analyse nouvelle; et si les hypothèses arbitraires sur lesquelles repose cette importante partie de la théorie analytique du système du monde, empêchent les résultats qu'elle produit de porter dans les esprits toute la conviction désirable, on peut du moins regarder ces résultats, par leur étendue et leur simplicité, comme l'une des plus belles conséquences de l'application de l'Analyse aux grands problèmes de la Physique céleste.

CHAPITRE PREMIER.

FORMULES GÉNÉRALES POUR DÉTERMINER LES ATTRACTIONS DES SPHÉROÏDES DE FIGURE QUELCONQUE.

1. Soit dm l'un quelconque des éléments du sphéroïde; nommons f sa distance au point attiré; $\frac{dm}{f^2}$ exprimera l'action qu'il exerce sur ce point, et en multipliant cette expression par les cosinus des angles que forme la droite f avec chacun des axes coordonnés, on aura les trois composantes de cette force, respectivement parallèles à ces axes. Soient x, y, z, les coordonnées de l'élément dm, rapportées à trois axes rectangulaires passant par le centre du sphéroïde, et a, b, c les coordonnées du point attiré relatives aux mêmes axes, on aura

$$f = \sqrt{(a - x)^2 + (b - y)^2 + (c - z)^2}.$$

On peut regarder l'élément dm comme un petit parallélipipède rectangulaire dont les dimensions sont dx, dy, dz; en nommant donc ρ sa densité, ρ étant une fonction des coordonnées x, y, z variable suivant une loi quelconque, on aura

$$dm = \rho \, dx \, dy \, dz.$$

Cela posé, désignons par A, B, C les attractions exercées par le sphéroïde parallèlement aux axes des x, des y et des z, et dirigées vers l'origine des coordonnées, on aura

$$
\left.\begin{aligned}
A &= \int\int\int \frac{\rho\,(a-x)\,dx\,dy\,dz}{\left[(a-x)^2+(b-y)^2+(c-z)^2\right]^{\frac{3}{2}}}, \\
B &= \int\int\int \frac{\rho\,(b-y)\,dx\,dy\,dz}{\left[(a-x)^2+(b-y)^2+(c-z)^2\right]^{\frac{3}{2}}}, \\
C &= \int\int\int \frac{\rho\,(c-z)\,dx\,dy\,dz}{\left[(a-x)^2+(b-y)^2+(c-z)^2\right]^{\frac{3}{2}}};
\end{aligned}\right\} \quad (A)
$$

les triples intégrales se rapportant aux variables x, y, z, qui fixent la position de dm, et devant s'étendre à la masse entière du sphéroïde.

On voit, par ces formules, que si l'on désigne par V la fonction qui exprime la somme des éléments du sphéroïde, divisés respectivement par leur distance au point attiré, en sorte qu'on ait

$$
V = \int\int\int \frac{\rho\,dx\,dy\,dz}{\left[(a-x)^2+(b-y)^2+(c-z)^2\right]^{\frac{1}{2}}},
$$

les intégrales devant être étendues à la masse entière du sphéroïde, la fonction V aura cette propriété remarquable, que ses trois différences partielles, prises par rapport aux coordonnées a, b, c du point attiré, donneront immédiatement les valeurs de A, B, C. En effet, les intégrations n'étant relatives qu'aux coordonnées x, y, z, on a évidemment

$$
A = -\frac{dV}{da}, \quad B = -\frac{dV}{db}, \quad C = -\frac{dV}{dc}.
$$

Si la valeur de V était connue, on aurait donc, par

une simple différentiation, celles de A, B, C. Généralement, pour avoir l'attraction qu'exerce le sphéroïde sur le point attiré parallèlement à une droite quelconque, il suffira de regarder V comme fonction de trois coordonnées rectangulaires dont l'une soit parallèle à cette droite; le coefficient de la différentielle de V, relative à cette coordonnée et prise avec un signe contraire, exprimera l'action qu'exerce le sphéroïde parallèlement à la droite donnée, et dirigée vers l'origine des coordonnées.

2. La fonction V jouit encore d'une propriété importante, c'est que si on la différentie une seconde fois, par rapport aux coordonnées a, b, c et qu'on ajoute les coefficients de ses trois différences partielles, cette somme sera constamment égale à zéro. En effet, en représentant, comme précédemment, par f la fonction $[(a-x)^2 + (b-y)^2 + (c-z)^2]^{\frac{1}{2}}$, on aura

$$V = \iiint \frac{\rho\, dx\, dy\, dz}{f},$$

l'intégration devant s'étendre à la masse entière du sphéroïde. Les signes $\int$ n'étant relatifs qu'aux variables x, y, z, il est évident qu'on aura

$$\frac{d^2 V}{da^2} + \frac{d^2 V}{db^2} + \frac{d^2 V}{dc^2} = \iiint \rho\, dx\, dy\, dz \left(\frac{d^2 \frac{1}{f}}{da^2} + \frac{d^2 \frac{1}{f}}{db^2} + \frac{d^2 \frac{1}{f}}{dc^2} \right).$$

Or, en différentiant deux fois la valeur de $\frac{1}{f}$, on trouve

$$\frac{d^2 \frac{1}{f}}{da^2} = \frac{2\,(x-a)^2 - (y-b)^2 - (z-c)^2}{f^5},$$

$$\frac{d^2 \frac{1}{f}}{db^2} = \frac{2\,(y-b)^2 - (x-a)^2 - (z-c)^2}{f^5},$$

$$\frac{d^2 \frac{1}{f}}{dc^2} = \frac{2\,(z-c)^2 - (x-a)^2 - (y-b)^2}{f^5},$$

d'où l'on tire

$$\frac{d^2 \frac{1}{f}}{da^2} + \frac{d^2 \frac{1}{f}}{db^2} + \frac{d^2 \frac{1}{f}}{dc^2} = 0 ;$$

on aura donc, par conséquent,

$$\frac{d^2 V}{da^2} + \frac{d^2 V}{db^2} + \frac{d^2 V}{dc^2} = 0. \quad (1)$$

Cette équation remarquable a été découverte par Laplace, qui en a fait la base de sa belle théorie de la figure des corps célestes. Elle a lieu rigoureusement toutes les fois que le point attiré est situé au dehors du sphéroïde ou dans l'intérieur d'un sphéroïde creux ; mais elle cesse de subsister lorsque le point attiré fait partie de la masse du sphéroïde, parce que, dans ce cas, la distance f devenant nulle entre les limites de l'intégrale $\int \frac{dm}{f}$, la somme des trois différences partielles de $\frac{1}{f}$ se réduit à la forme de $\frac{0}{0}$, et elle n'est plus nulle par conséquent pour toutes les valeurs de x, y, z. M. Poisson est le premier qui ait remarqué ce cas d'exception de l'équation (1).

3. Pour déterminer dans ce cas la valeur de la fonction $\frac{d^2V}{da^2} + \frac{d^2V}{db^2} + \frac{d^2V}{dc^2}$, supposons une sphère, décrite de l'origine des coordonnées et d'un rayon quelconque, qui embrasse le point attiré et soit comprise tout entière dans le sphéroïde. La fonction V se partagera alors en deux parties U et U', la première relative à la sphère, la seconde à l'excès du sphéroïde sur la sphère. Le point attiré se trouvant situé dans l'intérieur de ce sphéroïde, la fonction $\frac{d^2U'}{da^2} + \frac{d^2U'}{db^2} + \frac{d^2U'}{dc^2}$ sera nulle, d'après ce qui précède ; on aura donc simplement

$$\frac{d^2V}{da^2} + \frac{d^2V}{db^2} + \frac{d^2V}{dc^2} = \frac{d^2U}{da^2} + \frac{d^2U}{db^2} + \frac{d^2U}{dc^2}.$$

Or, les trois quantités $\frac{dU}{da}$, $\frac{dU}{db}$, $\frac{dU}{dc}$, prises avec un signe contraire, représentent les attractions qu'exerce la sphère sur le point dont les coordonnées sont a, b, c, et qui est intérieur à sa surface ; on trouve, dans ce cas, par l'intégration directe, n° **19**, livre I,

$$-\frac{dU}{da} = \frac{4\pi\rho a}{3}, \quad -\frac{dU}{db} = \frac{4\pi\rho b}{3}, \quad -\frac{dU}{dc} = \frac{4\pi\rho c}{3};$$

π désignant la demi-circonférence dont le rayon est l'unité, et ρ la densité du sphéroïde. En différentiant les valeurs précédentes, on trouve que la fonction

$$\frac{d^2U}{da^2} + \frac{d^2U}{db^2} + \frac{d^2U}{dc^2}$$ est égale à $-4\pi\rho$; on aura donc

$$\frac{d^2V}{da^2} + \frac{d^2V}{db^2} + \frac{d^2V}{dc^2} = -4\pi\rho. \quad (2)$$

Nous avons supposé dans ce qui précède le sphé-roïde homogène; mais cette équation subsisterait encore pour les sphéroïdes hétérogènes, composés de couches très-minces superposées les unes aux autres, pourvu qu'on y substitue pour ρ la valeur de la densité qui convient à la portion du sphéroïde où se trouve le point attiré. En effet, on peut alors regarder le sphéroïde comme composé de trois parties, la couche qui comprend le point attiré, et les couches qui l'enveloppent ou qui sont au-dessous de lui. Ces deux dernières parties du sphéroïde n'influent pas sur le second membre de l'équation (2); cette équation subsiste donc, puisque la partie restante forme un sphéroïde homogène dont ρ représente la densité. Le même résultat peut aisément s'étendre à un sphéroïde dans lequel la densité varierait d'une manière continue. Concluons donc que les équations (1) et (2) ont lieu pour des sphéroïdes de forme et de densité quelconques: la première, toutes les fois que le point attiré ne fait pas partie de la masse du corps; la seconde, dans le cas contraire.

4. On peut, par une simple transformation des coordonnées a, b, c, donner à ces équations d'autres formes plus commodes dans diverses circonstances. Supposons, par exemple, que l'on désigne par r le rayon mené de l'origine des coordonnées au point attiré, par θ l'angle que forme ce rayon avec l'un des

axes coordonnés, avec l'axe des x par exemple, et par ω l'angle que forme la projection de r sur le plan des y, z avec l'axe des y; on aura

$$a = r\cos\theta, \quad b = r\sin\theta\cos\omega, \quad c = r\sin\theta\sin\omega. \quad (3)$$

Nommons r', θ', ω', ce que deviennent r, θ, ω, par rapport à l'élément dm; on aura de même

$$x = r'\cos\theta', \quad y = r'\sin\theta'\cos\omega', \quad z = r'\sin\theta'\sin\omega';$$

de là on tire

$$f = \sqrt{r^2 - 2rr'\left[\cos\theta\cos\theta' + \sin\theta\sin\theta'\cos(\omega - \omega')\right] + r'^2}.$$

On peut d'ailleurs considérer dm comme un petit parallélipipède rectangulaire, dont les trois dimensions sont dr', $r'd\theta'$, $r'\sin\theta'd\omega'$, et dont la densité est ρ; l'expression de V deviendra donc ainsi :

$$V = \iiint \frac{\rho r'^2 dr' \sin\theta' d\theta' d\omega'}{\sqrt{r^2 - 2rr'\left[\cos\theta\cos\theta' + \sin\theta\sin\theta'\cos(\omega - \omega')\right] + r'^2}},$$

l'intégrale relative à r' devant être prise depuis $r' = 0$ jusqu'à la valeur de r' à la surface du sphéroïde; l'intégrale relative à θ, depuis $\theta = 0$ jusqu'à $\theta = \pi$, et l'intégrale relative à ω, depuis $\omega = 0$ jusqu'à $\omega = 2\pi$; en représentant toujours par π la demi-circonférence dont le rayon est l'unité.

Si l'on désigne par A, B, C les trois composantes de l'action du sphéroïde sur le point attiré : la première dirigée suivant le rayon r; l'autre, suivant une perpendiculaire à ce rayon, menée dans le plan de θ; la troisième, suivant une perpendiculaire à ce plan; d'après ce que nous avons dit n° **1**, on aura

$$A = -\frac{dV}{dr}, \quad B = -\frac{dV}{rd\theta}, \quad C = -\frac{dV}{r\sin\theta\,d\omega}.$$

Selon que chacune de ces forces sera positive ou négative, elle tendra à diminuer ou à augmenter les variables qui lui correspondent.

Ces diverses formules sont de la plus grande utilité
dans la théorie des attractions des sphéroïdes, où l'on
est sans cesse obligé d'employer les coordonnées polaires pour rendre les intégrations praticables.

Cela posé, des équations (3) on tire

$$r = \sqrt{a^2 + b^2 + c^2}, \quad \cos\theta = \frac{a}{\sqrt{a^2 + b^2 + c^2}}, \quad \tang\,\omega = \frac{c}{b} \quad (4)$$

On transformera, au moyen de ces valeurs, les dif-
férences partielles $\frac{d^2 V}{da^2}$, $\frac{d^2 V}{db^2}$, $\frac{d^2 V}{dc^2}$, en différences partielles relatives aux variables r, θ, ω, et on les sub-
stituera ensuite dans l'équation (1). Pour faciliter cette
opération, observons que si l'on regarde V comme
fonction des variables a, b, c, et ensuite comme fonction des variables r, θ et ω, on aura

$$\frac{dV}{da}\,da + \frac{dV}{db}\,db + \frac{dV}{dc}\,dc = \frac{dV}{dr}\,dr + \frac{dV}{d\theta}\,d\theta + \frac{dV}{d\omega}\,d\omega\,;$$

équation qui doit devenir identique, en y substituant
pour dr, $d\theta$, $d\omega$, leurs valeurs tirées des équations (4).
Si, après avoir opéré cette substitution, on compare
les coefficients de da, db, dc, dans les deux membres,
on trouvera

$$\frac{dV}{da} = \cos\theta\,\frac{dV}{dr} - \frac{\sin\theta}{r}\,\frac{dV}{d\theta},$$

$$\frac{dV}{db} = \sin\theta\cos\omega\,\frac{dV}{dr} + \frac{\cos\theta\cos\omega}{r}\,\frac{dV}{d\theta} - \frac{\sin\omega}{r\sin\theta}\,\frac{dV}{d\omega},$$

$$\frac{dV}{dc} = \sin\theta\sin\omega\,\frac{dV}{dr} + \frac{\cos\theta\sin\omega}{r}\,\frac{dV}{d\theta} + \frac{\cos\omega}{r\sin\theta}\,\frac{dV}{d\omega}.$$

On différentiera de nouveau ces expressions par les mêmes procédés, et l'on aura ainsi les valeurs de $\frac{d^2V}{da^2}$, $\frac{d^2V}{db^2}$, $\frac{d^2V}{dc^2}$ en différences partielles de V, prises par rapport aux variables r, θ, ω; ensuite en multipliant par r^2 l'équation (1), on la transformera aisément dans la suivante :

$$\frac{d^2V}{d\theta^2} + \frac{\cos\theta}{\sin\theta}\frac{dV}{d\theta} + \frac{1}{\sin^2\theta}\frac{d^2V}{d\omega^2} + r\frac{d^2 rV}{dr^2} = 0 \ \text{ ou } = -4\pi\rho r^2, \quad (5)$$

selon que le point attiré fait ou non partie du sphéroïde attirant.

L'équation précédente résulte d'ailleurs directement de la différentiation de la valeur de V exprimée en fonction des variables r, θ, ω; elle est souvent employée dans la théorie des attractions des sphéroïdes.

5. Pour en montrer l'usage dans un cas très-simple, supposons que le corps attirant soit une sphère, ou plus généralement un sphéroïde composé de couches concentriques, d'une densité variable suivant une loi quelconque du centre à la surface, en sorte que la densité ρ dépende uniquement de la distance de l'élément dm au centre de la couche. Plaçons l'origine des coordonnées à ce centre, et soit r sa distance au point attiré, il est clair que V sera une fonction de r indépendante des angles θ et ω; l'équation (5) se réduira donc à la suivante :

$$\frac{d^2 rV}{dr^2} = \frac{rd^2V}{dr^2} + \frac{2\,dV}{dr} = 0 \quad \text{ ou } \quad = -4\pi\rho r.$$

Considérons d'abord le cas où le point attiré ne

fait pas partie du corps attirant. En multipliant par r et en intégrant l'équation précédente, on aura

$$- \frac{dV}{dr} = \frac{A}{r^2},$$

A étant une constante arbitraire.

Pour la déterminer, observons que $- \frac{dV}{dr}$ exprime, n° 1, l'attraction de la couche sphérique sur le point attiré parallèlement au rayon r, c'est-à-dire l'action totale de cette couche. Si l'on suppose le point attiré extérieur au sphéroïde et situé à une distance infinie de son centre, l'attraction de la couche sur ce point sera évidemment la même que si toute sa masse était réunie à son centre ; en nommant donc M la masse de la couche, on aura dans ce cas $A = M$, d'où l'on conclura généralement

$$- \frac{dV}{dr} = \frac{M}{r^2},$$

c'est-à-dire que la couche sphérique exerce sur les points extérieurs à sa surface la même action que si toute la masse était réunie à son centre.

Si le point attiré est situé dans l'intérieur de la couche, l'attraction doit être nulle en même temps que r, c'est-à-dire lorsque le point attiré se trouve au centre même du sphéroïde ; on a donc dans ce cas $A = 0$, et l'on en conclura généralement $- \frac{dV}{dr} = 0$, quel que soit r. D'où il suit qu'un sphéroïde composé de couches sphériques homogènes et concentriques, n'exerce aucune action sur les points intérieurs à sa surface.

Supposons maintenant le point attiré compris dans la masse de la sphère dont il subit l'action ; l'équation (5) devient alors

$$\frac{d\mathrm{V}}{dr^2} + \frac{2}{r}\frac{d\mathrm{V}}{dr} = -\,4\,\pi\rho.$$

Si l'on multiplie les deux membres par $r^2\,dr$, on aura

$$d.r^2\frac{d\mathrm{V}}{dr} = -\,4\,\pi\rho\,r^2\,dr;$$

d'où l'on tire, en intégrant,

$$-\,r^2\frac{d\mathrm{V}}{dr} = 4\pi\!\int\!\rho\,r^2\,dr + \mathrm{B},$$

B étant une constante arbitraire.

Pour la déterminer, observons que s'il s'agit de connaître l'attraction d'une couche sphérique sur un point de sa masse, les intégrales doivent être prises depuis la valeur de r qui répond à la surface intérieure de la couche, jusqu'à sa valeur relative au point attiré. Or, à la première limite, l'action de la couche est nulle ; on a donc généralement B $=$ o, et par conséquent

$$-\,r^2\frac{d\mathrm{V}}{dr} = 4\pi\!\int\!\rho\,r^2\,dr. \quad (6)$$

Le second membre de cette équation, les intégrales étant prises dans les limites précédentes, exprime la masse de la couche sphérique qui agit sur le point attiré. En désignant donc par M′ la portion de la couche sphérique comprise entre la surface intérieure et la surface sphérique passant par le point attiré, on aura

$$-\,\frac{d\mathrm{V}}{dr} = \frac{\mathrm{M}'}{r^2},$$

valeur qui s'accorde avec celle qui se rapporte aux points extérieurs, lorsqu'on suppose le point attiré situé à la surface de la couche.

Si le sphéroïde était homogène, l'équation (6) donnerait, en l'intégrant,

$$V = -\frac{2\pi}{3} r^2 + C,$$

C étant une constante arbitraire.

Supposons le point attiré placé dans l'intérieur de la sphère dont le rayon est a; il faudra, pour étendre l'intégration à toute la masse du corps attirant, prendre les intégrales précédentes depuis $r = 0$ jusqu'à $r = a$. Or, à cette dernière limite, la valeur de V est égale à la masse de la sphère divisée par la distance du point attiré à son centre, c'est-à-dire à $\frac{4\pi}{3} a^2$; on aura par conséquent alors

$$\frac{4\pi}{3} a^2 = -\frac{2\pi}{3} a^2 + C.$$

En déterminant donc, au moyen de cette équation, la valeur de C, on aura, relativement à la sphère entière et à un point placé dans son intérieur,

$$V = 2\pi a^2 - \frac{2\pi}{3} r^2.$$

Ces résultats sont conformes à ceux que nous avons trouvés par une autre voie, dans le n° **19** du livre I.

—•••—

II. 23

CHAPITRE II.

ATTRACTIONS DES SPHÉROÏDES TERMINÉS PAR DES SURFACES DU SECOND ORDRE.

6. Les formules que nous avons développées dans le chapitre précédent, sont générales, et s'appliquent à toute espèce de sphéroïdes, quelles que soient leur nature et leur figure. Nous allons, dans celui-ci, nous occuper en particulier de la détermination des attractions des sphéroïdes terminés par des surfaces elliptiques.

Supposons, pour simplifier, que le corps attirant soit homogène, et que sa densité soit égale à l'unité ; on aura $\rho = 1$, et les formules (A), n° **1**, deviendront

$$\left.\begin{aligned}
A &= \int\int\int \frac{(a-x)\,dx\,dy\,dz}{[(a-x)^2+(b-y)^2+(c-z)^2]^{\frac{3}{2}}}, \\
B &= \int\int\int \frac{(b-y)\,dx\,dy\,dz}{[(a-x)^2+(b-y)^2+(c-z)^2]^{\frac{3}{2}}}, \\
C &= \int\int\int \frac{(c-z)\,dx\,dy\,dz}{[(a-x)^2+(b-y)^2+(c-z)^2]^{\frac{3}{2}}};
\end{aligned}\right\} \quad (a)$$

les intégrales $\int$ se rapportant aux trois variables x, y, z, et devant s'étendre à la masse entière du sphéroïde.

Mais l'intégration des expressions précédentes est absolument impossible sous cette forme ; tout ce qu'on peut faire, c'est d'en éliminer l'une des variables, et de les ramener ainsi à des intégrales doubles. En effet, si l'on intègre la première par rapport à x, qu'on désigne par $\pm x_i$ la double valeur de x, tirée de l'équation de la surface qui termine le sphéroïde, et que, pour abréger, on fasse

$$\rho = \sqrt{(a - x_i)^2 + (b - y)^2 + (c - z)^2},$$
$$\rho' = \sqrt{(a + x_i)^2 + (b - y)^2 + (c - z)^2},$$

on aura

$$A = \int\int dy\, dz \left(\frac{1}{\rho'} - \frac{1}{\rho}\right). \quad (b)$$

En intégrant la seconde des formules (a) par rapport à y, et la troisième par rapport à z, on trouverait, pour B et C, des expressions semblables. Mais on tenterait en vain de pousser plus loin les intégrations, on serait arrêté par des obstacles insurmontables, même dans le cas le plus simple, celui d'un sphéroïde terminé par une surface sphérique.

7. Pour éviter cette difficulté, il faut transformer les coordonnées x, y, z en d'autres variables qui facilitent l'intégration des formules (a), ou permettent du moins de la ramener à de simples quadratures. Ce qu'on a imaginé de plus commode à cet égard, c'est de transporter au point attiré l'origine des coordonnées, et de prendre pour les variables qui déterminent la position de dm, le rayon mené du point attiré à cet élément, l'angle que fait ce rayon avec l'un des axes coordonnés, et l'angle que forme sa projection sur le plan perpendiculaire à cet axe avec l'un des deux autres axes compris dans ce plan. Soient donc r ce rayon, θ l'angle qu'il forme avec l'axe des x, et ϖ l'angle compris entre sa projection sur le plan des y, z et l'axe des y, on aura

$$x = a - r\cos\theta, \quad y = b - r\sin\theta\cos\varpi, \quad z = c - r\sin\theta\sin\varpi.$$

L'élément dm peut être considéré comme un petit parallélipipède rectangulaire, dont les trois dimensions sont dr, $rd\theta$, et $r\sin\theta\,d\omega$; on aura donc $dm = r^2\sin\theta\,drd\theta\,d\varpi$, et les trois quantités A, B, C deviendront, par cette transformation,

$$A = \iiint dr\,d\theta\,d\omega \sin\theta\cos\theta,$$
$$B = \iiint dr\,d\theta\,d\omega \sin^2\theta\cos\varpi,$$
$$C = \iiint dr\,d\theta\,d\omega \sin^2\theta\sin\varpi.$$

L'intégration de ces formules relativement à la variable r s'exécute sans peine; mais, pour étendre l'intégrale à la masse entière du corps attirant, il faut distinguer deux cas, selon que le point attiré est situé dans l'intérieur ou au dehors de ce corps. Dans le premier cas, la droite qui passe par le point attiré, et qui se termine à la surface du sphéroïde, est divisée en deux parties par ce point : en nommant donc r et r' ces parties, elles devront être prises pour limites de l'intégrale définie, qui sera égale à la somme des deux intégrales particulières qui leur correspondent. On aura donc ainsi :

$$\left.\begin{aligned}
A &= \iint (r + r')\,d\theta\,d\varpi \sin\theta\cos\theta, \\
B &= \iint (r + r')\,d\theta\,d\varpi \sin^2\theta\cos\varpi, \\
C &= \iint (r + r')\,d\theta\,d\varpi \sin^2\theta\sin\varpi.
\end{aligned}\right\} \quad (c)$$

On remplacera dans ces expressions r et r' par leurs valeurs tirées de l'équation du sphéroïde, et l'on intégrera ensuite successivement par rapport à θ et à ω, depuis θ et ω égaux à zéro, jusqu'à θ et ϖ égaux à deux angles droits.

Dans le second cas, le rayon qui part du point attiré et qui traverse le sphéroïde rencontre sa surface en deux points. Soient r ce rayon à son entrée dans le sphéroïde, et r' ce même rayon lorsqu'il en sort, l'intégrale définie sera égale à la différence des deux intégrales particulières correspondantes à ces limites; on aura par conséquent, dans ce cas,

$$\left. \begin{aligned} A &= \iint (r' - r)\, d\theta\, d\varpi \sin\theta \cos\theta, \\ B &= \iint (r' - r)\, d\theta\, d\varpi \sin^2\theta \cos\varpi, \\ C &= \iint (r' - r)\, d\theta\, d\varpi \sin^2\theta \sin\varpi. \end{aligned} \right\} \quad (d)$$

On substituera pour r et r' leurs valeurs en fonction de θ et ω, et l'on prendra pour limites des intégrales relatives à ces angles leurs valeurs correspondantes aux points où l'on a $r' - r = 0$, c'est-à-dire où le rayon r est tangent à la surface du sphéroïde.

Supposons maintenant que h, h', h'' soient les trois demi-axes respectivement parallèles aux axes des x, des y et des z de l'ellipsoïde dont nous considérons les attractions. L'équation de sa surface, rapportée à son centre, sera

$$\frac{x^2}{h^2} + \frac{y^2}{h'^2} + \frac{z^2}{h''^2} = 1, \quad (m)$$

et sa masse sera égale à $\dfrac{4\pi}{3}\, hh'h''$, en nommant π le rapport de la circonférence au diamètre.

Transportons l'origine des coordonnées au point attiré, et introduisons dans l'équation (m) les variables

r, θ, ϖ ; en substituant pour x, y, z leurs valeurs données dans le numéro précédent, on aura

$$r^2\left(\frac{\cos^2\theta}{h^2} + \frac{\sin^2\theta\cos^2\varpi}{h'^2} + \frac{\sin^2\theta\sin^2\varpi}{h''^2}\right)$$

$$-2\,r\left(\frac{a\cos\theta}{h^2} + \frac{b\sin\theta\cos\varpi}{h'^2} + \frac{c\sin\theta\sin\omega}{h''^2}\right) = 1 - \frac{a^2}{h^2} - \frac{b^2}{h'^2} - \frac{c^2}{h''^2}.$$

Si l'on résout cette équation par rapport à r, les deux valeurs qui en résulteront seront celles qu'il faudra substituer pour r et r' dans les formules (c) et (d) : or, si l'on fait, pour abréger,

$$K = \frac{\cos^2\theta}{h^2} + \frac{\sin^2\theta\cos^2\varpi}{h'^2} + \frac{\sin^2\theta\sin^2\varpi}{h''^2},$$

$$F = \frac{a\cos\theta}{h^2} + \frac{b\sin\theta\cos\varpi}{h'^2} + \frac{c\sin\theta\sin\varpi}{h''^2},$$

$$G = F^2 + K\left(1 - \frac{a^2}{h^2} - \frac{b^2}{h'^2} - \frac{c^2}{h''^2}\right),$$

on trouvera, pour les deux racines de l'équation en r,

$$r = \frac{F - \sqrt{G}}{K}, \quad r' = \frac{F + \sqrt{G}}{K};$$

d'où l'on tire, par conséquent,

$$r' + r = \frac{2\,F}{K}, \quad r' - r = \frac{2\,\sqrt{G}}{K}:$$

les formules relatives aux points intérieurs au sphéroïde seront donc

$$\left.\begin{aligned}
A &= 2\iint\frac{d\theta\,d\varpi\,\sin\theta\cos\theta\,F}{K}, \\
B &= 2\iint\frac{d\theta\,d\varpi\,\sin^2\theta\cos\varpi\,F}{K}, \\
C &= 2\iint\frac{d\theta\,d\varpi\,\sin^2\theta\sin\varpi\,F}{K},
\end{aligned}\right\} \quad (e)$$

et l'on aura, relativement aux points extérieurs,

$$\left.\begin{aligned}
A &= 2 \int\!\!\int \frac{d\theta\, d\varpi \sin\theta \cos\theta \sqrt{G}}{K}, \\[1ex]
B &= 2 \int\!\!\int \frac{d\theta\, d\varpi \sin^2\theta \cos\varpi \sqrt{G}}{K}, \\[1ex]
C &= 2 \int\!\!\int \frac{d\theta\, d\varpi \sin^2\theta \sin\varpi \sqrt{G}}{K}.
\end{aligned}\right\} \quad (f)$$

Les premières formules sont les plus simples, et s'intègrent sans peine par rapport à la variable ϖ; les secondes, au contraire, présentent de grandes difficultés à cause du radical qu'elles renferment, et qui rend, sous cette forme, l'intégration impossible par toutes les méthodes connues. Heureusement, si l'imperfection de l'Analyse n'a pas permis jusqu'ici de vaincre cette difficulté, on est parvenu à l'éluder, et à faire dépendre les attractions des ellipsoïdes relatives aux points extérieurs, de celles qu'ils exercent sur les points intérieurs ou sur les points de leur surface. Occupons-nous donc exclusivement des formules qui se rapportent au cas où le point attiré est placé dans l'intérieur du sphéroïde: nous supposerons ensuite qu'il est situé en dehors de sa surface, et nous verrons qu'il est toujours possible de ramener ce second cas au premier.

8. Si, dans la première des formules (e), on substitue pour F sa valeur, on aura

$$A = \frac{2a}{h^2} \int\!\!\int \frac{d\theta\, d\omega \sin\theta \cos^2\theta}{K} + \frac{2b}{h'^2} \int\!\!\int \frac{d\theta\, d\omega \sin^2\theta \cos\theta \cos\omega}{K}$$
$$+ \frac{2c}{h''^2} \int\!\!\int \frac{d\theta\, d\omega \sin^2\theta \cos\theta \sin\omega}{K}.$$

Cette expression se simplifie en observant que l'intégrale relative à θ devant être prise depuis $\theta = o$ jusqu'à $\theta = 180°$, si l'on représente par P une fonction rationnelle quelconque de $\sin\theta$ et $\cos^2\theta$, on aura généralement entre ces limites $\int P \cos\theta \, d\theta = o$, parce que les valeurs de θ devant être prises à égale distance au-dessus et au-dessous de l'angle droit, la valeur de cette intégrale sera composée d'une suite d'éléments égaux deux à deux et de signes contraires. Les deux derniers termes de l'équation précédente se réduisent donc à zéro en vertu de cette remarque, et l'expression de A, en substituant pour K sa valeur, peut prendre cette forme,

$$A = 2\,a \int\int \frac{d\theta\, d\omega \sin\theta \cos^2\theta}{\cos^2\theta + \dfrac{h^2}{h'^2}\sin^2\theta \cos^2\omega + \dfrac{h^2}{h''^2}\sin^2\theta \sin^2\omega},$$

On trouverait de même

$$B = 2\,b \int\int \frac{d\theta\, d\omega \sin^3\theta \cos^2\omega}{\sin^2\theta \cos^2\omega + \dfrac{h'^2}{h^2}\cos^2\theta + \dfrac{h'^2}{h''^2}\sin^2\theta \sin^2\omega},$$

$$C = 2\,c \int\int \frac{d\theta\, d\omega \sin^3\theta \sin^2\omega}{\sin^2\theta \sin^2\omega + \dfrac{h''^2}{h^2}\cos\theta^2 + \dfrac{h''^2}{h'^2}\sin^2\theta \cos^2\omega}.$$

On peut, avant même d'intégrer ces expressions, en déduire plusieurs propriétés importantes relativement aux attractions des ellipsoïdes.

Les intégrations indiquées étant indépendantes des coordonnées a, b, c du point attiré, on voit que l'attraction qu'exerce le sphéroïde parallèlement à l'axe des x, est la même pour tous les points situés dans un même plan perpendiculaire à cet axe. Il en est de même relativement aux axes des y et des z; d'où l'on peut conclure généralement que les attractions de l'ellipsoïde sur les points placés sur une même ligne droite, passant par l'origine des coordonnées, sont proportionnelles à leur éloignement de son centre.

Si l'on divise respectivement par a, b, c les trois quantités A, B, C, et qu'ensuite on les ajoute, on trouve

$$\frac{A}{a} + \frac{B}{b} + \frac{C}{c} = 2 \iint d\theta \, d\omega \sin\theta,$$

les intégrales devant être prises depuis $\theta = 0$ jusqu'à $\theta = \pi$, et depuis $\omega = 0$ jusqu'à $\omega = \pi$. On trouve entre ces limites $\iint d\theta \, d\omega \sin\theta = 2\pi$; on aura donc

$$\frac{A}{a} + \frac{B}{b} + \frac{C}{c} = 4\pi. \quad (g)$$

On a d'ailleurs, n° **1**,

$$-\frac{dV}{da} = A, \quad -\frac{dV}{db} = B, \quad -\frac{dV}{dc} = C;$$

et d'après la forme des valeurs de A, B, C, il est évident qu'on aura

$$-\frac{d^2V}{da^2} = \frac{A}{a}, \quad -\frac{d^2V}{db^2} = \frac{B}{b}, \quad -\frac{d^2V}{dc^2} = \frac{C}{c};$$

l'équation (g) devient donc ainsi :

$$\frac{d^2V}{da^2} + \frac{d^2V}{db^2} + \frac{d^2V}{dc^2} = -4\pi,$$

équation qui vérifie pour les ellipsoïdes l'équation (2) du n° **3**, qui s'applique généralement à des sphéroïdes quelconques.

On peut observer encore que les valeurs de A, B, C ne contenant que les quantités $\frac{h}{h'}$, $\frac{h}{h''}$, ces valeurs ne varieront pas, quels que soient les trois axes du sphéroïde, pourvu qu'ils aient entre eux les mêmes rapports. Or deux ellipsoïdes sont semblables, quand leurs axes correspondants sont entre eux dans le même rapport; on peut donc en conclure que tous les ellipsoïdes semblables exercent sur les points intérieurs des attractions égales. Il suit de là que si l'on suppose le sphéroïde composé d'une suite de couches concentriques et semblables, l'action des couches supérieures au point attiré sera nulle; d'où résulte le théorème suivant, qui n'est qu'une extension de celui que nous avions trouvé n° **19**, livre Ier, relativement à la sphère : *Un point placé au dedans d'une couche elliptique, dont la surface intérieure et la surface extérieure sont semblables et semblablement placées, est également attiré de toutes parts.*

9. Occupons-nous maintenant de l'intégration de la valeur de A. Si l'on intègre d'abord par rapport à ω depuis $\omega = o$ jusqu'à $\omega = \pi$, et qu'on suppose

$$\cos^2\theta + \frac{h^2}{h'^2}\sin^2\theta = m, \quad \cos^2\theta + \frac{h^2}{h''^2}\sin^2\theta = n,$$

on aura

$$A = 2\,a \int\!\!\int \frac{d\theta\,d\omega\,\sin\theta\,\cos^2\theta}{m\cos^2\omega + n\sin^2\omega} = 2\,a\pi \int \frac{d\theta\,\sin\theta\,\cos^2\theta}{\sqrt{mn}}.$$

En remettant donc pour m et n leurs valeurs, on

aura

$$A = \frac{2\,a\,\pi\,h'\,h''}{h^2} \int \frac{d\theta \sin\theta \cos^2\theta}{\sqrt{1 + \left(\frac{h'^2 - h^2}{h^2}\right)\cos^2\theta}\,\sqrt{1 + \left(\frac{h''^2 - h^2}{h^2}\right)\cos^2\theta}}.$$

Cette dernière intégrale doit s'étendre depuis $\theta = 0$ jusqu'à $\theta = \pi$, ce qui revient à la prendre depuis $\theta = 0$ jusqu'à $\theta = \frac{1}{2}\pi$, et à doubler le résultat. Si l'on suppose donc $\cos\theta = x$, et qu'on nomme M la masse de l'ellipsoïde, ce qui donne $M = \frac{4\pi}{3} hh'h''$, et par conséquent $\frac{4\pi h' h''}{h^2} = \frac{3\,M}{h^3}$, on aura

$$A = \frac{3\,a\,M}{h^3} \int \frac{x^2\,dx}{\sqrt{1 + \left(\frac{h'^2 - h^2}{h^2}\right)x^2}\,\sqrt{1 + \left(\frac{h''^2 - h^2}{h^2}\right)x^2}},$$

l'intégrale relative à x devant être prise depuis $x = 0$ jusqu'à $x = 1$.

On pourrait, en intégrant les valeurs de B et C, n° **8**, les réduire de même à de simples quadratures, mais il est plus simple de déduire immédiatement leurs valeurs de l'expression précédente de A. Pour cela, il suffit de remarquer que l'on peut regarder A comme une fonction de a et des trois demi-axes h, h', h'' de l'ellipsoïde; B sera par conséquent une fonction semblable de b et des trois demi-axes h', h, h''; et il en sera de même de C, qui sera une pareille fonction de c et des trois demi-axes h'', h', h. On aura donc les expressions de B et C par une simple permutation des lettres a, h, h', h'' dans l'expression de A.

On trouve ainsi :

$$B = \frac{3\,b\,M}{h'^3} \int \frac{x^2\,dx}{\sqrt{1 + \left(\frac{h^2 - h'^2}{h'^2}\right)x^2}\,\sqrt{1 + \left(\frac{h''^2 - h'^2}{h'^2}\right)x^2}},$$

$$C = \frac{3\,c\,M}{h''^3} \int \frac{x^2\,dx}{\sqrt{1 + \left(\frac{h^2 - h''^2}{h''^2}\right)x^2}\,\sqrt{1 + \left(\frac{h'^2 - h''^2}{h''^2}\right)x^2}},$$

ces expressions devant être prises, comme celle de A, depuis $x = 0$, jusqu'à $x = 1$.

On peut donner aux valeurs de A, B, C, une forme particulière qu'il est bon de connaître. Faisons, pour abréger,

$$\frac{h'^2 - h^2}{h^2} = \lambda^2, \quad \frac{h''^2 - h^2}{h^2} = \lambda'^2,$$

et supposons ensuite dans la valeur de B,

$$x = \frac{h'\,y}{h\sqrt{1 + \lambda^2 y^2}},$$

et dans la valeur de C,

$$x = \frac{h''\,z}{h\sqrt{1 + \lambda'^2 z^2}},$$

les expressions trouvées pour A, B, C, deviendront

$$A = \frac{3\,a\,M}{h^3} \int \frac{x^2\,dx}{\sqrt{1 + \lambda^2 x^2}\,\sqrt{1 + \lambda'^2 x^2}},$$

$$B = \frac{3\,b\,M}{h^3} \int \frac{y^2\,dy}{(1 + \lambda^2 y^2)^{\frac{3}{2}}\,\sqrt{1 + \lambda'^2 y^2}},$$

$$C = \frac{3\,c\,M}{h^3} \int \frac{z^2\,dz}{\sqrt{1 + \lambda^2 z^2}\,(1 + \lambda'^2 z^2)^{\frac{3}{2}}}.$$

Les intégrales relatives à y et à z doivent être prises dans les mêmes limites que les intégrales relatives à x, puisqu'en effet la supposition de $x = 0$ donne à la fois $y = 0$ et $z = 0$, et que la supposition de $x = 1$ donne $y = 1$ et $z = 1$, on peut donc dans B et C changer, si l'on veut, y et z en x, d'où il suit que, si l'on fait

$$ L = \int \frac{x^2\, dx}{\sqrt{1 + \lambda^2 x^2}\, \sqrt{1 + \lambda'^2 x^2}}, $$

on aura, pour déterminer A, B, C, ces formules très-simples :

$$ A = \frac{3\,a\,M}{h^3}\, L, \quad B = \frac{3\,b\,M}{h^3}\, \frac{d.\lambda L}{d\lambda}, \quad C = \frac{3\,c\,M}{h^3}\, \frac{d.\lambda' L}{d\lambda'}. $$

Ces formules s'étendent aux points situés sur la surface du sphéroïde; car il suffit, pour y avoir égard, de supposer $r = r'$ dans les expressions de A, B, C, ce qui ne change rien à leur forme.

10. La détermination des attractions qu'exerce un ellipsoïde homogène sur les points intérieurs, et sur les points de sa surface, ne dépend donc plus que de la valeur de la fonction L; mais l'intégration qu'elle exige ne peut être obtenue sous forme finie par les méthodes connues, que dans deux cas particuliers, celui où les quantités λ et λ' sont égales entre elles, et celui où l'une de ces quantités est nulle : dans l'un et l'autre cas, deux des trois demi-axes h, h', h'', sont égaux entre eux, et l'ellipsoïde est de révolution autour du troisième.

Supposons que h soit le plus petit des trois demi-axes du sphéroïde, et faisons d'abord $\lambda = \lambda'$, ce qui donne $h' = h''$. Le corps attirant est alors un ellipsoïde aplati vers les pôles, dont h est le demi-axe de révolution; on aura dans ce cas

$$\mathrm{L} = \int \frac{x^2\,dx}{1 + \lambda^2.x^2} = \frac{1}{\lambda^3}(\lambda - \mathrm{arc\ tang}\lambda).$$

Si l'on différentie par rapport à λ la valeur de L, n° **9**, et qu'on fasse $\lambda = \lambda'$ après la différentiation, on trouve

$$\frac{d.\lambda\mathrm{L}}{d\lambda} = \int \frac{x^2\,dx}{(1 + \lambda^2\,x^2)^2} = \frac{1}{2\lambda^3}\left(\mathrm{arc\ tang}\lambda - \frac{\lambda}{1 + \lambda^2}\right)\cdot$$

Les attractions de l'ellipsoïde de révolution, aplati vers les pôles, seront donc déterminées par les formules suivantes :

$$\left.\begin{aligned}
\mathrm{A} &= \frac{3\,a\,\mathrm{M}}{h^3\,\lambda^3}(\lambda - \mathrm{arc\ tang}\lambda), \\[4pt]
\mathrm{B} &= \frac{3\,b\,\mathrm{M}}{2\,h^3\,\lambda^3}\left(\mathrm{arc\ tang}\lambda - \frac{\lambda}{1 + \lambda^2}\right), \\[4pt]
\mathrm{C} &= \frac{3\,c\,\mathrm{M}}{2\,h^3\,\lambda^3}\left(\mathrm{arc\ tang}\lambda - \frac{\lambda}{1 + \lambda^2}\right)\cdot
\end{aligned}\right\} \quad (\mathrm{A})$$

Supposons maintenant $\lambda' = 0$, ce qui donne $h'' = h$. Dans ce cas, h' est le demi-axe de révolution du sphéroïde, et l'on a

$$\mathrm{L} = \int \frac{x^2\,dx}{\sqrt{1 + \lambda^2 x^2}} = \frac{1}{2\lambda^3}\left[\lambda\sqrt{1 + \lambda^2} - \log(\lambda + \sqrt{1 + \lambda^2})\right].$$

$$\frac{d.\lambda\mathrm{L}}{d\lambda} = \frac{1}{\lambda^3}\left[\log(\lambda + \sqrt{1 + \lambda^2}) - \frac{\lambda}{\sqrt{1 + \lambda^2}}\right].$$

On aura donc pour les attractions de l'ellipsoïde de

révolution, allongé vers les pôles,

$$A = \frac{3\,a\,M}{2\,h^3\,\lambda^3}\left[\lambda\sqrt{1+\lambda^2} - \log\left(\lambda + \sqrt{1+\lambda^2}\right)\right],$$
$$B = \frac{3\,b\,M}{h^3\,\lambda^3}\left[\log\left(\lambda + \sqrt{1+\lambda^2}\right) - \frac{\lambda}{\sqrt{1+\lambda^2}}\right], \qquad (B)$$
$$C = \frac{3\,c\,M}{2\,h^3\,\lambda^3}\left[\lambda\sqrt{1+\lambda^2} - \log\left(\lambda + \sqrt{1+\lambda^2}\right)\right].$$

Si les conditions précédentes ne sont pas remplies, il est impossible d'obtenir d'une manière rigoureuse les valeurs de A, B, C; mais lorsque l'ellipsoïde s'éloigne peu de la figure de la sphère, λ et λ' deviennent de très-petites quantités; on pourra réduire alors la fonction L en série convergente, dont chaque terme soit intégrable, et l'on déterminera de cette manière les attractions du sphéroïde, avec le degré de précision qu'on jugera convenable.

11. Considérons maintenant le cas où le point attiré est extérieur au sphéroïde. Nous avons vu que le radical qui entre dans les expressions différentielles (f) de ses attractions, opposait alors un obstacle invincible à leur intégration (*). Plusieurs grands géomètres avaient en vain épuisé toutes les ressources de l'Analyse pour surmonter cette difficulté, lorsque la découverte, due à M. Ivory, d'une propriété remarquable des ellipsoïdes décrits des mêmes foyers, l'a fait enfin entièrement disparaître.

Voici l'énoncé de cette propriété, qu'on peut regarder comme un beau théorème de Mécanique : *Si l'on nomme points correspondants, les points pris sur*

____

(*) *Voir* le supplément au livre V.

la surface de deux ellipsoïdes décrits des mêmes foyers, de manière que leurs coordonnées, respectivement parallèles aux trois axes principaux de ces corps, soient entre elles comme ces axes, les attractions qu'exerceront, parallèlement à chaque axe, ces ellipsoïdes sur les points correspondants de leurs surfaces, seront entre elles comme les produits des deux autres axes.

En effet, soient M le premier ellipsoïde, et A l'attraction qu'il exerce parallèlement à l'axe des x sur le point dont les coordonnées sont a, b, c ; désignons par M' le second sphéroïde, et par A' l'attraction qu'il exerce dans la même direction sur le point dont les coordonnées sont a', b', c' ; on aura, n° **6**,

$$A = \int\int dy\, dz \left(\frac{1}{\rho_{,}} - \frac{1}{\rho} \right),$$

$$A' = \int\int dy'\, dz' \left(\frac{1}{\rho'_{,}} - \frac{1}{\rho'} \right),$$

en supposant, pour abréger,

$$\rho = \sqrt{(a-x_{,})^2+(b-y)^2+(c-z)^2}, \quad \rho' = \sqrt{(a'-x'_{,})^2+(b'-y')^2+(c'-z')^2},$$

$$\rho_{,} = \sqrt{(a+x_{,})^2+(b-y)^2+(c-z)^2}, \quad \rho'_{,} = \sqrt{(a'+x'_{,})^2+(b'-y')^2+(c'-z')^2},$$

$+ x_{,}$ et $- x_{,}$, désignant les valeurs de la variable x, qui se rapportent à la surface de M, et $+ x'_{,}$ et $- x'_{,}$ les valeurs de la variable x' relatives à la surface de M'.

Soit, comme précédemment,

$$\frac{x^2}{h^2} + \frac{y^2}{h'^2} + \frac{z^2}{h''^2} = 1, \; (h)$$

l'équation de la première de ces surfaces ; il faudrait,

pour achever l'intégration de l'expression de A, substituer dans $\rho_{,}$ et ρ les valeurs de x qui résultent de
cette équation; mais cette opération ne nous con-
duirait à rien; on peut, au contraire, par une transformation ingénieuse des coordonnées, arriver très-
simplement au théorème que nous nous proposons
de démontrer. Pour cela, aux trois variables x, y, z,
qui sont liées entre elles par l'équation (h), on en
substituera deux autres indépendantes entre elles; on
fera, par exemple,

$$x_{,} = h \sin p, \quad y = h' \cos p \sin q, \quad z = h'' \cos p \cos q;$$

et l'on voit en effet, en mettant ces valeurs à la place
de x, y, z dans l'équation (h), qu'il n'en résulte aucune équation de condition entre les nouvelles variables p et q.

D'après les formules connues pour la transformation des variables dans les intégrales doubles, on a
généralement

$$dy\, dz = \left(\frac{dy}{dp} \frac{dz}{dq} - \frac{dy}{dq} \frac{dz}{dp} \right) dp\, dq.$$

Les valeurs précédentes de y et z donnent

$$\frac{dy}{dp} \frac{dz}{dq} - \frac{dy}{dq} \frac{dz}{dp} = h' h'' \sin p \cos p.$$

On aura donc, en vertu de la formule générale,

$$dy\, dz = h' h'' \sin p \cos p\, dp\, dq,$$

et par conséquent

$$A = h' h'' \int\int dp\, dq \sin p \cos p \left(\frac{1}{\rho_{,}} - \frac{1}{\rho} \right).$$

On étendra les intégrales à la masse entière du sphéroïde M, en prenant celle qui se rapporte à p depuis $p = 0$ jusqu'à $p = \pi$, et celle qui se rapporte à q depuis $q = 0$ jusqu'à $q = \pi$; car il est évident qu'en donnant aux angles p et q toutes les valeurs comprises entre 0 et 180°, les variables y et z prendront toutes les valeurs comprises entre $+ h'$ et $- h'$ d'une part, et entre $+ h''$ et $- h''$ de l'autre, c'est-à-dire tous les couples de valeurs qui correspondent aux différents points de l'ellipsoïde.

Soient maintenant k, k', k'' les trois demi-axes du second ellipsoïde M', qui se rapportent respectivement aux axes des x', des y' et des z', l'équation de sa surface sera

$$\frac{x'^2}{k^2} + \frac{y'^2}{k'^2} + \frac{z'^2}{k''^2} = 1\,;$$

et si l'on fait

$$x' = k \sin p, \quad y' = k' \cos p \sin q, \quad z' = k'' \cos p \cos q,$$

on aura, par l'analyse précédente,

$$\Lambda' = k' k'' \iint dp\, dq \sin p \cos p \left(\frac{1}{\rho_,} - \frac{1}{\rho'} \right),$$

les intégrales devant être prises depuis $p = 0$ jusqu'à $p = \pi$, et depuis $q = 0$ jusqu'à $q = \pi$, c'est-à-dire dans les mêmes limites que celles qui se rapportent à la valeur de A.

Comparons maintenant les attractions exercées par les deux sphéroïdes M et M', ce qui se borne à comparer entre elles les valeurs de ρ et de ρ' et celles de $\rho_,$ et $\rho'_,$. Si l'on développe les deux premières quantités, et qu'on substitue pour $x_,, y, z$, et pour $x'_,, y', z',$

leurs valeurs, on aura

$$\rho^2 = a^2 + b^2 + c^2 - 2\,(ah\sin p + bh'\cos p\sin q + ch''\cos p\cos q)$$
$$+ h^2\sin^2 p + h'^2\cos^2 p\sin^2 q + h''^2\cos^2 p\cos^2 q,$$

$$\rho'^2 = a'^2 + b'^2 + c'^2 - 2\,(a'k\sin p + b'k'\cos p\sin q + c'k''\cos p\cos q)$$
$$+ k^2\sin^2 p + k'^2\cos^2 p\sin^2 q + k''^2\cos^2 p\cos^2 q.$$

Si l'on retranche ces deux expressions l'une de l'autre, en observant que les points déterminés par les coordonnées a, b, c et a', b', c' sont des *points correspondants*, et que, d'après la définition que nous avons donnée, on a

$$\frac{a}{a'} = \frac{k}{h}, \quad \frac{b}{b'} = \frac{k'}{h'}, \quad \frac{c}{c'} = \frac{k''}{h''};$$

que l'on remarque en outre que les deux ellipsoïdes M et M' ayant mêmes foyers, si l'on nomme e et e' leurs excentricités communes, on a

$$h'^2 = h^2 + e^2, \quad k'^2 = k^2 + e^2,$$
$$h''^2 = h^2 + e'^2, \quad k''^2 = k^2 + e'^2,$$

d'où l'on tire

$$h^2 - k^2 = h'^2 - k'^2 = h''^2 - k''^2,$$

on aura simplement

$$\rho'^2 - \rho^2 = (h^2 - k^2)\left(\frac{a'^2}{h^2} + \frac{b'^2}{h'^2} + \frac{c'^2}{h''^2} - 1\right).$$

Si l'on suppose, comme nous le faisons, que le point dont les coordonnées sont a', b', c', est situé sur l'ellipsoïde M, le second membre de cette équation sera nul, et l'on aura identiquement $\rho = \rho'$, indépendamment de toute valeur donnée aux angles p et q. On

24.

trouverait, par la même analyse, $\rho_{,} = \rho'_{,}$, et l'expression de A' deviendra par conséquent

$$A' = k' k'' \int\int dp\, dq \, \sin p \, \cos p \left(\frac{1}{\rho'} - \frac{1}{\rho} \right).$$

En rapprochant cette expression de celle de A, on voit que, quelle que soit la valeur des intégrales indiquées, on aura

$$A = \frac{h' h''}{k' k''} A'.$$

On aurait de même, relativement aux attractions qu'exercent M et M' suivant les axes des y et des z,

$$B = \frac{h h''}{k k''} B', \qquad C = \frac{h h'}{k k'} C',$$

et par conséquent

$$\frac{A}{A'} = \frac{h' h''}{k' k''}, \quad \frac{B}{B'} = \frac{h h''}{k k''}, \quad \frac{C}{C'} = \frac{h h'}{k k'}. \quad (k)$$

Ces équations renferment le théorème que nous avons énoncé, et dont la mécanique céleste est redevable à M. Ivory.

12. Il est important d'observer que les équations (k) subsistent quelle que soit la fonction des distances qui exprime la loi d'attraction. En effet, la valeur de A, après l'intégration relative à x, prendra toujours cette forme,

$$A = \int\int R \, dy\, dz - \int\int R' \, dy\, dz,$$

R étant une fonction donnée de la quantité ρ, et R' une fonction semblable de ρ'. Or, l'analyse du numéro précédent ne s'appuie que sur la forme des quantités ρ

et ρ', et elle est indépendante de celle des fonctions R et R'. Il en serait de même des quantités B et C.

Le beau théorème énoncé, n° **11**, et qui établit les relations qui existent entre les attractions qu'exercent les ellipsoïdes homogènes sur les points situés à l'intérieur ou à l'extérieur de leurs surfaces, a donc lieu pour toutes les lois d'attraction possibles. Si l'on suppose que les deux ellipsoïdes se réduisent à des sphères concentriques, il en résulte que *l'attraction de la grande sphère sur un point placé à la surface de la petite, est à l'attraction de la petite sphère, sur un point placé à la surface de la grande, comme les carrés des rayons de ces deux sphères, ou comme la surface de la sphère extérieure est à la surface de la sphère intérieure.* Soient donc r et r' les rayons de ces deux sphères, A et A' les attractions qu'elles exercent respectivement sur les points de leurs surfaces, on aura

$$A = \frac{A'\, r^2}{r'^2},$$

équation qui donnera l'attraction de la sphère sur un point extérieur, lorsque l'attraction sur un point intérieur sera connue, et réciproquement, quelle que soit la loi d'attraction.

Dans le cas de l'attraction en raison inverse du carré des distances, A' exprimant l'action de la sphère dont le rayon r', sur un point extérieur, on a, n° **5**,

$$A' = \frac{4}{3}\,\frac{\pi\, r'^3 \rho}{r^2};$$

on aura donc $A = \frac{4}{3}\pi r'$ pour l'action de la grande sphère sur les points intérieurs. Cette expression étant indépendante du rayon r de cette sphère, on en peut conclure que les points placés dans l'intérieur d'une couche sphérique sont également attirés de toutes parts. Réciproquement, pour que cette propriété subsiste, il faut que A soit une fonction indépendante de r; on a alors

$$A' = \frac{H}{r^2},$$

H étant une constante par rapport à r, c'est-à-dire que, dans ce cas, l'attraction de la sphère sur les points extérieurs est réciproque au carré de leurs distances à son centre, ce qui exige nécessairement que la même loi s'observe par rapport à chacun de ses éléments. *La loi de la nature est donc la seule dans laquelle une couche sphérique n'aura aucune action sur les points intérieurs, et la seule aussi dans laquelle cette couche attire les points extérieurs, comme si toute sa masse était réunie à son centre.*

13. Voyons maintenant comment on peut faire servir le théorème que nous venons de démontrer, n° **11**, à la détermination des attractions des sphéroïdes elliptiques sur les points extérieurs à leurs surfaces. Soient a, b, c les coordonnées du point attiré, que nous supposons situé en dehors de l'ellipsoïde M; imaginons un nouvel ellipsoïde M' décrit des mêmes foyers que M, et dont la surface passe par ce point : ces conditions suffiront pour déterminer le second sphéroïde, et il n'y en aura qu'un seul qui pourra y satisfaire. En effet, soient k, k', k'', les trois demi-axes de M' respectivement parallèles aux axes des x, des y et des z; cet ellipsoïde ayant les mêmes foyers que le premier, si l'on nomme e et e' les excentricités de ses sections principales, on aura

$$k'^2 = k^2 + e^2, \quad k''^2 = k^2 + e'^2, \quad (l)$$

et l'équation de la surface de M' sera

$$\frac{x^2}{k^2} + \frac{y^2}{k^2 + e^2} + \frac{z^2}{k^2 + e'^2} = 1.$$

Puisque le point attiré est situé sur cette surface, les trois coordonnées a, b, c doivent satisfaire à l'équation précédente; on a par conséquent

$$\frac{a^2}{k^2} + \frac{b^2}{k^2 + e^2} + \frac{c^2}{k^2 + e'^2} = 1. \quad (n)$$

Cette équation est du sixième degré par rapport à k; mais elle s'abaisse au troisième en faisant $k^2 = \xi$. Elle a évidemment une racine réelle comprise entre zéro et l'infini; car, en supposant $k = 0$ et $k = \frac{1}{0}$, on trouve deux résultats de signes contraires; elle donnera donc toujours une valeur réelle pour k, et l'on en conclura, au moyen des équations (l), des valeurs semblables pour k' et k''. On voit d'ailleurs que le premier membre de l'équation (n) décroît continuellement à mesure que k augmente depuis $k = 0$ jusqu'à $k = \frac{1}{0}$: d'où il suit que cette équation n'a qu'une seule racine réelle.

Cela posé, considérons sur l'ellipsoïde M le point dont les coordonnées a', b', c' sont déterminées par les équations

$$a' = \frac{ah}{k}, \quad b' = \frac{bh'}{k'}, \quad c' = \frac{ch''}{k''};$$

ce point étant situé dans l'intérieur de l'ellipsoïde M',
si l'on suppose

$$\frac{k'^2 - k^2}{k^2} = \frac{e^2}{k^2} = \lambda^2, \qquad \frac{k''^2 - k^2}{k^2} = \frac{e'^2}{k^2} = \lambda'^2,$$

$$L = \int \frac{x^2\, dx}{\sqrt{1 + \lambda^2 x^2}\,\sqrt{1 + \lambda'^2 x^2}},$$

on aura, pour déterminer les attractions qu'exerce
sur lui ce sphéroïde,

$$A' = \frac{3\,a'\,M'}{k^3}\,L, \quad B' = \frac{3\,b'\,M'}{k^3}\,\frac{d.\lambda L}{d\lambda}, \quad C' = \frac{3\,c'\,M'}{k^3}\,\frac{d.\lambda' L}{d\lambda'}.$$

Si l'on substitue pour a', b', c' leurs valeurs, et qu'on
observe que M et M' étant les masses des deux ellipsoïdes, on a

$$M = \frac{4\pi}{3}\,hh'\,h'', \quad M' = \frac{4\pi}{3}\,kk'\,k'',$$

ces formules donneront, en vertu des équations (k),
n° 11,

$$A = \frac{3\,a\,M}{k^3}\,L, \quad B = \frac{3\,b\,M}{k^3}\,\frac{d.\lambda L}{d\lambda}, \quad C = \frac{3c\,M}{k^3}\,\frac{d.\lambda' L}{d\lambda'}. \quad (p)$$

Ce sont les expressions des attractions qu'exerce
l'ellipsoïde M sur le point dont les coordonnées sont
a, b, c, la quantité k qu'elles renferment étant donnée par l'équation (n) qu'on peut mettre sous cette
forme,

$$k^6 - k^4(a^2 + b^2 + c^2 - e^2 - e'^2) - k^2[(a^2 + b^2)\,e'^2 + (a^2 + c^2)\,e^2 - e^2 e'^2] - a^2 e^2 e'^2 = 0.$$

Les formules précédentes serviront à déterminer
les attractions de l'ellipsoïde sur les points extérieurs :

on voit qu'il suffit d'y changer k en h pour les étendre aux points de la surface, et même aux points intérieurs.

Si l'ellipsoïde était de révolution autour de l'axe $2\,h$, on aurait $e = e'$; l'équation qui détermine k deviendrait, en la divisant par le facteur $k + e$,

$$k^4 - k^2(a^2 + b^2 + c^2 - e^2) - a^2 e^2 = 0,$$

et les formules (A) du n° **10** donneraient

$$A = \frac{3\,a\,M}{k^3\lambda^3}\,(\lambda - \text{arc tang}\,\lambda),$$

$$B = \frac{3\,b\,M}{2\,k^3\lambda^3}\left(\text{arc tang}\,\lambda - \frac{\lambda}{1 + \lambda^2}\right),$$

$$C = \frac{3\,c\,M}{2\,k^3\lambda^3}\left(\text{arc tang}\,\lambda - \frac{\lambda}{1 + \lambda^2}\right).$$

Enfin, dans le cas de l'ellipsoïde de révolution allongé vers les pôles, on aura $e' = 0$; par conséquent

$$k^4 - k^2(a^2 + b^2 + c^2 - e^2) - (a^2 + c^2)\,e^2 = 0;$$

et les formules (B) du même numéro donneront

$$A = \frac{3\,a\,M}{2\,k^3\lambda^3}\left[\lambda\sqrt{1 + \lambda^2} - \log(\lambda + \sqrt{1 + \lambda^2})\right],$$

$$B = \frac{3\,b\,M}{k^3\lambda^3}\left[\log(\lambda + \sqrt{1 + \lambda^2}) - \frac{\lambda}{\sqrt{1 + \lambda^2}}\right],$$

$$C = \frac{3\,c\,M}{2\,k^3\lambda^3}\left[\lambda\sqrt{1 + \lambda^2} - \log(\lambda + \sqrt{1 + \lambda^2})\right].$$

14. Il résulte des formules (p), que si l'on nomme M' la masse d'un nouvel ellipsoïde ayant les mêmes excentricités et la même position des axes que l'ellipsoïde dont la masse est M, il suffira, pour déterminer les attractions A′, B′, C′ qu'exerce ce corps sur le point dont les coordonnées sont a, b, c, de changer M en M′ dans les équations (p); d'où l'on peut conclure qu'on aura

$$\frac{A}{A'} = \frac{M}{M'}, \quad \frac{B}{B'} = \frac{M}{M'}, \quad \frac{C}{C'} = \frac{M}{M'},$$

c'est-à-dire qu'en général les attractions de deux ellipsoïdes décrits des mêmes foyers, sur un même point extérieur, sont entre elles comme leurs masses.

Les trois équations (k), n° 11, donnent

$$\frac{A}{a} = \frac{h' h''}{k' k''} \cdot \frac{A'}{a'}, \quad \frac{B}{b} = \frac{hh''}{kk''} \cdot \frac{B'}{b}, \quad \frac{C}{c} = \frac{hh'}{kk'} \cdot \frac{C'}{c}.$$

Si dans les seconds membres de ces équations on substitue pour a, b, c leurs valeurs, n° 11, et qu'on observe que le point dont les coordonnées sont a', b', c' étant intérieur au sphéroïde M′, on a

$$\frac{A'}{a'} + \frac{B'}{b'} + \frac{C'}{c'} = 4\pi,$$

on trouvera

$$\frac{A}{a} + \frac{B}{b} + \frac{C}{c} = 4\pi \frac{hh' h''}{kk' k''},$$

relation analogue à la précédente et qui doit exister entre les attractions qu'exerce un ellipsoïde homogène sur les points extérieurs à sa surface.

Si le corps attirant n'était pas homogène, mais seulement composé de couches elliptiques de position, d'excentricité et de densités variables, suivant

une loi quelconque du centre à la surface, on déterminerait, par les formules précédentes, les attractions
qu'exercent sur un point donné les deux ellipsoïdes
terminés par les surfaces intérieures et extérieures
de chacune de ces couches ; la différence de ces deux
attractions sera égale à l'attraction de la couche sur
le même point, et l'on aura celle qu'exerce le corps
entier en prenant la somme de ces attractions partielles.

15. On peut donc regarder, comme complète, la
théorie des attractions des sphéroïdes elliptiques. La
seule chose qu'elle laisse encore à désirer, c'est la valeur finie de la fonction que nous avons désignée
par L ; mais l'intégration dont cette valeur dépend,
est non-seulement impossible, comme nous l'avons
dit, dans le cas général, par toutes les méthodes connues ; elle l'est encore en elle-même, c'est-à-dire que
la valeur de L ne saurait être exprimée en termes
finis par aucune fonction composée de quantités algé-
briques, logarithmiques, ou circulaires.

Dans le chapitre suivant, nous nous occuperons
de la théorie des attractions des sphéroïdes peu différents de la sphère. Ce problème a d'abord été traité
par d'Alembert, et, après lui, par plusieurs illustres
géomètres, parmi lesquels il faut citer Legendre en
première ligne. Ses beaux travaux sur les attractions
des sphéroïdes quelconques, paraissent avoir ouvert
à Laplace la route nouvelle qui le conduisit à la solution complète de cette difficile question. Les résultats auxquels ce grand géomètre est parvenu, par

leur fécondité et par leur utilité non-seulement dans la théorie du Système du monde, mais encore dans une foule·de questions physico-mathématiques, telles que la théorie des fluides, celle de la chaleur, de l'électricité et du magnétisme, doivent faire regarder, sans doute, ses travaux sur ce point important de la mécanique céleste, comme l'une des plus belles productions de son génie, mais il ne faut pas oublier que c'est à l'esprit laborieux et inventif de Legendre, qu'il dut la première idée de l'analyse aussi neuve que féconde qu'il employa dans ces recherches.

CHAPITRE III.

ATTRACTIONS DES SPHÉROÏDES QUELCONQUES.

16. Nous considérerons, dans ce chapitre, les attractions des sphéroïdes quelconques, et en particulier celles des sphéroïdes qui s'écartent peu de la figure de la sphère. Mais, au lieu de déterminer immédiatement les attractions que ces corps exercent suivant une direction donnée, nous commencerons par chercher la valeur de la fonction qui exprime la somme des éléments du sphéroïde, divisés respectivement par leur distance au point attiré, et que nous avons désignée par V, parce que cette fonction a la propriété de donner, par sa différentiation, les attractions qu'exerce le sphéroïde parallèlement à une droite donnée, et que d'ailleurs c'est sous cette forme que se présentent, dans les équations de son équilibre, les attractions mutuelles des molécules d'une masse fluide homogène, douée d'un mouvement de rotation, comme nous le verrons dans le chapitre suivant.

Reprenons donc la valeur de V, n° 4, et, pour abréger, faisons $\cos\theta = \mu$, $\cos\theta' = \mu'$, on aura

$$V = \int\int\int \frac{\rho\, r'^2\, dr'\, d\mu'\, d\omega'}{\sqrt{r^2 - 2\,rr'\left[\mu\mu' + \sqrt{1-\mu^2}\,\sqrt{1-\mu'^2}\,\cos(\omega - \omega')\right] + r'^2}},$$

r étant le rayon mené de l'origine au point attiré, θ

l'angle compris entre ce rayon et l'un quelconque des axes coordonnés, ω l'angle que sa projection sur le plan des deux autres axes forme avec l'une de ces droites, et r', θ', ω' désignant ce que deviennent ces trois variables relativement à l'élément dm du sphéroïde.

Pour étendre l'intégration de la valeur de V à la masse entière du corps attirant, il faudra intégrer relativement à r', depuis $r' = o$ jusqu'à $r' = R$, R étant une fonction donnée de θ' et de ω' qui exprime le rayon vecteur d'un point quelconque de la surface du sphéroïde. Quant aux intégrales relatives à ω' et μ', elles devront être prises, d'après ce que nous avons dit n° 4, depuis $\omega' = o$ jusqu'à ω' égal à la circonférence, et depuis $\mu' = 1$ jusqu'à $\mu' = -1$.

En substituant de même μ à la place de $\cos\theta$, dans l'équation (5), même numéro, elle prend cette forme plus simple,

$$\frac{d.(1-\mu^2)\dfrac{dV}{d\mu}}{d\mu} + \frac{1}{1-\mu^2}\frac{d^2V}{d\omega^2} + r\frac{d^2.rV}{dr^2} = o, \quad (A)$$

équation de condition à laquelle devra toujours satisfaire la valeur de V, lorsque le point attiré ne fera pas partie de la masse du sphéroïde.

Si cette équation était intégrable par les méthodes connues, on en conclurait immédiatement, sous forme finie, la valeur de la fonction V ; mais quoique cette intégration soit impossible généralement, l'équation (A) peut être extrêmement utile pour faciliter le développement de la fonction V en une suite récurrente qui permette d'approcher d'aussi près que l'on voudra de sa véritable valeur. En effet, comme il est impossible d'intégrer l'expression de V d'une manière générale, on est obligé, pour y parvenir, de recourir aux méthodes ordinaires d'approximation. On réduit l'expression de V en série dont chaque terme est intégrable, et l'on obtient ensuite sa valeur avec le degré d'exactitude qu'on juge convenable. Pour développer l'expression de V en série convergente, il faut distinguer deux cas, celui où le point attiré est extérieur au sphéroïde, et celui où il est situé dans l'intérieur de ce corps. Dans le premier cas, on a $r > r'$, et si l'on fait

$$F = \left\{ r'' - 2\,rr'\left[\mu\mu' + \sqrt{1 - \mu^2}\,\sqrt{1 - \mu'^2}\cos(\omega - \omega')\right] + r'^2 \right\}^{-\frac{1}{2}}.$$

On réduira F en série convergente, en ordonnant son développement par rapport aux puissances descendantes de r; on aura ainsi

$$F = P_0\frac{1}{r} + P_1\frac{r'}{r^2} + P_2\frac{r'^2}{r^3}\cdots + P_i\frac{r'^i}{r^{i+1}} + \ldots, \quad (m)$$

et il est clair, d'après la valeur de F, que $P_0, P_1, \ldots, P_i$ sont des fonctions rationnelles et entières de μ et de $\sqrt{1 - \mu^2}\cos(\omega - \omega')$. F satisfait, par sa nature, à l'équation

$$\frac{d.(1 - \mu^2)\frac{dF}{d\mu}}{d\mu} + \frac{\frac{d^2F}{d\omega^2}}{1 - \mu^2} + r\frac{d^2.rF}{dr^2} = 0. \quad (B)$$

Si l'on remplace F par sa valeur en série, et qu'on égale à zéro les coefficients des mêmes puissances de r, on aura, quel que soit i,

$$\frac{d.(1 - \mu^2)\frac{dP_i}{d\mu}}{d\mu} + \frac{\frac{d^2P_i}{d\omega^2}}{1 - \mu^2} + i(i + 1)P_i = 0. \quad (C)$$

Si l'on substitue à la place du radical que nous avons représenté par F, sa valeur dans l'expression de V, elle prendra cette forme,

$$V = \frac{\mathrm{v}_0}{r} + \frac{\mathrm{v}_1}{r^2} + \frac{\mathrm{v}_2}{r^3} + \dots,$$

et l'on aura généralement, quel que soit i,

$$v_i = \iiint \rho\, \mathrm{P}_i\, r'^{i+2}\, dr'\, d\mu'\, d\omega',$$

les intégrales devant être prises depuis r' égal à zéro jusqu'à sa valeur à la surface du sphéroïde; l'intégrale relative à μ', depuis $\mu' = 1$ jusqu'à $\mu' = -1$, et l'intégrale relative à ω', depuis $\omega' = 0$ jusqu'à $\omega' = 2\pi$.

Si le sphéroïde est homogène, l'intégration relative à r' pourra toujours s'effectuer, et en nommant R la valeur de r' à la surface, on aura

$$\mathrm{v}_i = \frac{\rho}{i+3} \iint \mathrm{P}_i\, \mathrm{R}^{i+3}\, d\mu'\, d\omega'.$$

Supposons maintenant le point attiré dans l'intérieur du sphéroïde, on aura $r < r'$ pour toutes les couches du sphéroïde qui enveloppent le point attiré; et pour avoir une série convergente, on réduira F en une suite ascendante par rapport à r; on aura ainsi

$$F = \mathrm{P}_0 \frac{1}{r'} + \mathrm{P}_1 \frac{r}{r'^2} + \mathrm{P}_2 \frac{r^2}{r'^3} \dots + \mathrm{P}_i \frac{r^i}{r'^{i+1}} + \dots \quad (n)$$

Les quantités P_0, P_1, etc., étant les mêmes que ci-dessus, l'expression de V, en y substituant cette valeur, deviendra

$$V = v_0 + v_1\, r + v_2\, r^2 + \dots,$$

et l'on aura, pour déterminer généralement v_i, l'équation,

$$v_i = \int\int\int \frac{\rho\, P_i\, dr'\, d\mu'\, d\omega'}{r'^{\,i-1}}.$$

Les intégrales relatives à r' devant être prises depuis $r' = r$, jusqu'à la valeur de r' à la surface du sphéroïde, et les intégrales relatives à μ' et à ω' dans les mêmes limites que précédemment.

Si l'on suppose, par exemple, le sphéroïde homogène, et qu'on désigne par R et R' les valeurs de r' correspondantes à la surface du sphéroïde et à la couche qui passe par le point attiré, on aura, en intégrant par rapport à r',

$$v_i = \frac{\rho}{i-2} \int\int \left(\frac{1}{R'^{\,i-2}} - \frac{1}{R^{\,i-2}} \right) P_i\, d\mu'\, d\omega'.$$

Connaissant ainsi la partie de V relative aux couches du sphéroïde qui enveloppent le point attiré, on déterminera, comme précédemment, la partie relative aux autres couches, par rapport auxquelles le point attiré est extérieur, et en les réunissant, on aura l'attraction qu'exerce sur lui le sphéroïde.

17. Toute la difficulté du développement de V en série se réduit donc à former la valeur générale de P_i. Cette quantité est, comme nous l'avons vu, une fonction finie du degré i de μ et de $\sqrt{1 - \mu^2}\cos(\omega - \omega')$. On peut supposer par conséquent P_i développé en série de cosinus de l'angle $\omega - \omega'$ et de ses multiples. Soit $K_n \cos n(\omega - \omega')$ le terme de cette suite qui dépend de $\cos n(\omega - \omega')$, K_n étant une fonction de μ indépendante de ω, qu'il s'agit de déterminer. Observons d'abord que le terme qui dépend de $\cos n(\omega - \omega')$

II. 25

dans P_i, ne peut résulter que des puissances n, $n+2$, $n+4$, etc., de $\cos(\omega-\omega')$; or $\cos(\omega-\omega')$ ayant pour facteur $\sqrt{1-\mu^2}$, il est clair que $\cos^n(\omega-\omega')$ aura pour facteur $(1-\mu^2)^{\frac{n}{2}}$. D'ailleurs F étant symétrique par rapport à μ et à μ', ces deux quantités doivent entrer de la même manière dans chacun des termes de son développement, d'où l'on peut conclure que K_n est de cette forme $(1-\mu^2)^{\frac{n}{2}}(1-\mu'^2)^{\frac{n}{2}}H_n$; on aura donc ainsi

$$P_i = H_0 + (1-\mu^2)^{\frac{1}{2}}(1-\mu'^2)^{\frac{1}{2}}H_1\cos(\omega-\omega') + (1-\mu^2)^{\frac{2}{2}}(1-\mu'^2)^{\frac{2}{2}}H_2\cos 2(\omega-\omega') + \ldots$$

En sorte que le terme général du développement de P_i sera $(1-\mu^2)^{\frac{n}{2}}(1-\mu'^2)^{\frac{n}{2}}H_n\cos n(\omega-\omega')$, H_n désignant une fonction de μ dont il faut connaître la forme. P_i devant satisfaire à l'équation aux différences partielles (C), si on lui substitue sa valeur précédente, la comparaison des cosinus qui dépendent des mêmes multiples de $\omega-\omega'$ donnera l'équation aux différences ordinaires,

$$(1-\mu^2)^{\frac{n}{2}+1}\frac{d^2H_n}{d\mu^2} - 2(n+1)\mu(1-\mu^2)^{\frac{n}{2}}\frac{dH_n}{d\mu} + (i-n)(i+n+1)(1-\mu^2)^{\frac{n}{2}}H_n = 0,$$

ou bien, en multipliant tous les termes par $(1-\mu^2)^{\frac{n}{2}}$,

$$\frac{d.\left[(1-\mu^2)^{n+1}\dfrac{dH_n}{d\mu}\right]}{d\mu} + (i-n)(i+n+1)(1-\mu^2)^n H_n = 0. \quad (f)$$

D'ailleurs il est facile de voir, d'après la considération du radical que nous avons représenté par F, que H_n

est de cette forme,

$$H_n = A_0 \mu^{i-n} + A_1 \mu^{i-n-2} + A_2 \mu^{i-n-4} \ldots + A_s \mu^{i-n-2s} + \ldots$$

En effet, si l'on suppose

$$p = \mu \mu' + \sqrt{1 - \mu^2}\,\sqrt{1 - \mu'^2}\,\cos(\omega - \omega'),$$

et qu'on développe F après y avoir substitué cette valeur, on trouvera que le coefficient de $\frac{r'^i}{r^{i+1}}$, dans ce développement, est de cette forme,

$$a_0 p^i + a_1 p^{i-2} + a_2 p^{i-4} + \ldots.$$

Qu'on remplace maintenant p par sa valeur, et qu'on substitue aux puissances de $\cos(\omega - \omega')$ leurs valeurs en cosinus multiples de $\omega - \omega'$, on s'assurera sans peine que le coefficient de $(1 - \mu^2)^{\frac{n}{2}} \cos n(\omega - \omega')$ a la forme que nous lui avons supposée.

Si l'on substitue la valeur de H_n dans l'équation (f), et qu'on égale à zéro les coefficients des mêmes puissances de μ, on trouvera généralement

$$A_s = - \frac{(i - n - 2s + 2)(i - n - 2s + 1)}{2s(2i - 2s + 1)} A_{s-1}.$$

En faisant successivement $s = 1$, $s = 2$, etc., on aura par cette formule les valeurs de A_1, A_2, etc., au moyen de la valeur de A_0. On trouve ainsi :

$$H_n = A_0 \left[\mu^{i-n} - \frac{(i-n)(i-n-1)}{2(2i-1)} \mu^{i-n-2} + \frac{(i-n)(i-n-1)(i-n-2)(i-n-3)}{2.4.(2i-1)(2i-3)} \mu^{i-n-4} \right.$$

$$\left. - \frac{(i-n)(i-n-1)(i-n-2)(i-n-3)(i-n-4)(i-n-5)}{2.4.6.(2i-1)(2i-3)(2i-5)} \mu^{i-n-6} + \ldots \right].$$

A_0 est une fonction de μ' indépendante de μ; or μ et μ' doivent entrer de la même manière dans l'expression de P_i, comme nous l'avons vu plus haut; on aura donc

$$A_0 = \beta_n \left[\mu'^{\,i-n} - \frac{(i-n)(i-n-1)}{2.(2i-1)} \mu'^{\,i-n-2} + \frac{(i-n)(i-n-1)(i-n-2)(i-n-3)}{2.4.(2i-1)(2i-3)} \mu'^{\,i-n-4} \right.$$
$$\left. - \frac{(i-n)(i-n-1)(i-n-2)(i-n-3)(i-n-4)(i-n-5)}{2.4.6.(2i-1)(2i-3)(2i-5)} \mu'^{\,i-n-6} + \ldots \right],$$

et par conséquent

$$\left. \begin{aligned} H_n = \beta_n &\left[\mu^{i-n} - \frac{(i-n)(i-n-1)}{2.(2i-1)} \mu^{i-n-2} + \ldots \right] \\ &\times \left[\mu'^{\,i-n} - \frac{(i-n)(i-n-1)}{2.(2i-1)} \mu'^{\,i-n-2} + \ldots \right], \end{aligned} \right\} \quad (k)$$

β_n étant une quantité indépendante de μ et de μ', et qui par conséquent ne peut être qu'un coefficient numérique. Il ne reste plus qu'à déterminer ce coefficient.

Pour y parvenir, observons que si $i - n$ est un nombre pair, la valeur de H_n contiendra un terme indépendant de μ et de μ', et en ne considérant que ce terme, on aura

$$H_n = \frac{\beta_n . [1.2.3 \ldots (i-n)]^2}{[2.4 \ldots (i-n) \ldots (2i-1).(2i-3) \ldots (i+n+1)]^2}$$
$$= \frac{\beta^{(n)} . 1.3.5 \ldots (i-n-1) . 1.3.5]}{[1.3.5 \ldots (2i-1)]^2}.$$

Si $i - n$ est un nombre impair, la valeur de H_n contiendra un terme dépendant des premières puissances de μ et μ', et en n'ayant égard qu'à ce terme, on aura

$$H_n = \frac{\beta_n \mu \mu' [1.2.3 \ldots (i-n)]^2}{[2.4 \ldots (i-n-1).(2i-1).(2i-3) \ldots (i+n+2)]^2}$$
$$= \frac{\beta_n \mu \mu' . [1.3.5 \ldots (i-n) . 1.3.5 \ldots (1+n)]^2}{[1.3.5 \ldots (2i-1)]^2}.$$

Comparons ces valeurs à celles qui résultent directement du développement du radical F. En négligeant les carrés et les puissances supérieures de μ et de μ', on a

$$F = \left[r^2 - 2rr'\cos(\omega-\omega') + r'^2\right]^{-\frac{1}{2}} + rr'\,\mu\,\mu'\left[r^2 - 2rr'\cos(\omega-\omega') + r'^2\right]^{-\frac{3}{2}}.$$

Le premier terme de cette valeur renferme toute la partie de F indépendante de μ et de μ', et le second toute la partie qui ne dépend que de la première puissance de ces variables. Développons les deux radicaux par la méthode que nous avons déjà employée n° **50**, livre II. Si l'on nomme c le nombre dont le logarithme hyperbolique est l'unité, et qu'on substitue pour $\cos(\omega-\omega')$ sa valeur en exponentielles imaginaires, le radical $\left[r^2 - 2rr'\cos(\omega-\omega') + r'^2\right]^{-\frac{1}{2}}$ pourra être mis sous cette forme,

$$\left(r - r'\,c^{(\omega-\omega')\sqrt{-1}}\right)^{-\frac{1}{2}}\left(r - r'\,c^{-(\omega-\omega')\sqrt{-1}}\right)^{-\frac{1}{2}}.$$

Si l'on développe les deux facteurs de cette expression, qu'on multiplie ensuite l'une par l'autre les séries résultantes, on trouvera aisément que le coefficient de $\dfrac{r'^i}{r^{i+1}}\left(\dfrac{c^{n(\omega-\omega')\sqrt{-1}} + c^{-n(\omega-\omega')\sqrt{-1}}}{2}\right)$, ou de $\dfrac{r'^i}{r^{i+1}}\cos n(\omega-\omega')$, est égal à

$$2 \cdot \frac{1.3.5\ldots(i+n-1).1.3.5\ldots(i-n-1)}{2.4.6\ldots(i+n).2.4.6\ldots(i-n)}.$$

C'est la valeur de H_n dans le cas où $i-n$ est pair, et où l'on suppose $\mu = 0$ et $\mu' = 0$; en la comparant à la valeur trouvée plus haut, on a

$$\beta_n = 2 . \left[\frac{1.3.5 \ldots (2i-1)}{1.2.3 \ldots i} \right]^2 . \frac{i(i-1)\ldots(i-n+1)}{(i+1)(i+2)\ldots(i+n)}.$$

Il ne faut prendre que la moitié de ce coefficient, dans le cas où $n = 0$; on a alors

$$\beta_0 = \left[\frac{1.3.5\ldots(2i-1)}{1.2.3\ldots i} \right]^2.$$

On trouvera de la même manière que le coefficient de $\frac{r'^i}{r^{i+1}} \mu\mu' \cos n(\omega - \omega')$ dans F, est

$$2 . \frac{1.3.5\ldots(i+n).1.3.5\ldots(i-n)}{2.4.6\ldots(i+n-1).2.4.6\ldots(i-n-1)}.$$

C'est la valeur de H_n, quand $i-n$ est impair, et qu'on néglige les carrés et les puissances supérieures de μ et μ'. Si on la compare à celle que nous avons trouvée plus haut, dans le même cas, on a

$$\beta_n = 2 . \left[\frac{1.3.5\ldots(2i-1)}{1.2.3\ldots i} \right]^2 . \frac{i(i-1)\ldots(i-n+1)}{(i+1)(i+2)\ldots(i+n)}.$$

Ainsi l'expression de β_n est la même dans le cas de $i-n$ pair et dans le cas de $i-n$ impair. Si $n=0$, on aura, comme précédemment,

$$\beta_0 = \left[\frac{1.3.5\ldots(2i-1)}{1.2.3\ldots i} \right]^2.$$

En substituant pour β_n sa valeur dans l'équation (k), on aura la valeur générale de H_n.

18. Avant d'aller plus loin, nous allons démontrer

deux propriétés remarquables des fonctions de l'espèce de celles que nous avons désignées par P_i, et qui nous seront utiles dans les recherches suivantes. Soient Y_i et Z_n deux fonctions rationnelles et entières de μ, $\sqrt{1-\mu^2}\sin\omega$ et $\sqrt{1-\mu^2}\cos\omega$, qui satisfont à l'équation (C), on aura généralement, i étant supposé différent de n,

$$\iint Y_i Z_n \, d\mu \, d\omega = 0,$$

les intégrales étant prises depuis $\mu = -1$ jusqu'à $\mu = 1$, et depuis $\omega = 0$ jusqu'à $\omega = 2\pi$.

En effet, par la définition même des fonctions Y_i et Z_n, on aura

$$\left.\begin{aligned}
\frac{d.(1-\mu^2)\dfrac{dY_i}{d\mu}}{d\mu} + \frac{\dfrac{d^2 Y_i}{d\omega^2}}{1-\mu^2} + i(i+1)Y_i &= 0, \\[2ex]
\frac{d.(1-\mu^2)\dfrac{dZ_n}{d\mu}}{d\mu} + \frac{\dfrac{d^2 Z_n}{d\omega^2}}{1-\mu^2} + n(n+1)Z_n &= 0.
\end{aligned}\right\} \quad (o)$$

La première de ces équations, en la multipliant par $Z_n \, d\mu \, d\omega$, donnera

$$i(i+1)\iint Y_i Z_n \, d\mu \, d\omega = -\int\int Z_n \frac{d.(1-\mu^2)\dfrac{dY_i}{d\mu}}{d\mu} \, d\mu \, d\omega$$
$$-\int\int \frac{Z_n \dfrac{d^2 Y_i}{d\omega^2}}{1-\mu^2} \, d\mu \, d\omega.$$

La seconde des équations (o) fournirait une équation semblable. Si l'on retranche l'une de l'autre ces deux équations, qu'on observe qu'en intégrant relativement à μ, on a

$$\int Z_n \frac{d.(1-\mu^2)\frac{dY_i}{d\mu}}{d\mu}\, d\mu - \int Y_i \frac{d.(1-\mu^2)\frac{dZ_n}{d\mu}}{d\mu}\, d\mu$$
$$= (1-\mu^2)\frac{dY_i}{d\mu}Z_n - (1-\mu^2)\frac{dZ_n}{d\mu}Y_i,$$

quantité qui se réduit à zéro lorsque les intégrales sont prises depuis $\mu = -1$ jusqu'à $\mu = 1$.

Qu'on observe de même qu'en intégrant relativement à ω, on a

$$\int Z_n \frac{d^2 Y_i}{d\omega^2}\, d\omega - \int Y_i \frac{d^2 Z_n}{d\omega^2}\, d\omega = Z_n \frac{dY_i}{d\omega} - Y_i \frac{dZ_n}{d\omega},$$

quantité qui se réduit encore à zéro lorsque les intégrales sont prises depuis $\omega = 0$ jusqu'à $\omega = 2\pi$, parce que les valeurs de Y_i, $\frac{dY_i}{d\omega}$, Z_n, $\frac{dZ_n}{d\omega}$, sont les mêmes à ces deux limites ; on trouvera

$$i(i+1)\iint Y_i Z_n\, d\mu.d\omega = n(n+1)\iint Y_i Z_n\, d\mu.d\omega = 0.$$

On a donc généralement, si n est différent de i,

$$\int Y_i Z_n\, d\mu.d\omega = 0.$$

Supposons maintenant $i = n$. La seconde propriété qu'il s'agit de démontrer consiste en ce que si l'on désigne comme plus haut par Y_n une fonction quelconque, entière et rationnelle du degré n, des trois quantités μ, $\sqrt{1-\mu^2}\sin\omega$, et $\sqrt{1-\mu^2}\cos\omega$ qui satisfasse à l'équation (C), que l'on nomme P_i une fonction de même nature du degré i, qui entre dans les séries (m) et (n), n° 16, et qu'on donne aux intégrales

les mêmes limites que précédemment, on aura généralement

$$\iint P_i Y_i \, d\mu . d\omega = \frac{4\pi Y_i'}{2i+1},$$

en désignant par Y_i' ce que devient la fonction Y_i quand
on y change θ et ω en θ' et ω'.

En effet, reprenons la valeur de P_i que nous avons
trouvée n° **17**. Si l'on remplace les coefficients H_0,
H_1, H_2, etc., par leurs valeurs, que l'on fasse, pour
abréger,

$$F_i = \left[\frac{1.3.5...(2i-1)}{1.2.3...i}\right]\left(\mu^i - \frac{i.i-1}{2.2i-1}\mu^{i-2} + \frac{i.i-1.i-2.i-3}{2.4.2i-1.2i-3}\mu^{i-4} - ...\right),$$

et qu'on désigne par A_0, A_1, B_1, etc., des coefficients
indépendants des variables ω et θ, on pourra lui donner cette forme,

$$\begin{aligned}
P_i = {}& A_0 F_i + (A_1 \cos\omega + B_1 \sin\omega)\sin\theta\,\frac{dF_i}{d\mu} \\
& + (A_2 \cos 2\omega + B_2 \sin 2\omega)\sin^2\theta\,\frac{d^2F_i}{d\mu^2} \\
& + (A_3 \cos 3\omega + B_3 \sin 3\omega)\sin^3\theta\,\frac{d^3F_i}{d\mu^3} \\
& + \text{etc.}
\end{aligned}$$

les constantes A_0, A_1, B_1, etc., représentant des quantités dont les valeurs ont été déterminées n° **17**.

En multipliant par des coefficients arbitraires chacun des termes de la valeur précédente, on aura l'expression la plus générale de la fonction entière et
rationnelle des trois quantités $\cos\theta$, $\sin\theta\cos\omega$, et
$\sin\theta\sin\omega$ du degré i, qui satisfait à l'équation aux
différences partielles (C); en changeant l'indice i en n,

on pourra donc supposer généralement

$$Y_n = A'_0 F_n + (A'_1 \cos\omega + B'_1 \sin\omega)\sin\theta\,\frac{d F}{d\mu}$$
$$+ (A'_2 \cos 2\omega + B'_2 \sin 2\omega)\sin^2\theta\,\frac{d^2 F}{d\mu^2}$$
$$+ (A'_3 \cos 3\omega + B'_3 \sin 3\omega)\sin^3\theta\,\frac{d^3 F}{d\mu^3}$$
$$+ \text{etc.},$$

A'_0, A'_1, B'_1, etc., représentant ici des constantes absolument arbitraires.

Si l'on multiplie l'une par l'autre les deux expressions précédentes, qu'on substitue pour $\sin\theta$ sa valeur $\sqrt{1-\mu^2}$, et qu'après avoir multiplié le produit par $d\mu\,d\omega$, on effectue l'intégration relative à ω entre les limites $\omega = 0$ et $\omega = 2\pi$, il est aisé de s'assurer qu'on aura entre ces limites

$$\iint P_i Y_n\,d\mu\,d\omega = 2\pi \int d\mu \left\{ A_0 A'_0 F_i F_n \right.$$
$$+ \frac{1}{2}(A_1 A'_1 + B_1 B'_1)(1-\mu^2)\frac{d F_i}{d\mu}\frac{d F_n}{d\mu}\cdot$$
$$+ \frac{1}{2}(A_2 A'_2 + B_2 B'_2)(1-\mu^2)^2\frac{d^2 F_i}{d\mu^2}\frac{d^2 F_n}{d\mu^2}$$
$$\left. + \text{etc.} \right\}. \qquad (s)$$

On voit qu'il n'entre dans cette expression que des quantités résultant de la combinaison des termes des séries P_i et Y_n qui dépendent des mêmes multiples de $\cos n\omega$ et $\sin n\omega$, tous les autres termes disparaissent d'eux-mêmes par l'intégration, en sorte que l'expression précédente se réduirait d'elle-même à zéro, s'il n'y avait dans les deux séries aucun terme semblable.

On peut faire prendre à la formule (s) une forme

plus simple en faisant disparaître les différences $\dfrac{d\,F_i}{d\mu}$, $\dfrac{d\,F_n}{d\mu}$, $\dfrac{d^2\,F_i}{d\mu^2}$, etc., que renferme le second membre. Pour cela, reprenons l'équation (C), n° **16**, en substituant F_i à la place de P_i, on aura

$$\frac{d.(1-\mu^2)\dfrac{dF_i}{d\mu}}{d\mu} + i(i+1)F_i = 0. \quad (t)$$

Il est facile de conclure de cette équation, par la différentiation, la suivante :

$$\frac{d.(1-\mu^2)^m\dfrac{d^m F_i}{d\mu^m}}{d\mu} + (i-m+1)(i+m)(1-\mu^2)^{m-1}\frac{d^{m-1} F_i}{d\mu^{m-1}} = 0.$$

Si l'on multiplie chacun des termes de cette formule par $\dfrac{d^m F_n}{d\mu^m}$, qu'on intègre par parties le premier terme de l'équation résultante, et qu'on observe que la partie hors du signe $\int$ se réduit d'elle-même à zéro, lorsqu'on y suppose successivement $\mu = 1$ et $\mu = -1$, on aura l'équation suivante :

$$\int(1-\mu^2)^m\frac{d^m F_i}{d\mu^m}\frac{d^m F_n}{d\mu^m}\,d\mu = (i-m+1)(i+m)$$

$$\times \int(1-\mu^2)^{m-1}\frac{d^{m-1} F_i}{d\mu^{m-1}}\frac{d^{m-1} F_n}{d\mu^{m-1}}\,d\mu.$$

En faisant tour à tour dans cette équation $m = 1$, $m = 2$, $m = 3$, etc., par des substitutions successives, on trouvera généralement :

$$\int(1-\mu^2)^m\frac{d^m F_i}{d\mu^m}\frac{d^m F_n}{d\mu^m}\,d\mu = (i-m+1)(i-m+2)\ldots(i+m)\int F_i F_n\,d\mu. \quad (\alpha)$$

Au moyen de cette équation, la formule (s) devient

$$\iint P_i Y_n d\mu.d\omega = 2\pi \left\{ A_0 A'_0 + \tfrac{1}{2}i(i+1)(A_1 A'_1 + B_1 B'_1) \atop + \tfrac{1}{2}(i-1)i(i+1)(i+2)(A_2 A'_2 + B_2 B'_2) \atop + \text{ etc. } \right\} \int F_i F_n d\mu. \quad (v)$$

L'intégrale proposée est donc ramenée à une inté-grale simple relative aux quantités F_i et F_n qui sont, comme on sait, deux fonctions entières et rationnelles de μ ou de $\cos\theta$ dont nous avons donné plus haut l'expression générale.

Cela posé, si l'on suppose d'abord i différent de n, d'après le théorème général démontré précédemment, on aura

$$\iint P_i Y_n d\mu.d\omega = 0; \quad (p)$$

on aura donc aussi, dans ce cas,

$$\int F_i F_n d\mu = 0.$$

Il est facile d'ailleurs de démontrer directement cette proposition en appliquant à l'équation (t), et à l'équation semblable qu'on obtient en y changeant l'indice i en n, l'analyse dont on s'est servi pour dé-montrer l'équation (p).

Supposons maintenant i égal à n, et voyons ce que devient, dans ce cas, la fonction $\int F_i F_n d\mu$. Si l'on fait $i = n$ dans l'équation (α), on aura

$$\int (1-\mu^2)^i \frac{d^i F_i}{d\mu^i} \frac{d^i F_i}{d\mu^i} d\mu = (1.2.3\ldots 2i)\int F_i F_i d\mu. \quad (a)$$

Or, d'après la valeur générale de F_i, on a

$$F_i = \left(\frac{1.3.5\ldots 2i-1}{1.2.3\ldots i} \right) \left(\mu^i - \frac{i.i-1}{2.2i-1}\mu^{i-2} + \frac{i.i-1.i-2.i-3}{2.4.2i-1.2i-3}\mu^{i-4} - \ldots \right),$$

d'où, en différentiant, on tire

$$\frac{d^i \mathrm{F}_i}{d\mu^i} = 1.3.5\ldots 2i - 1.$$

L'équation (a), en y substituant cette valeur, donne

$$\int \mathrm{F}_i \mathrm{F}_i\, d\mu = \frac{(1.3.5\ldots 2i-1)^2}{1.2.3\ldots 2i} \int (1-\mu^2)^i\, d\mu$$

$$= \left(\frac{1.3.5\ldots 2i-1}{2.4.6\ldots 2i}\right) \int (1-\mu^2)^i\, d\mu.$$

On a d'ailleurs, entre les limites $\mu = 1$ et $\mu = -1$,

$$\int (1-\mu^2)^i\, d\mu = \left(\frac{2.4.6\ldots 2i}{1.3.5\ldots 2i-1}\right) \frac{2}{2i+1}.$$

On aura donc simplement, quel que soit i,

$$\int \mathrm{F}_i \mathrm{F}_i\, d\mu = \frac{2}{2i+1}.$$

En faisant donc $i = n$ dans la formule (v), ce qui ne suppose pas que les fonctions P_i et Y_i sont égales, puisque les coefficients A'_0, A'_1, B'_1, etc., sont arbitraires, on aura

$$\iint \mathrm{P}_i \mathrm{Y}_i\, d\mu.\, d\varpi = \frac{4\pi}{2i+1} \Big\{ \mathrm{A}_0 \mathrm{A}'_0 + \tfrac{1}{2} i(i+1)(\mathrm{A}_1 \mathrm{A}'_1 + \mathrm{B}_1 \mathrm{B}'_1)$$

$$+ \tfrac{1}{2}(i-1)\,i\,(i+1)(i+2)(\mathrm{A}_2 \mathrm{A}'_2 + \mathrm{B}_2 \mathrm{B}'_2)$$

$$+ \text{etc.} \Big\}.$$

Substituons maintenant dans cette formule à la place de A_0, A_1, B_1, etc., les valeurs que ces lettres représentent; d'après l'expression générale de P_i n° **17**, en désignant par F'_i ce que devient F_i quand on y change μ en μ', il est aisé de s'assurer qu'on aura

$$A_0 = F'_i, \quad A_1 = \frac{2}{i(i+1)} \cos\omega' \sin\theta' \frac{dF'_i}{d\mu'},$$

$$B_i = \frac{2}{i(i+1)} \sin\omega' \sin\theta' \frac{dF'_i}{d\mu'},$$

$$A_2 = \frac{2}{i-1.i.i+1.i+2} \cos 2\omega' \sin^2\theta' \frac{d^2F'_i}{d\mu'^2},$$

$$B_2 = \frac{2}{i-1.i.i+1.i+2} \sin 2\omega' \sin^2\theta' \frac{d^2F'_i}{d\mu'^2},$$

$$\cdots\cdots\cdots\cdots\cdots\cdots\cdots\cdots\cdots\cdots$$

$$A_n = \frac{2}{i-n+1\ldots i\ldots i+n-1.i+n} \cos n\omega' \sin^n\theta' \frac{d^nF_i}{d\mu'^n},$$

$$B_n = \frac{2}{i-n+1\ldots i\ldots i+n-1.i+n} \cos n\omega' \sin^n\theta' \frac{d^nF_i}{d\mu'^n},$$

etc.,

et, par suite,

$$\int P_i Y_i \, d\mu \, d\omega = \frac{4\pi}{2i+1} \left\{ A'_0 F'_i + (A'_1 \cos\omega' + B'_1 \sin\omega')\sin\theta' \frac{dF'_i}{d\mu'} \right.$$

$$+ (A'_1 \cos 2\omega' + B'_2 \sin 2\omega')\sin^2\theta' \frac{d^2F'_i}{d\mu'^2}$$

$$\left. + \text{etc.} \right\}.$$

Or, la quantité renfermée entre les parenthèses n'est autre chose que le développement de la fonction que nous avons désignée par Y_i dans laquelle on changerait simplement θ et ω en θ' et ω'; en désignant donc par Y_i cette nouvelle fonction, on aura généralement

$$\iint P_i Y_i \, d\mu \, d\omega = \frac{4\pi Y^i}{2i+1}, \quad (p')$$

les limites des intégrales étant les mêmes que précédemment.

C'est le second théorème qu'il s'agissait de démontrer ; cette nouvelle propriété dont jouissent les fonctions du genre de celles que nous avons désignées par Y_i, Z_n, est comme la première, d'une grande importance pour l'usage qu'on fait de ces quantités dans la théorie des attractions des sphéroïdes, mais elle est plus restreinte que celle-ci, parce que dans la formule (p) on peut supposer aux fonctions Y_i et Z_n toute la généralité dont elles sont susceptibles, tandis qu'ici nous supposons à l'une d'elles la forme particulière des fonctions que nous avons désignées par P_i.

Si dans l'équation (p') on suppose $Y_i = P_i$, et qu'on observe que lorsqu'on change ω et θ en ω' et θ' dans la fonction $p = \cos\theta \cos\theta' + \sin\theta \sin\theta' \cos(\omega - \omega')$ qui entre dans P_i, on a $p = 1$, et, par suite, $P_i = 1$, il est clair qu'on aura $Y'_i = 1$, et l'équation (p') deviendra

$$\iint P_i\, P_i\, d\mu.d\omega = \frac{4\pi}{2i+1}.$$

Les fonctions F_0, $F_1, \ldots, F_i$ sont comprises dans la fonction P_i comme cas particuliers ; leurs valeurs doivent donc satisfaire à l'équation précédente, et en effet si l'on substitue F_i à la place de P_i et qu'on observe que cette fonction étant indépendante de ω' l'intégration relative à cette variable s'opère d'elle-même et donne, entre les limites $\omega = 0$ et $\omega = 2\pi$, l'équation $\iint F_i F_i\, d\mu.d\omega = 2\pi \int F_i F_i\, d\mu$, on trouve

$$\int F_i F_i\, d\mu = \frac{2}{2i+1},$$

formule remarquable à laquelle nous sommes déjà parvenus précédemment par un calcul direct.

19. Les formules des n^{os} **16, 17** et **18** s'appliquent à des sphéroïdes quelconques; nous allons considérer maintenant en particulier les sphéroïdes très-peu différents de la sphère, et déterminer les fonctions v_0, v_1, etc., ν_0, ν_1, etc., relativement à ces sphéroïdes. Supposons que le sphéroïde diffère très-peu de la sphère dont le rayon est a; soit r' le rayon mené de l'origine des r à la surface du sphéroïde; on aura $r' = a(1 + \alpha y')$, α étant un très-petit coefficient constant dont on peut négliger le carré et les puissances supérieures, et y' une fonction de sinus et cosinus de θ' et ω', qui détermine la position du rayon r' et qui dépend de la nature du sphéroïde. On a généralement pour un point extérieur

$$v_i = \frac{1}{i+3} \iint P_i \, r'^{i+3} \, d\mu' \, d\omega'.$$

En substituant dans cette formule pour r' sa valeur précédente et négligeant les quantités de l'ordre α^2, on aura

$$v_i = \frac{a^{i+3}}{i+3} \iint P_i \, d\mu' \, d\omega' + a^{i+3} \, \alpha \iint P_i y' \, d\mu' \, d\omega'.$$

On a d'ailleurs généralement, par ce qui a été démontré n° **18**, i étant différent de zéro,

$$\iint P_i \, d\mu' \, d\omega' = 0;$$

on aura donc simplement

$$v_i = a^{i+3} \, \alpha \iint P_i \, y' \, d\mu' \, d\omega'$$

Lorsque $i = 0$, on a, n° **17**, $P_0 = 1$, et l'intégrale relative à ω' devant être prise depuis $\omega' = 0$ jusqu'à $\omega' = 2\pi$, celle qui se rapporte à μ', depuis $\mu' = 1$ jusqu'à $\mu' = -1$, on trouve

$$v_0 = \frac{4\pi a^3}{3} + a^3 \alpha \int\int y' \, d\mu' \, d\omega',$$

d'où l'on voit que, dans l'expression de V, la quantité v_0 sera égale à $\frac{4\pi a^3}{3}$ ou au volume de la sphère dont le rayon est a, plus à une très-petite quantité de l'ordre α, et toutes les autres quantités v_1, v_2, etc., seront très-petites du même ordre.

Supposons généralement

$$\int\int P_i \, y' \, d\mu' \, d\omega' = U_i,$$

on aura

$$v_0 = \frac{4\pi a^3}{3} + a^3 \alpha \, U_0, \quad v^{(i)} = a^{i+3} \alpha \, U_i.$$

On aura donc, pour l'expression de V relative à un point extérieur,

$$V = \frac{4\pi a^3}{3r} + \frac{a^3 \alpha}{r} \cdot \left(U_0 + U_1 \cdot \frac{a}{r} + U_2 \cdot \frac{a^2}{r^2} + \dots \right). \quad (a)$$

Considérons maintenant l'attraction du sphéroïde sur les points intérieurs. On a généralement, dans ce cas,

$$v_i = \int\int\int \frac{P_i \, dr' \, d\mu' \, d\omega'}{r'^{i-1}}.$$

Supposons que V représente l'attraction de la couche dont le rayon de la surface extérieure est R', et dont la surface intérieure est celle de la sphère du rayon a, en sorte que $R' - a$ est l'épaisseur de cette couche. En intégrant dans ces limites la valeur précédente, on aura

$$v_i = -\frac{1}{i-2} \cdot \int\int \frac{P_i \, d\mu' \, d\omega'}{R'^{i-2}},$$

en observant que l'on a, par ce qui précède,

$$\int\int P_i \, d\mu' \, d\omega' = 0.$$

Si l'on substitue dans cette expression $a(1 + \alpha y')$ à la place de R', et qu'on rejette les termes qui s'évanouissent par l'intégration, ainsi que ceux qui sont du second ordre, par rapport à α, la valeur de v_i deviendra

$$v_i = \frac{\alpha}{a^{i-2}} \cdot \iint P_i \, y' \, d\mu' \, d\omega' = a^2 \alpha . \frac{1}{a^i} U_i ;$$

on aura donc

$$V = a^2 \alpha . \left(U_0 + U_1 . \frac{r}{a} + U_2 . \frac{r^2}{a^2} + \dots \right).$$

Telle est l'expression de l'attraction de la couche dont l'épaisseur est $a \alpha y'$ sur le point attiré; en y joignant la valeur de V relative à l'action de la sphère dont le rayon est a sur le même point, on aura l'attraction entière qu'exerce sur lui le sphéroïde. Or le point attiré est, par hypothèse, situé dans l'intérieur de la sphère et à une distance r de son centre; on aura donc, n° 5,

$$V = 2 \pi a^2 - \frac{2 \pi r^2}{3},$$

et en réunissant les deux parties de V, on aura généralement, relativement aux points intérieurs au sphéroïde,

$$V = 2 \pi a^2 - \frac{2 \pi r^2}{3} + a^2 \alpha . \left(U_0 + U_1 . \frac{r}{a} + U_2 . \frac{r^2}{a^2} + \dots \right). \ (b)$$

Les formules (a) et (b) renferment toute la théorie des attractions des sphéroïdes homogènes très-peu différents de la sphère. En différentiant la première par rapport à r, on aura

$$- \frac{dV}{dr} = \frac{4 \pi a^3}{3 r^2} + \frac{a^3 \alpha}{r^2} . \left(U_0 + 2 U_1 . \frac{a}{r} + 3 U_2 . \frac{a^2}{r^2} + \dots \right).$$

C'est l'attraction qu'exerce suivant le rayon r le

sphéroïde sur un point extérieur. Le premier terme de cette valeur exprime, comme on voit, l'attraction de la sphère dont le rayon est a; les termes suivants sont de l'ordre α. Les deux autres composantes de l'attraction du sphéroïde seraient du même ordre, en sorte qu'aux quantités près de l'ordre du carré de α, l'action totale du corps sur le point attiré est représentée par $-\dfrac{d\mathrm{V}}{dr}$.

Si le point attiré était à la surface même du sphéroïde, on aurait $r = a\,(1 + \alpha y)$, en désignant par y ce que devient y' quand on y change μ' et ω' en μ et ω. On aura donc alors, en négligeant les quantités de l'ordre α^2,

$$
\left.
\begin{aligned}
\mathrm{V} &= \frac{4\,\pi\,a^2}{3}\cdot(1 - \alpha y) + a^2\alpha.(\mathrm{U}_0 + \mathrm{U}_1 + \mathrm{U}_2 + \ldots) \\
-\left(\frac{d\mathrm{V}}{dr}\right) &= \frac{4\,\pi\,a}{3}\cdot(1 - 2\,\alpha y) + a\alpha.(\mathrm{U}_0 + 2\,\mathrm{U}_1 + 3\,\mathrm{U}_2 + \ldots).
\end{aligned}
\right\} \quad (c)
$$

20. Ce cas mérite une attention particulière, parce qu'il existe, pour les points placés à la surface des sphéroïdes peu différents de la sphère, une relation importante entre la fonction V et sa différentielle, qui peut souvent faciliter la recherche de leurs attractions. Pour démontrer cette propriété, reprenons l'expression générale de V :

$$
\mathrm{V} = \int \frac{r'^2\,dr'\,d\mu'\,d\omega'}{\sqrt{r^2 - 2\,rr'.\left[\mu\mu' + \sqrt{1-\mu^2}\,\sqrt{1-\mu'^2}\cos(\omega - \omega')\right] + r'^2}}.
$$

Supposons que le sphéroïde soit très-peu différent de la sphère dont le rayon est a, et qui est décrite du même centre; soit $r' = a\,(1 + \alpha y')$ le rayon mené à

26.

la surface du sphéroïde, α étant une très-petite quantité dont on néglige le carré et les puissances supérieures. Il est clair que l'on pourra regarder la fonction V comme composée de deux parties : l'une relative à la sphère du rayon a, et qui est égale à $\frac{4\pi a^3}{3r}$; l'autre relative à l'excès du sphéroïde sur la sphère, et que nous désignerons par u. On aura donc ainsi

$$V = \frac{4\pi a^3}{3r} + u;$$

et l'action qu'exerce le sphéroïde sur le point attiré, sera

$$-\left(\frac{dV}{dr}\right) = \frac{4\pi a^3}{3r^2} - \frac{du}{dr}.$$

Si l'on multiplie par $2r$ cette seconde équation, et qu'on la retranche de la première, on aura

$$V + 2r\frac{dV}{dr} = -\frac{4\pi a^3}{3r} + u + 2r\frac{du}{dr}. \quad (d)$$

Maintenant soit dm' une des molécules de l'excès du sphéroïde sur la sphère, et f sa distance au point attiré ; on aura

$$u = \int \frac{dm'}{f} \quad \text{et} \quad \frac{du}{dr} = \int dm'.\frac{d.\frac{1}{f}}{dr};$$

on aura donc

$$u + 2r\frac{du}{dr} = \int \left(\frac{1}{f} + 2r.\frac{d.\frac{1}{f}}{dr}\right).dm'.$$

Si le point attiré est à la surface du sphéroïde, on a $r = a(1 + \alpha \gamma)$, en désignant par γ ce que devient y' lorsque μ' et ω' deviennent μ et ω ; mais comme u

et $\frac{du}{dr}$ sont de l'ordre α, et que nous négligeons les quantités de l'ordre α^2, il suffira de faire $r = a$ dans l'équation précédente; on aura donc à la surface du sphéroïde

$$u + 2\,a.\frac{du}{dr} = \int\left(\frac{1}{f} + 2\,r.\frac{d.\frac{1}{f}}{dr}\right).dm'.$$

Or, on a généralement $f = \sqrt{a^2 - 2\,ar\gamma + r^2}$, en désignant par γ le cosinus de l'angle que forme le rayon r' avec la droite menée du centre du sphéroïde au point attiré, ou, ce qui revient au même, en faisant

$$\gamma = \mu\mu' + \sqrt{1 - \mu^2}\,\sqrt{1 - \mu'^2}\cos(\omega - \omega').$$

De là on peut conclure aisément, par la différentiation,

$$\frac{1}{f} + 2\,r.\frac{d.\frac{1}{f}}{dr} = \frac{r^2 - a^2}{f^3}.$$

En observant donc que dm' désignant l'un des éléments de l'excès du sphéroïde sur la sphère, on a $dm' = \frac{1}{3}\,r'^3\,d\mu'\,d\omega' = a^3\,\alpha.y'\,d\mu'\,d\omega'$, on aura

$$u + 2\,a\frac{du}{dr} = a^3\,\alpha\int\int\frac{(r^2 - a^2)\,y'\,d\mu'\,d\omega'}{f^3}.\quad(e)$$

La quantité renfermée sous le signe intégral devient nulle lorsque l'on suppose $r = a$, c'est-à-dire quand le point attiré est à la surface du sphéroïde, à moins cependant que f ne se réduise en même temps à zéro. Or f est nul lorsqu'on y suppose à la fois $\gamma = 1$ et $r = a$, l'intégrale précédente devant être prise entre les limites $\gamma = 1$ et $\gamma = -1$; il est donc nécessaire de savoir ce qu'elle devient dans le premier cas. Si les intégrations étaient effectuées, le facteur commun au numérateur et au dénominateur de la fonction $\int \frac{(r^2 - a^2)\, \gamma'\, d\mu\, d\omega'}{f^3}$ disparaîtrait, et il serait facile ensuite d'avoir sa vraie valeur correspondante à l'hypothèse de $r = a$; mais comme la forme de la fonction γ' est généralement inconnue, il faut y parvenir indépendamment de cette intégration. Voici pour cela un procédé très-simple. Supposons en général $\gamma' = f(\mu', \omega')$; il est clair que le second membre de l'équation (e) devient nul, lorsque $r = a$, pour toutes les valeurs de μ' et de ω' qui diffèrent sensiblement de μ et de ω. Si l'on fait donc $\mu' = \mu + h$, et $\omega' = \omega + k$, et qu'on substitue ces valeurs dans l'équation (e), on pourra y regarder h et k comme des quantités infiniment petites. Cela posé, on aura généralement

$$\gamma' = f(\mu, \omega) + \zeta,$$

en représentant par ζ une très-petite quantité du même ordre que h et k. Si l'on substitue cette valeur dans l'équation (e), et qu'on néglige la partie dépendant de ζ, qui sera toujours infiniment petite relativement à la première, en observant que $\gamma = f(\mu, \omega)$, puisque γ est ce qui devient γ' lorsqu'on y change μ' et ω' en μ et ω, on aura

$$u + 2\, a \cdot \frac{du}{dr} = a^3\, \alpha \gamma\, (r^2 - a^2) \int\int \frac{d\mu'\, d\omega'}{f^3}.$$

Pour faciliter l'intégration, prenons pour origine

de l'angle que nous avons désigné par θ, le rayon r, ce qui donne $\mu = 1$, $\sqrt{1 - \mu^2} = 0$. On aura simplement alors $f^2 = a^2 - 2ar\mu' + r^2$, et en intégrant par rapport à ω', depuis $\omega' = 0$ jusqu'à $\omega' = 2\pi$,

$$\int\int \frac{d\mu'\, d\omega'}{f^3} = 2\pi \int \frac{d\mu'}{f^3}.$$

On a d'ailleurs

$$\frac{d\mu'}{f^3} = -\frac{1}{ar} \cdot \frac{df}{f^2},$$

on aura donc en intégrant

$$\int \frac{d\mu'}{f^3} = \frac{1}{ar} \cdot \frac{1}{f}$$

Cette intégrale devant être prise depuis $\mu' = -1$ jusqu'à $\mu' = +1$, ce qui donne $f = r+a$ et $f = r-a$, on aura, pour sa valeur complète,

$$\frac{1}{ar(r+a)} - \frac{1}{ar(r-a)} = -\frac{2}{r(r^2 - a^2)},$$

par conséquent

$$u + 2a\frac{du}{dr} = -\frac{4\pi a^3 \alpha y}{r}.$$

Si l'on suppose maintenant $r = a$ dans cette équation, on trouve

$$u + 2a\frac{du}{dr} = -4\pi a^2 \alpha y. \quad (g)$$

L'équation (d), en y substituant $a(1 + \alpha y)$ à la place de r, et en observant qu'aux quantités près de l'ordre α, on a $\frac{dV}{dr} = -\frac{4\pi a}{3}$, donne

$$V + 2a \cdot \frac{dV}{dr} = -\frac{4\pi a^2}{3} + 4\pi a^2 \alpha y + u + 2a\frac{du}{dr}.$$

On aura donc, en vertu de l'équation (g), aux quantités près de l'ordre α^2,

$$V + 2\,a\,\frac{dV}{dr} = -\,\frac{4\,\pi\,a^2}{3}.\ (h)$$

Cette équation, extrêmement remarquable, s'étend à tous les sphéroïdes peu différents de la sphère. Elle fait voir que dans la fonction $V + 2\,a\,\dfrac{dV}{dr}$ toutes les quantités de l'ordre α disparaissent, en sorte que cette fonction est la même par rapport à la sphère et au sphéroïde qui en diffère très-peu, quelle que soit d'ailleurs la position du point attiré à la surface de ces deux corps. Cette équation a d'abord été trouvée par Laplace ; mais la démonstration qu'il en donne dans le second volume de la *Mécanique céleste*, et qu'il a reproduite ensuite dans le cinquième, a été l'objet d'une controverse fort vive, qui a fait même révoquer en doute par plusieurs géomètres la généralité du théorème qui en résulte. Il me semble que la démonstration qui précède est à l'abri de toute objection sérieuse (*).

21. Les expressions de V et $-\dfrac{dV}{dr}$ que nous avons trouvées, n° **19**, relativement aux points placés à la surface d'un sphéroïde très-peu différent de la sphère, doivent satisfaire à l'équation (h). En effet, si l'on

---

(*) *Voir*, sur ce sujet, Lagrange, *Journal de l'École Polytechnique*, tome VIII ; M. Ivory, *Transactions philosophiques*, tome CII ; M. Poisson, *Connaissance des Temps* pour 1830.

substitue dans cette équation pour V et $\frac{dV}{dr}$ leurs valeurs (c), n° **19**, on trouvera

$$4\pi y = U_0 + 3U_1 + 5U_2 \ldots + (2i+1)U_i + \ldots$$

La fonction y peut donc toujours se développer dans une série de cette forme,

$$y = Y_0 + Y_1 + Y_2 \ldots + Y_i + \ldots,$$

les quantités Y_0, Y_1, etc., étant des fonctions rationnelles de μ, $\sqrt{1-\mu^2}.\cos\omega$, $\sqrt{1-\mu^2}.\sin\omega$, qui satisfont à l'équation aux différences partielles (C). Cette réduction est indépendante de la forme de la fonction y, et doit être considérée comme une propriété résultante des attractions des sphéroïdes peu différents de la sphère.

Si l'on compare les deux valeurs précédentes de y, en observant qu'on a, n° **19**, $U_i = \int P_i y' \, d\mu' \, d\omega'$, on trouvera généralement

$$\iint P_i y' \, d\mu' \, d\omega' = \frac{4\pi Y_i}{2i+1}. \quad (l)$$

On a d'ailleurs, en représentant par Y'_0, Y'_1, etc., ce que deviennent les quantités Y_0, Y_1, etc., lorsqu'on y change μ et ω en μ' et ω',

$$y' = Y'_0 + Y'_1 + Y'_2 \ldots + Y'_i + \ldots;$$

en observant donc qu'on a généralement, par le n° **18**,

$$\iint P_i Y'_n \, d\mu' \, d\omega' = 0,$$

n étant un nombre différent de i, l'équation (l) donnera simplement, les intégrales étant prises dans les mêmes limites que précédemment,

$$\iint P_i Y_i' \, d\mu' \, d\omega' = \frac{4\pi Y_i}{2\,i+1}, \quad (m)$$

équation qui est toujours satisfaite, quel que soit i, en vertu du théorème généralement démontré n° **18**.

La propriété remarquable, dont jouissent les fonctions de la nature de la fonction Y_i, et qui se trouve énoncée dans l'équation (m), pourrait se déduire, comme on voit, de la condition que doit remplir la fonction V relative aux attractions des sphéroïdes peu différents de la sphère, de satisfaire à l'équation (h), n° **20**. Mais comme elle est d'une grande importance dans la théorie de la figure des corps célestes, nous avons cru devoir en donner, n° **18**, une démonstration directe, purement analytique et entièrement indépendante de toute considération relative aux propriétés attractives des sphéroïdes.

La première conséquence qui résulte de l'équation (m), c'est que la fonction y ne peut admettre qu'un seul développement de la forme $Y_0 + Y_2 + Y_i + \dots$ En effet, supposons que y puisse s'exprimer par les deux séries suivantes :

$$y = Y_0 + Y_1 + Y_2 + \dots,$$
$$y = Z_0 + Z_1 + Z_2 + \dots;$$

si l'on y substitue μ' et ω' à la place de μ et ω, et qu'on multiplie par P_i ces deux séries, on aura généralement

$$\frac{2\,i+1}{4\pi} \iint P_i y' \, d\mu' \, d\omega' = Y_i = Z_i;$$

d'où il suit que les deux développements précédents sont identiques.

On peut conclure généralement de l'équation (m) que lorsque le développement de y en série de cette forme $Y_0 + Y_1 + Y_2 + \ldots$, sera connu, on aura, immédiatement et sans intégration, les quantités U_0, U_1, U_2, etc., n° 19, et les valeurs de V et de $-\dfrac{dV}{dr}$ deviendront, pour les points extérieurs,

$$\left. \begin{aligned} V &= \frac{4\pi a^3}{3\,r} + \frac{4\pi a^3 \alpha}{r} \cdot \left(Y_0 + \frac{a}{3r} \cdot Y_1 + \frac{a^2}{5r^2} \cdot Y_2 \ldots + \frac{a^i}{(2i+1)\,r^i} \cdot Y_i + \ldots \right), \\ -\left(\frac{dV}{dr}\right) &= \frac{4\pi a^3}{3\,r^2} + \frac{4\pi a^3 \alpha}{r^2} \cdot \left(Y_0 + \frac{2a}{3r} \cdot Y_1 + \frac{3a^2}{5r^2} \cdot Y_2 \ldots + \frac{(i+1)\,a^i}{(2i+1)\,r^i} \cdot Y_i + \ldots \right). \end{aligned} \right\} \quad (n)$$

On aura de même, pour les points intérieurs,

$$\left. \begin{aligned} V &= 2\pi a^2 - \frac{2\pi r^2}{3} + 4\pi a^2 \alpha \cdot \left(Y_0 + \frac{r}{3a} \cdot Y_1 + \frac{r^2}{5a^2} \cdot Y_2 \ldots + \frac{r^i}{(2i+1)\,a^i} \cdot Y_i + \ldots \right), \\ -\frac{dV}{dr} &= \frac{4\pi r}{3} - 4\pi a^2 \alpha \cdot \left(\frac{1}{3a} \cdot Y_1 + \frac{2r}{5a^2} \cdot Y_2 \ldots + \frac{i r^{i-1}}{(2i+1)\,a} \cdot Y_i + \ldots \right). \end{aligned} \right\} \quad (p)$$

Quand le point est situé à la surface du sphéroïde, ces deux dernières formules doivent être identiques avec les premières; et en effet, si l'on y suppose $r = a(1 + \alpha y)$, et qu'on observe que l'on a, par hypothèse,

$$y = Y_0 + Y_1 + Y_2 \ldots + Y_i + \ldots,$$

on trouvera

$$V + 2a\,\frac{dV}{dr} = -\frac{4\pi a^2}{3},$$

équation qui doit exister, comme nous l'avons démontré, pour tous les points de la surface.

Les formules (n), (p) sont dues à Laplace; elles offrent, sous une forme très-simple, les expressions les plus générales des attractions des sphéroïdes peu différents de la sphère. On peut les simplifier encore par les considérations suivantes.

Soit M la masse du sphéroïde que nous supposerons homogène; on aura

$$M = \int r'^2\, dr'\, d\mu'\, d\omega' = \tfrac{1}{3} \int r'^3\, d\mu'\, d\omega';$$

ou bien, en mettant pour r' sa valeur $a(1 + \alpha y')$,

$$M = \frac{4\pi a^3}{3} + a^3 \alpha \int y'\, d\mu'\, d\omega'.$$

Si, à la place de y', on substitue son développement $Y'_0 + Y'_1 + \ldots$, dans cette expression, en remarquant qu'on a généralement par le n° 18, $\int Y'_i\, d\mu'\, d\omega' = 0$, i étant différent de zéro, et que l'on a, en vertu de la formule (m), pour le cas où $i = 0$,

$$\int Y'_0\, d\mu'\, d\omega' = 4\pi Y_0,$$

on trouvera

$$M = \frac{4\pi a^3}{3} + 4\pi a^3 \alpha Y_0.$$

En prenant donc, pour la valeur de a, le rayon de la sphère égale en solidité au sphéroïde, on aura $Y_0 = 0$, et le terme Y_0 disparaîtra de la valeur de y, ainsi que ceux qui en dépendent dans les formules (n) et (p).

On a généralement, en vertu de la formule (l),

$$Y_i = \frac{2i+1}{4\pi} \cdot \iint P_i y'\, d\mu'\, d\omega'.$$

Si l'on suppose $i = 1$ dans cette équation, et qu'on

substitue à la place de y' son développement, on aura

$$\mathrm{Y}_{\text{\tiny 1}} = \frac{3}{4\pi} \cdot \iint \mathrm{P}_{\text{\tiny 1}}\, \mathrm{Y}'_{\text{\tiny 1}}\, d\mu'\, d\omega'.$$

D'après la valeur générale de P_i, il est aisé de voir qu'on aura, dans le cas de $i = 1$,

$$\mathrm{P}_{\text{\tiny 1}} = h\mu' + h'\sqrt{1 - \mu'^2}\,\sin\omega' + h''\sqrt{1 - \mu'^2}\,\cos\omega',$$

h, h', h'' étant des constantes. On aura donc

$$\mathrm{Y}_{\text{\tiny 1}} = \frac{3\,h}{4\pi} \cdot \iint y'\,\mu'\, d\mu'\, d\omega' + \frac{3\,h'}{4\pi} \cdot \iint y'\sqrt{1 - \mu'^2} \cdot \sin\omega'\, d\mu'\, d\omega'$$
$$+ \frac{3\,h''}{4\pi} \cdot \iint y'\sqrt{1 - \mu'^2} \cdot \cos\omega'\, d\mu'\, d\omega'.$$

Si l'on désigne par dm l'un des éléments de l'excès du sphéroïde sur la sphère, on aura

$$dm = a^3\,\alpha \cdot \iint y'\, d\mu'\, d\omega';$$

on peut donc écrire ainsi la valeur de $\mathrm{Y}_{\text{\tiny 1}}$,

$$\mathrm{Y}_{\text{\tiny 1}} = \mathrm{H}\int a\mu' \cdot dm + \mathrm{H}'\int a\sqrt{1 - \mu'^2} \cdot \sin\omega' \cdot dm + \mathrm{H}''\int a\sqrt{1 - \mu'^2}\,\cos\omega' \cdot dm,$$

H, H', H'' étant trois quantités constantes.

Si l'on désigne par x', y', z' les trois coordonnées rectangulaires de la molécule dm, on aura, aux quantités près de l'ordre α,

$$x' = a\mu', \quad y' = a\sqrt{1 - \mu'^2}\,\sin\omega', \quad z' = a\sqrt{1 - \mu'^2}\,\cos\omega'.$$

Si, de plus, on suppose l'origine des coordonnées au centre de gravité du sphéroïde, on a

$$\int x'\, dm = 0, \quad \int y'\, dm = 0, \quad \int z'\, dm = 0.$$

On aura donc, dans ce cas, $\mathrm{Y}_{\text{\tiny 1}} = 0$. Le terme dépendant de Y_1 disparaîtra par conséquent dans le développement de y et dans les formules (n) et (p), en prenant pour origine des coordonnées le centre de gravité du sphéroïde. Ce résultat d'ailleurs peut aisément s'étendre, comme nous le verrons, à toute espèce de sphéroïdes.

22. Concevons maintenant le point attiré situé dans l'intérieur d'une couche à très-peu près sphérique; plaçons l'origine des coordonnées au centre, et supposons que le rayon de la surface intérieure soit

$$a + a\alpha.(Y_2 + Y_3 + Y_4 + \ldots),$$

et que le rayon de la surface extérieure soit de la forme

$$a' + a'\alpha.(Y'_1 + Y'_2 + Y'_3 + \ldots).$$

Si l'on désigne par ΔV l'attraction de la couche, il est clair qu'on aura la valeur de ΔV, en retranchant la valeur de V relative au premier sphéroïde, de la valeur de V relative au second; on trouvera ainsi

$$\Delta V = 2\pi.(a'^2 - a^2) + 4\pi\alpha\left[\frac{a'r}{3}\cdot Y'_1 + \frac{r^2}{5}\cdot(Y'_2 - Y_2)\right.$$
$$\left. + \frac{r^3}{7}\cdot\left(\frac{Y'_3}{a'} - \frac{Y_3}{a}\right) + \ldots\right].$$

Si l'on veut que le point placé dans l'intérieur de la couche soit également attiré de toutes parts, il faut que ΔV se réduise à une fonction indépendante des variables r, θ et ω, puisque les différences partielles de ΔV, prises par rapport à ces quantités, expriment les attractions de la couche sur le point attiré. Cette condition donne $Y'_1 = 0$, et généralement

$$Y'_i = \left(\frac{a'}{a}\right)^{i-2} . Y_i,$$

équation qui détermine le rayon de la surface extérieure lorsque celui de la surface intérieure est donné.

Si la surface intérieure est elliptique, on a

$$Y_3 = 0, \quad Y_4 = 0, \text{ etc.},$$

et par conséquent

$$Y'_3 = 0, \quad Y'_4 = 0;$$

les rayons des surfaces intérieure et extérieure de la
couche sont donc

$$a\left(1 + \alpha Y_2\right), \quad a'\left(1 + \alpha Y_2\right);$$

d'où l'on voit que ces surfaces appartiennent à deux
ellipsoïdes semblables et semblablement placés, ce
qui s'accorde avec le résultat trouvé n° **8**.

Supposons le rayon de la surface intérieure de la
forme $a\left(1 + \alpha y\right)$, et le rayon de la surface extérieure
de la forme $a\left(1 + \alpha y + \alpha z\right)$, z étant une fonction de μ
et de ω qu'on pourra développer en une série de cette
forme :

$$z = Z_0 + Z_1 + Z_2 + \dots.$$

On aura, par les formules (n) et (p), relativement
aux points intérieurs et extérieurs,

$$\Delta V = \frac{4\pi a^3 \alpha}{r} . \left(Z_0 + \frac{a}{3r} . Z_1 + \frac{a^2}{5r^2} . Z_2 + \dots\right),$$

$$\Delta' V = 4\pi a^2 \alpha . \left(Z_0 + \frac{r}{3a} . Z_1 + \frac{r^2}{5a^2} . Z_2 + \dots\right).$$

En différentiant, on aura pour les attractions qu'exerce la couche sur les points extérieurs et intérieurs, suivant le rayon r,

$$-\frac{d.\Delta V}{dr} = \frac{4\pi a^3 \alpha}{r^2} \cdot \left(Z_0 + \frac{2a}{3r} \cdot Z_1 + \frac{3a^2}{5r^2} \cdot Z_2 + \ldots \right)$$

$$-\frac{d.\Delta' V}{dr} = \frac{4\pi a^2 \alpha}{r} \cdot \left(\frac{r}{3a} \cdot Z_1 + \frac{2r^2}{5a^2} \cdot Z_2 + \ldots \right).$$

Si l'on suppose donc le point à la surface, qu'on fasse $r = a$ dans ces formules et qu'on les compare ensuite, on aura

$$\frac{d.\Delta' V}{dr} - \frac{d.\Delta V}{dr} = 4\pi a\alpha . (Z_0 + Z_1 + Z_2 + \ldots) = 4\pi a\alpha z.$$

D'où l'on voit que si deux points sont situés sur le même rayon, l'un à la surface extérieure, l'autre à la surface intérieure du sphéroïde, la différence de l'action de la couche sur les deux points sera proportionnelle à son épaisseur, et la même que si la couche était sphérique.

23. Considérons présentement un sphéroïde hétérogène peu différent de la sphère, et composé de couches homogènes dont la figure et la densité varient suivant une loi quelconque. Soit $a(1 + \alpha y)$ le rayon d'une de ces couches; si l'on développe y en série $Y_0 + Y_1 + Y_2 +$ etc., les quantités Y_0, Y_1, Y_2, etc., seront des fonctions de a variables d'une couche à une autre; et en différentiant par rapport à a la première des équations (n), on aura pour la valeur de V relative à la couche dont l'épaisseur est $da + \alpha d.ay$, et dont nous représenterons par ρ la densité,

$$\frac{4\pi}{3r} \cdot \rho\, da^3 + \frac{4\pi\alpha}{r} \cdot \rho\, d. \left(a^3 . Y_0 + \frac{a^4}{3r} \cdot Y_1 + \frac{a^5}{5r^2} \cdot Y_2 + \ldots \right).$$

Si l'on regarde, dans cette différentielle, ρ comme une fonction de a, et qu'on intègre relativement à cette variable, on aura pour la valeur de V qui se rapporte au sphéroïde entier,

$$V = \frac{4\pi}{3r} \cdot \int \rho . d . a^3 + \frac{4\pi\alpha}{r} \cdot \int \rho . d . \left(a^3 . Y_0 + \frac{a^4}{3r} \cdot Y_1 + \ldots \right).$$

Les intégrales devront être étendues depuis $a = 0$ jusqu'à $a = a'$, en nommant a' la valeur de a correspondante à la surface.

Pour avoir l'attraction du sphéroïde hétérogène sur un point intérieur faisant partie de la couche dont le rayon est $a\,(1 + \alpha y)$, on emploiera la première des formules (n) depuis $a = 0$ jusqu'à la valeur de a répondant à cette couche, et la première des formules (p), depuis cette valeur de a jusqu'à $a = a'$, cette dernière valeur se rapportant à la surface. Si, après avoir différentié ces équations par rapport à a, on les multiplie ensuite par ρ, et qu'on intègre leur somme, on aura

$$V = \frac{4\pi}{3r} \cdot \int \rho . da^3 + \frac{4\pi\alpha}{r} \cdot \int \rho . d . \left(a^3 . Y_0 + \frac{a^4}{3r} \cdot Y_1 + \frac{a^5}{5r^2} \cdot Y_2 + \ldots \right)$$

$$+ 2\pi . \int \rho . da^2 + 4\pi\alpha . \int \rho . d . \left(a^3 Y_0 + \frac{ar}{3} \cdot Y_1 + \frac{r^2}{5} \cdot Y_2 + \ldots \right).$$

Cette valeur représente l'attraction du sphéroïde hétérogène sur les points intérieurs. Les deux premières intégrales devront être prises depuis $a = 0$ jusqu'à $a = a$, et les deux dernières depuis $a = a$ jusqu'à

II.

$a = a'$. Il faudra en outre, après les intégrations, substituer a au lieu de r, dans les termes multipliés par α, et $\frac{1 - \alpha y}{a}$ au lieu de $\frac{1}{r}$, dans les termes qui sont indépendants de α.

24. Nous avons supposé jusqu'ici l'aplatissement du sphéroïde, ou le coefficient α qui en dépend, assez petit pour qu'on pût négliger les puissances de cette quantité supérieures à la première; mais, pour donner plus de généralité aux formules précédentes, il convient de les étendre au cas où l'on a égard aux termes dépendants du carré et des puissances supérieures de l'aplatissement du sphéroïde que l'on considère et qui sera toujours supposé peu différent de la sphère.

Supposons d'abord qu'il s'agisse d'un sphéroïde homogène, dont la densité sera représentée par l'unité. On aura généralement dans ce cas, n° **16**, pour les points extérieurs,

$$\mathrm{v}_i = \frac{1}{i + 3} \iint \mathrm{P}_i \, r'^{i+3} \, d\mu' \, d\omega',$$

et pour les points situés dans l'intérieur du sphéroïde,

$$\mathrm{v}_i = - \frac{1}{i - 2} \int \int \frac{\mathrm{P}_i \, d\mu' \, d\omega'}{r'^{i-2}}.$$

Soit, comme dans le n° **19**, $r' = a(1 + \alpha y')$ le rayon mené de l'origine des coordonnées, que nous placerons au centre de gravité du sphéroïde, à un point quelconque de la surface, α étant une fraction très-petite, constante et positive, y' une fonction donnée des angles θ' et ω' qui fixent la direction du rayon r'. Si l'on substitue ces valeurs dans les formules précédentes, et qu'on développe les expressions résultantes en séries ordonnées par rapport aux puissances de α, en rejetant les termes qui s'annulent d'eux-mêmes par l'intégration en vertu des propriétés de la fonction P_i, on aura

$$\mathrm{v}_i = a^{i+3} \iint P_i \, d\mu' \, d\omega' \left(\alpha y' + \frac{i+2}{2} \alpha^2 y'^2 + \frac{i+2 \cdot i+1}{2 \cdot 3} \alpha^3 y'^3 + \ldots \right),$$

$$\mathrm{v}_i = \frac{1}{a^{i-2}} \iint P_i \, d\mu' \, d\omega' \left(\alpha y' - \frac{i-1}{2} \alpha^2 y'^2 + \frac{i-1 \cdot i}{2 \cdot 3} \alpha^3 y'^3 - \ldots \right).$$

Désignons par y ce que devient y' quand on y met θ et ω à la place de θ' et ω', c'est-à-dire la valeur de y à l'endroit où le rayon r traverse la surface du sphéroïde, nous avons vu, n° **21**, que la fonction que y représente, peut toujours se développer en série de la forme

$$y = Y_0 + Y_1 + Y_2 + \ldots$$

Supposons les puissances successives y^2, y^3, etc., de y, développées de la même manière, en sorte qu'on ait généralement

$$y^{i+1} = Y_0^{(i)} + Y_1^{(i)} + Y_2^{(i)} + \ldots$$

En substituant ces valeurs dans les deux expressions de v_i, et observant que, d'après les propriétés connues des fonctions P_i et Y_i, on a généralement

$$\int P_i y' \, d\mu' \, d\omega' = \frac{4 \pi Y_i^1}{2i+1},$$

$$\int P_i y'^2 \, d\mu' \, d\omega' = \frac{4 \pi Y_i^{(1)}}{2i+1},$$

27.

on trouvera

$$v_i = \frac{4\pi a^{i+3}}{2i+1}\left(\alpha Y_i + \frac{i+2}{2}\alpha^2 Y_i^{(1)} + \frac{i+2.i+1}{2.3}\alpha^3 Y_i^{(2)} + \ldots\right),$$

$$v'_i = \frac{4\pi a^2}{2i+1}\left(\alpha Y_i - \frac{i-1}{2}\alpha^3 Y_i^{(1)} + \frac{i-1.i}{2.3}\alpha^3 Y_i^{(2)} + \ldots\right),$$

i étant un nombre entier quelconque différent de zéro. Pour le cas particulier de $i = 0$, on trouvera n° **19**,

$$v_0 = \frac{4\pi a^3}{3} + 4\pi a^3\left(\alpha Y_0 + \alpha^2 Y_0^{(1)} + \frac{1}{3}\alpha^3 Y_0^{(2)} + \ldots\right),$$

$$v'_0 = 2\pi a^2 - \frac{2\pi r^2}{3} + 4\pi a^2\left(\alpha Y_0 + \frac{1}{2}\alpha^2 Y_0^{(1)}\right).$$

En substituant ces valeurs dans l'expression de la fonction V, n° **16**, on aura donc généralement,

$$\left.\begin{aligned}
V &= \frac{4\pi a^3}{3r} + \frac{4\pi a^3}{r}\left[\alpha\sum\frac{1}{2i+1}\frac{a^i}{r^i}Y_i + \frac{\alpha^2}{2}\sum\frac{i+2}{2i+1}\frac{a^i}{r^i}Y_i^{(1)}\right.\\
&\qquad\qquad\left. + \frac{\alpha^3}{2.3}\sum\frac{i+2.i+1}{2i+1}\frac{a^i}{r^i}Y_i^{(2)} + \ldots\right],\\[2ex]
V &= 2\pi a^2 - \frac{2\pi r^2}{3} + 4\pi a^2\left[\alpha\sum\frac{1}{2i+1}\frac{r^i}{a^i}Y_i - \frac{\alpha^2}{2}\sum\frac{i-1}{2i+1}\frac{r^i}{a^i}Y_i^{(1)}\right.\\
&\qquad\qquad\left. + \frac{\alpha^3}{2.3}\sum\frac{i-1.i}{2i+1}\frac{r^i}{a^i}Y_i^{(2)} + \ldots\right],
\end{aligned}\right\}\quad (q)$$

le signe Σ, dans ces deux séries, devant être étendu à toutes les valeurs entières de i depuis $i = 0$ jusqu'à $i = \infty$; la première s'applique aux points attirés extérieurs au sphéroïde, et la seconde aux points situés dans l'intérieur.

La première des formules précédentes peut subir une importante simplification, lorsqu'on prend pour la quantité a le rayon de la sphère égale en solidité au sphéroïde, et qu'on place l'origine des coordonnées au centre de gravité ; voyons ce que deviennent, dans ce cas général, les équations de condition $Y_0 = o$ et $Y_, = o$, trouvées n° **21**, en n'ayant égard qu'à la première puissance de α.

En faisant $i = o$, dans l'expression générale de v_i relative aux points extérieurs, on a

$$v_0 = \iiint r'^2 \, dr' \, d\mu' \, d\omega'.$$

Le second membre de cette équation représente le volume entier du sphéroïde, les intégrales étant prises depuis $\theta' = o$ et $\omega' = o$, jusqu'à $\theta' = \pi$ et $\omega' = 2\pi$. En intégrant par rapport à r' et en substituant à la place de r'^3 sa valeur $a^3 (1 + \alpha y')^3$, on aura donc, d'après ce que représente la quantité a,

$$\frac{a^3}{3} \iint (1 + \alpha y')^3 \, d\mu' \, d\omega' = \frac{4\pi a^3}{3}.$$

Si, après avoir développé cette équation, on substitue pour y', y'^2 et y'^3 leurs valeurs en séries, qu'on intègre ensuite entre les limites précédentes en ayant égard à l'équation (m), n° **21**, on trouvera

$$Y_0 + \alpha Y_o^{(1)} + \frac{1}{3} \alpha^2 Y_o^{(2)} = o. \quad (i)$$

Désignons par x', y', z' les trois coordonnées rectangulaires de la molécule dm, rapportées au centre de gravité du sphéroïde, on aura par les propriétés de ce centre,

$$\int x' \, dm = o, \quad \int y' \, dm = o, \quad \int z' \, dm = o.$$

Ces équations, en substituant pour x', y', z' et dm leurs valeurs n° **4**, donnent les trois suivantes :

$$\iint (1 + \alpha y')^4 \, \mu' \, d\mu' \, d\omega' = 0,$$

$$\iint (1 + \alpha y')^4 \sqrt{1 - \mu'^2} \cos \omega' \, d\mu' \, d\omega' = 0,$$

$$\iint (1 + \alpha y')^4 \sqrt{1 - \mu'^2} \sin \omega' \, d\mu' \, d\omega' = 0.$$

Si, après avoir développé les premiers membres de ces équations, on substitue pour y', y'^2, y'^3 et y'^4 leurs valeurs en séries, en observant que les trois quantités μ', $\sqrt{1 - \mu'^2} \cos \omega'$, et $\sqrt{1 - \mu'^2} \sin \omega'$ peuvent être considérées comme des valeurs particulières de la fonction P_1, dont l'expression générale est, n° **21**,

$$h\mu' + h' \sqrt{1 - \mu'^2} \sin \omega' + h'' \sqrt{1 - \mu'^2} \cos \omega',$$

h, h' et h'' étant des coefficients constants, on trouvera que tous les termes dans lesquels entrent les fonctions Y'_i, $Y'^{(1)}_i$, $Y'^{(2)}_i$, etc., avec un indice différent de 1, disparaissent en vertu de l'équation (p), n° **18**, et qu'en effectuant les intégrations relatives à μ' et ω' dans les limites ordinaires, ces trois équations, en vertu de l'équation (p'), se réduisent à la suivante :

$$Y_1 + \frac{3}{2} \alpha Y^{(1)}_1 + \alpha Y^{(2)}_1 + \frac{1}{4} \alpha Y^{(3)}_1 = 0. \quad (s)$$

Les deux équations (r) et (s) établissent les relations qui doivent exister entre les quantités Y_0, Y_1, $Y^{(1)}_0$, $Y^{(1)}_1$, etc., de manière à satisfaire aux conditions données ; on voit que dans l'hypothèse que nous considérons, les deux premiers termes Y_0 et Y_1 du développement de y, sont du premier ordre par rapport à l'aplatissement du sphéroïde, en sorte qu'on peut supposer $Y_0 = o$ et $Y_1 = o$ lorsqu'on prend pour a le rayon de la sphère égale en solidité au sphéroïde, pour origine des rayons r son centre de gravité, et qu'on néglige les termes de l'ordre du carré de α. Ces différents résultats s'accordent d'ailleurs avec ceux que nous avons obtenus en n'ayant égard qu'aux termes du premier ordre par rapport à α.

Supposons maintenant, comme dans le n° **23**, le sphéroïde composé de couches superposées dont la figure et la densité varient suivant une loi quelconque du centre à la surface, mais en s'écartant toujours très-peu de la figure sphérique. Représentons par ρ la densité que nous supposerons constante dans l'étendue de chaque couche; si, après avoir multiplié les expressions précédentes par cette quantité, on les différentie par rapport à a, on aura la valeur de V relative à une couche très-mince dont le rayon intérieur sera $a(1 + \alpha y)$ et l'épaisseur la différentielle $da + \alpha d.ay$. Si l'on intègre ensuite les expressions résultantes en regardant ρ et Y_i comme des fonctions de a, et que, pour abréger, on fasse

$$Q_i^{(n)} = \int \frac{\rho\, d.a^{i+3}\, Y_i^{(n)}}{da}\, da,$$

les quantités $Q_i^{(n)}$ devant être considérées comme des fonctions de même nature que Y_i, puisque la différentiation et l'intégration indiquées ne portent que sur les coefficients de ces dernières fonctions. Quant à l'intégrale d'où dépend la valeur de $Q_i^{(n)}$, elle doit être étendue depuis $a = o$ jusqu'à $a = a'$, en représentant par a' la valeur de a qui répond à la surface. On aura ainsi, pour les points extérieurs,

$$V = \frac{4\pi}{3r}\int \rho\, d.a^3 + \frac{4\pi}{r}\left\{ \alpha \sum \frac{1}{(2i+1)\,r^i} Q_i \right.$$
$$\left. + \frac{\alpha^2}{2} \sum \frac{i+2}{(2i+1)r^i} Q_i^{(1)} + \frac{\alpha^3}{2.3} \sum \frac{i+2.i+1}{(2i+1)\,r^i} Q_i^{(2)} + \cdots \right\},$$

l'intégrale $\int$ dans cette valeur devant s'étendre, comme dans celle de Q_i, depuis $a = o$ jusqu'à $a = a'$, et les intégrales finies Σ devant s'étendre à toutes les valeurs entières et positives de i, y compris *zéro*.

Si le point attiré est situé à l'intérieur du corps, et que $a\,(1 + \alpha y)$ soit le rayon de la surface inférieure de la couche dont il fait partie, on emploiera, pour déterminer les attractions qu'il éprouve, la première des équations (q) depuis $a = o$ jusqu'à la valeur de a qui répond à cette couche, et la seconde depuis cette valeur de a jusqu'à celle qui se rapporte à la surface extérieure. En désignant par ρ la densité de chaque couche, et en faisant, pour abréger,

$$Q_i^{(n)} = \int \frac{\rho\, d.a^{i+3}\, Y_i^{(n)}}{da}\, da, \quad Q_i'^{(n)} = \int \frac{\rho\, d.a^{2-i}\, Y_i^{(n)}}{da}\, da,$$

de manière que $Q_i^{(n)}$ et $Q_i'^{(n)}$ soient des quantités de la même nature que $Y_i^{(n)}$, on aura

$$V = \frac{4\pi}{2r}\int \rho\, d.a^3 + \frac{4\pi}{r}\left[\alpha \sum \frac{1}{(2i+1)\,r^i} Q_i \right.$$
$$\left. + \frac{\alpha^2}{2} \sum \frac{i+2}{(2i+1)r^i} Q_i^{(1)} + \cdots \right]$$
$$+ 2\pi\int\rho\, d.a^2 + 4\pi\left[\alpha \sum \frac{r^i}{2i+1} Q_i' - \frac{\alpha^2}{2} \sum \frac{(i-1)r^i}{2i+1} Q_i'^{(1)} + \cdots \right],$$

la première intégrale, ainsi que celle que représente $Q_i^{(n)}$, devant s'étendre depuis $a=0$ jusqu'à $a=a'$
et la seconde, ainsi que l'intégrale représentée par
$Q_i'^{(n)}$, depuis $a=a$ jusqu'à $a=a'$.

Les différences partielles des valeurs précédentes
de V, prises par rapport aux trois variables r, θ et ω,
feront connaître les composantes de l'attraction du
sphéroïde sur un point extérieur ou sur les points situés à l'intérieur de sa surface; en faisant $r=a(1+\alpha y)$
dans les formules résultantes, ces attractions seront
exprimées en fonction de a et des angles ω et θ qui
déterminent la position du point attiré.

25. Il nous reste à montrer comment on peut parvenir à développer la fonction $y=f(\mu, \omega)$ dans une
série de la forme $Y_0 + Y_1 + Y_2 + \dots$, les quantités
Y_0, Y_1, Y_2, etc., étant déterminées par la condition
de satisfaire à l'équation

$$\frac{d.\left[(1-\mu^2).\dfrac{dY_i}{d\mu}\right]}{d\mu} + \frac{\dfrac{d^2Y_i}{d\omega^2}}{1-\mu^2} + i(i+1)Y_i = 0.$$

Si l'on désigne par K_n le coefficient de $\cos n\omega$ dans
la valeur de Y_i, on aura

$$\frac{d.\left[(1-\mu^2).\dfrac{dK_n}{d\mu}\right]}{d\mu} - \frac{n^2 K_n}{1-\mu^2} + i(i+1)K_n = 0,$$

et la valeur la plus générale de K_n qui satisfera à cette
équation, sera l'expression de $(1-\mu^2)^{\frac{n}{2}} H_n$ du n° **17**,

en la multipliant par une constante arbitraire, n° **18** ; c'est-à-dire qu'on aura

$$\mathrm{K}_n = \mathrm{A}_n (1-\mu^2)^{\frac{n}{2}} \cdot \left[\mu^{i-n} - \frac{(i-n)(i-n-1)}{2(2i-1)} \cdot \mu^{i-n-2} + \ldots \right].$$

On aura donc, pour la partie de Y_i dépendante de l'angle $n\omega$,

$$(1-\mu^2)^{\frac{n}{2}} \cdot \left[\mu^{i-n} - \frac{(i-n)(i-n-1)}{2(2i-1)} \mu^{i-n-2} + \ldots \right] \cdot (\mathrm{A}_n \cos n\omega + \mathrm{B}_n \sin n\omega),$$

A_n et B_n étant deux constantes arbitraires.

Si l'on fait successivement $n=0$, $n=1$, $n=2 \ldots n=i$ dans cette expression, et qu'on ajoute entre elles toutes les fonctions qui en résulteront, leur somme sera l'expression de Y_i, qui renfermera, comme on voit, $2i + 1$ arbitraires, B_0, A_1, B_1, etc. Si l'on suppose ensuite $i=0$, $i=1$, etc., on aura les valeurs des fonctions Y_0, Y_1, etc., et leur somme $\mathrm{Y}_0 + \mathrm{Y}_1 + \mathrm{Y}_2 \ldots + \mathrm{Y}_s$ renfermera $(s + 1)^2$ constantes indéterminées.

Soit maintenant S une fonction donnée, rationnelle et entière, des trois coordonnées rectangulaires x, y, z, qu'il s'agit de développer en série de la forme $\mathrm{Y}_0 + \mathrm{Y}_1 + \mathrm{Y}_2 + $ etc. Voici le moyen qu'on emploiera pour y parvenir. Si l'on transforme les variables x, y, z en trois autres r, μ, ω, déterminées comme dans le n° **4**, on aura

$$x = r\mu, \quad y = r \cdot \sqrt{1-\mu^2} \cdot \cos\omega, \quad z = r \cdot \sqrt{1-\mu^2} \cdot \sin\omega,$$

en substituant ces valeurs dans S, cette quantité deviendra fonction rationnelle et entière de μ, $\sqrt{1-\mu^2}\cos\omega$ et $\sqrt{1-\mu^2}\sin\omega$, et l'on pourra la développer en fonction des sinus et des cosinus de l'angle ω et de ses multiples. Si l'on suppose donc que S soit la fonction la plus générale de l'ordre s, $\sin n\omega$ et $\cos n\omega$, dans ce développement, seront multipliés par des fonctions de la forme

$$(1 - \mu^2)^{\frac{n}{2}}.(A\mu^{s-n} + B\mu^{s-n-1} + C\mu^{s-n-2} + \ldots);$$

d'où l'on voit que la partie S dépendante de l'argument $n\omega$ renfermera $2(s-n+1)$ arbitraires. La partie de S qui dépend de l'angle ω et de ses multiples, renfermera donc $s(s+1)$ indéterminées; la partie indépendante de l'angle ω en renfermera $s+1$; la fonction S contiendra donc $(s+1)^2$ constantes indéterminées.

La fonction $Y_0 + Y_1 + Y_2 \ldots + Y_s$ renferme pareillement $(s+1)^2$ arbitraires; il sera donc toujours possible de transformer S dans une fonction de cette forme.

Pour cela, on prendra l'expression la plus générale de Y_s, on la retranchera de S, et l'on déterminera les arbitraires de manière que les puissances et les produits de μ et de $\sqrt{1 - \mu^2}$ de l'ordre s disparaissent de la différence $S - Y_s$, qui deviendra ainsi une fonction de l'ordre $s - 1$, que l'on désignera par S'. On prendra l'expression la plus générale de $Y_{(s-1)}$ et on la retranchera de S'; on déterminera les arbitraires de manière que les puissances et les produits de μ et de $\sqrt{1 - \mu^2}$ de l'ordre $s - 1$ disparaissent de la différence $S' - Y_{(s-1)}$, et ainsi de suite. On déterminera successivement de cette manière les fonctions Y_s, $Y_{(s-1)}$, $Y_{(s-2)}$, etc., dont la somme représente S.

CHAPITRE IV.

DE LA FIGURE D'UNE MASSE FLUIDE HOMOGÈNE EN ÉQUILIBRE, ET DOUÉE D'UN MOUVEMENT DE ROTATION.

26. Après avoir développé, dans les chapitres qui précèdent, les formules générales des attractions des sphéroïdes, nous allons les faire servir à la détermination de la figure d'une masse fluide tournant autour d'un axe fixe, et sollicitée par les attractions de toutes ses parties et par la force centrifuge due au mouvement de rotation. Nous supposerons d'abord le fluide homogène : cette question est alors susceptible d'une solution rigoureuse.

Soient a, b, c le trois coordonnées d'un point quelconque de la surface du fluide, P, Q, R les forces accélératrices qui agissent sur ce point, décomposées parallèlement aux axes des coordonnées; prenons pour axe des x l'axe même de rotation ; désignons par n la vitesse angulaire commune à tous les points de la masse, et par $r = \sqrt{b^2 + c^2}$ la distance à l'axe de rotation du point dont les coordonnées sont a, b, c. La vitesse absolue de ce point sera rn, et rn^2 sera la force centrifuge qui l'anime : on aura donc, n° **39**, livre Ier, pour l'équation de l'équilibre,

$$\mathrm{P}\,da + \mathrm{Q}\,db + \mathrm{R}\,dc - n^2 r\,dr = 0,$$

et cette équation représentera aussi celle de la surface extérieure du fluide.

Supposons maintenant que les seules forces accélératrices qui agissent sur lui, soient les attractions mutuelles de ses éléments; on aura

$$P = -\frac{dV}{da}, \quad Q = -\frac{dV}{db}, \quad R = -\frac{dV}{dc},$$

V désignant la même fonction que dans le n° **1**.

L'équation de l'équilibre deviendra donc

$$\frac{dV}{da} \cdot da + \frac{dV}{db} \cdot db + \frac{dV}{dc} \cdot dc + n^2 r dr = 0. \quad (1)$$

La valeur de V dépend de la nature du fluide et de la disposition de ses éléments. On ne peut donc pas déterminer *a priori* la surface de l'équilibre au moyen de l'équation précédente; mais cette équation servira à indiquer, parmi les hypothèses arbitraires que l'on peut faire sur la figure de la masse fluide, celles qui satisfont aux conditions de l'équilibre.

Considérons d'abord une masse fluide homogène à laquelle nous supposerons la figure d'un ellipsoïde dont l'axe des x est l'axe même de rotation; plaçons l'origine des coordonnées au centre de la masse; l'équation de la surface sera alors

$$\frac{a^2}{h^2} + \frac{b^2}{h'^2} + \frac{c^2}{h''^2} = 1.$$

Dans les ellipsoïdes homogènes, on a, n° **9**,

$$-\frac{dV}{da} = \alpha a, \quad -\frac{dV}{db} = \varsigma b, \quad -\frac{dV}{dc} = \gamma c.$$

α, 6, γ désignant des quantités indépendantes des trois coordonnées a, b, c. En substituant ces valeurs dans l'équation (1), et en observant que la valeur de r donne $rdr = bdb + cdc$, on aura

$$\alpha.ada + (6 - n^2).bdb + (\gamma - n^2).cdc = 0.$$

L'équation de l'ellipsoïde, en la différentiant, donne

$$\frac{ada}{h^2} + \frac{bdb}{h'^2} + \frac{cdc}{h''^2} = 0.$$

Pour que ces deux équations coïncident, il faut qu'on ait

$$\frac{h'^2}{h^2} = \frac{\alpha}{6 - n^2}, \quad \frac{h''^2}{h^2} = \frac{\alpha}{\gamma - n^2}; \ (a)$$

d'où l'on tire

$$6h'^2 - \gamma h''^2 = n^2 (h'^2 - h''^2).$$

Le second membre de cette équation est indépendant du troisième axe h de l'ellipsoïde; il faut donc que le premier le soit pareillement. Or, il est aisé de voir que l'on satisfait immédiatement à cette condition en supposant $h' = h''$. En effet, l'ellipsoïde est alors de révolution autour de l'axe des x; d'après les valeurs de B et C, nº **10**, on a dans ce cas $6 = \gamma$, et les deux équations (a) se réduisent à la suivante :

$$\frac{\alpha}{6 - n^2} = \frac{h'^2}{h^2}. \ (b)$$

Si h est le plus petit des trois axes, l'ellipsoïde est aplati; dans le cas contraire, il est allongé vers les pôles. Supposons d'abord le sphéroïde aplati, et faisons, comme dans le n° 9, $\dfrac{h'^2 - h^2}{h^2} = \lambda^2$, d'où l'on

tire $\dfrac{h'^2}{h^2} = 1 + \lambda^2$; on a d'ailleurs, en désignant par

M la masse de l'ellipsoïde, et nommant ρ la densité, $M = \frac{4}{3}\pi\rho\, hh'^2$, ou bien $M = \frac{4}{3}\pi\rho\,(1 + \lambda^2)\,h^3$. Les formules du n° **10** donneront donc ainsi

$$\alpha = 4\pi\rho \cdot \frac{1 + \lambda^2}{\lambda^3} \cdot (\lambda - \text{arc tang}\,\lambda),$$

$$\beta = 2\pi\rho \cdot \frac{1 + \lambda^2}{\lambda^3} \cdot \left(\text{arc tang}\,\lambda - \frac{\lambda}{1 + \lambda^2}\right).$$

Si l'on substitue ces valeurs dans l'équation (b), et que, pour abréger, on fasse $\dfrac{n^2}{\frac{4}{3}\pi\rho} = q$, on en tire

$$\text{arc tang}\,\lambda = \frac{9\lambda + 2q\lambda^3}{9 + 3\lambda^2}. \quad (2)$$

Cette équation étant résolue par rapport à λ, donnera le rapport des deux axes de l'ellipsoïde. Si la valeur de cette quantité est réelle, il y aura toujours, pour une valeur de n donnée, une figure elliptique qui répondra à l'état d'équilibre; si elle est imaginaire, l'équilibre de la masse fluide ne pourra point exister avec une pareille figure. Enfin, s'il y a plusieurs valeurs de λ qui conviennent à l'équation (2), il y aura aussi plusieurs figures d'équilibre correspondantes à un même mouvement de rotation.

27. Il convient donc de discuter avec soin l'équation (2), et comme elle est transcendante, il faut pour cela recourir aux considérations géométriques, qui sont très-utiles dans ces sortes d'occasions. Faisons donc

$$\varphi = \frac{9\lambda + 2q\lambda^3}{9 + 3\lambda^2} - \text{arc tang}\,\lambda, \quad (3)$$

et regardons φ comme l'ordonnée d'une courbe dont λ représente l'abscisse. On voit d'abord que si l'on change le signe de λ, l'ordonnée φ conserve, au signe près, la même valeur : d'où il suit que la courbe que représente l'équation (3), est semblable du côté des abscisses positives et du côté des abscisses négatives ; ses deux branches couperont donc l'axe des abscisses à des distances égales de l'origine, et donneront les mêmes figures de l'équilibre. Il suffira, par conséquent, de considérer la partie qui répond aux abscisses positives. Cela posé, si l'on fait croître λ depuis $\lambda = 0$ jusqu'à $\lambda = \infty$, l'ordonnée φ commence et finit par être positive ; d'où il suit qu'entre ces deux limites la courbe coupe un nombre de fois pair l'axe des abscisses, et que par conséquent il y a toujours au moins deux valeurs de λ qui satisfont à l'équilibre.

En différentiant l'équation (3), on trouve

$$\frac{d\varphi}{d\lambda} = \frac{6\lambda^2.[q\lambda^4 + (10q - 6)\lambda^2 + 9q]}{(1 + \lambda^2)(9 + 3\lambda^2)^2}, \quad (4)$$

et la supposition de $d\varphi = 0$ donne

$$q\lambda^4 + (10q - 6)\lambda^2 + 9q = 0;$$

d'où l'on tire

$$\lambda^2 = \frac{3}{q} - 5 \pm \sqrt{\left(\frac{3}{q} - 5\right)^2 - 9}. \quad (5)$$

Ce sont les valeurs de λ^2 qui correspondent aux

valeurs *maxima* et *minima* de l'ordonnée φ. Comme ces valeurs ne sont qu'au nombre de deux, il est clair que φ n'a qu'un *maximum* et un *minimum* du côté des abscisses positives, ce qui exige que la courbe ne coupe l'axe des abscisses qu'en trois points, en y comprenant l'origine. Il n'y a donc que deux valeurs de λ^2 qui répondent à l'équilibre.

L'équation (5) détermine aussi une limite des valeurs de q, au delà de laquelle l'équilibre n'est plus possible avec une figure elliptique. En effet, si l'on suppose

$$\frac{3}{q} - 5 = 3,$$

il est clair qu'en donnant à q une valeur plus grande que celle qui est déterminée par cette équation, la valeur de λ^2 qui en résultera sera imaginaire; les ordonnées φ ne seront donc susceptibles ni de *maximum* ni de *minimum*, et la courbe ne coupera jamais l'axe des abscisses. L'équation précédente donne

$$q = 0,3750, \quad \text{d'où l'on tire} \quad \lambda = 1,7322;$$

mais on peut assigner à ces deux quantités des limites plus approchées.

Pour cela, j'observe qu'il peut arriver que la courbe soit simplement tangente à l'axe des abscisses sans le couper; on a alors à la fois $d\varphi = 0$ et $\varphi = 0$.

La première de ces équations donne

$$q = \frac{6\lambda^2}{(1+\lambda^2)(9+\lambda^2)},$$

II.   28

et cette valeur, substituée dans l'équation (3), donne

$$\mathrm{arc.tang}\,\lambda = \frac{7\lambda^5 + 30\lambda^3 + 27\lambda}{(1+\lambda^2)(3+\lambda^2)(9+\lambda^2)} = \frac{7\lambda^3 + 9\lambda}{(1+\lambda^2)(9+\lambda^2)}.$$

Cette dernière équation, en la résolvant par approximation, donne

$$\lambda = 2,5292, \quad \text{d'où l'on tire} \quad q = 0,33701,$$

le rapport de l'axe de l'équateur à l'axe des pôles étant exprimé par la quantité $\sqrt{1+\lambda^2}$, il est, dans ce cas, égal à $2,7197$.

Nous avons supposé généralement $q = \dfrac{n^2}{\frac{4}{3}\pi\rho}$; soit T le nombre de secondes que l'ellipsoïde emploie à faire une révolution autour de son axe, $\dfrac{2\pi}{T}$ sera la vitesse dont est animée la molécule située à l'unité de distance de l'axe de rotation, et la force centrifuge de cette molécule sera $\dfrac{4\pi^2}{T^2}$; on aura donc

$$q = \frac{\dfrac{4\pi^2}{T^2}}{\frac{4}{3}\pi\rho}.$$

Il suit de là que, pour les masses de même densité, les quantités q sont proportionnelles à la force centrifuge correspondante au mouvement de rotation, ou en raison inverse du carré du temps de la rotation. La valeur de q, par rapport à la Terre, est de $0,00344957$, et la durée de la rotation de cette planète de $0^j,99727$; d'où l'on peut conclure que pour une masse fluide de même densité que la Terre, la durée de la rotation correspondante à la limite $0,33701$

de q, serait de $0^j,10090$. La masse fluide ne pourra donc pas être en équilibre avec une figure elliptique de révolution, si le temps de sa rotation est moindre que $0^j,10090$; et s'il surpasse cette limite, il y aura toujours deux figures elliptiques, mais non davantage, qui satisferont aux conditions d'équilibre.

Nous avons supposé jusqu'ici l'ellipsoïde aplati aux pôles ; voyons maintenant si l'équilibre pourrait exister avec une figure elliptique allongée vers les pôles. Il faut, dans ce cas, faire λ^2 négatif ; soit donc $\lambda^2 = -\lambda'^2$, la quantité λ'^2 étant supposée positive et plus petite que l'unité, parce que sans cela $\sqrt{1 + \lambda'^2}$ devenant imaginaire, l'ellipsoïde se changerait en un hyperboloïde. Si à la place de λ on substitue sa valeur $\pm \lambda' \sqrt{-1}$ dans l'équation (4), on trouve

$$\frac{d\varphi}{d\lambda'} = \pm \sqrt{-1} \, \frac{6\lambda'^2 \left[(1-\lambda'^2)(9-\lambda'^2)q + 6\lambda'^2\right]}{(1-\lambda'^2)(9-3\lambda'^2)^2},$$

et pour que l'ordonnée φ soit un *maximum*, il faudra supposer

$$(1-\lambda'^2)(9-\lambda'^2)q + 6\lambda'^2 = 0.$$

Or il est évident que tous les termes de cette équation étant positifs lorsqu'on donne à λ'^2 une valeur comprise entre $\lambda'^2 = 0$ et $\lambda'^2 = 1$, cette équation est alors impossible : la courbe ne coupe donc jamais l'axe des abscisses entre ces limites ; il n'y a donc pas d'équilibre possible avec une figure elliptique allongée vers les pôles.

28. Nous n'avons considéré dans ce qui précède que l'ellipsoïde de révolution, parce que ce cas est en effet le seul qui puisse convenir à la figure des corps planétaires, mais il est curieux d'examiner si l'équilibre pourrait encore subsister dans le cas général d'un ellipsoïde quelconque.

Pour cela, reprenons l'équation

$$6\,h'^2 - \gamma\,h''^2 = n^2\,(h'^2 - h''^2).$$

Si l'on substitue pour 6 et γ ou $\dfrac{B}{b}$ et $\dfrac{C}{c}$ leurs valeurs, n° **9**, en faisant, pour abréger,

$$H^2 = (1 + \lambda^2\,x^2)(1 + \lambda'^2\,x^2),$$

on trouvera

$$\frac{3\,M}{h^3}\left[\int \frac{h'^2\,x^2\,dx}{H(1 + \lambda^2\,x^2)} - \int \frac{h''^2\,x^2\,dx}{H(1 + \lambda'^2\,x^2)}\right] = n^2\,(h'^2 - h''^2).$$

Les deux intégrales qui entrent dans cette expression, ayant les mêmes limites, on peut les réduire en une seule, et en vertu des valeurs de λ^2 et λ'^2, n° **9**, l'équation précédente deviendra

$$(h'^2 - h''^2)\int \frac{x^2\,dx\,(1 - x^2)}{H^3} = \frac{n^2\,h^3}{3\,M}\,(h'^2 - h''^2).$$

On voit donc que l'on peut satisfaire à cette équation en faisant $h' = h''$, ce qui est le cas de l'ellipsoïde de révolution que nous venons de considérer n° **26** et **27**, ou bien h' et h'' ayant des valeurs quelconques, en supposant

$$\int \frac{x^2\,dx\,(1 - x^2)}{H^3} = \frac{n^2\,h^3}{3\,M}.$$

Cette équation donnera le rapport qui doit exister entre les trois axes de l'ellipsoïde pour que l'équilibre soit possible avec une vitesse de rotation donnée.

Si des deux équations (a), n° **26**, ou élimine n^2 en observant que l'on a

$$\frac{h'^2}{h^2} = 1 + \lambda^2, \quad \text{et} \quad \frac{h''^2}{h^2} = 1 + \lambda'^2,$$

on trouvera la suivante :

$$\alpha = (6 - \gamma) . \frac{(1 + \lambda^2)(1 + \lambda'^2)}{\lambda'^2 - \lambda^2}.$$

En substituant pour α, 6 et γ leurs valeurs, on aura

$$\int \frac{x^2\,dx}{\mathrm{H}} = (1 + \lambda^2)(1 + \lambda'^2)\int \frac{x^4\,dx}{\mathrm{H}^3};$$

ou bien, en réduisant,

$$\int_0^1 \frac{x^2\,dx\,(1 - x^2)(1 - \lambda^2\lambda'^2 x^2)}{\mathrm{H}^3} = 0.$$

Cette équation détermine le rapport qui doit exister entre λ et λ' pour que l'équilibre soit possible, en sorte que l'une de ces deux quantités étant donnée, on en conclura aussitôt la seconde. On voit, par cette équation, que si λ étant quelconque, on suppose $\lambda' = 0$, la valeur de l'intégrale sera positive ; si l'on suppose ensuite cette valeur égale à ∞, la valeur de l'intégrale sera négative ; il y aura donc toujours entre zéro et l'infini une valeur réelle de λ', qui rendra nul le premier membre de l'équation précédente, et qui, par conséquent, satisfera à l'équilibre.

Pour que l'équation précédente puisse subsister, il faut supposer $\lambda^2 \lambda'^2 > 1$, car sans cela tous les éléments de l'intégrale du premier membre, prise entre les limites zéro et l'unité, étant positifs, leur somme ne pourrait jamais devenir nulle. Or, la condition précédente peut s'écrire ainsi : $\lambda^2 > \dfrac{1 + \lambda^2}{1 + \lambda'^2}$, et les valeurs de λ^2 et λ'^2, n° **9**, donnent

$$\lambda^2 = \frac{h'^2 - h^2}{h^2}, \quad \frac{1 + \lambda^2}{1 + \lambda'^2} = \frac{h'^2}{h''^2};$$

il faut donc, pour l'équilibre, supposer

$$\frac{1}{h^2} > \frac{1}{h'^2} + \frac{1}{h''^2}.$$

Or cette condition établit entre les trois axes de l'ellipsoïde une disproportion beaucoup trop grande pour que le cas que nous venons de considérer puisse être d'aucune application dans la théorie des corps célestes.

Il résulte, de ce qui précède, que, bien que les conditions d'équilibre d'une masse fluide, douée d'un mouvement de rotation, puissent subsister à la rigueur avec un ellipsoïde à trois axes inégaux, on peut continuer, comme les géomètres l'ont fait jusqu'ici, à supposer, dans la question qui nous occupe, à la masse fluide une figure de révolution; le problème est alors susceptible d'une solution complète, parce que les attractions de la masse fluide s'obtiennent dans ce cas sous forme finie.

29. Considérons maintenant les variations de la pesanteur à la surface de l'ellipsoïde. La pesanteur est la résultante de toutes les forces qui agissent sur un point matériel placé à cette surface. Soit p cette résultante; en désignant comme précédemment par $a\alpha$, $b\mathfrak{E}$, $c\gamma$ les attractions de l'ellipsoïde, par n sa vitesse de rotation, on aura

$$p = \sqrt{a^2\,\alpha^2 + b^2(6 - n^2)^2 + c^2(\gamma - n^2)}.$$

Il résulte d'abord de cette équation, que la pesanteur aux différents points d'un rayon du sphéroïde est proportionnelle à leurs distances du centre; en sorte que si l'on connaît la pesanteur à la surface, on aura immédiatement celle qui s'exerce dans l'intérieur de l'ellipsoïde.

Considérons en particulier l'ellipsoïde de révolution : on a, dans ce cas,

$$p = \sqrt{a^2\,\alpha^2 + (b^2 + c^2)(6 - n^2)^2},$$

d'où, en vertu de l'équation (b), on tire

$$p = \alpha\,\sqrt{a^2 + (b^2 + c^2)\frac{h'^4}{h'^4}}.$$

On a d'ailleurs, par l'équation de l'ellipsoïde,

$$\frac{b^2 + c^2}{h'^2} = 1 - \frac{a^2}{h^2},$$

par conséquent,

$$p = \frac{\alpha}{h'}\sqrt{a^2(h'^2 - h^2) + h^4}.$$

A l'équateur, on a $a = 0$, et, par suite, $p = \frac{\alpha h^2}{h'}$; aux pôles, on a $a = h$ et $p = \alpha h$; la pesanteur aux pôles est donc à la pesanteur à l'équateur, comme le diamètre de l'équateur est à l'axe des pôles.

30. Déterminons la relation qui existe en général

à la surface de l'ellipsoïde entre la pesanteur et la latitude. Si l'on nomme t la normale à l'ellipsoïde prolongée jusqu'à la rencontre de l'axe de révolution, et qu'on prenne pour plan des x, y, le méridien passant par le point de l'ellipsoïde que l'on considère, on aura, en nommant a et b les coordonnées de ce point,

$$t = b \sqrt{1 + \frac{db^2}{da^2}} = \frac{h'}{h^2} \sqrt{a^2 (h'^2 - h^2) + h^4}.$$

On aura donc

$$p = \frac{h^2 \alpha t}{h'^2};$$

d'où il suit que la pesanteur est proportionnelle à la normale de l'ellipsoïde prolongée jusqu'à l'axe de révolution.

Nommons ψ le complément de l'angle compris entre la normale et l'axe de révolution; ψ sera la latitude du point de l'ellipsoïde que l'on considère; on aura ainsi $b = t \cos\psi$. Si l'on substitue cette valeur dans l'équation de l'ellipse, et qu'ensuite on élimine, à l'aide de l'équation résultante, a de la valeur précédente de t, on trouvera

$$t = \frac{h'^2}{h\sqrt{1 + \dfrac{h'^2 - h^2}{h^2} \cdot \cos^2\psi}};$$

on aura donc

$$p = \frac{h\,\alpha}{\sqrt{1 + \dfrac{h'^2 - h^2}{h^2} \cos^2\psi}}.$$

Si, dans cette équation, on substitue pour α sa valeur, et λ^2 à la place de $\dfrac{h'^2 - h^2}{h^2}$, on trouvera

$$p = \frac{4\pi\rho h (1 + \lambda^2)(\lambda - \text{arc tang}\,\lambda)}{\lambda^3 \sqrt{1 + \lambda^2 \cos^2\psi}}.$$

On aura, au moyen de cette équation, la pesanteur correspondante à une latitude donnée; il ne s'agit plus, pour en faire usage, que de déterminer les constantes qu'elle renferme.

En nommant T le nombre de secondes que l'ellipsoïde emploie à faire une révolution autour de son axe, nous avons trouvé, n° **27**, $q = \dfrac{\frac{4\pi^2}{T^2}}{\frac{4}{3}\pi\rho}$; on tire de là

$$4\pi\rho = \frac{12\pi^2}{q\,T^2}.$$

Soit c la longueur d'un degré du méridien, mesuré à la latitude ψ; le rayon osculateur de ce méridien est, par la nature de l'ellipse, $\dfrac{(1+\lambda^2)h}{(1+\lambda^2\cos^2\psi)^{\frac{3}{2}}}$. On aura par conséquent

$$\frac{(1+\lambda^2)\,h\,\pi}{(1+\lambda^2\cos^2\psi)^{\frac{3}{2}}} = 180\,c; \quad (6)$$

et cette équation, combinée avec la précédente, donnera

$$\frac{4\pi\rho h(1+\lambda^2)}{\sqrt{1+\lambda^2\cos^2\psi}} = 180\,c\,(1+\lambda^2\cos^2\psi).\frac{12\pi}{q\,T^2}.$$

La valeur de p deviendra ainsi

$$p = 180\,c\,(1+\lambda^2\cos^2\psi)\frac{\lambda - \text{arc.tang}\,\lambda}{\lambda^3}\,\frac{12\pi}{q\,T^2};$$

équation qui ne renferme plus que q d'inconnu. Si l'on nomme l la longueur du pendule simple qui fait ses oscillations dans une seconde de temps, on aura, n° **17**, livre Ier, $p = \pi^2 l$. En substituant pour p cette valeur, l'équation précédente donnera, pour déterminer q,

$$q = \frac{2160.c.(1 + \lambda^2 \cos^2 \psi).(\lambda - \text{arc tang}\,\lambda)}{\pi \lambda^3 l T^2}.$$

Cette équation, combinée avec l'équation (3) du n° **27**, fera connaître la valeur de q, et celle de λ, au moyen de la longueur du pendule à secondes et de la grandeur du degré, observées l'une et l'autre à la latitude ψ.

Supposons $\psi = 45°$ et q une très-petite quantité, comme cela a lieu pour la Terre; ces équations donneront, en les développant,

$$q = \frac{720.c}{\pi l T^2} - \frac{1}{4} \cdot \left(\frac{720.c}{\pi l T^2} \right)^2 + \ldots,$$

$$\lambda^2 = \frac{5}{2} \cdot q + \frac{75}{14} \cdot q^2 + \ldots$$

On a trouvé, par la mesure de l'arc du méridien terrestre, et par l'observation du pendule qui bat les secondes sous le parallèle de 45°,

$$c = 111111^m, \quad l = 0^m,993452.$$

On a de plus $T = 86164''$; on conclura de là

$$q = 0,0034496; \quad \lambda^2 = 0,0086877.$$

Cette dernière valeur donne $\sqrt{1 + \lambda^2} = 1,0043344$;

c'est le rapport de l'axe de l'équateur à celui du pôle;

ces deux axes sont à très-peu près entre eux comme 231,7 est à 230,7, et les pesanteurs aux pôles et à l'équateur sont, comme on l'a vu n° **29**, dans le même rapport.

La quantité $\frac{1}{2}\lambda^2$ exprime aux quantités près du second ordre l'*aplatissement* du sphéroïde, c'est-à-dire l'excès de l'axe de l'équateur sur l'axe du pôle divisé par le premier de ces axes : on a, par ce qui précède, aux quantités près du même ordre, $\frac{1}{2}\lambda^2 = \frac{5}{4}q$. Cette équation établit un rapport qui doit toujours exister, pour les sphéroïdes homogènes très-peu différents de la sphère, entre l'aplatissement du sphéroïde et la quantité q qui exprime dans cette hypothèse le rapport de la force centrifuge à la pesanteur sous l'équateur. En effet, nous avons supposé généralement $q = \dfrac{n^2}{\frac{4}{3}\pi\rho}$; soit h' le rayon de l'équateur, $h'\,n^2$ exprimera la force centrifuge d'un point situé sous l'équateur, et $\frac{4}{3}\pi\rho\,h'$ l'attraction que le sphéroïde exerce sur ce même point. Le rapport de ces deux forces aura donc pour expression $\dfrac{n^2\sqrt{1+\lambda^2}}{\frac{4}{3}\pi\rho}$, quantité qui coïncide avec la valeur supposée à q lorsqu'on néglige les quantités de l'ordre λ^2. Par conséquent, lorsqu'un fluide homogène tourne autour d'un axe fixe, son aplatissement est égal à cinq fois la force centrifuge à l'équateur divisée par quatre fois l'attraction à la surface. Nous avons vu, d'ailleurs, que dans ce cas la pesanteur au pôle est à la pesanteur à l'équateur comme l'axe de l'équateur est à l'axe du pôle : d'où l'on peut conclure que l'excès de la pesanteur au pôle sur la pesanteur à l'équateur, divisé par la première de ces quantités, est précisément égal à l'excès de l'axe de l'équateur sur l'axe du pôle divisé par le premier de ces deux axes, ou à l'*aplatissement* du sphéroïde; la somme de ces deux quantités est donc égale au double du rapport précédent, c'est-à-dire que l'on a

$$\frac{P'-P}{P'} + \frac{h'-h}{h'} = \frac{5}{2}q. \quad (o)$$

Nous verrons que cette équation subsiste encore dans le cas où l'on suppose le sphéroïde composé de couches superposées dont la densité décroît du centre à la surface; mais dans ce cas les deux termes du premier membre ne sont plus égaux entre eux comme dans le cas d'un fluide homogène; il suffit, en effet, pour que l'équation (o) soit satisfaite, que leurs valeurs varient en sens contraire, de manière que leur somme soit une quantité constante et égale à $\frac{5}{2}q$, c'est-à-dire à cinq fois la moitié du rapport de la force centrifuge à la pesanteur sous l'équateur.

On peut encore déterminer le demi-grand axe h du pôle au moyen de l'équation (6). En effet, en faisant $\psi = 45^\circ$, on en tire

$$h = \frac{180.c.(1+\frac{1}{2}\lambda^2)^{\frac{2}{3}}}{\pi(1+\lambda^2)} = \frac{180.c}{\pi} \cdot (1 - \frac{1}{4}\lambda^2 - \dots);$$

d'où il résulte, en réduisant cette formule en nombres,

$$h = 6352534^{\mathrm{m}}.$$

Il est à remarquer que la limite que nous avons trouvée pour q, n° **27**, n'est pas, comme on aurait pu l'imaginer, celle où le fluide commencerait à se dissiper en vertu d'un mouvement de rotation trop rapide. En effet, on a vu, n° **29**, que la pesanteur aux pôles est à la pesanteur à l'équateur dans le même rapport que le diamètre de l'équateur est à l'axe des pôles : rapport qui, dans ce cas, est celui de 1 à $2,7197$; d'où il faut conclure que si, au delà de la limite $0,33701$ de q, l'équilibre ne peut subsister avec une figure elliptique, c'est qu'il est alors impossible de donner à la masse fluide une figure elliptique telle, que la résultante de ses attractions et de la force centrifuge soit perpendiculaire à sa surface.

31. Nous venons de voir, n° **27**, que, pour un mouvement de rotation donné, il sera toujours possible d'assigner deux figures elliptiques de révolution qui satisferont aux conditions d'équilibre; mais il n'en faut pas conclure que ces deux états d'équilibre correspondent à la même force d'impulsion primitive, parce que le mouvement de rotation, que prend la masse fluide, dépend non-seulement de l'intensité de cette force, mais encore de la manière dont elle lui est appliquée.

En effet, considérons une masse fluide agitée primitivement par des forces d'impulsion quelconques, et ensuite abandonnée à elle-même et à l'attraction mutuelle de toutes ses parties. Par le centre de gravité de la masse, concevons un plan qui soit celui par rapport auquel la somme des aires tracées par chacune des molécules du fluide, multipliées par leurs masses, est un *maximum*; ce plan conservera sans cesse cette propriété, et lorsque, après diverses oscillations du fluide, son mouvement deviendra un mouvement uniforme de rotation autour d'un axe fixe, l'équateur de la masse se confondra avec le plan *maximum* des aires, et l'axe de rotation sera perpendiculaire à ce plan. Soit donc Hdt la somme des aires décrites pendant l'instant dt, à l'époque où la masse commence à s'agiter, par les · projections de chacune des molécules fluides sur ce plan, multipliées par les masses de ces molécules ; cette somme restera constamment la même pendant toute la durée du mouvement. Or si l'on désigne, comme nous l'avons fait, par n, la vitesse angulaire de rotation commune à toutes les molécules de la masse, et par $\sqrt{b^2 + c^2}$ la distance de la molécule dm à l'axe de rotation, l'aire décrite par cet élément, projetée sur le plan de l'équateur et multipliée par sa masse, au bout du temps dt, sera $\frac{ndt}{2}(b^2 + c^2)\,dm$. On aura donc

$$\frac{n}{2}\mathrm{S}\cdot(b^2 + c^2)\,dm = \mathrm{H},$$

l'intégrale S devant s'étendre à la masse entière du fluide.

Or, $\mathrm{S}\cdot(b^2 + c^2)\,dm$ est le moment d'inertie de la masse relative à l'axe de révolution. Par la nature des ellipsoïdes, ce moment est égal à $\frac{8\pi\rho}{15}\cdot h^5\cdot(1 + \lambda^2)^2$. On aura donc

$$\frac{4\pi\rho}{15}\cdot h^5\cdot(1 + \lambda^2)^2\cdot n = \mathrm{H}.$$

D'ailleurs, en désignant par M la masse du fluide,

on a

$$\frac{4\,\pi\rho}{3} \cdot h^3 \cdot (1 + \lambda^2) = M.$$

Au moyen de ces deux équations, on trouve

$$\frac{n^2}{\frac{4}{3}\pi\rho} = \frac{25\,H^2 \left(\dfrac{4\,\pi\rho}{3}\right)^{\frac{1}{3}} (1 + \lambda^2)^{-\frac{2}{3}}}{M^{\frac{10}{3}}}.$$

Nous avons représenté par q cette quantité, dans le n° **26**; en faisant donc $q' = \dfrac{25\,H^2 (\frac{4}{3}\pi\rho)^{\frac{1}{3}}}{M^{\frac{10}{3}}}$, on aura $q = q'(1 + \lambda^2)^{-\frac{2}{3}}$, et l'équation (2) du même numéro deviendra

$$\frac{9\lambda + 2\,q'\lambda^3 (1 + \lambda^2)^{-\frac{2}{3}}}{9 + 3\lambda^2} - \text{arc tang}\,\lambda = 0.$$

On déterminera λ au moyen de cette équation, et en substituant sa valeur dans l'expression de M, on en déduira la valeur de h.

Nommons φ la fonction que représente le premier membre de l'équation précédente; cette fonction doit être égale à zéro, pour satisfaire aux conditions d'équilibre; elle commence par être positive si l'on suppose très-petite la valeur de λ, et elle devient négative lorsqu'on suppose λ infini. Il y a donc toujours entre ces deux limites une valeur de λ qui satisfait à l'équation $\varphi = 0$. Par conséquent, quel que soit φ', il y a toujours une figure elliptique qui convient à l'équilibre de la masse fluide.

En différentiant la valeur de φ, on trouve

$$\frac{d\varphi}{d\lambda} = \frac{2\lambda^4 \cdot \left\{ \frac{27\,q'}{\lambda^2} + 18\,q' - [\lambda^2 q' + 18(1 + \lambda^2)^{\frac{2}{3}}] \right\}}{(3\lambda^2 + 9)^2 (1 + \lambda^2)^{\frac{5}{2}}}.$$

La valeur de λ, qui correspond à $\varphi = 0$, rend négative la fonction

$$\frac{27\,q'}{\lambda^2} + 18\,q' - [\lambda^2 q' + 18(1 + \lambda^2)^{\frac{2}{3}}].$$

Cette fonction conserve ensuite toujours le même signe à mesure qu'on fait croître la valeur de λ, parce que la partie positive $\frac{27\,q'}{\lambda^2} + 18\,q'$ diminue sans cesse, tandis que la partie négative $- [\lambda^2 q' + 18(1 + \lambda^2)^{\frac{2}{3}}]$ augmente. La courbe dont φ représente l'ordonnée, ne peut donc couper une seconde fois l'axe des abscisses, et, par conséquent, il n'y a qu'une seule valeur de λ qui satisfasse aux conditions de l'équilibre.

Concluons donc de ce qui précède : 1° qu'*une masse fluide homogène, douée d'un mouvement de rotation autour d'un axe fixe, peut toujours être en équilibre avec deux figures elliptiques différentes ; 2° que pour une même force d'impulsion primitive, il n'y a qu'une seule figure elliptique qui satisfasse à l'équilibre.*

Le premier de ces résultats suppose que la durée de la rotation de la masse fluide n'est pas au-dessous de la limite que nous lui avons assignée n° **27**; mais quand bien même cette condition ne serait pas remplie à l'origine du mouvement, il n'en faudrait pas conclure que l'équilibre sera à jamais impossible avec une figure elliptique. On conçoit, en effet, que la masse fluide, après diverses oscillations, peut s'aplatir de plus en plus sans cesser d'être continue, en vertu de la ténacité de ses parties. La durée de la rotation augmente ainsi progressivement, et elle finit par atteindre la limite qui convient à l'équilibre. La masse fluide prend alors la figure d'un ellipsoïde; et l'on voit, en effet, par le second des théorèmes précédents, qui a toute l'étendue possible, que, quelles que soient les forces primitivement imprimées à ce fluide, on peut toujours assigner une figure elliptique qui satisfasse à son équilibre. En général, cette figure est unique, et elle est déterminée par la nature des forces qui ont produit le mouvement. L'axe de rotation est celui des axes passant par le centre de gravité de la masse, par rapport auquel la somme des moments des forces primitives du système était un *maximum*.

CHAPITRE V.

DE LA FIGURE QUI CONVIENT A L'ÉQUILIBRE D'UNE MASSE FLUIDE HOMOGÈNE OU HÉTÉROGÈNE, DOUÉE D'UN MOUVEMENT DE ROTATION, ET DONT LA FIGURE PRIMITIVE EST SUPPOSÉE TRÈS-PEU DIFFÉRENTE DE LA SPHÈRE.

---

32. Nous venons de démontrer que l'ellipsoïde de révolution satisfait aux conditions d'équilibre d'une masse fluide homogène douée d'un mouvement de rotation autour d'un axe fixe, et nous avons développé les lois que suit la pesanteur et la diminution des dégrés du méridien à la surface d'un semblable sphéroïde. Il nous reste à examiner maintenant si la surface elliptique est la seule qui remplisse les conditions précédentes, et s'il existe plusieurs figures de différentes natures qui conviennent à l'équilibre. Cette question, dans toute sa généralité, surpasse les forces de l'Analyse; mais on parvient à la résoudre en la restreignant et en supposant la figure de la masse fluide très-peu différente de la sphère. Cette hypothèse est d'ailleurs conforme à la nature, puisque tous les corps célestes ont, à très-peu près, la forme sphérique, et qu'on peut présumer que leurs molécules, en se rapprochant par la condensation, ont conservé entre elles la même disposition qu'elles avaient à l'état fluide.

Reprenons l'équation de l'équilibre d'une masse fluide homogène trouvée, n° **38**, livre Ier, et donnons-lui cette forme

$$V + N = \text{const.}, \quad (a)$$

N représentant généralement l'intégrale de toutes les forces étrangères aux attractions du sphéroïde qui agissent sur les points de sa surface. Si l'on suppose, comme cela a lieu pour la Terre, la Lune, Jupiter et tous les corps célestes, Saturne excepté, que la seule force étrangère qui agit sur la masse fluide est la force centrifuge provenant du mouvement de rotation, on aura

$$N = \tfrac{1}{2} g \, (b^2 + c^2),$$

a, b et c désignant les coordonnées rectangulaires d'un point quelconque de la surface, et g la force centrifuge du point situé à l'unité de distance de l'axe de rotation. g étant d'ailleurs une très-petite quantité, parce que la supposition que la masse fluide diffère peu de la forme sphérique, exige que les forces qui l'en écartent soient elles-mêmes très-petites.

Plaçons l'origine des coordonnées au centre de gravité de la masse; soient r le rayon vecteur mené de ce centre à la surface, θ l'angle qu'il forme avec l'axe de rotation, et ω l'angle que forme le plan qui passe par le rayon r et par l'axe de rotation, avec le plan des x, y; on aura

$$a = r\cos\theta, \quad b = r\sin\theta\cos\omega, \quad c = r\sin\theta\sin\omega.$$

La valeur de N deviendra ainsi,

$$N = \tfrac{1}{2} g r^2 \sin^2\theta = \tfrac{1}{3} g r^2 - \tfrac{1}{2} g r^2 (\cos^2\theta - \tfrac{1}{3}),$$

et en la substituant dans l'equation d'équilibre, on aura

$$V + \tfrac{1}{3} g r^2 - \tfrac{1}{2} g r^2 \left(\cos^2 \theta - \tfrac{1}{3} \right) = \text{const.} \quad (b)$$

On verra bientôt pour quelle raison nous avons donné à N la forme précédente.

Supposons maintenant, conformément à l'hypothèse, la figure de la masse fluide peu différente de la sphère; on aura dans ce cas, n° **21**,

$$V = \frac{4 \pi a^3}{3 r} + \frac{4 \pi \alpha a^3}{r} \left[Y_0 + \frac{a}{3 r} \cdot Y_1 + \frac{a^2}{5 r^2} \cdot Y_2 + \frac{a^3}{7 r^3} \cdot Y_3 + \ldots \right].$$

On peut faire disparaître de cette valeur les termes en Y_0 et Y_1 en prenant pour a le rayon de la sphère égale en solidité au sphéroïde, et en plaçant l'origine des rayons r à son centre de gravité. Si l'on substitue ensuite cette valeur dans l'équation (b), on aura

$$\left. \begin{array}{l} \dfrac{4 \pi a^3}{3 r} + \dfrac{4 \pi \alpha a^5}{r^5} \cdot \left[\tfrac{1}{5} \cdot Y_2 + \dfrac{a}{7 r} \cdot Y_3 + \ldots \right] + \tfrac{1}{3} g r^2 - \tfrac{1}{2} g r^2 \cdot (\cos^2 \theta - \tfrac{1}{3}) \\[2mm] = \text{const.,} \end{array} \right\} \quad (c)$$

et tous les termes de cette équation jouiront de la propriété de satisfaire à l'équation aux différences partielles

$$\frac{d . \sin \theta \dfrac{d Y_i}{d \theta}}{\sin \theta \, d \theta} + \frac{1}{\sin^2 \theta} \cdot \frac{d^2 Y_i}{d \omega^2} + r \frac{d^2 . r Y_i}{d r^2} = 0,$$

Y_i étant une fonction rationnelle et entière des trois quantités μ, $\sqrt{1 - \mu^2} \cos \omega$, $\sqrt{1 - \mu^2} \sin \omega$ ou $\cos \theta$, $\sin \theta \cos \omega$ et $\sin \theta \sin \omega$, du degré i.

Il est aisé de voir, en effet, que cette équation est satisfaite lorsqu'on y substitue chacun des deux termes $\frac{1}{3}gr^2$ et $-\frac{1}{2}gr^2(\cos^2\theta - \frac{1}{3})$ à la place de Y_i, ce qui résulte de la forme particulière que l'on a fait prendre à la fonction N.

Cela posé, on a à la surface du sphéroïde $r = a(1 + \alpha y)$; en substituant cette valeur dans l'équation (c), et en négligeant les termes du second ordre en α, ainsi que ceux qui sont multipliés par αg à cause de la petitesse des deux facteurs, on aura

$$\frac{4\pi a^2}{3}(1 - \alpha y) + 4\pi\alpha a^2\left[\tfrac{1}{4}Y_2 + \tfrac{1}{7}Y_3 + \ldots\right] + \tfrac{1}{3}ga^2 - \tfrac{1}{2}ga^2(\cos^2\theta - \tfrac{1}{3})$$
$$= \text{const.}$$

Comme la constante du second membre est arbitraire, on peut la supposer déterminée par l'équation

$$\frac{4\pi a^2}{3} + \tfrac{1}{3}ga^2 = \text{const.},$$

et l'équation précédente donnera ainsi

$$y = 3\left(\tfrac{1}{5}Y_2 + \tfrac{1}{7}Y_3 + \ldots\right) - \frac{3}{8\pi}\cdot\frac{g}{\alpha}\cdot(\cos^2\theta - \tfrac{1}{3}).$$

Or, nous avons trouvé, n° **21**, pour l'expression générale de y dans les sphéroïdes peu différens de la sphère, l'origine des coordonnées étant au centre de gravité du sphéroïde,

$$y = Y_2 + Y_3 + Y_4 + \ldots,$$

Y_2, Y_3, Y_4, etc., représentant dans cette expression les mêmes fonctions que celles qu'elles désignent dans la valeur de V.

En comparant ces deux valeurs de y, on voit qu'elles ne sauraient avoir lieu en même temps, à moins qu'on n'ait séparément,

$$Y_2 = \tfrac{3}{5}\, Y_2 - \frac{3}{8\,\pi} \cdot \frac{g}{\alpha} \cdot \left(\cos^2\theta - \tfrac{1}{3}\right),$$

$$Y_3 = 0, \quad Y_4 = 0, \quad Y_5 = 0, \text{ etc.}$$

De la première de ces équations on tire

$$Y_2 = -\,\tfrac{5}{4} \cdot \frac{g}{\tfrac{1}{3}\,\alpha\pi} \cdot \left(\cos^2\theta - \tfrac{1}{3}\right).$$

Substituons cette valeur dans l'expression de y et faisons pour abréger $\dfrac{g}{\frac{1}{3}\pi} = q$; q désignant comme précédemment, n° **30**, le rapport de la force centrifuge à la pesanteur sous l'équateur, et devant être supposé une très-petite quantité du même ordre que α, on aura

$$\alpha y = -\,\tfrac{5}{4}\, q\left(\cos^2\theta - \tfrac{1}{3}\right);$$

on a d'ailleurs

$$r = a\,(1 + \alpha y).$$

L'expression du rayon de la surface des sphéroïdes deviendra donc

$$r = a\left[1 - \tfrac{5}{4}\, q\left(\cos^2\theta - \tfrac{1}{3}\right)\right]. \quad (d)$$

Cette équation appartient à un ellipsoïde de révolution dont l'aplatissement est très-petit et égal à $\dfrac{5q}{4}$, l'origine des coordonnées étant au centre du sphéroïde.

Nous voici donc parvenu à démontrer que la figure elliptique est la seule qui convienne à l'équilibre d'une masse fluide homogène, douée d'un mouvement de rotation, en supposant la figure primitive de cette masse peu différente de celle de la sphère. Nous avons démontré, dans le n° **21**, que l'expression de y ne peut se développer que d'une seule manière, en série de la forme

$$Y_2 + Y_3 + Y_4, \ldots;$$

on peut en conclure encore, par ce qui précède, que la figure elliptique qui satisfait à l'équilibre est unique. Si l'on suppose $q = o$, dans l'équation (d), on a $r = a$; d'où il suit que la sphère est la seule figure que puisse prendre dans l'état d'équilibre une masse fluide homogène et immobile.

33. Nous n'avons eu égard, dans ce qui précède, qu'aux quantités du premier ordre par rapport à α, que nous avons supposé un très-petit coefficient de l'ordre de l'aplatissement du sphéroïde. Quoique cette approximation suffise ordinairement à la comparaison de la théorie à la figure des corps célestes, il ne sera pas inutile, pour donner une application des formules du n° **24**, de porter l'approximation jusqu'aux termes de l'ordre du carré de α.

Pour cela, il nous suffira de substituer dans l'équation (b), n° **32**, à la place de V, sa valeur exacte jusqu'aux quantités du même ordre. En supposant à la surface du sphéroïde, l'expression du rayon vecteur de cette forme $r = a\left(1 + \alpha y + \alpha^2 z\right)$, et faisant comme dans le n° **24**,

$$y = Y_0 + Y_1 + Y_2 + Y_3 + \ldots,$$
$$y^2 = Y_0^{(1)} + Y_1^{(1)} + Y_2^{(1)} + Y_3^{(1)} + \ldots,$$
$$z = Z_0 + Z_1 + Z_2 + Z_3 + \ldots.$$

Z_0, Z_1, Z_2, etc., représentant des fonctions de même nature que celles que nous avons désignées par Y_0, Y_1, Y_2, etc., il est aisé de voir que pour avoir égard aux quantités qui résultent de l'introduction du terme $\alpha^2 z$ dans l'expression de r, il suffira d'augmenter respectivement chacune des quantités Y_0, Y_1, Y_2, etc., des quantités correspondantes αZ_0, αZ_1, αZ_2, etc., dans les expressions (q) de V du n° **24**; on trouvera ainsi, relativement aux points extérieurs, en négligeant les termes de l'ordre α^3,

$$V = \frac{4\pi a^3}{3r} + \frac{4\pi a^3 \alpha}{r} \left\{ Y_0 + \alpha Y_0^{(1)} + \alpha Z_0 \right.$$
$$+ \frac{a}{3r}\left(Y_1 + \tfrac{3}{2}\alpha Y_1^{(1)} + \alpha Z_1\right) + \frac{a^2}{5r^2}\left(Y_2 + 2\alpha Y_2^{(1)} + \alpha Z_2\right)$$
$$+ \frac{a^3}{7r^3}\left(Y_3 + \tfrac{5}{2}\alpha Y_3^{(1)} + \alpha Z_3\right) + \frac{a^4}{9r^4}\left(Y_4 + 3\alpha Y_4^{(1)} + \alpha Z_4\right) + \dots \left. \right\}.$$

On fera disparaître de cette valeur les termes en Y_0, $Y_0^{(1)}$, Z_0 en prenant pour a le rayon de la sphère égale en solidité au sphéroïde, et les termes en Y_1, $Y_1^{(1)}$ et Z_1 en plaçant l'origine des rayons r à son centre de gravité. On aura ainsi les deux équations de condition suivantes :

$$\left. \begin{aligned} Y_0 + \alpha Y_0^{(1)} + \alpha Z_0 &= 0, \\ Y_1 + \tfrac{3}{2}\alpha Y_1^{(1)} + \alpha Z_1 &= 0. \end{aligned} \right\} \quad (f)$$

La première servira à déterminer la quantité Z_0, et la seconde la quantité Z_1, les quatre autres quantités Y_0, $Y_0^{(1)}$, Y_1 et $Y_1^{(1)}$ étant supposées déterminées par la première approximation.

En substituant ensuite la valeur de V dans l'équation (b), on aura

$$
\begin{aligned}
&\frac{4\pi a^3}{3r} + \frac{4\pi a^5 \alpha}{5r^3}\left\{ Y_2 + 2\alpha Y_2^{(1)} + \alpha Z_2 + \frac{5\alpha}{7r}\left(Y_3 + \tfrac{5}{2}\alpha Y_3^{(1)} + \alpha Z_3\right)\right. \\
&\left. + \frac{5a^2}{9r^2}\left(Y_4 + 3\alpha Y_4^{(1)} + \alpha Z_4\right) + \ldots\right\} \\
&+ \tfrac{1}{3}gr^2 - \tfrac{1}{2}gr^2\left(\cos^2\theta - \tfrac{1}{3}\right) = \text{const.}
\end{aligned}
\qquad\text{(A)}
$$

Si dans cette équation on substitue pour r sa valeur $a(1 + \alpha y + \alpha^2 z)$, qu'on observe qu'en supposant comme précédemment $\frac{g}{\frac{4}{3}\pi} = q$, on a par la première approximation $\alpha Y_2 = -\tfrac{5}{4}q\left(\cos^2\theta - \tfrac{1}{3}\right)$ et $Y_3 = 0$, $Y_4 = 0$, $Y_5 = 0$, etc. Qu'on fasse pour abréger $e = -\tfrac{5}{6}q$ et qu'on néglige les termes de l'ordre α^3 et $\alpha^2 q$, on trouvera

$$
\begin{aligned}
&\frac{4\pi a^2}{3}\left(1 + \alpha y - \alpha^2 z + \alpha^2 y^2\right) + \frac{4\pi a^2 \alpha}{5}\left\{ (1 - 3\alpha y)\left(Y_2 + 2\alpha Y_2^{(1)} + \alpha Z_2\right)\right. \\
&\left. + \tfrac{4}{7}\alpha\left(\tfrac{5}{2}Y_3^{(1)} + Z_3\right) + \tfrac{5}{9}\alpha\left(3Y_4^{(1)} + Z_4\right) + \ldots\right\} \\
&- \tfrac{2}{5}\cdot\frac{4\pi a^2}{3}c(1 + 2\alpha y) + \tfrac{2}{5}\cdot\frac{4\pi a^2}{3}(1 + 2\alpha y)\alpha Y_2 = \text{const.}
\end{aligned}
\qquad\text{(B)}
$$

Nous pouvons supposer la constante du second membre, qui est arbitraire, déterminée par l'équation

$$
\frac{4\pi a^2}{3}\left(1 - \tfrac{2}{5}e\right) - \frac{4\pi a^2}{3}\alpha^2 Z_0 = \text{const.}
$$

En comparant ensuite les termes affectés de la première puissance de α, on aura d'abord $y = Y_2$, comme cela résulte d'ailleurs de la première approximation. La comparaison des termes multipliés par α^2 donnera de même

$$\alpha^2 z = \alpha^2 y^2 - \tfrac{9}{5}\,\alpha y\,Y_2 + \tfrac{3}{5}\alpha^2\left(2\,Y_2^{(1)} + Z_2\right) + \tfrac{15}{7}\alpha^2\left(\tfrac{5}{2}\,Y_3^{(1)} + Z_3\right)$$

$$+ \tfrac{5}{3}\alpha^2\left(3\,Y_4^{(1)} + Z_4\right) + \ldots - \tfrac{4}{5}\,e\alpha y + \tfrac{4}{3}\alpha^2 y\,Y_2 + \alpha^2 Z_0.$$

La fonction y ne contenant que le carré de $\cos\theta$, il en résulte évidemment que les puissances successives y^2, y^3, etc., de cette quantité ne renfermeront que des puissances paires de ce même cosinus, et que, par conséquent, toutes les fonctions $Y_1^{(1)}$, $Y_3^{(1)}$, $Y_5^{(1)}$, etc., dont l'indice est impair, disparaîtront de leurs expressions, on aura donc

$$Y_1^{(1)} = 0, \quad Y_3^{(1)} = 0, \quad Y_5^{(1)} = 0, \text{ etc.,}$$

la seconde des équations (f) donnera ainsi $Z_1 = 0$, et l'équation précédente, en y substituant pour y sa valeur Y_2, deviendra simplement

$$\alpha^2 z = \tfrac{3}{5}\alpha^2\left(2\,Y_2^{(1)} + Z_2\right) + \tfrac{15}{7}\alpha^2 Z_3$$

$$+ \tfrac{5}{3}\alpha^2\left(3\,Y_4^{(1)} + Z_4\right) - \tfrac{4}{3}\,e\alpha\,Y_2 + \alpha^2 Z_0.$$

Cette équation, jointe à la première des équations de condition (f), suffit pour déterminer complétement l'expression de z. En effet, si l'on y substitue pour z sa valeur $Z_0 + Z_2 + Z_4 +$ etc., et qu'on compare ensuite dans les deux membres les fonctions affectées des mêmes indices, on voit d'abord que comme les quantités $Y_2^{(1)}$, $Y_4^{(1)}$ ne renferment que des multiples pairs de $\cos\theta$, il faudra qu'on ait nécessairement

$$Z_3 = 0, \quad Z_5 = 0, \quad Z_7 = 0, \text{ etc.,}$$

d'où l'on peut conclure d'abord que l'expression du rayon vecteur ne contient que des fonctions paires de la nature des fonctions Y_n, et que par conséquent le sphéroïde qui satisfait à l'équilibre de la masse fluide, est un sphéroïde symétrique des deux côtés de son équateur. Les puissances les plus élevées de $\cos\theta$ qui renferment la quantité y^2, étant du quatrième ordre, il est évident encore que la comparaison des termes semblables dans les deux membres, après qu'on aura substitué pour z sa valeur, donnera

$$Z_6 = 0, \quad Z_8 = 0, \text{ etc.}$$

L'expression de $\alpha^2 z$ se réduit donc finalement à la suivante :

$$z = \tfrac{2}{5}\left(2\,Y_2^{(1)} + Z_2\right) + \tfrac{3}{9}\left(3\,Y_4^{(1)} + Z_4\right) - \tfrac{4}{5}\frac{e}{\alpha}\,Y_2 + Z_0.$$

Les fonctions $Y_2^{(1)}$, $Y_4^{(1)}$ sont, par leur nature, indépendantes de l'angle ω comme la fonction Y_2 dont elles dérivent, la fonction z en sera donc pareillement indépendante, et, par conséquent, le sphéroïde qui satisfait à l'équilibre, est un sphéroïde de révolution. Substituons maintenant pour Y_2, $Y_2^{(1)}$ et $Y_4^{(1)}$ leurs valeurs dans l'équation précédente, en faisant, comme dans le n° **18**,

$$F_2 = \tfrac{3}{2}\left(\cos^2\theta - \tfrac{1}{3}\right),$$

$$F_4 = \tfrac{3\cdot5}{8}\left(\cos^4\theta - \tfrac{6}{7}\cos^2\theta + \tfrac{3}{35}\right).$$

On trouvera aisément, par le procédé du n° **25**,

$$F_2^2 = \tfrac{18}{35}F_4 + \tfrac{2}{7}F_2 + \tfrac{1}{5};$$

et en observant que d'après la valeur de Y_2, donnée

par la première approximation, on a $Y_2 = eF_2$, on aura

$$\alpha^2 Y_2^2 = \tfrac{18}{35} e^2 F_4 + \tfrac{2}{7} e^2 F_2 + \tfrac{1}{5} e^2.$$

Nous avons supposé précédemment

$$y^2 = Y_2^2 = Y_0^{(1)} + Y_2^{(1)} + Y_4^{(1)},$$

en comparant ces deux expressions, on aura donc

$$\alpha^2 Y_0^{(1)} = \tfrac{1}{5} e^2, \quad \alpha^2 Y_2^{(1)} = \tfrac{2}{7} e^2 F_2, \quad \alpha^2 Y_4^{(1)} = \tfrac{18}{35} e^2 F_4.$$

Si l'on substitue ces deux dernières valeurs ainsi que celle de z dans l'équation (g), qu'on compare ensuite les termes qui contiennent des fonctions semblables dans les deux membres, on en conclura aisément

$$\alpha^2 Z_2 = -\tfrac{8}{7} e^2 F_2, \quad \alpha^2 Z_4 = \tfrac{27}{35} e^2 F_4.$$

Les deux fonctions Z_2 et Z_4 qui entrent dans la valeur de z, se trouveront ainsi déterminées; quant à la fonction Z_0, elle est déterminée par la première des équations (f), et comme on a par la première approximation $Y_0 = 0$, on en conclut simplement :

$$\alpha^2 Z_0 = -\alpha^2 Y_0^{(1)} = -\tfrac{1}{5} e^2.$$

L'expression de $\alpha^2 z$ devient ainsi :

$$\alpha^2 z = -\tfrac{1}{5} e^2 - \tfrac{8}{7} e^2 F_2 + \tfrac{27}{35} e^2 F_4 ;$$

et en substituant cette valeur dans l'expression du rayon vecteur $r = a(1 + eF_2 + \alpha^2 z)$, on aura

$$\frac{r}{a} = 1 - \tfrac{1}{5} e^2 + \left(e - \tfrac{8}{7} e^2 \right) F_2 + \tfrac{27}{35} e^2 F_4,$$

ou bien, en remettant pour F_2 et F_4 leurs valeurs, et

substituant $-\frac{5}{6}q$ au lieu de e,

$$\frac{r}{a} = 1 - \frac{5}{6}q - \frac{25}{63}q^2 + \frac{5}{4}q\sin^2\theta + \frac{25}{672}q^2(23 - 63\cos^2\theta)\sin^2\theta,$$

équation qui est celle d'un ellipsoïde de révolution dont l'aplatissement serait égal à $\frac{5}{4}q + \frac{425}{224}q^2$. En effet, en nommant αh cet aplatissement, on aura

$$\alpha h = \frac{5}{4}q + \frac{425}{224}q^2,$$

et en introduisant cette valeur dans l'expression précédente, on aura

$$\frac{r}{a} = \left(1 - \frac{5}{6}q - \frac{25}{63}q^2\right)\left(1 + \alpha h \sin^2\theta - \frac{3}{2}\alpha^2 h^2 \sin^2\theta \cos^2\theta\right),$$

valeur qui s'accorde, jusque dans les termes du second ordre, avec celle du rayon vecteur d'un ellipsoïde de révolution dont l'axe des pôles serait

$$2\,a'\left(1 - \frac{5}{6}q - \frac{25}{63}q^2\right),$$

l'aplatissement αh, et l'équation rigoureuse

$$\frac{a^2\left(1 - \frac{5}{3}q - \frac{25}{252}q^2\right)}{r^2} = 1 - \frac{(2\alpha h + \alpha^2 h^2)\sin^2\theta}{1 + 2\alpha h + \alpha^2 h^2}.$$

Sans qu'il soit besoin de pousser plus loin ce calcul, il est aisé de voir, par l'analyse précédente, que par une suite d'approximations successives, on obtiendra, au moyen des équations (A) et (B), une valeur de r ordonnée suivant les puissances de α et de la forme

$$r = r_0 + \alpha r_1 + \alpha^2 r_2 + \alpha^3 r_3 + \ldots,$$

dont tous les coefficients r_0, r_1, r_2, etc., seront entièrement déterminés : le premier ne contenant que des quantités constantes, le second ne contenant qu'un terme de la nature des fonctions Y_n, celle qui répond à l'indice $n = 2$; le troisième, deux fonctions du même genre répondant aux indices $n = 2$, $n = 4$, et ainsi de suite. On voit de plus, par la manière dont se forment les coefficients r_1, r_2, que les autres coefficients r_3, r_4, etc., ne contiendront également que des nombres finis des quantités Y_n répondant à des indices pairs, ce qui fait qu'ils ne renfermeront que des puissances paires de $\cos\theta$; on conçoit enfin que l'angle ω disparaîtra entièrement de ces valeurs.

On peut donc conclure généralement, que la figure qui convient à l'équilibre de la masse fluide homogène, quand on la suppose très-peu différente d'une sphère, est celle d'un sphéroïde de révolution symétrique des deux côtés de son équateur et dont l'axe de figure coïncide avec l'axe de rotation. Il ne résulte pas de là, il est vrai, que ce sphéroïde soit nécessairement un ellipsoïde, mais on a vu, n° **32**, que l'ellipsoïde très-peu aplati satisfait rigoureusement à l'équation de l'équilibre d'un fluide homogène tournant autour d'un axe fixe avec une vitesse comprise entre des limites déterminées : il s'ensuit donc que la valeur précédente de r qui, par hypothèse, satisfait à l'équation de l'équilibre, et qui ne peut se réduire que d'une seule manière à la forme que nous lui avons supposée, doit coïncider avec le rayon de l'ellipsoïde développée suivant les puissances de l'aplatissement, et c'est ce que nous venons de vérifier, en effet, pour les termes dépendants de la première et de la seconde approximation.

34. Considérons maintenant les variations de la

pesanteur à la surface du sphéroïde. L'équation (a) qui détermine la figure de l'équilibre de la masse fluide, offre encore l'avantage de donner par une simple différentiation la loi de la pesanteur à la surface. En effet, le premier membre de cette équation représente généralement l'intégrale de toutes les forces qui agissent sur chacune des molécules de cette surface, multipliées respectivement par l'élément de leurs directions. En différentiant donc l'équation (a) par rapport à r, on aura, n° **1**, la résultante de toutes les forces qui animent le point de la surface que l'on considère, décomposées parallèlement au rayon r, c'est-à-dire, n° **29**, l'expression de la pesanteur en ce point.

L'équation (c), d'après ce qui précède, devient.

$$\frac{4\pi a^3}{3r} + \frac{4\pi\alpha a^5}{5r^3} \cdot Y^{(2)} + \frac{4\pi q r^2}{6} \cdot \sin^2\theta = \text{const.}$$

Si l'on différentie cette équation par rapport à r, qu'on divise sa différentielle par $-dr$ et qu'on y substitue à la place de r sa valeur $a(1 + \alpha y)$ après la différentiation, on trouve

$$p = \tfrac{4}{3}\pi a(1 - \tfrac{1}{5}\alpha Y^{(2)} - q\sin^2\theta); \ (n)$$

et comme on a, n° **32**,

$$\alpha Y^{(2)} = -\tfrac{5}{4}q \cdot (\cos^2\theta - \tfrac{1}{3}),$$

cette équation devient

$$p = \tfrac{4}{3}\pi a\left[1 - \tfrac{2}{3}q + \tfrac{5}{4}q(\cos^2\theta - \tfrac{1}{3})\right]. \ (c)$$

La quantité p que nous venons de déterminer, ne représente pas exactement la pesanteur, c'est seulement la partie de cette force dirigée vers le centre du sphéroïde. En effet, on peut regarder la pesanteur à sa surface comme décomposée en deux autres forces, l'une p dirigée suivant le rayon r, et l'autre perpendiculaire à ce rayon. Mais il est aisé de voir que cette dernière est de l'ordre α, en sorte qu'en la désignant par $\alpha p'$, la pesanteur totale sera égale à $\sqrt{p^2 + \alpha^2 p'^2}$; on peut donc, quand on néglige les quantités de l'ordre α^2, regarder p comme l'expression de la pesanteur à la surface du sphéroïde.

En réunissant les équations (e) et (d), on aura tout ce qui est nécessaire pour déterminer la figure d'équilibre d'une masse fluide homogène douée d'un mouvement de rotation et les lois de la pesanteur à la surface, lorsqu'on suppose que la forme primitive de la masse est peu différente de la sphère. On aura ainsi

$$r = a \left[1 - \frac{5q}{4} \left(\cos^2 \theta - \tfrac{1}{3} \right) \right],$$
$$p = \tfrac{4}{3} \pi a \left[1 - \tfrac{2}{3} q + \tfrac{5}{4} q \left(\cos^2 \theta - \tfrac{1}{3} \right) \right].$$

Ces deux équations font voir d'abord que la diminution des rayons et les accroissements de la pesanteur, en allant de l'équateur au pôle, sont proportionnels à $\cos^2 \theta$; d'où il suit que ces deux quantités varient à très-peu près comme le carré du sinus de la latitude, parce que $\cos \theta$ est, aux quantités près de l'ordre α, égal à ce sinus.

C'est par l'observation des longueurs du pendule à secondes qu'on a déterminé les variations de la pesanteur à la surface de la Terre. Cette longueur, comme on l'a vu n° **30**, est proportionnelle à la pesanteur. Soit donc l la longueur du pendule à secondes sous un parallèle quelconque, L$'$ ce que devient l, et P$'$ ce que devient p sous l'équateur, ou lorsque $\theta = 90°$, on aura

$$P' = \tfrac{4}{3}\pi a \left(1 - \tfrac{13}{12}q\right);$$

par conséquent

$$p = P + \tfrac{5}{4}Pq\cos^2\theta,$$

et, par suite,

$$l = L' + \tfrac{5}{4}L'q\cos^2\theta.$$

Nommons L la longueur du pendule au pôle, on aura

$$\frac{L - L'}{L'} = \frac{5q}{4}.$$

Si l'on nomme de même R et R$'$ ce que devient le rayon r de la surface de l'ellipsoïde, au pôle et à l'équateur, on trouve

$$\frac{R - R'}{a} = -\frac{5q}{4};$$

on aura donc, relativement aux ellipsoïdes de révolution, entre les demi-grands axes et les longueurs du pendule qui répondent respectivement au pôle et à l'équateur, cette relation très-simple,

$$\frac{L - L'}{L'} = \frac{R' - R}{a}.$$

Il est intéressant de s'assurer que cette relation remarquable subsiste encore lorsqu'on a égard aux quantités de l'ordre du carré de l'aplatissement du sphéroïde, que nous avons négligées dans une première approximation. Pour le faire voir, désignons comme précédemment, par V l'intégrale de toutes les forces qui agissent sur chacune des molécules du sphéroïde, multipliées respectivement par l'élément de leurs directions, ou le premier membre de l'équation (e). On aura, en vertu des résultats trouvés plus haut,

$$V = \frac{4\pi a^3}{3r} + \frac{4\,\pi\alpha\,a^5}{5\,r^3}\left\{ Y_2 + \alpha\,Y'_2 + 2\,\alpha\,Y_2^{(1)} + \tfrac{5}{4}\frac{a^2}{r^2}\left(Y'_4 + 3\,Y_4^{(1)}\right)\right\}$$
$$+ \frac{4\,\pi q}{6}\,r^2 \sin^2\theta.$$

Si l'on différentie cette valeur par rapport à r, et qu'on substitue après la différentiation à la place de r sa valeur $a\,(1 + \alpha y + \alpha^2 z)$ en négligeant les termes de l'ordre α^3, on trouvera aisément

$$-\frac{dV}{dr} = \frac{4\,\pi a}{3}\left\{ 1 - \tfrac{1}{5}\alpha\,Y_2 - \alpha^2\left(2\,Z_0 + \tfrac{1}{5}Z_2 + \tfrac{1}{3}Z_4 - 3\,Y_0^{(1)} - \tfrac{33}{5}\,Y_2^{(1)} \right.\right.$$
$$\left.\left. - 8\,Y_4^{(1)} + \tfrac{36}{5}\,Y_2^2\right)\right\} + \frac{4\,\pi q a}{3}\left(1 + \alpha\,Y_2\right)\sin^2\theta.$$

En substituant pour Y_2, Y_2^2, Z_0, etc., leurs valeurs précédentes, et faisant, pour abréger, $e = -\tfrac{5}{6}q$, cette expression, après les réductions convenables, devient

$$-\frac{dV}{dr} = \frac{4\,\pi a}{3}\left\{ 1 + \tfrac{13}{10}c - \tfrac{283}{280}c^2 + \left(-\tfrac{3}{2}c + \tfrac{267}{140}c^2\right)\cos^2\theta - \tfrac{9}{8}c^2\cos^4\theta\right\}.$$

Cette valeur exprime l'attraction que le sphéroïde exerce sur un point de sa surface dans la direction du rayon vecteur r; pour en déduire l'expression de la pesanteur, il faut diviser la quantité précédente par le *cosinus* de l'angle que forme ce rayon avec la direction de la normale au point que l'on considère. La tangente de cet angle est égale à $\frac{dr}{rd\theta}$, on a, d'ailleurs, dans l'ellipsoïde de révolution $\frac{r}{a} = 1 + \alpha h \sin^2\theta$, en nommant αh l'aplatissement du sphéroïde et en négligeant les quantités de l'ordre α^2, d'où il est facile de conclure que le *cosinus* du même angle sera, aux quantités près du troisième ordre par rapport à α, égal à $1 - 2\alpha^2 h^2 \sin^2\theta \cos^2\theta$, ou bien $1 - \frac{9}{2} e^2 \sin^2\theta \cos^2\theta$, en remplaçant αh par sa valeur $-\frac{3}{2} e$, n° 33; en appelant p la pesanteur à la surface et désignant, pour abréger, par M la masse du sphéroïde, on aura donc

$$p = \frac{M}{a^2}\left\{ 1 + \frac{13}{10} e - \frac{283}{280} e^2 + \left(-\frac{3}{2} e + \frac{267}{140} e^2 \right) \cos^2\theta - \frac{9}{8} e^2 \cos^4\theta \right) \right\}$$
$$\times \left(1 + \frac{9}{2} e^2 \sin^2\theta \cos^2\theta \right),$$

ou bien, en réduisant,

$$p = \frac{M}{a^2}\left\{ 1 + \frac{13}{10} e - \frac{283}{280} e^2 + \left(-\frac{3}{2} e + \frac{897}{140} e^2 \right) \cos^2\theta - \frac{45}{8} e^2 \cos^4\theta \right\}.$$

En désignant par P′ la pesanteur à l'équateur, on aura, en faisant $\theta = 90°$ dans l'expression précédente,

$$P' = \frac{M}{a^2}\left(1 + \frac{13}{10} e - \frac{283}{280} e^2 \right),$$

et la valeur générale de p pourra prendre cette forme,

$$p = P'\left\{ 1 + \left(-\frac{3}{2} e + \frac{117}{14} e^2 \right) \cos^2\theta - \frac{45}{8} e^2 \cos^4\theta \right\}.$$

Au pôle on a $\theta = 0$, et en nommant P la pesanteur en ce point, on aura

$$P = P'\left(1 - \frac{3}{2} e + \frac{153}{56} e^2 \right),$$

ou bien, en substituant pour e sa valeur $-\frac{5}{6} q$,

$$P = P'\left(1 + \frac{5}{4} q + \frac{425}{224} q^2 \right).$$

Or nous avons trouvé plus haut, pour l'aplatissement αh du sphéroïde,

$$\alpha h = \frac{5}{4} q + \frac{425}{224} q^2,$$

on aura donc $P = P'(1 + \alpha h)$, ou bien

$$\frac{P - P'}{P'} = \frac{R' - R}{R},$$

comme nous l'avions trouvé plus haut; c'est-à-dire que la relation qui existe entre les expressions de la pesanteur aux pôles et à l'équateur, lorsqu'on n'a égard qu'à la première puissance de α, subsiste encore lorsqu'on porte l'approximation jusqu'aux quantités du second ordre par rapport à cette quantité; ce qui est conforme, d'ailleurs, au théorème démontré n° **28**, où nous avons vu que cette relation est rigoureuse pour les sphéroïdes homogènes et de figure elliptique, ou, en d'autres termes, que pour ces sphéroïdes, *la pesanteur au pôle est à la pesanteur à l'équateur comme le diamètre de l'équateur est à l'axe du pôle.*

35. Nous ne nous sommes occupé jusqu'ici que des fluides homogènes; nous allons considérer maintenant l'état d'équilibre d'une masse fluide hétérogène douée d'un mouvement de rotation autour d'un axe fixe; mais, pour simplifier cette question, nous supposerons cette masse composée de couches semblables, et la densité décroissante suivant une loi quelconque du centre à la surface, hypothèse qui d'ailleurs paraît conforme à la nature des corps célestes. On conçoit, en effet, que si, lors de la formation de ces corps, leurs molécules ne s'étaient pas disposées de manière que les plus denses soient en même temps les plus voisines du centre, elles se seraient pénétrées comme un corps solide s'enfonce dans un fluide, et l'équilibre n'aurait pu exister dans une pareille masse. L'équation générale de l'équilibre des différentes couches sera, n° **38**, livre Ier,

$$\int \frac{dp}{\rho} = V + N,$$

ou bien, en remplaçant V par sa valeur, n° **23**,

$$\int \frac{dp}{\rho} + 2\pi.\int \rho\, d.a^2 + 4\alpha\pi \int \rho.d.\left[a^2.Y_0 + \frac{ar}{3}\cdot Y_1 + \frac{r^2}{5}\cdot Y_2 + \frac{r^3}{7a}\cdot Y_3 + \ldots\right]$$
$$+ \frac{4\pi}{3r}\cdot\int \rho.d.a^3 + \frac{4\alpha\pi}{r}\cdot\int \rho.d.\left[a^3.Y_0 + \frac{a^4}{3r}\cdot Y_1 + \frac{a^5}{5r^2}\cdot Y_2 + \frac{a^6}{7r^3}\cdot Y_3 + \ldots\right] \quad (f)$$
$$+ N.$$

Les différentielles et les intégrales dans cette équation se rapportent à la variable a; les deux premières intégrales du second membre devant être prises depuis $a = a$, en désignant par a la valeur de a relative à la couche que l'on considère, jusqu'à la valeur de a qui correspond à la surface du fluide, et que nous supposerons égale à l'unité, les deux dernières intégrales de la même équation devant s'étendre depuis $a = 0$ jusqu'à $a = a$.

A la surface de la couche, on a $r = a(1 + \alpha y)$: en substituant donc cette valeur dans les termes de l'équation précédente qui sont indépendants de α, et faisant simplement $r = a$ dans les autres, on aura

$$\int \frac{dp}{\rho} = 2\pi.\int \rho.da^2 + 4\alpha\pi.\int \rho.d.\left[a^3 Y_0 + \frac{ar}{3}\cdot Y_1 + \frac{r^2}{5}\cdot Y_2 + \frac{r^3}{7a}\cdot Y_3 + \ldots\right]$$
$$+ \frac{4\pi}{3a}\cdot(1-\alpha y).\int \rho.da^3 + \frac{4\alpha\pi}{a}\cdot\int \rho.d.\left[a^3 Y_0 + \frac{a^4}{3r}\cdot Y_1 + \frac{a^5}{5r^2}\cdot Y_2 + \frac{a^6}{7r^3}\cdot Y_2 + \ldots\right] \quad (g)$$
$$+ N.$$

Le second membre de cette équation doit se réduire à une constante, n° **38**, livre Ier. Si l'on substitue donc pour y son développement $Y_0 + Y_1 + Y_2 + \ldots$, et pour N sa valeur $\frac{1}{3}.gr^2 - \frac{1}{2}.gr^2(\cos^2\theta - \frac{1}{3})$, et que l'on compare ensuite les fonctions semblables de θ et de ω, on aura

$$\int \frac{dp}{\rho} = 2\pi.\int \rho.d.a^3 + 4\alpha\pi.\int \rho.d.a^2 Y_0 + \frac{4\pi}{3a}\cdot\int \rho.d.a^3$$
$$- \frac{4\alpha\pi}{3a}\cdot Y_0.\int \rho.d.a^3 + \frac{4\alpha\pi}{a}\cdot\int \rho.d.a^3 Y_0 + \frac{1}{3}ga^2 ;$$

les deux premières intégrales du second membre devant être prises depuis $a = a$ jusqu'à $a = 1$, et les trois dernières depuis $a = 0$ jusqu'à $a = a$. Cette équation déterminant simplement le rapport qui doit exister entre Y_0 et a, il s'ensuit qu'on peut donner à Y_0 une valeur arbitraire. On aura ensuite, i étant égal à 2,

$$\frac{4\,\alpha\pi a^2}{5}\cdot\int\rho.d.Y_2 - \frac{4\,\alpha\pi}{3\,a}\cdot Y_2.\int\rho.d.a^3 \left.\vphantom{\frac{4}{5}}\right\}$$
$$+ \frac{4\,\alpha\pi}{5\,a^3}\cdot\int\rho.d.a^5\,Y_2 - \tfrac{1}{2}ga^2\left(\cos^2\theta - \tfrac{1}{3}\right) = 0; \left.\vphantom{\frac{4}{5}}\right\} \quad (h)$$

enfin, i étant un nombre quelconque égal ou supérieur à l'unité,

$$\frac{4\,\pi a^i}{2\,i+1}\cdot\int\rho\ d.\frac{Y^{(i)}}{a^{i-2}} - \frac{4\,\pi}{3\,a}\cdot Y_i.\int\rho.d.a^3 + \frac{4\,\pi}{(2\,i+1).a^{i+1}}\cdot\int\rho\,d.a^{i+3}Y_i = 0. \quad (m)$$

Cette équation donnera la valeur de Y_i, relative à chaque couche du fluide, lorsque la densité ρ sera connue, mais elle ne suffirait plus pour la déterminer si la loi des densités était inconnue, il faut alors, pour rendre cette détermination possible, ajouter aux conditions du problème une hypothèse sur la figure des couches de niveau, et c'est ce qu'on fait en les supposant semblables.

A la surface du fluide on a $\int\rho.d.\dfrac{Y_i}{a^{i-2}} = 0$, puisque les surfaces intérieures et extérieures de la couche se confondent : l'équation précédente devient donc, en observant que nous supposons $a = 1$ à la surface,

$$Y_i.\int\rho.a^2\,da - \frac{1}{2\,i+1}\cdot\int\rho.d.a^{i+3}\,Y_i = 0.$$

Dans le cas particulier que nous considérons, les couches de niveau étant supposées semblables, il s'ensuit que la valeur de Y_i est pour chaque couche la même qu'à la surface; elle est donc indépendante de a, et l'on a

$$Y_i \cdot \int \left(1 - \frac{i+3}{2i+1} a^i \right) \cdot \rho a^2 \, da = 0.$$

Or, i étant égal ou supérieur à 3, la fonction $1 - \frac{i+3}{2i+1} a^i$ est toujours positive; l'intégrale que renferme l'équation précédente, ne peut donc être égale à zéro; on doit donc avoir alors $Y_i = 0$. D'ailleurs, si l'on suppose $i = 1$, on pourra toujours faire disparaître le terme en Y_1 de l'équation (g) en plaçant l'origine des coordonnées au centre de gravité du sphéroïde; on aura donc généralement $Y_i = 0$, i étant un nombre entier quelconque différent de 2.

Dans le cas de $i = 2$, l'équation (h) donne

$$4 \alpha \pi Y_2 . \int (1 - a^2) . \rho a^2 \, da + \tfrac{1}{2} g . (\cos^2 \theta - \tfrac{1}{3}) = 0.$$

Soit, comme précédemment, q le rapport de la force centrifuge à la pesanteur à l'équateur, l'expression de la pesanteur étant, aux quantités près de l'ordre α, la même que celle qui aurait lieu à la surface de la sphère du rayon a, c'est-à-dire égale à $\tfrac{4}{3} \pi . \int \rho . d . a^3$, on aura $g = 4 \pi q . \int \rho . a^2 \, da$; par conséquent

$$\alpha Y_2 = \frac{ -\frac{q}{2} (\cos^2 \theta - \tfrac{1}{3}) . \int \rho . a^2 \, da }{ \int (1 - a^2) . \rho . a^2 \, da }.$$

Le rayon du sphéroïde à la surface sera donc

$$1 + \alpha Y_0 - \frac{ \frac{q}{2} . (\cos^2 \theta - \tfrac{1}{3}) \int \rho \, a^2 \, da }{ \int (1 - a^2) . \rho . a^2 \, da } .$$

Ce rayon est celui d'un ellipsoïde de révolution : ainsi donc, dans ce cas général, comme dans celui de l'homogénéité, la surface libre du fluide, et, par conséquent, celle de chaque couche de niveau, ont la figure elliptique.

Si, pour abréger, on fait

$$\alpha h = \frac{\frac{q}{2} \cdot \int \rho a^2 \, da}{\int (1 - a^2) \rho a^2 \, da},$$

l'expression du rayon de chaque couche sera de cette forme :

$$a \left[1 + \alpha Y_0 - \alpha h (\cos^2 \theta - \tfrac{1}{3}) \right].$$

Y_0 étant arbitraire, si l'on fait $Y_0 = -\tfrac{1}{3} h$, l'expression précédente devient $a(1 - \alpha h \cos^2 \theta)$ et αh représente alors l'ellipticité de la couche. A la surface du sphéroïde, on a $a = 1$, et le rayon devient $1 - \alpha h \cos^2 \theta$. La diminution des rayons, en allant de l'équateur au pôle, est donc encore proportionnelle à $\cos^2 \theta$, et, par conséquent, au carré du sinus de la latitude.

Le rayon osculateur du méridien dont le rayon est de la forme $1 - \alpha h \cos^2 \theta$, a pour expression

$$1 - 2 \alpha h \left(1 - \tfrac{3}{2} \cos^2 \theta \right).$$

Désignons par c la longueur d'un degré mesuré sur le cercle dont le rayon est $1 - 2 \alpha h$, l'expression du degré du méridien du sphéroïde sera

$$c + 3 \alpha h c \cos^2 \theta.$$

c représente donc la grandeur du degré sous l'équateur, et les degrés du méridien croissent de l'équateur au pôle, proportionnellement au carré du sinus de la latitude, tandis que les rayons menés du centre à la surface du sphéroïde diminuent suivant la même loi.

Si l'on applique à la Terre les résultats précédents, et qu'on la considère simplement comme un sphéroïde composé de couches elliptiques de densité et d'ellipticité variables, en substituant pour Y_2 sa valeur dans l'équation (g), et en observant que l'intégrale $\int \rho \, . \, dh$ est nulle à la surface, on aura

$$6 \int \rho \, d \, . \, a^5 h + 5 \left(\frac{q}{\alpha} - 2 h \right) . \int \rho \, d \, . \, a^3 = 0. \quad (k)$$

Cette équation détermine la relation qui doit exister pour l'équilibre entre la densité ρ et l'ellipticité αh de chaque couche du sphéroïde. Elle donnera, en l'intégrant, la valeur de cette ellipticité, lorsque la loi des densités sera connue.

Les densités étant supposées aller en diminuant du centre à la surface, il résulte de cette équation que l'ellipticité de la Terre est moindre que dans le cas de l'homogénéité, à moins qu'on ne suppose que les ellipticités croissent de la surface au centre dans un plus grand rapport que la raison inverse du carré des distances à ce centre. En effet, soit $h = \frac{u}{a^2}$ on aura

$$\int \rho \, . \, d \, . \, a^5 h = \int \rho \, . \, d \, . \, a^3 u = u \int \rho \, . \, d \, . \, a^3 + \int du \, . \int a^3 \, . \, d\rho.$$

Si les accroissements des ellipticités sont entre eux dans un rapport moindre que $\frac{1}{a^2}$, u augmentera du centre à la surface ; *du* sera par conséquent une quantité positive, et comme $d\rho$ est négatif, puisqu'on suppose que les densités diminuent du centre à la surface, $\int du \int a^3 . d\rho$ sera aussi une quantité négative, et en faisant à la surface

$$\int \rho . d . a^5 h = (h - f) \int \rho . d . a^3,$$

f sera une quantité positive. L'équation (k), en y substituant cette valeur, devient

$$6 (h - f) \int \rho . d . a^3 + 5 \left(\frac{q}{\alpha} - 2 h \right) \int \rho . d . a^3 = 0,$$

d'où l'on tire

$$h = \frac{5 \frac{q}{\alpha} - 6f}{4}.$$

L'ellipticité αh du sphéroïde sera donc moindre que $\frac{5q}{4}$; elle sera plus petite par conséquent que dans le cas de l'homogénéité, où $d\rho$ étant nul, f est égal à zéro.

On peut conclure de là que l'aplatissement de la Terre, dans l'hypothèse la plus vraisemblable qu'on puisse faire sur sa constitution intérieure, est plus grand que $\frac{q}{2}$, valeur qui répond au cas où toute sa masse serait réunie à son centre, et moindre que $\frac{5q}{4}$, valeur qui répond au cas où cette masse serait homogène. En effet, il est naturel de croire que la densité des couches du sphéroïde terrestre augmente en approchant du centre, et cette supposition est même indispensable à l'égard de tous les corps célestes s'ils ont été originairement fluides ; il est probable aussi que les ellipticités diminuent dans un rapport moindre que $\frac{1}{a^2}$, puisque cette hypothèse donnerait une ellipticité infinie aux couches infiniment voisines du centre, ce qui est absurde.

D'après les observations du pendule, le rapport de la force centrifuge à la pesanteur à l'équateur est environ $\frac{1}{289}$, c'est la valeur de la quantité q. Si la Terre était une masse fluide homogène, son aplatissement serait donc égal à la fraction $\frac{1}{231}$, et, quelle que soit sa constitution intérieure, son aplatissement doit être plus petit que cette quantité et plus grand que la fraction $\frac{1}{578}$. La valeur $\frac{1}{340}$ qui résulte des observations du pendule, est comprise entre les deux limites données par la théorie.

36. Considérons les variations de la pesanteur à la surface du sphéroïde que nous supposons composé de couches elliptiques d'une densité variable du centre à la surface.

La direction de la pesanteur de la surface au centre n'est plus alors une ligne droite, elle forme une courbe dont chaque élément est perpendiculaire à la couche de niveau qu'il traverse. L'équation (f), en remarquant que par ce qui précède, on a $Y_1 = o$, $Y_3 = o$, etc., donne à la surface où les couches intérieures et extérieures se confondent,

$$\int \frac{dp}{\rho} = \frac{4\pi}{3r} \cdot \int \rho . d . a^3 + \frac{4\alpha\pi}{r} \cdot \int \rho . d . \left[a^3 . Y_0 + \frac{a^5}{5r^2} \cdot Y_2 \right]$$
$$+ \tfrac{1}{3} g r^2 - \tfrac{1}{2} g r^2 . (\cos^2 \theta - \tfrac{1}{3}).$$

On aura l'expression de la pesanteur à la surface du sphéroïde, d'après ce qui a été dit n° **34**, en changeant le signe de la différentielle du second membre de cette équation prise par rapport à r et divisée par. dr. En nommant donc p cette force, on aura

$$p = \frac{4}{3}\frac{\pi}{r^2} \cdot \int \rho.d.a^3 + \frac{4\,\alpha\pi}{r^2} \cdot \int \rho.d.\left(a^3.Y_0 + \frac{3\,a^5}{5\,r^2} \cdot Y_2\right)$$
$$- \tfrac{2}{3}.gr + gr.(\cos^2\theta - \tfrac{1}{3}),$$

ou bien, en observant qu'à la surface on a

$$r = 1 + \alpha Y_0 + \alpha Y_2,$$

et que nous négligeons les quantités de l'ordre α^2 et αg,

$$p = \frac{4\pi}{3} \cdot \int \rho.d.a^3 - \frac{8\,\alpha\pi}{3} \cdot (Y_0 + Y_2).\int \rho.d.a^3$$
$$+ 4\alpha\pi.\int \rho.d.\left(a^3.Y_0 + \frac{3\,a^5}{5} \cdot Y_2\right) - \tfrac{2}{3}.g + g(\cos^2\theta - \tfrac{1}{3}).$$

On peut faire disparaître les intégrales de cette expression, en observant que l'équation (h) donne à la surface

$$\frac{4\,\alpha\pi}{5} \cdot \int \rho.d.a^5 Y_2 = \frac{4\,\alpha\pi}{3} \cdot Y_2.\int \rho.d.a^3 + \tfrac{1}{2}.g(\cos^2\theta - \tfrac{1}{3}).$$

En faisant, pour abréger,

$$P = \frac{4\pi}{3} \cdot \int \rho.d.a^3 - \frac{8\,\alpha\pi}{3} Y_0.\int \rho.d.a^3 + 4\alpha\pi\int \rho d.a^3 Y_0. - \tfrac{2}{3}g,$$

et observant que $g = \frac{4\pi}{3} \cdot q \int \rho.d.a^3$, on aura

$$p = P + P.(\tfrac{5}{2}q - \alpha h).(\cos^2\theta - \tfrac{1}{3}),$$

ou bien, en faisant

$$\mathrm{P}' = \mathrm{P} - \tfrac{1}{3}\mathrm{P}.(\tfrac{5}{2}q - \alpha h),$$

et négligeant les quantités de l'ordre α^2,

$$p = \mathrm{P}'.[1 + (\tfrac{5}{2}q - \alpha h).\cos^2\theta].$$

Si l'on suppose $\theta = 90^\circ$, on a $p = \mathrm{P}'$; il suit donc de cette équation que P' est l'expression de la pesanteur à l'équateur, et que la pesanteur croît de l'équateur au pôle proportionnellement au carré du sinus de la latitude.

Si l'on nomme l et L' les longueurs du pendule correspondantes à p et P', on aura

$$l = \mathrm{L}'.[1 + (\tfrac{5}{2}q - \alpha h).\cos^2\theta].$$

L' est donc la longueur du pendule à l'équateur, et ses accroissements de l'équateur au pôle sont encore proportionnels au carré du sinus de la latitude.

Si l'on désigne par $\alpha\varepsilon$ l'excès de la longueur du pendule au pôle sur sa longueur à l'équateur divisé par cette dernière longueur, quantité qui est égale à l'excès de la pesanteur au pôle sur la pesanteur à l'équateur divisée par cette dernière quantité, l'équation précédente donnera $\alpha\varepsilon + \alpha h = \tfrac{5}{2}q$, équation remarquable découverte par Clairaut, et qui fait connaître une relation importante entre les longueurs du pendule qui bat les secondes à la surface du sphéroïde et son ellipticité. Dans le cas de l'homogénéité on a $\alpha h = \tfrac{5}{4}q$, et l'équation précédente donne, par conséquent, $\alpha\varepsilon = \alpha h$, comme nous l'avons vu n° **34**; mais, *si le sphéroïde est hétérogène, l'excès de la lon-*

gueur du pendule au pôle sur sa longueur à l'équateur divisé par cette dernière longueur, et l'excès de l'axe de l'équateur sur l'axe du pôle divisé par ce dernier axe, forment deux fractions dont la somme est constante et égale au double de l'aplatissement que le sphéroïde aurait dû prendre dans le cas de l'homogénéité.

37. Les formules précédentes donnent le moyen d'exprimer, d'une manière très-simple pour les sphéroïdes dont la surface est supposée fluide et en équilibre, la fonction d'où dépendent les attractions du sphéroïde sur un point extérieur. En effet, les formules (h) et (m) donnent

$$\int \rho . d. a^5 Y_2 = 5 Y_2 . \int \rho . a^2 \, da + \tfrac{5}{8} \frac{g}{\alpha \pi} \left(\cos^2 \theta - \tfrac{1}{3} \right)$$

$$\int \rho . d. a^{i+3} Y_i = (2i + 1) Y_i \int \rho . a^2 \, da,$$

i étant un nombre quelconque différent de 2.

Si l'on substitue ces valeurs dans celle de V relative aux points extérieurs, n° **23**, qu'on place l'origine des coordonnées au centre de gravité du sphéroïde, ce qui donne $Y_1 = 0$, et qu'on suppose $Y_0 = 0$, on aura

$$V = \frac{4 \pi}{r} \cdot \left[1 + \alpha . \left(\frac{Y_2}{r^2} + \frac{Y_3}{r^3} + \dots \right) \right] \cdot \int \rho . a^2 \, da + \tfrac{1}{2} . \frac{g}{r^3} \cdot (\cos^2 \theta - \tfrac{1}{3}).$$

Dans cette expression, $4 \pi \int \rho a^2 \, da$, l'intégrale étant prise depuis $a = 0$ jusqu'à $a = 1$, représente la masse de la sphère dont le rayon est 1 et que l'équation $Y_0 = 0$ suppose égale en solidité au sphéroïde; $4 \pi \int \rho a^2 \, da$ est donc égal à la masse du sphéroïde.

La valeur précédente de V convient à toute espèce

de sphéroïdes. Si l'on considère le cas particulier où le sphéroïde est composé de couches semblables dont la densité varie suivant une loi quelconque du centre à la surface, on aura

$$Y_2 = - h \left(\cos^2 \theta - \tfrac{1}{3} \right), \quad Y_3 = o, \quad Y_4 = o, \text{ etc.}$$

On a d'ailleurs $g = 4 \pi q \int \rho\, a^2\, da$; par conséquent

$$V = \frac{M}{r} + \frac{M}{r^3} \cdot \left(\tfrac{1}{2} q - \alpha h \right) . \left(\cos^2 \theta - \tfrac{1}{3} \right),$$

en désignant par M la masse du sphéroïde.

Cette expression s'applique naturellement aux planètes, et en particulier à la Terre, dont la surface est recouverte en très-grande partie d'un fluide en équilibre.

38. Nous terminerons ce chapitre en exposant quelques propriétés générales relatives à la figure des corps célestes, qui dérivent très-simplement de l'expression des rayons de leurs surfaces, et qu'il est d'autant plus utile de connaître, qu'elles sont indépendantes de toute hypothèse sur leur constitution intérieure. Nous considérerons ici le cas le plus général, celui où le sphéroïde, toujours fluide à sa surface, peut recouvrir un noyau solide peu différent de la sphère.

La première de ces propriétés dépend de la nature du centre de gravité; elle consiste en ce que la masse fluide en équilibre doit toujours se disposer de manière que la fonction Y_1 disparaisse de l'expression du rayon mené du centre du sphéroïde à la surface, en sorte que le centre de gravité de cette surface coïncide avec celui du sphéroïde.

En effet, soient $d\mathrm{M}$ une des molécules du sphéroïde, et x, y, z, ses trois coordonnées rectangulaires; on aura, en plaçant l'origine des coordonnées au centre de gravité,

$$\int x\,d\mathrm{M} = \mathrm{o}, \quad \int y\,d\mathrm{M} = \mathrm{o}, \quad \int z\,d\mathrm{M} = \mathrm{o}.$$

Nommons R le rayon mené du centre de gravité du sphéroïde à l'élément $d\mathrm{M}$, θ l'angle que forme ce rayon avec l'axe des x qui est aussi l'axe de rotation, et ω l'angle compris entre sa projection sur le plan des y, z et l'axe des y. On aura

$$x = \mathrm{R}\cos\theta, \quad y = \mathrm{R}\sin\theta\cos\omega, \quad z = \mathrm{R}\sin\theta\sin\omega,$$
$$d\mathrm{M} = \rho\,\mathrm{R}^2\,d\mathrm{R}\,d\theta\,d\omega\,\sin\theta.$$

Les trois équations qui résultent des propriétés du centre de gravité, deviendront donc

$$\left.\begin{aligned}
\int \rho\,\mathrm{R}^3\,d\mathrm{R}\,d\theta\,d\omega\,\sin\theta\,\cos\theta &= \mathrm{o},\\
\int \rho\,\mathrm{R}^3\,d\mathrm{R}\,d\theta\,d\omega\,\sin^2\theta\,\sin\omega &= \mathrm{o},\\
\int \rho\,\mathrm{R}^3\,d\mathrm{R}\,d\theta\,d\omega\,\sin^2\theta\,\cos\omega &= \mathrm{o}.
\end{aligned}\right\} \quad (l)$$

Supposons l'intégrale $\int \rho\,\mathrm{R}^3\,d\mathrm{R}$ prise relativement à R, depuis $\mathrm{R} = \mathrm{o}$ jusqu'à la surface, et développée dans une suite de la forme

$$\mathrm{N}_0 + \mathrm{N}_1 + \mathrm{N}_2 + \ldots,$$

dont chaque terme soit assujetti à l'équation aux différences partielles,

$$\frac{d.\sin\theta\,\dfrac{d\mathrm{N}_i}{d\theta}}{\sin\theta\,d\theta} + \frac{1}{\sin^2\theta}\cdot\frac{d^2\mathrm{N}_i}{d\omega^2} + i\,(i+1)\,\mathrm{N}_i = \mathrm{o}.$$

Les trois quantités $\cos\theta$, $\sin\theta\sin\omega$, $\sin\theta\cos\omega$, étant comprises dans la forme générale N_i, on aura généralement, par le théorème du n° **18**, i étant différent de l'unité,

$$\int N_i \sin\theta\cos\theta\, d\theta\, d\omega = 0, \quad \int N_i \sin^2\theta\sin\omega\, d\theta\, d\omega = 0,$$
$$\int N_i \sin^2\theta\cos\omega\, d\theta\, d\omega = 0.$$

Les trois équations (l) deviendront donc simplement, en vertu des précédentes,

$$\int N_1 \sin\theta\cos\theta\, d\theta\, d\omega = 0, \quad \int N_1 \sin^2\theta\sin\omega\, d\theta\, d\omega = 0,$$
$$\int N_1 \sin^2\theta\cos\omega\, d\theta\, d\omega = 0.$$

La valeur de N_1 est de la forme

$$N_1 = H\cos\theta + H'\sin\theta\sin\omega + H''\sin\theta\cos\omega.$$

Si l'on substitue cette valeur dans les équations données, par la propriété du centre de gravité, on verra que, pour y satisfaire, il faut supposer

$$H = 0, \quad H' = 0, \quad H'' = 0,$$

et par conséquent $N_1 = 0$. Or cette condition est la seule nécessaire pour que l'origine des rayons R de la surface soit au centre de gravité du sphéroïde.

En effet, supposons le sphéroïde un solide peu différent de la sphère, recouvert d'un fluide en équilibre; on aura, dans ce cas, $R = a(1 + \alpha y)$, et, par conséquent,

$$\int \rho\, R^3\, dR = \tfrac{1}{4}\int \rho\, d.[a^4(1 + 4\,\alpha y)],$$

la différentielle et l'intégrale indiquées étant rela-

II.

tivès à la variable a dont ρ est fonction. On aura donc dans ce cas, en mettant pour y sa valeur $aY_1 - Y_1 + \ldots$,

$$N_1 = \alpha \int \rho \, d.a^4 Y_1.$$

L'équation (m) du n° **35** donne à la surface, en observant qu'alors $a = 1$,

$$\int \rho \, d.a^4 Y_1 = Y_1 \int \rho \, d.a^3,$$

la valeur de Y_1 se rapportant à la surface. On aura donc

$$N_1 = \alpha Y_1 \int \rho \, d.a^3 ;$$

et puisque $N_1 = 0$, quand on suppose l'origine des rayons R au centre de gravité, on aura, dans ce cas, $Y_1 = 0$. Ainsi donc la fonction Y_1 disparaîtra d'elle-même de l'expression du rayon de la surface du sphéroïde, toutes les fois qu'on prendra le centre de gravité pour origine des coordonnées, mais il n'en résultera aucune condition particulière pour les fonctions Y_2, Y_3, etc.

Nous avons vu, dans le chapitre V, livre 1er, que pour la stabilité du mouvement de rotation d'un corps, il faut que l'axe autour duquel il tourne, coïncide toujours, à très-peu près, avec l'un de ses axes principaux. Si cette condition n'était pas remplie à l'égard des corps célestes, il en résulterait dans la position de leurs axes de rotation des variations sensibles, surtout pour la Terre ; et comme les observations les plus précises n'en font apercevoir aucune, il en faut conclure que les molécules de ces corps, à l'époque de leur formation, se sont disposées de manière à rendre stables leurs axes de rotation. Il en résulte une nouvelle propriété relative à leur figure, et qui consiste en une forme particulière que doit prendre dans ce cas la fonction Y_2, qui entre dans l'expression du rayon mené de l'origine des coordonnées à la surface du sphéroïde.

Pour le faire voir, désignons par x, y, z les trois coordonnées rectangulaires de l'élément dM rapportées aux trois axes principaux qui se croisent au centre de gravité du sphéroïde ; on aura, par la nature de ces axes,

$$\int xy\, dM = 0, \quad \int xz\, dM = 0, \quad \int yz\, dM = 0.$$

Si l'on substitue pour x, y, z et dM leurs valeurs précédentes, ces équations deviennent

$$\int \rho R^4\, dR\, d\theta\, d\omega.\sin^2\theta \cos\theta \cos\omega = 0,$$
$$\int \rho R^4\, dR\, d\theta\, d\omega.\sin^2\theta \cos\theta \sin\omega = 0,$$
$$\int \rho R^4\, dR\, d\theta\, d\omega.\sin^3\theta \sin 2\omega = 0.$$

Supposons l'intégrale $\int \rho R^4\, dR$ prise par rapport à R, depuis l'origine des coordonnées jusqu'à la surface, et développée en suite de la forme

$$U_0 + U_1 + U_2 + \ldots;$$

la fonction U_i étant, quel que soit i, assujettie à l'équation aux différences partielles

$$\frac{d.\sin\theta \frac{dU_i}{d\theta}}{\sin\theta\, d\theta} + \frac{1}{\sin^2\theta} \cdot \frac{d^2 U_i}{d\omega^2} + i(i+1) U_i = 0.$$

En observant que les fonctions $\sin\theta \cos\theta \cos\omega$,

31.

$\sin\theta\cos\theta\sin\omega$ et $\sin^2\theta\sin 2\omega$ sont comprises dans la forme générale U_2, on aura, par le théorème du n° **18**, i étant différent de 2,

$$\int U_i\, d\theta\, d\omega\, \sin^2\theta\cos\theta\cos\omega = 0,$$

$$\int U_i\, d\theta\, d\omega\, \sin^2\theta\cos\theta\sin\omega = 0,$$

$$\int U_i\, d\theta\, d\omega\, \sin^3\theta\sin 2\omega = 0,$$

et les trois équations, données par les propriétés des axes principaux, deviendront ainsi :

$$\int U_2\, d\theta\, d\omega\, \sin^2\theta\cos\theta\cos\omega = 0,$$

$$\int U_2\, d\theta\, d\omega\, \sin^2\theta\cos\theta\sin\omega = 0,$$

$$\int U_2\, d\theta\, d\omega\, \sin^3\theta\sin 2\omega = 0.$$

La fonction U_2, est, n° **17**, de la forme

$$K\left(\cos^2\theta - \tfrac{1}{3}\right) + K'\sin\theta\cos\theta\sin\omega + K''\sin\theta\cos\theta\cos\omega$$
$$+ K'''\sin^2\theta\sin 2\omega + K^{iv}\sin^2\theta\cos 2\omega.$$

Si l'on substitue cette valeur dans les équations précédentes, elles donneront

$$K' = 0, \quad K'' = 0, \quad K''' = 0.$$

Ce sont les conditions nécessaires et suffisantes pour que les trois axes des x, des y et des z soient des axes principaux de rotation, et il en résulte que U_2 est de la forme

$$K\left(\cos^2\theta - \tfrac{1}{3}\right) + K^{iv}\sin^2\theta\cos 2\omega.$$

Voyons ce que devient la valeur de U_2 relativement à un sphéroïde très-peu différent de la sphère et recouvert d'un fluide en équilibre. On a, dans ce cas, $R = a(1 + \alpha y)$, et, par conséquent,

$$\int \rho R^4 dR = \tfrac{1}{5}\int \rho \, d.a^5 (1 + 5\alpha y);$$

en substituant donc pour y sa valeur

$$Y_0 + Y_1 + Y_2 + \ldots,$$

on aura

$$U_2 = \alpha . \int \rho \, d.a^5 \, Y_2.$$

On a, par l'équation (h), n° **35**, à la surface du sphéroïde, en supposant que la seule force étrangère, qui agit sur lui, est la force centrifuge due à son mouvement de rotation,

$$\frac{4\alpha\pi}{5}\int \rho \, d.a^5 \, Y_2 = \tfrac{4}{3}\alpha\pi Y_2 \int \rho \, d.a^3 + \frac{g}{2}\cdot(\cos^2\theta - \tfrac{1}{3}).$$

On aura donc

$$U_2 = \frac{5\alpha}{3} Y_2 \int \rho \, d.a^3 + \frac{5g}{8\pi}\cdot(\cos^2\theta - \tfrac{1}{3}).$$

L'expression générale de Y_2 est de la forme

$$k(\cos^2\theta - \tfrac{1}{3}) + k'\sin\theta\cos\theta\sin\omega + k''\sin\theta\cos\theta\cos\omega$$
$$+ k'''\sin^2\theta\sin 2\omega + k^{\mathrm{iv}}\sin^2\theta\cos 2\omega.$$

Si l'on substitue cette valeur dans l'expression précédente, qu'on remplace de même U_2 par sa valeur $K(\cos^2\theta - \tfrac{1}{3}) + K^{\mathrm{iv}}\sin^2\theta\cos 2\omega$, en comparant les fonctions semblables dans les deux membres, on aura

$$k' = 0, \quad k'' = 0, \quad k''' = 0,$$

et l'expression de Y_2 sera de la forme

$$k\left(\cos^2\theta - \tfrac{1}{3}\right) + k^{\mathrm{iv}}\sin^2\theta \cos 2\,\omega.$$

Il suit donc de la supposition que le sphéroïde tourne autour d'un de ses trois axes principaux, que les trois constantes k', k'', k''', qui entrent dans la valeur de Y_2, sont nécessairement nulles ; mais il n'en résulte aucune condition relative aux constantes k et k^{iv}, qui restent indéterminées ainsi que les fonctions Y_3, Y_4, etc.

CHAPITRE VI.

COMPARAISON DE LA THÉORIE PRÉCÉDENTE AUX OBSERVATIONS.

39. Considérons d'abord le sphéroïde terrestre, et comparons, relativement à la Terre, la figure qui résulte de la théorie précédente avec celle que l'on a conclue des observations. Quatre méthodes distinctes ont été appliquées à cette détermination. La première, toute directe et pour ainsi dire mécanique, consiste à mesurer des arcs de méridiens et de parallèles sur divers points du globe et à déterminer, en réunissant ces portions de la surface terrestre, la figure la plus probable du sphéroïde auquel elles appartiennent. Toutes les investigations de ce genre qui ont été tentées jusqu'ici, conduisent à un résultat incontestable, c'est que la Terre a la forme d'un sphéroïde aplati vers les pôles et renflé à son équateur, comme l'exigent les lois de l'Hydrostatique. Les mêmes observations montrent, il est vrai, qu'en quelques-unes de ses parties la Terre s'éloigne sensiblement de la figure d'un ellipsoïde de révolution; mais lorsque l'on compare entre elles les valeurs moyennes des degrés mesurés à des latitudes très-distantes, l'influence des irrégularités de sa surface sur les résultats des opérations géodésiques est beaucoup atténuée, et l'on trouve alors qu'elle diffère peu d'un sphéroïde elliptique dont l'aplatissement serait de $\frac{1}{334}$.

Le second procédé qu'emploient les géomètres pour déterminer la figure de la Terre, résulte des variations qu'on observe dans l'intensité de la pesanteur aux différents points de sa surface, et qu'on calcule avec beaucoup de précision par le moyen du pendule. Si la Terre a la forme d'un ellipsoïde de révolution peu différent de la sphère, d'après la théorie développée dans le chapitre précédent, les accroissements de la longueur du pendule à secondes transporté en divers lieux du globe, doivent être proportionnels au sinus du carré des latitudes ; il sera donc facile, en soumettant les expériences à cette loi, de reconnaître si la Terre s'écarte ou non de la figure elliptique, et de déterminer dans ce dernier cas son aplatissement. Les résultats de ces recherches ont montré que les inégalités du sphéroïde terrestre ont beaucoup moins d'influence sur les variations des longueurs du pendule que sur celles des degrés des méridiens, comme l'indique aussi la théorie, qui prouve que les termes qui écartent l'expression des degrés terrestres de la loi elliptique, sont affectés de coefficients plus considérables que les termes correspondants dans l'expression des longueurs du pendule. Il s'ensuit que cette seconde méthode est beaucoup plus propre que la première à fournir sur la figure de la Terre des notions exactes, et l'aplatissement qu'elle donne, s'accorde d'une façon remarquable avec celui qui résulte de l'observation des mouvements de la Lune.

Cette troisième manière de déterminer la forme de

notre globe, moins directe que les deux premières, est peut-être un des résultats les plus surprenants qu'ait produits l'application de l'Analyse à la grande loi de l'attraction universelle, et mérite d'obtenir une place importante dans l'histoire des progrès de l'esprit humain. Elle consiste à reconnaître, parmi les nombreuses inégalités du mouvement de la Lune, celles qui dépendent de la non-sphéricité de la Terre, et, en comparant leurs valeurs données par l'observation à celles qui résultent de la théorie, dans la supposition que la Terre est un sphéroïde elliptique qui exerce sur la Lune une action modifiée par sa figure, à déterminer la valeur exacte de son aplatissement. Laplace, qui le premier conçut cette idée ingénieuse, a trouvé, d'après les observations de Burg, que l'aplatissement de la Terre résultant de ces phénomènes était de $\frac{1}{304}$; et peut-être est-ce la donnée la plus exacte que nous ayons sur cet aplatissement, à cause des difficultés des autres observations qui le déterminent, et de l'influence qu'ont sur elles les causes particulières qui écartent trop souvent la Terre de la figure elliptique.

Enfin, les phénomènes de la nutation et de la précession des équinoxes fournissent encore des renseignements précieux sur la figure et sur la constitution du sphéroïde terrestre. Ils ne donnent pas, il est vrai, la valeur absolue de son aplatissement, mais ils font connaître deux limites entre lesquelles cette fraction est comprise, et ces limites sont $\frac{1}{279}$ et $\frac{1}{578}$.

40. Déterminons d'abord la figure de la Terre qui

résulte des mesures directes prises à sa surface. Si l'on imagine un plan passant par l'axe de la Terre et par le zénith d'un point donné de sa surface, ce plan tracera dans le ciel un grand cercle qui sera le méridien du lieu, et la courbe que ce plan intercepte sur la surface de la Terre, se nomme *le méridien terrestre*, ou, par abréviation, *la méridienne*.

Lorsqu'en partant de l'équateur, on s'avance sur cette courbe en marchant vers le nord, on voit successivement la hauteur méridienne des étoiles situées au nord augmenter, tandis que celle des étoiles situées au midi éprouve une dépression proportionnée. Cette remarque très-simple a sans doute donné aux hommes la première idée de la forme arrondie du globe. Si la Terre était sphérique, les degrés du méridien, mesurés à diverses latitudes, seraient tous égaux entre eux; mais l'observation a fait reconnaître des différences notables dans ces degrés, et elle a montré qu'ils allaient en croissant à mesure qu'on s'éloigne de l'équateur; d'où l'on a conclu que la Terre est un sphéroïde aplati vers les pôles. En effet, concevons pour fixer les idées que la Terre est un ellipsoïde de révolution : on peut supposer qu'un arc très-petit du méridien se confond sensiblement avec le cercle osculateur déterminé par l'intersection des deux normales menées à ses extrémités, et l'arc de cercle compris entre ces normales sera d'autant plus grand que son rayon sera plus considérable. Or, aux pôles ou à l'extrémité du petit axe, l'ellipse pendant un court intervalle forme, à très-peu près, une ligne droite, les deux normales qui déterminent le rayon du cercle osculateur, sont presque parallèles; ce rayon, et, par conséquent, le degré du méridien, sont alors plus grands que sur tout autre point. La courbure des arcs elliptiques augmentant ensuite de plus en plus, les rayons osculateurs vont en diminuant sans cesse du pôle à l'équateur; par conséquent, les degrés doivent aller en croissant, à mesure qu'on avance de ce second point vers le premier.

Nous ne nous proposons pas d'exposer ici les procédés géodésiques qui servent à déterminer les arcs du méridien terrestre; on trouvera sur cet objet des détails circonstanciés dans l'ouvrage de Delambre, où cet astronome décrit les opérations qu'il a lui-même exécutées avec Méchain, pour la détermination de l'arc du méridien compris entre Dunkerque et Barcelone. Nous donnerons simplement les résultats des travaux qui ont été entrepris à diverses époques pour la mesure des degrés de la méridienne, et nous indiquerons la méthode que l'on doit suivre pour en conclure quelle est la figure la plus probable que ces mesures assignent à la Terre. On conçoit, en effet, que, comme il est impossible de déterminer dans toute son étendue le méridien terrestre, il faudra commencer par faire une hypothèse quelconque sur la nature de cette courbe et sur la figure générale du globe. On déterminera ensuite les arbitraires de ces suppositions au moyen des données fournies par les opérations géodésiques, et l'on examinera enfin si la figure qui en résulte pour le sphéroïde terrestre, peut concorder avec celle que l'on conclut des autres phénomènes observés.

Supposons, en premier lieu, le sphéroïde elliptique et de révolution. C'est l'hypothèse la plus simple que l'on puisse faire sur la figure de la Terre, puisqu'on sait d'avance que l'hypothèse d'une figure sphérique ne saurait lui convenir; d'ailleurs, c'est celle qui résulte directement des lois de l'Hydrostatique, si l'on suppose que la Terre était originairement fluide et homogène, et qu'elle a conservé, en se durcissant, sa figure primitive. Proposons-nous donc de déterminer, parmi toutes les figures elliptiques qu'on peut donner au méridien terrestre, celle qui s'accorde le mieux avec les degrés mesurés.

Soient c_1, c_2, c_3, etc., les longueurs de ces degrés, L_1, L_2, L_3, etc., les latitudes correspondantes au milieu de chacun d'eux. Puisque nous supposons que la Terre est un ellipsoïde de révolution qui s'écarte peu de la figure de la sphère, la variation des degrés à sa surface sera proportionnelle au carré du sinus de la latitude; on aura donc généralement

$$c = a + b\sin^2 L, \quad (a)$$

a et b étant deux constantes dont la première représente la grandeur du degré à l'équateur et l'autre dépend de l'aplatissement du sphéroïde terrestre.

En substituant respectivement c_1, c_2, c_3, etc., L_1, L_2, L_3, etc., à la place de c et L dans l'équation précédente, on aura autant d'équations qu'il y a eu de degrés mesurés. Si la Terre était rigoureusement elliptique, et si les observations étaient parfaitement exactes, toutes ces équations, de quelque manière qu'on les combinât entre elles, donneraient à très-peu près pour a et b les mêmes valeurs ; mais cela n'a pas lieu généralement, et les degrés mesurés à diverses latitudes ont donné pour la figure des méridiens des ellipses très-différentes. Il s'agit donc de combiner le système des équations précédentes de manière à en tirer les valeurs des inconnues a et b qui, substituées dans la formule (a), représentent, avec le plus de précision possible, les mesures observées. Voici, pour y parvenir, une méthode très-simple et qui peut être utile dans une infinité de cas semblables, par exemple, lorsque, étant donné un nombre quelconque d'observations d'une comète, il s'agit de déterminer parmi toutes les courbes paraboliques, qui peuvent représenter sa marche, celle qui satisfait plus exactement que toutes les autres à leur ensemble.

Comme il est impossible, quelque valeur qu'on suppose aux constantes a et b, de satisfaire à la fois à toutes les équations qu'on peut former par la substitution des quantités c_1, c_2, etc., L_1, L_2, etc., à la place de c et L dans l'équation (a), on suppose que les différences des résultats sont dues aux erreurs dont les observations sont susceptibles. La question revient alors à trouver le système de ces erreurs, qu'on peut distribuer arbitrairement sur l'ensemble des observations, dans lequel la plus grande erreur est moindre, abstraction faite du signe, que dans tout autre système, et à déterminer a et b par cette condition. C'est à quoi on parvient très-facilement par la *méthode des moindres carrés*, imaginée par Legendre, et que Laplace a en effet reconnue comme la plus exacte et la plus simple que l'on puisse employer dans toutes les questions de ce genre. Ce procédé consiste à rendre la somme des carrés des erreurs un *minimum* par rapport à chacune des inconnues du problème. On forme, en exprimant analytiquement cette condition, autant d'équations qu'il y a d'inconnues à déterminer, et il ne reste plus pour les obtenir qu'à résoudre ces équations par les méthodes ordinaires.

Soient donc e_1, e_2, e_3, etc., les erreurs des degrés mesurés c_1, c_2, etc.; en substituant $c_1 + e_1$, $c_2 + e_2$, etc., à la place de c_1, c_2, etc., dans la formule (a), on formera les équations suivantes :

$$
\left.
\begin{aligned}
c_1 - a - b \sin^2 \mathrm{L}_1 &= e_1, \\
c_2 - a - b \sin^2 \mathrm{L}_2 &= e_2, \\
c_3 - a - b \sin^2 \mathrm{L}_3 &= e_3, \\
\cdots\cdots\cdots\cdots\cdots\cdots\cdots \\
c_n - a - b \sin^2 \mathrm{L}_n &= e_n,
\end{aligned}
\right\} \quad (b)
$$

n étant le nombre des degrés mesurés.

Il faut exprimer maintenant que la somme des carrés des erreurs $e_1^2 + e_2^2 + \ldots$, est un *minimum* par rapport à chaque inconnue a et b, ce qui revient évidemment à multiplier tous les termes de chacune des équations précédentes par le coefficient de cette inconnue, prise avec son signe, et à égaler à zéro la somme de ces produits. Ainsi, tous les coefficients de a étant l'unité dans les équations précédentes, pour obtenir l'équation du *minimum* par rapport à a, il suffira de les ajouter entre elles; pour former la même équation relative à b, on multipliera la première par $\sin^2 \mathrm{L}_1$, la seconde par $\sin^2 \mathrm{L}_2$, la troisième par

$\sin^2 L_3$, etc. On ajoutera ensuite entre elles les équations résultantes, et en égalant à zéro les deux sommes précédentes, on aura les équations cherchées. On trouvera, de cette manière, les deux équations suivantes :

$$\left.\begin{array}{l} an + b\,\Sigma.\sin^2 L_i - \Sigma.c_i = 0, \\ a\,\Sigma.\sin^2 L_i + b\,\Sigma.\sin^4 L_i - \Sigma.c_i\sin^2 L_i = 0, \end{array}\right\}\ (c)$$

la caractéristique Σ désignant généralement la somme de toutes les quantités semblables qu'on peut former en considérant l'ensemble des observations données.

Les deux équations (c) suffiront pour déterminer a et b, et en substituant ensuite leurs valeurs dans les équations (b), on aura les erreurs e_1, e_2, e_3, etc., qui conviennent au système où les erreurs extrêmes sont renfermées dans les plus étroites limites possibles, et l'on verra si ces erreurs sont telles, qu'on les puisse attribuer aux incorrections de l'observation. Mais si parmi elles il s'en trouvait quelqu'une trop considérable pour qu'il soit possible de l'admettre, on rejetterait les degrés mesurés qui ont donné cette erreur, comme provenant d'opérations défectueuses, et l'on déterminerait les constantes a et b au moyen des équations restantes, qui donneraient alors des résultats beaucoup plus d'accord avec les observations.

Comme les considérations qui précèdent, sont fondées sur la supposition que les degrés croissent proportionnellement au carré de la latitude, et que la même loi, dans l'hypothèse de la figure elliptique de la Terre, convient également à la variation de la longueur du pendule, il est clair que la méthode que nous venons d'exposer, peut s'appliquer identiquement aux mesures du pendule à secondes observées à diverses latitudes, et donne le moyen d'en déduire, avec le plus grand degré de probabilité possible, l'aplatissement de la Terre.

41. La méthode précédente est la plus simple que l'on puisse employer pour reconnaître si la figure du sphéroïde terrestre, conclue des mesures géodésiques prises à sa surface et de l'observation du pendule, s'accorde avec celle qui résulte des autres phénomènes ; mais elle suppose que les degrés du méridien que l'on compare entre eux, ont été conclus d'arcs différents, mesurés dans des régions éloignées du globe. S'il s'agissait simplement de déduire de l'un de ces arcs, mesuré avec beaucoup de soin, comme l'a été l'arc compris entre Dunkerque et Barcelone, l'aplatissement de la Terre, voici la méthode que l'on suivrait dans ce cas.

Nous avons vu, n° **35**, que si l'on suppose que la Terre, originairement fluide, a conservé en se refroidissant la figure qu'elle avait prise à l'état d'équilibre, le rayon de sa surface pouvait être exprimé par la formule suivante :

$$r = a\,(1 - \alpha h \cos^2 \theta),$$

a représentant le demi-axe de l'équateur, θ l'angle que forme le rayon r avec l'axe des pôles, et αh l'aplatissement de la Terre, que nous regardons comme une très-petite quantité dont on peut négliger le carré et les puissances supérieures.

Nommons s l'arc du méridien terrestre compris entre les deux rayons vecteurs a et r ; on aura généralement $ds = -\sqrt{r^2 d\theta^2 + dr^2}$, l'arc s étant supposé croître de l'équateur aux pôles. La valeur précédente de r donne, en la différentiant,

$$dr = 2\,a\,\alpha\,h \sin\theta \cos\theta\, d\theta.$$

On aura donc, en négligeant les quantités de l'ordre α^2,

$$ds = -\,rd\theta = -\,ad\theta\,(1 - \alpha h \cos^2\theta),$$

d'où, en intégrant, on tire

$$s = \text{const.} - a\theta\left(1 - \tfrac{1}{2}\alpha h\right) + \tfrac{1}{4}a\alpha h \sin 2\theta.$$

Introduisons dans cette formule, au lieu de l'angle θ, la latitude L correspondante à l'extrémité de l'arc s. Quelle que soit la nature du méridien terrestre, la quantité $\frac{dr}{rd\theta}$ exprimant la tangente de l'angle que forme la normale avec le rayon r, il est aisé de voir qu'on aura

$$\mathrm{tang}\left[\theta - (90^{\circ} - L)\right] = \frac{dr}{rd\theta},$$

d'où l'on tire, en observant que dr est du premier ordre par rapport à α, et que nous négligeons le carré de cette quantité,

$$L = 90^{\circ} - \theta + \frac{dr}{rd\theta},$$

ou bien, en substituant pour r et $\frac{dr}{d\theta}$ leurs valeurs,

$$L = 90^{\circ} - \theta + \alpha h \sin 2\theta;$$

II.

on aura donc, réciproquement,

$$\theta = 90° - L + \alpha h \sin 2 L.$$

Cette valeur, substituée dans l'expression de s, donnera, aux quantités près de l'ordre α^2,

$$s = a\left(1 - \tfrac{1}{2}\alpha h\right) L - \tfrac{3}{4} a \alpha h \sin 2 L.$$

Nous n'ajoutons point de constante au second membre, parce que nous supposons l'arc s compté de l'équateur, ce qui donne $s = 0$ en même temps que $L = 0$.

Désignons par S le quart du méridien terrestre ; en faisant dans l'équation précédente

$$L = 90° = \tfrac{1}{2}\pi,$$

on aura

$$S = a\left(1 - \tfrac{1}{2}\alpha h\right)\tfrac{1}{2}\pi,$$

et, par conséquent,

$$s = \frac{S}{\tfrac{1}{2}\pi}\left(L - \tfrac{3}{4}\alpha h \sin 2 L\right).$$

En désignant par L' la latitude correspondante à l'extrémité d'un autre arc du méridien s', on aurait de même

$$s' = \frac{S}{\tfrac{1}{2}\pi}\left(L' - \tfrac{3}{4}\alpha h \sin 2 L'\right).$$

L'arc compris entre les deux parallèles correspondants aux latitudes L et L', sera donc

$$s' - s = \frac{S}{\tfrac{1}{2}\pi}\left[L' - L - \tfrac{3}{4}\alpha h \left(\sin 2 L' - \sin 2 L\right)\right].$$

Cette équation établit la relation qui doit exister entre la longueur d'un arc quelconque du méridien et les latitudes de ses points extrêmes. Soit s la longueur du degré moyen du méridien terrestre, ou la longueur du degré sous le parallèle de $45°$, on aura $\frac{S}{\frac{1}{2}\pi} = s$, et l'équation précédente, en y substituant cette valeur, donnera immédiatement la longueur du degré, quand l'aplatissement αh du sphéroïde terrestre sera déterminé.

Maintenant, soient L_1, L_2, L_3, etc., les latitudes respectives des extrémités des arcs du méridien s_1, s_2, s_3, etc., comptés de l'équateur; en substituant successivement ces quantités à la place de L et de s dans l'équation précédente, on formera un système d'équations semblables qui serviront à déterminer l'ellipse qu'indiquent avec le plus de vraisemblance, pour le méridien terrestre, les arcs mesurés. Pour cela, on appliquera à ces équations la méthode du n° **40**, on désignera par c_1, c_2, c_3, etc., les arcs mesurés du méridien, à partir du parallèle qui correspond à la latitude L_1, en sorte qu'on aura $c_1 = s_2 - s_1$, $c_2 = s_3 - s_2$, etc.; on nommera, comme précédemment, L_1, L_2, L_3, etc., les latitudes, et l'on désignera par e_1, e_2, e_3, etc., les erreurs dont ces latitudes sont affectées, et qu'on peut attribuer, soit aux observations astronomiques d'où elles sont déduites, soit aux mesures géodésiques dont les inexactitudes influent sur les latitudes des parallèles qu'on suppose séparés par les intervalles c_1, c_2, etc. Les erreurs e_1, e_2, e_3, etc., étant de très-petites quantités, on pourra d'ailleurs négliger les termes où elles se trouveraient multipliées par α; on aura ainsi les équations suivantes :

$$
\left.
\begin{aligned}
&L_2 - L_1 - \frac{3}{2}\alpha h \sin(L_2 - L_1).\cos(L_2 + L_1) - \frac{c_1}{s} = e_1 - e_2, \\
&L_3 - L_1 - \frac{3}{2}\alpha h \sin(L_3 - L_1).\cos(L_3 + L_1) - \frac{c_2}{s} = e_1 - e_3, \\
&L_4 - L_1 - \frac{3}{2}\alpha h \sin(L_4 - L_1).\cos(L_4 + L_1) - \frac{c_3}{s} = e_1 - e_4, \\
&\dots\dots\dots\dots\dots\dots\dots\dots\dots\dots\dots \\
&L_n - L_1 - \frac{3}{2}\alpha h \sin(L_n - L_1).\cos(L_n + L_1) - \frac{c_n}{s} = e_1 - e_n.
\end{aligned}
\right\} \quad (d)
$$

Dans ces équations, les latitudes L et L′ sont supposées exprimées en degrés ; il faudra donc exprimer de même la quantité αh, ce qui revient à multiplier par $\frac{180°}{\pi}$ les coefficients dont elle est affectée.

Comme il est important de déterminer les erreurs e_1, e_2, etc., indépendamment l'une de l'autre, on pourra considérer e_1 comme une nouvelle inconnue donnée par l'équation $e_1 - e_1 = 0$; en joignant cette équation à celles qui précèdent, on aura autant d'équations qu'il y a eu d'arcs mesurés c_1, c_2, etc. On déterminera ensuite, par la méthode des moindres carrés, l'hypothèse elliptique dans laquelle la plus grande erreur est un *minimum,* et l'on reconnaîtra si elle est comprise dans les limites de celles dont les observations sont susceptibles.

Les mêmes considérations conviennent, d'après ce que nous avons dit n° **40**, aux observations de la longueur du pendule à secondes, mesurée à différentes latitudes.

42. Appliquons d'abord les méthodes précédentes aux principaux résultats qu'ont produits les grandes opérations entreprises en diverses contrées, pour obtenir la mesure exacte des degrés des méridiens terrestres. Parmi ces degrés, choisissons les cinq suivants, qui sont évalués en parties de la double toise qui a servi à mesurer l'arc compris entre Dunkerque et Barcelone et à laquelle on a donné le nom de *module*.

OBSERVATEURS.	LONGUEURS des degrés.	LATITUDES correspondantes au milieu de chaque degré.	ARC TOTAL mesuré d'où le degré a été conclu.
	mod.	o ′ ″	o ′ ″
Bouguer (au Pérou).................	28376,5	0. 0. 0	3. 7. 0
La Caille (au cap de Bonne-Espérance)	28518,5	33.18.3o	1.13.17
Boscovich (Italie).................	28489,5	43. 1. 0	2. 9. 5
Delambre et Méchain (France)......	28509,2	46.11.58	9.40.25
Clairaut, Maupertuis, etc. (Laponie)..	28702,5	66.20. 0	0.57.29

On voit, par ce tableau, que, quelle que soit la figure de la Terre, toutes les observations s'accordent à montrer que les degrés du méridien vont en augmentant de l'équateur aux pôles, ce qui indique, n° **40**, une diminution correspondante dans les rayons du sphéroïde terrestre, et, par conséquent, un aplatissement dans le sens des pôles.

Au moyen de ces valeurs, les équations (b) du

n° **40** deviennent

$$
\left.
\begin{aligned}
2837\overset{\text{mod.}}{6},5 - a - b.0,00000 &= e_1, \\
28518,5 - a - b.0,30156 &= e_2, \\
28489,5 - a - b.0,46541 &= e_3, \\
28509,2 - a - b.0,52093 &= e_4, \\
28702,5 - a - b.0,83887 &= e_5,
\end{aligned}
\right\} \quad (e)
$$

et l'on en déduit pour les équations qui résultent de la condition que la somme des carrés des erreurs soit un *minimum*,

$$
a + b.0,42535 - 28519^{\text{mod.}} = 0,
$$
$$
a + b.0,60308 - 28582^{\text{mod.}} = 0;
$$

d'où l'on tire

$$
a = 28368^{\text{mod.}}, \quad b = 354^{\text{mod.}},47.
$$

On aura donc, généralement, pour l'expression du degré du méridien terrestre correspondant à la latitude L,

$$
c = 28368^{\text{mod.}} + 354^{\text{mod.}},47 \sin^2 L.
$$

Nous avons vu, n° **35**, que l'accroissement des degrés du méridien elliptique, de l'équateur au pôle, est à très-peu près égal à $3\,ahc \sin^2 L$, ah étant l'ellipticité de l'ellipse, et c le degré de l'équateur : la formule précédente donne donc, à très-peu près, $\frac{1}{240}$ pour l'aplatissement du sphéroïde terrestre.

En adoptant pour la Terre la figure elliptique que ces résultats lui supposent, on trouve que la plus grande des erreurs qui ont dû être commises dans la mesure des degrés du méridien terrestre, et qui porte sur le degré du cap de Bonne-Espérance, mesuré par La Caille, est de $43^{mod\cdot}$,6. Cette erreur a paru d'abord trop considérable pour pouvoir être admise, et l'on a conclu que les degrés du méridien varient suivant une loi très-différente du carré du sinus de la latitude, et que par conséquent le sphéroïde terrestre s'écarte sensiblement de la figure elliptique.

Cependant comme l'ellipsoïde est, après la sphère, la figure la plus simple et la plus naturelle que l'on puisse adopter pour la Terre, et qu'elle est indiquée d'ailleurs par toutes les lois de l'Hydrostatique, on aurait dû, avant de la rejeter entièrement, attendre que le temps eût permis de vérifier les mesures des degrés qui semblaient s'en écarter davantage, d'autant que les opérations de ce genre, exigeant une extrême délicatesse, sont plus qu'aucune autre susceptibles d'inexactitudes. L'expérience a pleinement confirmé ces observations, et la mesure du degré de Laponie, exécutée de nouveau et avec beaucoup de soin par des astronomes suédois, pendant les années 1801, 1802 et 1803, a fait reconnaître qu'une erreur beaucoup plus grave que celle qu'indiquait l'analyse précédente, s'était glissée dans la mesure du même degré, exécuté en 1736 par Clairaut, Maupertuis, Lemonnier, Camus, Outhier et Celsius.

La grandeur du degré sous le cercle polaire s'est trouvée, d'après ces nouvelles opérations, de $115^{mod\cdot}$ plus petite que celle qu'on lui avait d'abord assignée, ce qui le réduit à $28587^{mod\cdot}$,5. Cette correction est d'autant plus précieuse, que la nouvelle mesure donne, pour l'aplatissement du sphéroïde terrestre, une valeur qui s'accorde beaucoup mieux avec l'aplatissement qui résulte des observations du pendule et des autres phénomènes, que celle que la première indiquait, et qui coïncide entièrement avec la valeur de cet aplatissement qu'on a déduite de la comparaison du nouveau degré mesuré en France à celui de l'équateur mesuré par Bouguer.

En effet, si l'on introduit la correction précédente dans les équations (e), on trouvera, pour les deux équations du *minimum*,

$$a + b.0,42535 - 28496 = 0,$$
$$a + b.0,60308 - 28541 = 0,$$

d'où l'on tire

$$a = 28388^{\text{mod}\cdot}, \quad b = 254^{\text{mod}\cdot},36,$$

ce qui donne $\frac{1}{334,81}$ pour l'aplatissement de la Terre. On trouve, comme on le verra plus bas, en comparant les longueurs du pendule à différentes latitudes, $\frac{1}{342}$ pour la valeur de cet aplatissement : la mesure des degrés et l'observation des variations de l'intensité de la pesanteur, à la surface du globe, donnent ainsi à la Terre à très-peu près la même figure elliptique.

43. Il est donc presque démontré qu'une inexactitude grave s'était introduite dans la mesure du degré de Laponie; et cela est d'autant plus vraisemblable, que cette erreur de 230 toises ne porte pas entièrement sur les mesures géodésiques, ce qui paraîtrait en effet inadmissible. Il suffit, pour l'expliquer, de supposer une erreur de quelques secondes dans les latitudes des points extrêmes de l'arc mesuré par les académiciens français, et la difficulté des observations qui servent à les déterminer, rend cette supposition très-plausible. Sans doute, des erreurs du même genre ont pu se glisser dans la détermination d'autres degrés mesurés du méridien terrestre. On doit donc être extrêmement circonspect sur les conclusions qu'on en tire; et c'est par cette raison que, parmi le grand nombre de ces mesures que nous possédons, nous avons choisi celles qui, par les soins qu'on a mis à leur exécution et par la réputation des observateurs, nous ont semblé devoir inspirer le plus de confiance (*). La méthode de combinaison appliquée aux équations (c) est aussi très-propre à diminuer l'influence de ces erreurs sur les résultats; on doit observer en général que, comme les arbitraires qui entrent dans l'équation (b) ne sont qu'au nombre de deux, il suffira de deux degrés mesurés à la surface de la Terre, pour faire connaître son aplatissement et la longueur absolue du degré sous l'équateur. Si la Terre était un sphéroïde exactement elliptique, on obtiendrait donc, à très-peu près, les mêmes valeurs des constantes a et b, en comparant deux à deux tous les degrés mesurés jusqu'à présent; mais cette comparaison produit, au contraire, des différences qu'il est difficile d'attribuer aux seules erreurs des observations; on en doit conclure que la figure de la Terre

---

(*) *Voyez* Supplément aux Notes du tome II.

est très-irrégulière et beaucoup plus compliquée que nous ne l'avons supposé. On conçoit, en effet, qu'en admettant même que la figure de la Terre est celle qui résulte des lois de l'Hydrostatique, mille circonstances ont pu modifier ces lois de manière à l'écarter sensiblement de l'ellipsoïde. Les degrés mesurés à sa surface indiquent d'une manière manifeste ces écarts; ils donnent même lieu de penser que les deux hémisphères ne sont pas semblables de chaque côté de l'équateur. Ainsi la longueur du degré mesuré par La Caille au cap de Bonne-Esperance surpasse celle des degrés mesurés à une égale latitude et même à des latitudes plus grandes dans l'hémisphère boréal de la Terre. Le moyen le plus propre de diminuer l'influence de ces différences, ainsi que celle des erreurs dont les observations sont susceptibles, est donc de combiner entre elles un grand nombre d'observations, comme nous l'avons fait n° **42**, ou du moins de comparer des degrés mesurés à des latitudes assez distantes pour que les résultats soient indépendants des effets qui tiennent aux irrégularités de la Terre et à des circonstances purement locales. C'est ainsi qu'en comparant au degré du Pérou le degré de France, qui a été conclu d'un arc plus grand qu'aucun de ceux qui avaient été mesurés jusqu'ici, et qui, par les soins et les lumières de ceux qui l'ont déterminé, présente peu de chances d'inexactitude, on a trouvé pour l'aplatissement de la Terre $\frac{1}{334}$, valeur qui s'accorde exactement avec celle que donne le nouveau degré de Laponie comparé aux autres degrés dont les mesures sont rapportées dans le tableau du n° **42**.

Ce résultat a servi à établir la base de notre nouveau système de mesures. Le quart du méridien terrestre, conclu de l'arc mesuré entre Dunkerque et Montjoui est, d'après cet aplatissement, de $2565370^{mod.}$, et le mètre, qui en est la dix-millionième partie, est ainsi égal à $0^{mod.},2565370$ ou à $0^{toise},513074$, la toise étant celle qui a servi à la mesure du degré du Pérou. Ce simple avertissement suffirait pour qu'on pût retrouver en tout temps l'unité fondamentale de nos mesures, si son étalon venait à se perdre ou à s'altérer dans la suite, à moins cependant qu'il n'arrivât quelque grand changement dans la constitution physique du globe. C'est sans doute par cette raison qu'on a choisi la grandeur de la Terre pour la base de notre système métrique, de préférence aux autres éléments proposés pour cet objet. Ainsi, par exemple, la longueur du pendule qu'on vient récemment d'employer en Angleterre à l'établissement d'un nouveau système de mesures, n'offre point, à beaucoup près, le même caractère de fixité. En effet, l'intensité de la pesanteur, et par conséquent la longueur du pendule, est sujette, non-seulement comme les arcs mesurés du méridien, à des variations qui dépendent de la figure de la Terre et des irrégularités de sa surface, elle en éprouve encore de particulières qui tiennent à la non-homogénéité des différentes parties de cette surface; et enfin rien n'assure que l'intensité de la pesanteur est en elle-même inaltérable, et qu'elle ne subira pas dans la suite des siècles des modifications semblables à celles qu'éprouve continuellement le magnétisme à la surface du sphéroïde terrestre.

44. Choisissons maintenant, pour déterminer la figure elliptique de la Terre, des arcs de méridien mesurés à des latitudes peu différentes. Les résultats suivants provenant des opérations exécutées avec un soin extrême par Delambre et Méchain, pour la mesure de l'arc du méridien compris entre Dunkerque et Montjoui, on peut compter sur leur exactitude.

LIEUX DE L'OBSERVATION.	LATITUDES.	DISTANCÈS des quatre dernières stations au parallèle de Montjoui.
Montjoui...........................	$41^{\circ}\,21'\,44'',80$	mod
Carcassonne.......................	43.12.54,40	52749,48
Érauv.............................	46.10.42,50	137174,03
Paris (au Panthéon)..............	48.50.49,75	213319.77
Dunkerque........................	51. 2.10,50	275792,36

En substituant ces valeurs dans les équations (d) du n° **40**, et en faisant $s = \dfrac{10000}{6}$ pour éviter d'opérer sur de trop grands nombres, on formera les cinq équations suivantes :

$$\left.\begin{array}{l}
e_1 - c_1 = 0,000000.6 + 0,000000.\alpha h - 0^{\circ}00000, \\[2pt]
e_2 - e_1 = 5,274948.6 + 0,262581.\alpha h - 1.85266, \\[2pt]
e_3 - e_1 = 13,717403.6 + 0,309603.\alpha h - 4.81602, \\[2pt]
e_4 - e_1 = 21,331977.6 - 0,040978.\alpha h - 7.48469, \\[2pt]
e_5 - e_1 = 27,579236.6 - 0,604414.\alpha h - 9.67379.
\end{array}\right\} \quad (f)$$

En ajoutant entre elles ces équations, après avoir fait passer l'erreur e_1 dans le second membre, et en égalant à zéro leur somme, on trouve

$$5e_1 = -\ 67{,}903564.\varepsilon + 0{,}073208.\alpha h + 23{,}82717.$$

Si l'on substitue la valeur de e_1, qui résulte de cette équation, dans celles qui la précèdent, conformément à ce qui a été dit n° **41**, on formera les cinq nouvelles équations suivantes :

$$e_1 = -\ 13{,}580713.\varepsilon + 0{,}014642.\alpha h + 4°76543,$$
$$e_2 = -\ \ 8{,}305765.\varepsilon + 0{,}277223.\alpha h + 2.91277,$$
$$e_3 = \ \ \ \ 0{,}136690.\varepsilon + 0{,}324245.\alpha h - 0.05059,$$
$$e_4 = \ \ \ \ 7{,}751264.\varepsilon - 0{,}026337.\alpha h - 2.71926,$$
$$e_5 = \ \ \ 13{,}998523.\varepsilon - 0{,}589772.\alpha h - 4.90836,$$

d'où l'on tire, par la méthode des moindres carrés, pour déterminer les valeurs des arbitraires ε et αh, les deux équations suivantes :

$$0 = -\ 178{,}705291 + \varepsilon.509{,}48074 - \alpha h.10{,}91717,$$
$$0 = \ \ \ \ \ \ 3{,}827288 - \varepsilon.\ 10{,}91717 + \alpha h.\ 0{,}53073.$$

La résolution de ces équations donne

$$\varepsilon = 0{,}3509117, \quad \alpha h = 0{,}0069227.$$

Nous avons supposé le 45e degré $s = \dfrac{10000}{\varepsilon}$; on aura donc ainsi

$$s = 28497{,}2, \quad \alpha h = \frac{1}{144{,}45}.$$

Telle est donc la valeur du degré moyen et de l'aplatissement du méridien terrestre qu'on déduirait de la seule considération des degrés mesurés en France.

La figure elliptique qui en résulte pour la Terre, diffère beaucoup de celle qu'on détermine par la comparaison des mêmes degrés au degré mesuré à l'équateur, par les observations du pendule et par d'autres phénomènes astronomiques. Cette figure, d'ailleurs, ne saurait se concilier avec les lois de l'Hydrostatique, ni avec celles de la précession et de la nutation, qui défendent de supposer au sphéroïde terrestre un aplatissement plus grand que dans le cas où toutes ses couches seraient d'égale densité, c'est-à-dire supérieur à $\frac{1}{230}$.

Les valeurs de αh et de $\mathfrak{G}$ sont celles qui conviennent à la figure elliptique du méridien terrestre qui donne un *minimum* pour la plus grande des erreurs commises dans les mesures qui ont servi à déterminer l'arc compris entre Dunkerque et Montjoui ; si l'on substitue ces valeurs dans les équations (f), on trouve, pour ces erreurs exprimées en secondes,

$$e_1 = -\,0'',33, \quad e_2 = +\,0'',39, \quad e_3 = -\,1'',36,$$
$$e_4 = +\,2'',03, \quad e_5 = -\,0'',72.$$

Ainsi, la plus grande erreur ne monte pas à plus de $2''$, et leur moyenne, abstraction faite du signe, est de $0'',96$; ces erreurs sont comprises par conséquent dans les limites de celles dont les observations sont susceptibles.

Mais pour mieux se convaincre que les mesures qui résultent des opérations exécutées en France, ne permettent pas de supposer à la Terre une ellipticité de $\frac{1}{230}$, et, à plus forte raison, une ellipticité moins considérable, supposons dans les équations (f) $\alpha h = \frac{1}{230}$, on aura

$$e_1 = \quad\ \ 4,765498 - 13,580713.6,$$
$$e_2 = \quad\ \ 2,913979 - \quad 8,305765.6,$$
$$e_3 = -0,049176 + \quad 0,136690.6,$$
$$e_4 = -2,719375 + \quad 7,751264.6,$$
$$e_5 = -4,910927 + 13,998523.6.$$

En combinant entre elles ces équations, on trouve

$$o = -178,7527 + 6.509,48074,$$

d'où l'on tire, pour la valeur de 6 qui rend la plus grande des erreurs un *minimum*, $6 = 0,350853$, et, par suite, pour la longueur du degré moyen,

$$s = 28502^{\text{mod.}},$$

valeur qui s'accorde assez bien avec celle de 28504 qui résulte de la comparaison du degré de France à celui du Pérou. En substituant pour 6 sa valeur dans les équations précédentes, on trouve

$$e_1 = +2'',40, \quad e_2 = -0'',46, \quad e_3 = -4'',38,$$
$$e_4 = +0'',67, \quad e_5 = +1'',76.$$

La plus grande erreur serait, dans ce cas, de $-4'',38$. Or, l'excessive précision avec laquelle ont été faites les observations, ne permet pas de supposer dans la détermination des latitudes une erreur aussi considérable. L'aplatissement de $\frac{1}{145}$, que les observations

faites en France en 1801 donnent au sphéroïde terrestre, a d'ailleurs été confirmé par les opérations
exécutées depuis en Angleterre pour mesurer des arcs
du méridien et des perpendiculaires à la méridienne :
tout porte donc à croire que les anomalies que présentent leurs résultats, tiennent à quelque cause particulière qui, dans ces contrées, écarte sensiblement la
Terre de la figure elliptique ou qui, altérant d'une
manière irrégulière l'homogénéité de ses couches,
fait dévier de quelques secondes, soit vers le midi,
soit vers le nord, le fil à plomb de l'instrument qui
sert à fixer les latitudes des arcs mesurés. On peut
conclure de ces observations et de celles qui sont développées dans les numéros précédents, que la surface
de la Terre étant très-irrégulière, ainsi que la densité
des couches qui l'avoisinent, la mesure isolée d'un
arc de méridien, quelle que soit son étendue, est peu
propre à servir à la détermination exacte de la figure
de la Terre ; on tire, au contraire, de la comparaison de deux arcs du méridien mesurés à des latitudes
très-distantes, des notions sur cette importante question, qui s'accordent très-bien avec celles qui résultent
des autres phénomènes, parce qu'à ces grandes distances, les effets qui tiennent aux inégalités de la surface du globe et à la non-homogénéité de ses parties,
disparaissent pour ne laisser subsister que ceux qui
dépendent de sa forme générale.

45. Considérons maintenant les variations de la pesanteur aux diverses latitudes, et déterminons la figure
elliptique la plus probable qui en résulte pour le sphé-

roïde terrestre. Les observations des longueurs du pendule à secondes, qui servent à reconnaître ces variations, sont plus faciles à exécuter que celles de la mesure des degrés du méridien ; les anomalies qu'elles présentent sont aussi beaucoup moins considérables, parce que les irrégularités de la Terre exercent sur ces observations une influence bien moins sensible que sur les autres : on doit donc obtenir par ce procédé des notions plus certaines sur la figure du globe que par les mesures directes prises à sa surface.

Parmi les nombreuses observations qui ont été faites des longueurs du pendule, nous choisirons les cinq suivantes. Le pendule dont il est ici question est celui qui fait 86400 oscillations dans un jour moyen, et les mesures ont été réduites au niveau des mers, dans le vide et à la même température.

LIEUX des observations.	LATITUDES L.	LONGUEUR du pendule à secondes l.	NOMS DES OBSERVATEURS.
	o ′	m	
Pérou............	0. 0	0,990564	Bouguer.
Petit-Goave.....	18.27	0,991150	Bouguer.
Paris. (Observat.).	48.51	0,993867	Biot, Mathieu.
Pétersbourg.....	58.15	0,99458	Mallet.
Laponie.........	67. 4	0,995325	Clairaut, Maupertuis, etc.

On voit, par les résultats de ce tableau, que les longueurs du pendule à secondes augmentent d'une manière très-sensible en allant de l'équateur au pôle. Soumettons ces accroissements à la loi de la propor-

II.

tionnalité au carré du sinus de la latitude, pour reconnaître s'ils confirment l'hypothèse de la figure elliptique du sphéroïde terrestre.

En substituant, dans les équations (b), les valeurs précédentes, on trouve

$$
\left.
\begin{array}{l}
0^{m},990564 - a - b.0,00000 = e_1, \\
0 \ ,991150 - a - b.0,10016 = e_2, \\
0 \ ,993867 - a - b.0,56672 = e_3, \\
0 \ ,994589 - a - b.0,72307 = e_4, \\
0 \ ,995325 - a - b.0,84829 = e_5,
\end{array}
\right\} \quad (g)
$$

et en appliquant à ces équations la méthode des moindres carrés, on aura, pour déterminer les valeurs des constantes a et b, qui donnent un *minimum* pour la plus grande des erreurs dont sont affectées les mesures du pendule que nous avons adoptées,

$$
0^{m},993099 - a - b.0,44765 = 0,
$$
$$
0 \ ,994548 - a - b.0,70306 = 0,
$$

d'où l'on tire

$$
a = 0^{m},990555, \quad b = 0^{m},0056786.
$$

On aura donc généralement, pour l'expression de la longueur du pendule correspondante à une latitude L,

$$
0^{m},990555 + 0^{m},005679.\sin^2 L.
$$

La valeur de a est celle du pendule équatorial, et l'on a $\dfrac{b}{a} = 0,0057331$. L'aplatissement du sphéroïde, d'après le n° **36**, est égal à $\frac{5}{2}$ du rapport de la force centrifuge à la pesanteur sous l'équateur, moins la valeur de la fraction précédente; ce rapport pour la Terre est de $\frac{1}{289}$, n° **16**, livre Ier; l'ellipticité du sphéroïde terrestre est par conséquent de $0,00865 - \frac{b}{a}$, ou de $\frac{1}{342}$· C'est l'aplatissement de l'ellipsoïde le plus vraisemblable qu'indiquent pour la Terre les mesures du pendule rapportées dans le tableau précédent; il s'accorde d'une manière satisfaisante avec celui que nous avons déduit, n° **42**, de la comparaison des degrés du méridien mesurés dans des lieux séparés par de grands intervalles, et avec l'aplatissement de $\frac{1}{304}$, qu'on déduit des inégalités qui résultent dans le mouvement de la Lune de la non-sphéricité de la Terre.

Si l'on substitue pour a et b leurs valeurs précédentes dans les équations (g), on aura

$$e_1 = 0^m,000009, \quad e_2 = 0^m,000026, \quad e_3 = 0^m,000094,$$
$$e_4 = -0^m,000072, \quad e_5 = -0^m,000047.$$

Ainsi donc, dans la combinaison même la plus favorable qu'on puisse faire de ces équations, on est forcé d'admettre une erreur de $0^m,000094$ dans les mesures des longueurs du pendule que nous avons employées dans les recherches précédentes, si l'on suppose que ces longueurs varient comme le carré du sinus de la latitude. Cette erreur n'excède pas au reste la limite des inexactitudes dont les observations sont susceptibles, et elle est beaucoup plus faible que les erreurs correspondantes dans la mesure des degrés

33.

du méridien ; ce qui prouve, comme nous l'avons dit n° **39**, que les causes qui écartent la Terre de la figure elliptique, ont beaucoup moins d'influence sur les variations du pendule que sur celles des degrés mesurés à sa surface.

Cependant il est à remarquer que, bien qu'elles soient moins sensibles, les mêmes irrégularités qu'on observe dans les degrés du méridien conclus d'arcs très-rapprochés entre eux, se reproduisent dans les longueurs du pendule à secondes. Ainsi, par exemple, la plus grande de ces anomalies dans les degrés mesurés en France et en Espagne, par Delambre et Méchain, se trouve dans l'arc compris entre les parallèles de Formentera et de Barcelone, et les variations de degrés subissent entre ces deux points un ralentissement considérable ; de même, les variations du pendule dans cet intervalle sont beaucoup plus faibles que celles que donnerait la loi du carré du sinus de la latitude ; c'est ce qu'on verra d'une manière évidente par le tableau suivant, où les constantes a et b ont été déterminées en comparant deux à deux les observations qu'il renferme.

LIEUX DES OBSERVATIONS.	LONGUEURS du pendule.	LATITUDES.	a	b
	m	° ′ ″	m	m
Unst..............	0,994942	60.45.25	0,990758	0,0054955
Leith.............	0,994533	55.58.37	0,990747	0,0055105
Dunkerque.........	0,994102	51.16.38	0,990737	0,0055278
Clermont..........	0,993520	45.11.46	0,991334	0,0043421
Barcelone.........	0,993232	41.23.15	0,991714	0,0034734
Formentera........	0,993070	38.39.56		

La constante b conserve à peu près la même valeur dans les trois premiers intervalles, mais elle commence à décroître d'une manière très-prononcée depuis Clermont jusqu'à Barcelone, et ses variations sont encore beaucoup plus rapides de Barcelone à Formentera. Il faudrait, pour concilier cette valeur du coefficient du carré du sinus de la latitude avec celle qui résulte des observations faites en des lieux éloignés, supposer dans les mesures précédentes des erreurs de 8 à 9 centièmes de millimètre, ce qu'il est impossible d'admettre. La longueur a du pendule équatorial présente, dans ce tableau, des différences non moins remarquables. La longueur réelle de ce pendule, conclue des observations faites à l'équateur ou à des latitudes voisines, est de $0^m,991006$. Les observations précédentes, faites à des latitudes supérieures à 45°, donnent, comme on voit, des longueurs beaucoup trop fortes, tandis que celles qui répondent à des latitudes inférieures en donnent de trop faibles. Ce résultat remarquable se manifeste d'une manière bien plus prononcée encore, lorsqu'on compare entre elles des observations faites sur une plus grande échelle et comprises, les premières, entre le 45e degré et le pôle, les secondes, entre le 45e degré et l'équateur. Au reste, il est évident, comme nous l'avons dit n° 43, que ces anomalies se compenseront en grande partie lorsqu'on choisira des observations faites en des lieux très-éloignés, et qu'on rendra ainsi les résultats plus indépendants de perturbations qui ont sans doute pour cause principale les irrégularités de la surface de la Terre.

46. Considérons maintenant Jupiter, la seule des planètes dont l'aplatissement ait pu être déterminé par l'observation directe. Reprenons l'équation (2) du n° **25** :

$$\text{arc tang}\,\lambda = \frac{9\lambda + 2\,q\,\lambda^3}{9 + 3\lambda^2}. \quad (h)$$

Lorsque la valeur de q sera connue, on aura, par cette équation, celle de λ, et par conséquent le rapport $\sqrt{1 + \lambda^2}$ de l'axe de l'équateur à l'axe du pôle. Or, en supposant le cas de l'homogénéité, on a, n° **25**, $q = \dfrac{n^2}{\frac{4}{3}\pi}$. Soit D la distance du quatrième satellite de Jupiter au centre de la planète, et T le temps de sa révolution, exprimé en jours; sa force centrifuge sera à celle qui anime un élément de la masse de Jupiter placé à l'unité de distance de l'axe de rotation, comme $\dfrac{D}{T^2}$ est à $\dfrac{1}{T'^2}$, T' étant le temps de la rotation de Jupiter, exprimé en fractions du jour. La force centrifuge du satellite est d'ailleurs égale à la force qui retient cet astre dans son orbite, c'est-à-dire à la masse M de Jupiter, divisée par D^2; on aura donc

$$n^2 = \frac{MT^2}{D^3\,T'^2}.$$

On a d'ailleurs, n° **25**, $M = \frac{4}{3}\pi h^3(1 + \lambda^2)$; on aura donc

$$q = \frac{n^2}{\frac{4}{3}\pi} = \frac{h^3(1 + \lambda^2)\,T^2}{D^3\,T'^2}.$$

D'après les observations de Pound, rapportées par Newton, la distance du quatrième satellite de Jupiter

à son centre est égale à 26,63 demi-diamètres de l'é-
quateur de cette planète; ce qui donne

$$\frac{h\sqrt{1+\lambda^2}}{D} = \frac{1}{26,63};$$

on a de plus

$$T = 16^{\text{j}},68902, \quad T' = 0^{\text{j}},41377.$$

On conclura de là

$$q = \frac{0,086145}{\sqrt{1+\lambda^2}};$$

et en substituant cette valeur dans l'équation (h), elle
deviendra

$$\text{arc tang}\,\lambda = \frac{9\,\lambda\sqrt{1+\lambda^2}+0,172290\,\lambda^2}{9+3\,\lambda^2};$$

d'où l'on tire $\lambda = 0,4810$, et, par suite, le rapport de
l'axe du pôle à l'axe de l'équateur, ou $\sqrt{1+\lambda^2} = 1,10967$.

Ce rapport, suivant les observations de Pound, est
de $1,0771$. On trouve, par la théorie des satellites de
Jupiter, qui détermine ce rapport avec plus de précision encore que les observations directes, qu'il est
de $1,0747$. Ces résultats montrent que Jupiter est
moins aplati que dans le cas de l'homogénéité, et que,
par conséquent, sa densité va en augmentant, comme
celle de la Terre, de la surface au centre.

Nous avons vu, n° **34**, qu'en supposant les planètes
originairement fluides, leur ellipticité devait être com-
prise entre $\frac{5}{4}q$ et $\frac{1}{2}q$, la première de ces limites répondant au cas où la masse fluide serait homogène, et
la seconde à celui où toute la masse serait réunie à

son centre. Or, l'ellipticité d'un ellipsoïde est l'excès de l'axe de l'équateur sur celui du pôle, divisé par le dernier de ces axes ; sa valeur est donc égale à $\sqrt{1 + \lambda^2} - 1$; on aura donc, par ce qui précède, $\frac{5}{4} q = 0,10967$, et, par conséquent, $\frac{1}{2} q = 0,04385$. On trouve, par l'observation directe, $0,0771$, et par le mouvement des nœuds des orbites des satellites de Jupiter, $0,0747$ pour l'ellipticité de cette planète : ces deux valeurs sont donc comprises dans les limites que leur assigne la théorie.

Nous avons trouvé, n° **29**, dans le cas de l'homogénéité, $0,004334$ pour l'ellipticité de la Terre. En supposant donc la densité de la Terre égale à celle de Jupiter, leurs ellipticités seront entre elles comme $0,10967$ est à $0,004334$. D'après cela, en adoptant pour l'ellipticité de Jupiter la valeur $0,0747$, qui résulte de la théorie des satellites, on trouve $\frac{1}{338,72}$ pour l'aplatissement de la Terre, et $\frac{1}{328,17}$, en choisissant l'ellipticité $0,0771$, qui est donnée par l'observation directe. On voit que ces résultats s'accordent suffisamment bien avec ceux que l'on tire des observations du pendule et de la mesure des arcs du méridien terrestre, et l'analogie qui existe entre la figure de Jupiter et celle de la Terre, prouve avec évidence que la même loi a présidé à la formation de tous les corps célestes.

Les autres planètes sont trop éloignées de nous, ou leur aplatissement est trop peu sensible, pour que l'observation ait pu jusqu'ici fournir les éléments nécessaires à la comparaison des phénomènes et de la théorie. Il en est de même de la Lune, qui se présente à l'observateur comme un corps à très-peu près sphérique; les conséquences qui résultent des lois de sa libration, et que nous avons développées dans le chapitre VI du livre IV, sont les seules données que nous ayons sur sa véritable figure.

47. Nous ne terminerons pas ce chapitre, spécialement consacré à la figure de la Terre, sans montrer comment les phénomènes de la précession et de la nutation confirment, comme nous l'avons annoncé, les résultats que l'on obtient par la mesure des arcs du méridien terrestre, et par les observations du pendule. Pour le faire voir, reprenons la valeur de la fonction V, donnée n° **25**, livre IV,

$$V = \frac{ML}{r} - \frac{L}{4r^3}(A + B + C)$$
$$+ \frac{3L}{4r^3}[x^2(B+C-A)+y^2(A+C-B)+z^2(A+B-C)].$$

Dans cette expression, A, B, C sont les trois moments d'inertie de la Terre, qui se rapportent respectivement aux axes principaux des x, des y et des z, M est la masse de la Terre, et x, y, z expriment les trois coordonnées de l'astre L.

On aura, en vertu du n° **37**, pour l'expression générale de la fonction V, relativement à la Terre, supposée elliptique et douée d'un mouvement de rotation autour d'un axe fixe,

$$V = \frac{ML}{r} + \frac{ML\,a^2}{r^3}\left[(\alpha h - \tfrac{1}{2}q)(\tfrac{1}{3} - \cos^2\theta) + \alpha h' \sin^2\theta \cos 2\omega\right),$$

αh et $\alpha h'$ étant deux constantes qui dépendent de l'aplatissement de la Terre, et q le rapport de la force centrifuge à la pesanteur sous l'équateur.

Désignons par θ l'angle que forme le rayon r avec l'axe de rotation que nous avons pris, n° 15, livre IV, pour axe des z, par ω la longitude de ce rayon comptée sur le plan de l'équateur; on aura

$$x = r \sin\theta \sin\omega, \quad y = r \sin\theta \cos\omega, \quad z = r \cos\theta.$$

Si l'on substitue ces valeurs dans la première des expressions de V, et qu'on compare ensuite ces deux expressions entre elles, on trouvera l'équation suivante :

$$\tfrac{3}{4}\left(2\,C - A - B\right)\left(\tfrac{1}{3} - \cos^2\theta\right) + \tfrac{3}{4}\left(A - B\right)\sin^2\theta\,\cos 2\,\omega$$
$$= M\,a^2\left[\left(\alpha h - \tfrac{1}{2}q\right)\left(\tfrac{1}{3} - \cos^2\theta\right) + \alpha h'\sin^2\theta\,\cos 2\,\omega\right];$$

d'où l'on tire, en vertu de l'indépendance des angles, θ et ω,

$$A - B = \tfrac{4}{3}M\,a^2\,\alpha h',$$
$$2\,C - A - B = \tfrac{4}{3}M\,a^2\left(\alpha h - \tfrac{1}{2}q\right).$$

Les observations du pendule nous ont montré que l'aplatissement du sphéroïde terrestre est à très-peu près le même sur les divers méridiens, ce qui exige que $\alpha h'$ soit une très-petite quantité de l'ordre α^2, que l'on peut négliger. On a alors $A = B$, d'où résulte ce théorème remarquable, c'est que *les phénomènes de la précession des équinoxes et de la nutation de l'axe terrestre sont les mêmes que si la Terre était un sphéroïde de révolution,*

Si l'on considère la Terre comme un ellipsoïde de

révolution autour de l'axe des z, on aura, par les propriétés de ces corps,

$$C = \frac{2\,\mathrm{M}a^2}{5\,\sigma},$$

σ étant un nombre qui dépend de la loi de densité des différentes couches du sphéroïde, et que l'expérience seule peut déterminer; elle a montré que, pour la Terre, ce nombre diffère peu de l'unité. On aura donc ainsi

$$\frac{2\,\mathrm{C} - \mathrm{A} - \mathrm{B}}{\mathrm{C}} = \frac{10\,\sigma}{3}\left(\alpha h - \tfrac{1}{2}q\right).$$

Nous avons trouvé, n° **39**, livre IV,

$$\frac{2\,\mathrm{C} - \mathrm{A} - \mathrm{B}}{\mathrm{C}} = 0{,}0062810;$$

on aura donc

$$\alpha h - \tfrac{1}{2}q = \frac{0{,}0018843o}{\sigma}. \quad (k)$$

Le rapport que désigne σ est égal à l'unité dans le cas de l'homogénéité; il est plus grand que l'unité, si la densité du sphéroïde va en croissant de la surface au centre, et moindre que ce nombre dans le cas contraire. Supposons donc la Terre homogène; on aura $\sigma = 1$: on a d'ailleurs, par l'observation, $q = \frac{1}{289}$: on aura donc, dans ce cas, $\alpha h = 0{,}0035871$, ou $\frac{1}{279}$.

La supposition de $\alpha h = \frac{1}{578}$ donnerait pour σ une valeur infinie : la valeur de αh est donc comprise entre $\frac{1}{279}$ et $\frac{1}{578}$, et ce sont par conséquent les limites que les phénomènes de la précession et de la nutation assignent à l'aplatissement du sphéroïde terrestre.

En prenant une moyenne entre les valeurs de l'aplatissement de la Terre, qui résultent de la comparaison des degrés mesurés à sa surface, et des observations du pendule, on peut supposer cet aplatissement de $\frac{1}{320}$ à peu près. Cette valeur est comprise entre les limites précédentes. Si on la substitue au lieu de αh, et qu'on remplace en même temps q par sa valeur dans l'équation (k), on en tire

$$\sigma = 1,32560 :$$

ainsi donc la quantité σ étant plus grande que l'unité, la densité de la Terre va en croissant de la surface au centre, ce qui est conforme aux expériences de Cavendish et aux lois de l'Hydrostatique, qui exigent que si la Terre était originairement fluide, les parties les plus denses soient en même temps les plus voisines du centre.

48. Si l'on embrasse maintenant d'un même regard les résultats que nous venons de recueillir par tant de moyens différents sur la figure de la Terre, sans doute on sera surpris de leur parfait accord, et convaincu qu'ils ne peuvent être que les effets d'une même cause, qui lie entre eux tous les phénomènes qui dépendent de la nature et de la constitution du globe. La mesure des degrés des méridiens terrestres, qui paraît la méthode la plus simple que la nature nous ait indiquée pour déterminer la figure de notre planète, n'est cependant pas celle dont on doive attendre des résultats plus certains; toutefois, en combinant avec adresse des observations faites à des latitudes très-distantes, pour diminuer l'effet des irrégularités de la Terre dans quelques-unes de ses parties, on détermine, par ce moyen, la valeur très-approchée de son aplatissement. Cette valeur s'accorde d'une manière remarquable avec celle qui résulte des observations du pendule, méthode d'investigation moins directe, mais plus sûre que la précédente, et que l'homme n'a due qu'à son génie. Les phénomènes de la précession et de la nutation ne font pas connaître la valeur absolue de la fraction qui exprime l'aplatissement de la Terre; ils déterminent seulement deux limites, que cette fraction ne peut pas dépasser, et les valeurs que lui assignent la mesure des arcs du méridien et les longueurs du pendule, sont comprises entre ces limites. Les mêmes phénomènes fournissent des notions précieuses sur la constitution intérieure du sphéroïde terrestre; ils ne donnent point, il est vrai, la loi rigoureuse des densités des couches qui le composent, et l'on peut encore satisfaire par une infinité d'hypothèses à l'unique condition qu'ils imposent, mais ils indiquent un accroissement dans les densités à mesure que l'on approche du centre : résultat que confirment les phénomènes de la stabilité de l'équilibre des mers, le peu de déviation qu'éprouve le fil à plomb par l'attraction des montagnes, les mesures directes des arcs du méridien et des longueurs du pendule, qui nous ont montré que la Terre est plus aplatie que dans le cas de l'homogénéité;

résultat enfin qui est une suite nécessaire des lois de l'Hydrostatique, lorsqu'on suppose que la Terre était originairement fluide, et que ses éléments ont conservé, en se durcissant, la même disposition qu'ils avaient dans leur premier état.

L'admirable concordance de tous ces résultats n'est pas sans doute ce qu'offre de moins merveilleux la théorie de la pesanteur universelle. Si son influence se montre d'une manière moins manifeste et moins régulière dans les phénomènes qui dépendent de la figure des corps célestes et de leurs mouvements autour de leur centre de gravité, que dans ceux qui se rapportent aux mouvements de ces centres dans l'espace, c'est que cette influence, comme nous l'avons vu, est, dans ces phénomènes, modifiée sans cesse par les circonstances particulières dépendantes de la constitution de ces corps. Le géomètre, par la même raison, a éprouvé plus d'obstacles pour les soumettre au calcul; mais le succès a couronné ses efforts. Un homme de génie avait deviné la cause secrète qui met en mouvement la matière; l'analyse mathématique, en ramenant à ce principe unique tous les phénomènes de l'univers, ceux mêmes qu'il paraissait le plus difficile d'y soumettre, a démontré, par la preuve la plus irréfragable, qu'il était la véritable loi de la nature.

NOTES.

NOTE I (page 2).

Sur la détermination des orbites des comètes d'après les observations.

Lagrange a le premier tenté de ramener à des formules analytiques rigoureuses la solution de cette question, que les géomètres et les astronomes n'avaient abordée jusque-là que par des méthodes de tâtonnement ou des constructions géométriques. Laplace donna ensuite une nouvelle solution fondée sur des considérations absolument différentes, et les deux méthodes qui sont résultées de ces travaux, ont, depuis, servi de types à toutes celles que l'on a imaginées pour résoudre ce difficile problème.

Ces méthodes sont surtout remarquables en ce qu'elles portent chacune le cachet particulier qui caractérise le génie de ces deux illustres géomètres. Celle de Lagrange semble ressortir plus directement de la question, considérée comme un simple problème de théorie abstraite ; elle embrasse dans sa généralité tous les cas qui peuvent se présenter, sans se préoccuper des circonstances qui peuvent en rendre souvent l'emploi insuffisant ou impossible. Celle de Laplace, au contraire, paraît dirigée, avant tout, vers un but pratique ; l'auteur s'attache à chercher d'abord tout le parti qu'on peut tirer des observations pour simplifier la question, et présente finalement au calculateur des formules d'un usage aussi simple que facile pour les applications numériques.

Cette méthode, par son originalité, mérite une attention particulière, et quoique celle que nous avons présentée dans le texte, et qui n'est qu'une extension de la méthode de Lagrange, perfectionnée par l'introduction de l'équation remarquable qui donne le temps, employé à décrire un arc parabolique, au moyen de la corde qui sous-tend cet arc et des rayons menés à ses extrémités, puisse suffire à tous les cas qui peuvent se présenter, je pense qu'il ne sera pas inutile d'exposer ici cette seconde solution d'une des questions les plus difficiles du système du monde, et par une analyse plus simple peut-être que celle qu'a suivie l'auteur de la *Mécanique céleste*.

Cette méthode suppose que l'on connaît, pour une époque donnée, la longitude a et la latitude b de la comète, ainsi que leurs différentielles du premier et du second ordre, prises par rapport au temps et divisées par l'élément de cette variable, c'est-à-dire les quatre quantités $\dfrac{da}{dt}$, $\dfrac{d^2 a}{dt^2}$ et $\dfrac{db}{dt}$, $\dfrac{d^2 b}{dt^2}$. On peut, en effet, dans ce cas, déterminer, par des formules simples et rigoureuses, tous les éléments de l'orbite de la manière suivante.

1. Soient x, y, z les trois coordonnées de la comète, rapportées à l'écliptique et au centre du Soleil; r sa distance à cet astre ou son rayon vecteur; X, Y, les coordonnées de la Terre dans son orbite; R son rayon vecteur et Λ sa longitude vue du Soleil; enfin soit ρ la projection sur l'écliptique de la droite qui joint la comète à la Terre, ou ce qu'on nomme ordinairement la distance accourcie de la comète: on aura

$$x = X + l\rho, \quad y = Y + m\rho, \quad z = n\rho; \quad (1)$$

en supposant, pour abréger, $l = \cos a$, $m = \sin a$ et $n = \tang b$.

Les équations différentielles du mouvement de la comète autour du Soleil seront

$$\frac{d^2 x}{dt^2} + \frac{x}{r^3} = 0, \quad \frac{d^2 y}{dt^2} + \frac{y}{r^3} = 0, \quad \frac{d^2 z}{dt^2} + \frac{z}{r^3} = 0. \quad (2)$$

On aura de même, relativement à la Terre,

$$X = R \cos \Lambda, \quad Y = R \sin \Lambda,$$

et

$$\frac{d^2 X}{dt^2} + \frac{X}{R^3} = 0, \quad \frac{d^2 Y}{dt^2} + \frac{Y}{R^3} = 0.$$

En substituant donc pour x, y, z, leurs valeurs dans les équations (2), on trouvera, en vertu de ces deux dernières équations,

$$\frac{d^2.\, l\rho}{dt^2} - \frac{X}{R^3} + \frac{X + l\rho}{r^3} = 0,$$

$$\frac{d^2.\, m\rho}{dt^2} - \frac{Y}{R^3} + \frac{Y + m\rho}{r^3} = 0,$$

$$\frac{d^2.\, n\rho}{dt^2} + \frac{n\rho}{r^3} = 0;$$

ou, en développant et supposant, pour abréger, $\sigma = \dfrac{1}{r^3} - \dfrac{1}{R^3}$,

$$\left. \begin{aligned}
l.\frac{d^2\rho}{dt^2} + \frac{2\, dl\, d\rho}{dt^2} + \rho.\left(\frac{d^2 l}{dt^2} + \frac{l}{r^3}\right) + X\sigma = 0, \\
m.\frac{d^2\rho}{dt^2} + \frac{2\, dm\, d\rho}{dt^2} + \rho.\left(\frac{d^2 m}{dt^2} + \frac{m}{r^3}\right) + Y\sigma = 0, \\
n.\frac{d^2\rho}{dt^2} + \frac{2\, dn\, d\rho}{dt^2} + \rho.\left(\frac{d^2 n}{dt^2} + \frac{n}{r^3}\right) = 0.
\end{aligned} \right\} \quad (3)$$

En éliminant $\dfrac{d^2\rho}{dt^2}$, on trouve

$$\left. \begin{aligned}
\frac{d\rho}{dt}.\frac{(ndl - ldn)}{dt} + \frac{\rho}{2}.\left(\frac{nd^2 l - ld^2 n}{dt^2}\right) + \frac{1}{2}\, nX\sigma = 0, \\
\frac{d\rho}{dt}.\frac{(ndm - mdn)}{dt} + \frac{\rho}{2}.\left(\frac{nd^2 m - md^2 n}{dt^2}\right) + \frac{1}{2}\, nY\sigma = 0, \\
\frac{d\rho}{dt}.\frac{(ldm - mdl)}{dt} + \frac{\rho}{2}.\left(\frac{ld^2 m - md^2 l}{dt^2}\right) + \frac{1}{2}.(lY - mX)\sigma = 0.
\end{aligned} \right\} \quad (4)$$

Ces équations n'équivalent qu'à deux distinctes; et, en effet, en multipliant la première par n et en la retranchant ensuite de la seconde multipliée par m, on retrouve la troisième.

Si maintenant on élimine $\dfrac{d\rho}{dt}$ entre les deux premières équations (4), ou, ce qui revient au même, si après avoir multiplié ces équations, la première par dm, la seconde par $-dl$, et la

II.   34

troisième par dn, on les ajoute, et que, pour abréger, on fasse

$$h = \frac{\mathbf{X} \cdot (ndm - mdn) + \mathbf{Y} \cdot (ldn - ndl)}{\dfrac{d^2 l}{dt^2} \cdot (mdn - ndm) + \dfrac{d^2 m}{dt^2} \cdot (ndl - ldn) + \dfrac{d^2 n}{dt^2} \cdot (ldm - mdl)},$$

on aura

$$\rho = h \cdot \left(\frac{1}{r^3} - \frac{1}{\mathbf{R}^3} \right) \cdot \quad (5)$$

D'ailleurs

$$r^2 = \mathbf{R}^2 + 2\,\mathbf{R}\rho \cos(\mathbf{A} - a) + \frac{\rho^2}{\cos^2 b} \cdot \quad (6)$$

On a donc deux équations au moyen desquelles on peut déterminer r et ρ. Si l'on éliminait ρ entre ces deux équations, on arriverait à une équation du huitième degré en r, mais qui s'abaisserait au septième, comme nous l'avons vu n° 6, livre III.

Les valeurs de $\dot{r}$ et de ρ étant connues, on aura celle de $\dfrac{d\rho}{dt}$ au moyen de l'une quelconque des équations (4); mais au lieu d'employer indistinctement ces équations à cette recherche, il est bon de combiner les deux premières de cette manière : on multipliera la première par l et la seconde par m, on les ajoutera ensuite, en observant que $l^2 + m^2 = 1$, ce qui donne

$$ldl + mdm = 0, \quad ld^2 l + md^2 m = - dl^2 - dm^2,$$

et l'on pourra substituer aux équations (4) les deux suivantes :

$$\left. \begin{aligned} &\frac{d\rho}{dt}\frac{dn}{dt} + \frac{\rho}{2}\left[\frac{d^2 n + n(dl^2 + dm^2)}{dt^2} \right] - \frac{n\sigma}{2}(l\mathbf{X} + m\mathbf{Y}) = 0, \\[2mm] &\frac{d\rho}{dt}\left(\frac{ldm - mdl}{dt} \right) + \frac{\rho}{2}\left(\frac{ld^2 m - md^2 l}{dt^2} \right) + \frac{\sigma}{2}(l\mathbf{Y} - m\mathbf{X}) = 0. \end{aligned} \right\} \quad (7)$$

C'est entre ces deux équations qu'il conviendra de choisir pour déterminer la valeur de $\dfrac{d\rho}{dt}$, parce que la première est indépendante des différentielles secondes de m et de l, et la seconde de la différentielle de n, ce qui offre des avantages dans les applications, comme on le verra plus bas.

Si, après avoir substitué pour l, m, n leurs valeurs dans les équations (1), on les différentie, on trouve, en conservant la notation établie n° **2**, livre cité,

$$
\left.\begin{array}{l}
x' = X' + \dfrac{d\rho}{dt}\cos a - \rho \sin a \dfrac{da}{dt}, \\[2ex]
y' = Y' + \dfrac{d\rho}{dt}\sin a + \rho \cos a \dfrac{da}{dt}, \\[2ex]
z' = \dfrac{d\rho}{dt}\tang b + \dfrac{\rho}{\cos^2 b}\dfrac{db}{dt}.
\end{array}\right\} \quad (8)
$$

Ces équations ne contenant que des quantités connues, puisque les valeurs de ρ et de r sont supposées déterminées par ce qui précède, en les réunissant aux équations (1), on pourra déterminer les six quantités x, y, z, x', y', z', et l'on en conclura les éléments de l'orbite elliptique de la comète, comme on l'a fait n° **29**, livre II.

La question est donc ainsi complétement résolue; mais si l'on suppose à l'ordinaire que l'orbite est une parabole, on aura, par la nature de cette courbe,

$$
\frac{2}{r} = x'^2 + y'^2 + z'^2,
$$

équation qui, en y substituant pour x', y', z' leurs valeurs, prendra cette forme

$$
\frac{2}{r} = M + N.\frac{d\rho}{dt} + P.\rho^2 + Q.\frac{d\rho^2}{dt^2}. \quad (9)
$$

La question dans ce cas présente donc une équation de plus que d'inconnues, et l'on peut en profiter pour éviter l'emploi des données qui participeraient le plus aux erreurs des observations. Pour cela, nous remarquerons que les inexactitudes dont elles sont susceptibles, deviennent surtout sensibles sur les différences secondes $\dfrac{d^2 a}{dt^2}$, $\dfrac{d^2 b}{dt^2}$, parce qu'étant beaucoup plus petites que les

34.

premières, ces erreurs en forment une plus grande partie ali-
quote. Il faut donc en éviter l'emploi autant que possible, et
comme on ne peut pas les rejeter toutes deux à la fois, on ne
conservera que celle qu'on doit croire la plus correcte, ce qu'il
sera toujours facile de reconnaître. D'après cela, on ne fera point
usage, pour déterminer ρ, de l'équation (5), parce que le coefficient h dépend à la fois des différences secondes de la longitude
et de la latitude; on lui substituera l'équation (9). Quant aux

équations (7), qui déterminent $\dfrac{d\rho}{dt}$, Laplace avait proposé d'abord

d'employer la première ou la seconde, selon qu'on voudra rejeter
celle des différences secondes de la latitude ou de la longitude
qu'on jugera la moins correcte d'après les circonstances particulières du mouvement de la comète, mais il a reconnu depuis qu'on
obtenait des résultats plus exacts en faisant usage à la fois de ces
deux équations combinées par la méthode des moindres carrés. En
substituant dans ces équations pour l, m, n, $\mathbf{X}$ et $\mathbf{Y}$ leurs valeurs,
on aura les deux suivantes :

$$\left(\frac{db}{dt}\right)\frac{d\rho}{dt}=-\frac{1}{2}\left(\frac{d^2 b}{dt^2}+\sin b\cos b\,\frac{da^2}{dt^2}+2\,\text{tang}\,b\,\frac{db^2}{dt^2}\right)\rho$$
$$+\frac{1}{2}\mathbf{R}\sin b\,\cos b\,\cos(\mathbf{A}-a)\,\sigma,$$
$$\left(\frac{da}{dt}\right)\frac{d\rho}{dt}=-\frac{1}{2}\frac{d^2 a}{dt^2}\rho-\frac{1}{2}\mathbf{R}\sin(a-\mathbf{A})\,\sigma.$$

En ajoutant ces deux équations, après avoir multiplié la première
par $\dfrac{db}{dt}$ et la seconde par $\dfrac{da}{dt}$, on formera la suivante :

$$\left.\begin{aligned}
\left(\frac{da^2+db^2}{dt^2}\right)\frac{d\rho}{dt}=&-\frac{1}{2}\left[\frac{da\sin(\mathbf{A}-a)-db\sin b\cos b\cos(\mathbf{A}-a)}{dt}\right]\mathbf{R}\,\sigma\\
&-\frac{1}{2}\left(\frac{da\,d^2 a+db\,d^2 b+2\,\text{tang}\,b\,db^3+\sin b\cos b\,db\,da^2}{dt^3}\right)\rho.
\end{aligned}\right\}\quad(10)$$

Quant aux quantités $\mathbf{X}'$ et $\mathbf{Y}'$, qui entrent dans la formule (9) et qui dépendent du mouvement de la Terre dans son orbite, on les déterminera de la manière suivante.

En désignant par A la longitude de la Terre vue du Soleil, par R son rayon vecteur, et par X et Y les deux coordonnées rectangulaires rapportées au centre du Soleil, nous avons trouvé

$$X = R \cos A, \quad Y = R \sin A,$$

d'où, en différentiant, on tire

$$\frac{dX}{dt} = -\sin A \frac{R \, dA}{dt} + \cos A \frac{dR}{dt}, \left.\vphantom{\frac{dX}{dt}}\right\}$$
$$\frac{dY}{dt} = \cos A \frac{R \, dA}{dt} + \sin A \frac{dR}{dt}, \quad (i)$$

L'équation de l'ellipse, en nommant e l'excentricité de l'orbe terrestre, ω la longitude de son périhélie, et en prenant pour unité la moyenne distance de la Terre au Soleil, donne, n° 2, livre II,

$$\frac{dR}{dt} = \frac{e \sin (A - \omega)}{1 - e^2} \frac{R^2 \, dA}{dt}.$$

On a d'ailleurs par la nature du mouvement dans l'ellipse

$$\frac{dA}{dt} = \frac{\sqrt{1 - e^2}}{R^2};$$

par conséquent

$$\frac{dR}{dt} = \frac{e \sin (A - \omega)}{\sqrt{1 - e^2}}, \quad \frac{R \, dA}{dt} = \frac{\sqrt{1 - e^2}}{R}.$$

Si l'on substitue ces valeurs dans les équations (i) et qu'on néglige le cube de l'excentricité de l'orbe terrestre, qui est une très-petite quantité, on aura

$$X' = -\left(\frac{1 - \frac{1}{2} e^2}{R}\right) \sin A + e \sin (A - \omega) \cos A,$$
$$Y' = \left(\frac{1 - \frac{1}{2} e^2}{R}\right) \cos A + e \sin (A - \omega) \sin A.$$

En réunissant donc les trois équations (6), (10), (9) après

avoir développé cette dernière, et substitué pour X' et Y' leurs valeurs données par les formules précédentes, on aura, pour déterminer les inconnues r, ρ, $\dfrac{d\rho}{dt}$, les trois équations suivantes :

$$r^2 = R^2 + 2\,R\cos(A - a)\cdot\rho + \frac{\rho^2}{\cos^2 b},$$

$$\frac{d\rho}{dt} = k\,\rho + k'\left(\frac{1}{r^3} - \frac{1}{R^3}\right),$$

$$\frac{2}{r} = \frac{2}{R} - 1 + \frac{d\rho^2}{dt^2} + \rho^2\cdot\frac{da^2}{dt^2} + \left(\frac{d\rho}{dt}\cdot\operatorname{tang} b + \rho\cdot\frac{\frac{db}{dt}}{\cos^2 b}\right)^2$$
$$+ 2\frac{d\rho}{dt}\cdot\left[e\sin(A - \omega)\cdot\cos(A - a) - \frac{1 - \frac{1}{2}e^2}{R}\cdot\sin(A - a)\right]$$
$$- 2\rho\frac{da}{dt}\cdot\left[e\sin(A - \omega)\cdot\sin(A - a) + \frac{1 - \frac{1}{2}e^2}{R}\cdot\cos(A - a)\right]; \qquad (A)$$

dans lesquelles on fait, pour abréger,

$$k = -\frac{1}{2}\left(\frac{\dfrac{da}{dt}\dfrac{d^2 a}{dt^2} + \dfrac{db}{dt}\dfrac{d^2 b}{dt^2} + 2\operatorname{tang} b\dfrac{db^3}{dt^3} + \sin b\cos b\dfrac{db}{dt}\dfrac{da^2}{dt^2}}{\dfrac{da^2}{dt^2} + \dfrac{db^2}{dt^2}}\right),$$

$$k' = -\frac{1}{2}\left(\frac{R\sin(A - a)\dfrac{da}{dt} - R\cos(A - a)\sin b\cos b\dfrac{db}{dt}}{\dfrac{da^2}{dt^2} + \dfrac{db^2}{dt^2}}\right).$$

On satisfera à ces équations par des essais; pour cela, on donnera d'abord à r une valeur arbitraire : on supposera, par exemple, $r = 1$; on déduira des deux premières équations (A) les valeurs correspondantes de ρ et $\dfrac{d\rho}{dt}$, et en les substituant dans la troisième, elle fera connaître l'erreur de la supposition. Après quelques épreuves, on déterminera de cette manière, avec toute la précision nécessaire, les trois quantités r, ρ et $\dfrac{d\rho}{dt}$.

Les trois équations (A) conviennent à tous les cas qui peuvent se présenter, et sont celles dont l'usage est le plus sûr dans les applications; cependant, comme leur résolution par approximation oblige à une répétition de calcul assez fastidieuse, nous remarquerons qu'on pourrait simplifier ce travail dans un cas assez étendu, celui où les données du problème permettent de faire usage à la fois des deux équations (7), comme de formules rigoureuses. En effet, en éliminant entre elles l'inconnue σ, on aurait une équation au moyen de laquelle on déterminerait immédiatement $\dfrac{d\rho}{dt}$ en fonction de ρ, et en substituant cette valeur dans la troisième des équations (A), le problème se trouverait réduit à la résolution de deux équations entre les deux inconnues r et ρ.

Au reste, nous ne faisons qu'indiquer ici cette combinaison, l'emploi des formules (A) devant toujours être préféré comme les plus exactes, parce que de toutes les équations, qu'on peut former par la combinaison des deux équations (7), la formule (10) est, d'après les principes du calcul des probabilités, celle qui participe le moins aux erreurs des observations.

Lorsque les quantités r, ρ, $\dfrac{d\rho}{dt}$, seront connues, on déterminera, au moyen des équations (1) et (8), les valeurs des six quantités x, y, z, x', y', z', et, par suite, tous les éléments de l'orbite parabolique. Si l'on veut se borner à déterminer la distance périhélie, qui suffit pour procéder immédiatement à la recherche de l'orbite corrigée, en nommant D cette distance, on aura, n° 33, livre II,

$$D = r - \frac{1}{2} \cdot \left(\frac{r\,dr}{dt} \right)^2.$$

La première des équations (A) différentiée, en observant qu'on a, en négligeant le cube de l'excentricité de l'orbe terrestre,

$$\frac{dR}{dt} = e \sin(A - \omega), \qquad \frac{dA}{dt} = \frac{1 - \frac{1}{2} e^2}{R^2}.$$

donnera

$$
\left.\begin{aligned}
\frac{r\,dr}{dt} = {} & \frac{\rho}{\cos^2 b}\cdot\left(\frac{d\rho}{dt} + \rho\cdot\tang b\,\frac{db}{dt}\right) + \frac{d\rho}{dt}\cdot\mathrm{R}\cos(\mathrm{A} - a)\\[4pt]
& + \rho\cdot\left[e\sin(\mathrm{A} - \omega)\cos(\mathrm{A} - a) - \frac{1 - \frac{1}{2}e^2}{\mathrm{R}}\cdot\sin(\mathrm{A} - a)\right]\\[4pt]
& + \rho\,\mathrm{R}\sin(\mathrm{A} - a)\cdot\frac{da}{dt} + \mathrm{R}e\sin(\mathrm{A} - \omega).
\end{aligned}\right\}\;(\mathrm{C})
$$

En nommant s cette quantité, elle fera connaître, selon qu'elle sera négative ou positive, si la comète s'approche du périhélie, ou si elle l'a déjà dépassé ; on aura ensuite

$$
\mathrm{D} = r - \frac{1}{2}s^2 ;
$$

la distance angulaire v, de la comète à son périhélie, sera donnée par l'équation de la parabole,

$$
\cos^2 \frac{1}{2} v = \frac{\mathrm{D}}{r}.
$$

On déterminera enfin par la Table des comètes le temps que la comète emploie à décrire l'angle v, et ce temps, ajouté ou retranché de l'époque de l'observation, fera connaître l'instant du passage par le périhélie.

2. Il ne reste donc, pour l'application de la méthode précédente, qu'à montrer comment on formera, d'après les données de l'observation, les valeurs des coefficients différentiels $\dfrac{da}{dt}$, $\dfrac{db}{dt}$, $\dfrac{d^2 a}{dt^2}$, $\dfrac{d^2 b}{dt^2}$. Voici la manière la plus simple de procéder à cette opération.

Soit a la longitude de la comète à l'instant où l'on fixe l'origine du temps t, on prendra pour cette époque celle de l'observation qui tient à peu près le milieu entre toutes les autres ; on pourra au bout d'un temps quelconque t, peu éloigné de cette époque, supposer la longitude a' de la comète représentée par la formule,

$$
a' = a + t\cdot\frac{da}{dt} + \frac{t^2}{2}\cdot\frac{d^2 a}{dt^2} + \frac{t^3}{2.3}\cdot\frac{d^3 a}{dt^3} + ,\ldots\ (11)
$$

On formera autant d'équations semblables à la précédente qu'on aura d'observations, et l'on pourra déterminer par leur moyen autant de coefficients $\dfrac{da}{dt}$, $\dfrac{d^2a}{dt^2}$, etc.

Prenons donc, pour fixer les idées, trois observations quelconques de la comète ; désignons par a^0, a, a', les trois longitudes qui leur correspondent, et soient θ et θ' les espaces de temps, exprimés en jours moyens solaires, qui séparent respectivement les deux observations extrêmes de l'observation moyenne ; on aura, d'après la formule générale, les deux équations suivantes :

$$\left.\begin{aligned}
a - a^0 &= 0.\frac{da}{dt} - \frac{\theta^2}{1.2}.\frac{d^2a}{dt^2},\\[1em]
a' - a &= \theta'.\frac{da}{dt} + \frac{\theta'^2}{1.2}.\frac{d^2a}{dt^2}.
\end{aligned}\right\}\quad (12)$$

Si l'on nomme b^0, b, b', les latitudes de la comète, correspondantes aux trois observations, on aura de même

$$\left.\begin{aligned}
b - b^0 &= \theta.\frac{db}{dt} - \frac{\theta^2}{1.2}.\frac{d^2b}{dt^2},\\[1em]
b' - b &= \theta'.\frac{db}{dt} + \frac{\theta'^2}{1.2}.\frac{d^2b}{dt^2}.
\end{aligned}\right\}\quad (13)$$

La résolution de ces équations donnera les valeurs des quatre quantités $\dfrac{da}{dt}$, $\dfrac{d^2a}{dt^2}$, $\dfrac{db}{dt}$, $\dfrac{d^2b}{dt^2}$, qu'il s'agissait de déterminer.

Dans les équations précédentes, les intervalles de temps θ et θ' étant exprimés en jours moyens solaires, pour l'uniformité du calcul, on les multipliera, n° 15, livre III, par le nombre dont le logarithme est $8,2355821$, et l'on convertira en même temps les arcs $a - a^0$, $b - b^0$, etc., en parties du rayon pris pour unité.

L'exactitude de la méthode précédente dépend surtout de la précision des valeurs des quantités $\dfrac{da}{dt}$, $\dfrac{db}{dt}$, $\dfrac{d^2a}{dt^2}$, $\dfrac{d^2b}{dt^2}$. Les erreurs des observations doivent influer d'autant plus sur les deux dernières qu'elles seront plus petites ; il sera donc bon de n'employer, comme cette méthode permet de le faire, que la plus grande de ces deux quantités s'il existe entre elles une grande disproportion.

On conçoit qu'en multipliant les observations de la comète, on pourrait former autant d'équations semblables aux équations (12) et (13); en combinant ensuite ces équations par la méthode des moindres carrés, on formerait quatre nouvelles équations qui serviraient à déterminer les inconnues $\dfrac{da}{dt}$, $\dfrac{db}{dt}$, $\dfrac{d^2 a}{dt^2}$, $\dfrac{d^2 b}{dt^2}$. Mais, indépendamment de la longueur des calculs, on a reconnu qu'on n'était pas toujours, par ce procédé, conduit à des résultats plus certains, parce que les erreurs des observations prenaient alors d'autant plus d'influence sur les résultats qu'elles étaient plus nombreuses. Il faudra donc, dans cette méthode comme dans les autres, se borner à employer trois observations, nombre strictement nécessaire pour résoudre la question, et alors elle en offrira peut-être la solution la plus simple, parce qu'on peut se servir immédiatement des données de l'observation sans leur faire subir aucune préparation. Il suffit à la sûreté des résultats que les observations ne soient pas trop éloignées entre elles pour que la formule générale (11) cesse d'être convergente.

3. Pour faciliter l'usage des formules précédentes, nous allons en faire l'application à la comète de 1824, dont nous avons déjà déterminé l'orbite d'une autre manière dans le n° 23 du livre III.

Je choisis les trois observations suivantes, qui sont séparées par des intervalles de temps assez inégaux; cas où il sera surtout avantageux d'employer la méthode que nous venons d'exposer, parce que celle qui est développée dans le livre cité, suppose toujours les différences de ces intervalles très-petites, et que, sans cette condition, elle ne donnerait plus des résultats suffisamment exacts.

		Longitudes observées.	Latitudes observées.
Août.	$4^j,92748$	a^0... $252°32'29''$	b^0... $48°\ 7'29''$ B
	$16,93308$	a... $237.27.12$	b... $55.19.43$
Sept.	$3,91004$	a'... $218.4.34$	b'... $61.4.20$.

Si l'on prend pour époque l'observation du 16 août, on aura

$$a = 237°\,27'\,12'', \quad b = 55°\,19'\,43'',$$

et pour les intervalles de temps θ et θ', qui séparent les deux ob-servations extrêmes de l'observation moyenne,

$$\theta' = 12^{\mathrm{j}},00560, \qquad \theta' = 17^{\mathrm{j}},97696.$$

Si l'on ajoute aux logarithmes de chacun de ces nombres le loga-rithme constant 8.2355821, et si l'on réduit les arcs $a^0 - a$, $a - a'$ en parties du rayon, on formera les deux équations sui-vantes :

$$0.263336 = -\,0.206522.\frac{da}{dt} + 0.021326.\frac{d^2 a}{dt^2},$$

$$-\,0.338196 = \quad 0.309242.\frac{da}{dt} + 0.047815.\frac{d^2 a}{dt^2},$$

d'où l'on tire

$$\frac{da}{dt} = -\,1.202436, \qquad \frac{d^2 a}{dt^2} = 0.703698.$$

On aurait de même, relativement à la latitude,

$$-\,0.125731 = -\,0.206522.\frac{db}{dt} + 0.021326.\frac{d^2 b}{dt^2},$$

$$0.100245 = \quad 0.309242.\frac{db}{dt} + 0.047815.\frac{d^2 b}{dt^2},$$

d'où l'on tire

$$\frac{db}{dt} = 0.494828, \qquad \frac{d^2 b}{dt^2} = -\,1.103768.$$

On a d'ailleurs, par les Tables du Soleil, pour l'époque de l'obser-vation moyenne,

$$A = 323^0 53' 29'' \qquad \log. R \ldots \ldots 0.0051558,$$

$$\log. \frac{1 - \tfrac{1}{2} e^2}{R} = 9.9947826 \quad \log. e \sin(A - \omega) .. \; 8.0684537.$$

Avec ces valeurs, on a formé, au moyen des formules (A), les trois équations suivantes :

$$r^2 = 1.02402 + 0.12574\,\rho + 3.09012\,\rho^2,$$

$$\frac{d\rho}{dt} = -\,0.35074 + 0.20916.\rho + \frac{0.36346}{r^3},$$

$$\frac{1}{r} = 0.48827 + 1.891958\,\rho^2 + 1.545061\frac{d\rho^2}{dt^2}$$

$$+\, 2.210620\,\rho\,\frac{d\rho}{dt} - 0.987025\,\frac{d\rho}{dt} - 0.05968\,\rho,$$

et leur résolution a donné

$$\rho = 0.406133, \quad \frac{d\rho}{dt} = -0.0836115, \quad r = 1.258881,$$

d'où l'on a conclu, par la formule (C),

$$s = -0.652035.$$

On a trouvé ensuite, pour la distance périhélie, et pour l'instant du passage au périhélie,

$$D = 1.046306, \text{ inst. du pass. sept. } 28^j,27915.$$

On peut, avec ces éléments approchés, procéder immédiatement à la détermination exacte de l'orbite par les méthodes exposées dans le chapitre II du livre III.

On aurait obtenu, sans doute, pour la distance périhélie et pour l'instant du passage, des résultats plus approchés de leurs véritables valeurs dans l'orbite corrigée, en employant trois observations séparées par des intervalles moins considérables et surtout moins inégaux que celles qui ont servi de base aux calculs précédents, mais nous avons choisi à dessein des circonstances peu favorables, pour qu'on pût mieux juger de la précision de la méthode.

NOTE II (page 95).
Sur les formules qui déterminent les variations des éléments du mouvement elliptique.

On peut obtenir immédiatement les formules (2), par la seule combinaison des formules du mouvement troublé, de la manière suivante :

Reprenons les trois équations (A) du mouvement troublé, n° **29**, livre III. En combinant entre elles ces équations, on forme aisément les trois suivantes :

$$\frac{xd^2y - yd^2x}{dt^2} = x\frac{dR}{dy} - y\frac{dR}{dx},$$

$$\frac{zd^2x - xd^2z}{dt^2} = z\frac{dR}{dx} - x\frac{dR}{dz},$$

$$\frac{yd^2z - zd^2y}{dt^2} = y\frac{dR}{dz} - z\frac{dR}{dy}.$$

Si l'on intègre ces équations, en supposant

$$dc = \left(x\,\frac{d\mathrm{R}}{dy} - y\,\frac{d\mathrm{R}}{dx} \right)dt,$$
$$dc' = \left(z\,\frac{d\mathrm{R}}{dx} - x\,\frac{d\mathrm{R}}{dz} \right)dt, \qquad (1)$$
$$dc'' = \left(y\,\frac{d\mathrm{R}}{dz} - z\,\frac{d\mathrm{R}}{dy} \right)dt,$$

on trouvera

$$\frac{xdy - ydx}{dt} = c, \qquad \frac{zdx - xdz}{dt} = c', \qquad \frac{ydz - zdy}{dt} = c'', \qquad (m)$$

équations identiques avec les trois premières formules (C), n° 30.

En différentiant les trois quantités $\frac{x}{r}$, $\frac{y}{r}$, $\frac{z}{r}$ on aura

$$d.\frac{x}{r} = \frac{y\,(ydx - xdy)}{r^3} + \frac{z\,(zdx - xdz)}{r^3},$$
$$d.\frac{y}{r} = \frac{x\,(xdy - ydx)}{r^3} + \frac{z\,(zdy - ydz)}{r^3},$$
$$d.\frac{z}{r} = \frac{y\,(ydz - zdy)}{r^3} + \frac{x\,(xdz - zdx)}{r^3}.$$

Si l'on substitue pour $\frac{x}{r^3}$, $\frac{y}{r^3}$, $\frac{z}{r^3}$ leurs valeurs, tirées des équations (A), et pour $xdy - ydx$, $zdx - xdz$, et $ydz - zdy$, leurs valeurs données par les équations (m), on trouve

$$d.\frac{x}{r} = \frac{cd^2y - c'd^2z}{dt^2} + c'\,dt\,\frac{d\mathrm{R}}{dz} - c\,dt\,\frac{d\mathrm{R}}{dy},$$
$$d.\frac{y}{r} = \frac{c''d^2z - c\,d^2x}{dt^2} + c\,dt\,\frac{d\mathrm{R}}{dx} - c''\,dt\,\frac{d\mathrm{R}}{dz},$$
$$d.\frac{z}{r} = \frac{c'd^2x - c''d^2y}{dt^2} + c''\,dt\,\frac{d\mathrm{R}}{dy} - c'\,dt\,\frac{d\mathrm{R}}{dx}.$$

Si l'on intègre ces équations, en observant que c, c', c'' sont des quantités variables, qu'on désigne par f, f', f'', trois quantités déterminées par les formules suivantes :

$$df = \frac{dc\,dy - dc'\,dz}{dt} + c\,dt\,\frac{dR}{dy} - c'\,dt\,\frac{dR}{dz} \left.\right\}$$
$$df' = \frac{dc''\,dz - dc\,dx}{dt} + c''\,dt\,\frac{dR}{dz} - c\,dt\,\frac{dR}{dx} \left.\right\},\ (2)$$
$$df'' = \frac{dc'\,dx - dc''\,dy}{dt} + c'\,dt\,\frac{dR}{dx} - c''\,dt\,\frac{dR}{dy} \left.\right\}$$

on aura

$$\frac{x}{r} = \frac{c\,dy - c'\,dz}{dt} - f,\quad \frac{y}{r} = \frac{c''\,dz - c\,dx}{dt} - f',$$
$$\frac{z}{r} = \frac{c'\,dx - c''\,dy}{dt} - f'';$$

équations identiques avec la quatrième, la cinquième et la sixième des formules (C), numéro cité.

Enfin, si l'on ajoute entre elles les trois équations (A), après avoir multiplié la première par $2\,dx$, la seconde par $2\,dy$, la troisième par $2\,dz$, et qu'on intègre l'équation résultante, en supposant

$$d.\frac{1}{a} = 2\left(dx\,\frac{dR}{dx} + dy\,\frac{dR}{dy} + dz\,\frac{dR}{dz}\right),\ (3)$$

on aura l'équation ordinaire

$$\frac{dx^2 + dy^2 + dz^2}{dt^2} - \frac{2}{r} + \frac{1}{a} = 0,$$

équation qui coïncide avec la septième des formules (C).

Ces formules satisferont donc encore aux équations du mouvement troublé, pourvu qu'on détermine les arbitraires qu'elles renferment au moyen des équations (1), (2) et (3), qui coïncident d'ailleurs avec les formules (2) du n° **30**, liv. III, lorsqu'on néglige les quantités de l'ordre du carré des forces perturbatrices.

On pourrait enfin, par des transformations convenables, faire prendre à ces expressions la forme que nous leur avons donnée n° **41**, liv. II, et qui est si utile pour le calcul des perturbations planétaires. C'est ce qu'a fait Laplace dans sa *Mécanique céleste*, avant que Lagrange eût produit sa nouvelle théorie générale de la variation *des constantes arbitraires*.

NOTE III (page 119).

Sur la formule qui détermine la variation de l'anomalie moyenne dans le calcul des perturbations des comètes.

Le calcul de réduction qu'exige la formule donnée n° **37**, livre III, peut se faire de la manière suivante.

Soit, pour abréger,

$$V = \frac{\delta n}{n} + \frac{2\cos u + e}{1 - e^2}\,\delta f + \frac{2\sin u}{\sqrt{1 - e^2}}\,\delta f'.$$

Si dans cette expression on substitue pour δn, δf, $\delta f'$, leurs valeurs données par les formules du n° **36**, on verra que, si l'on n'a d'abord égard qu'aux termes indépendants de x', y', dx', dy', ces termes se détruiront mutuellement, et la fonction V se réduira d'elle-même à zéro. En ordonnant ensuite par rapport aux quantités x', y', dx', dy' l'expression résultante, on trouve

$$V = m'\left\{
\begin{aligned}
&\left[
\begin{aligned}
&-\frac{3ax}{r^3} - \left(\frac{2\cos u + e}{1 - e^2}y - \frac{2\sin u}{\sqrt{1 - e^2}}x\right)\frac{y}{r^3}\\
&+\left(\frac{2\cos u + e}{1 - e^2}\frac{dy}{dt} - \frac{2\sin u}{\sqrt{1 - e^2}}\frac{dx}{dt}\right)\frac{dy}{dt}
\end{aligned}
\right]x'\\
&+\left[
\begin{aligned}
&-\frac{3ay}{r^3} + \left(\frac{2\cos u + e}{1 - e^2}y - \frac{2\sin u}{\sqrt{1 - e^2}}x\right)\frac{x}{r^3}\\
&-\left(\frac{2\cos u + e}{1 - e^2}\frac{dy}{dt} - \frac{2\sin u}{\sqrt{1 - e^2}}\frac{dx}{dt}\right)\frac{dx}{dt}
\end{aligned}
\right]y'\\
&+\left[
\begin{aligned}
&-\frac{3a\,dx}{dt} - \left(\frac{2\cos u + e}{1 - e^2}\frac{dy}{dt} - \frac{2\sin u}{\sqrt{1 - e^2}}\frac{dx}{dt}\right)y\\
&-\frac{2\sin u}{\sqrt{1 - e^2}}\left(\frac{x\,dy - y\,dx}{dt}\right)
\end{aligned}
\right]\frac{dx'}{dt}\\
&+\left[
\begin{aligned}
&-\frac{3a\,dy}{dt} + \left(\frac{2\cos u + e}{1 - e^2}\frac{dy}{dt} - \frac{2\sin u}{\sqrt{1 - e^2}}\frac{dx}{dt}\right)x\\
&+\frac{2\cos u + e}{1 - e^2}\left(\frac{x\,dy - y\,dx}{dt}\right)
\end{aligned}
\right]\frac{dy'}{dt}
\end{aligned}
\right\},$$

fonction qui, en substituant pour x, y, $\dfrac{dx}{dt}$, $\dfrac{dy}{dt}$ leurs valeurs en fonction de $\sin u$, et $\cos u$, et en observant qu'on a

$$\frac{x\,dy - y\,dx}{dt} = a^2 n \sqrt{1 - e^2},$$

$$\frac{2\cos u + e}{1 - e^2}\, y - \frac{2\sin u}{\sqrt{1 - e^2}}\, x = \frac{3\, ae \sin u}{\sqrt{1 - e^2}},$$

$$\frac{2\cos u + e}{1 - e^2}\,\frac{dy}{dt} - \frac{2\sin u}{\sqrt{1 - e^2}}\,\frac{dx}{dt} = \frac{a^2 n \left(2 + e \cos u\right)}{r\sqrt{1 - e^2}},$$

se réduit à la suivante :

$$V = m'\left\{ \begin{array}{c} -\dfrac{x'\cos u}{r} - \dfrac{y'\sin u}{r\sqrt{1 - e^2}} \\[2mm] -\, a^2 n \sin u\,\dfrac{dx'}{dt} + \dfrac{a^2 n \left(\cos u - e\right)}{\sqrt{1 - e^2}}\,\dfrac{dy'}{dt} \end{array} \right\},$$

ou bien, en remettant pour V sa valeur,

$$\frac{\delta n}{n} + \frac{2\cos u + e}{1 - e^2}\,\delta f + \frac{2\sin u}{\sqrt{1 - e^2}}\,\delta f$$

$$= \frac{m'}{a^2 n \sqrt{1 - e^2}}\left\{ \frac{y'\,dx - x'\,dy + x\,dy' - y\,dx'}{dt} \right\}.$$

On peut du reste obtenir très-simplement l'expression de $\delta\zeta$, n° **37**, de la manière suivante :

L'équation

$$\zeta = u - e \sin u \quad (1)$$

donne, en la différentiant par rapport à la caractéristique δ,

$$\delta\zeta = \left(1 - e \cos u\right)\delta u - \sin u\,\delta e.$$

Si l'on nomme x' et y' les coordonnées rectangulaires de la comète, rapportées au plan et au grand axe de son orbite, on a d'ailleurs

$$x' = a\cos u - ae, \quad y' = a\sqrt{1 - e^2}\sin u;$$

d'où il est aisé de conclure

$$\frac{x'\,\delta y' - y'\,\delta x'}{a^2\sqrt{1-e^2}} = (1 - e\cos u)\left(\delta u + \frac{\sin u\,\delta e}{1-e^2}\right),$$

et par suite

$$\delta\zeta = \frac{x'\,\delta y' - y'\,\delta x'}{a^2\sqrt{1-e^2}} - \frac{(2 - e\cos u - e^2)\sin u\,\delta e}{1-e^2}.$$

Cette expression suppose la ligne des apsides immobile; pour avoir égard à sa variation, désignons par ω la longitude du périhélie comptée d'une droite fixe, que nous prendrons pour l'axe des abscisses des nouvelles coordonnées rectangulaires x et y, on aura

$$x = x'\cos\omega - y'\sin\omega, \quad y = x'\sin\omega + y'\cos\omega;$$

d'où l'on conclut, en différentiant ces valeurs et faisant $\omega = 0$ après la différentiation,

$$x\,\delta y - y\,\delta x = x'\,\delta y' - y'\,\delta x' + r^2\,\delta\omega;$$

on aura ainsi :

$$\delta\zeta = \frac{x\,\delta y - y\,\delta x}{a^2\sqrt{1-e^2}} - \frac{r^2\,\delta\omega}{a^2\sqrt{1-e^2}} - \frac{(2 - e\cos u - e^2)\sin u\,\delta e}{1-e^2}.$$

En désignant donc par $n(1 + m'q)$ la valeur du mouvement moyen n au point de l'orbite où l'on commence à compter le temps t, on aura, pour la variation de l'anomalie moyenne due à l'action des forces perturbatrices, à partir de ce point,

$$\delta\zeta = -m'nqt + \frac{x\,\delta y - y\,\delta x}{a^2\sqrt{1-e^2}} - \frac{\delta\omega(1 - e\cos u)^2}{\sqrt{1-e^2}}$$
$$- \frac{\sin u\,\delta e\,(2 - e^2 - e\cos u)}{1-e^2},$$

expression qui coïncide avec celle du n° 57, livre III, lorsqu'on y substitue pour δx, δy, $\delta\omega$, δe leurs valeurs.

II.

NOTE IV (page 130).

Sur la détermination du dernier retour au périhélie de la comète de Halley, en l'année 1835.

Le retour de la comète de Halley à son périhélie, en 1835, est sans contredit l'un des phénomènes astronomiques les plus curieux que la génération actuelle ait été appelée à constater, et comme la durée de la vie humaine fait que ce phénomène se reproduit difficilement deux fois aux yeux du même observateur, il devient d'autant plus remarquable qu'il est plus rare. La prochaine apparition de la comète aura lieu vers la fin de l'année 1910, ou dans le courant de l'année suivante; ceux qui voudront déterminer d'avance cette époque avec précision, pourront employer la méthode indiquée dans le texte et les éléments qui y sont rapportés. Pour faciliter cette recherche, et perfectionner la théorie d'un astre aussi important, j'ai cru devoir reprendre avec un soin nouveau, depuis la réapparition de la comète, tous les calculs qui m'avaient servi à fixer d'avance l'instant de son retour. Quelques légères corrections dans mes premiers calculs et dans les valeurs des masses planétaires que j'avais employées, m'ont permis d'approcher encore plus de l'exactitude que je ne l'avais fait d'abord, et d'établir, comme on l'a vu dans le texte, un accord presque parfait entre les prévisions de la théorie et les résultats de l'observation.

Toute la partie de mon travail relative aux altérations causées dans le mouvement de la comète par les actions des trois planètes principales, Jupiter, Saturne et Uranus, n'a donné lieu qu'à des rectifications sans importance. On trouvera tous les détails de ces calculs dans un Mémoire qui a remporté le grand prix de mathématiques de l'Académie des Sciences en 1829 et qui est imprimé dans les Mémoires de cette Académie (Mémoires de l'Académie des Sciences, *Savants étrangers*, tome VI, 1835).

La comète s'étant beaucoup approchée de la Terre dans l'année 1759, j'ai cherché à déterminer avec la plus grande précision l'influence de son action sur le retour de cet astre à son périhélie. La plus grande proximité entre la comète et la Terre n'a eu lieu qu'après le passage au périhélie, et jusqu'à cette époque le calcul montre qu'on peut considérer l'action de la planète comme insensible. La comète s'est ensuite approchée de plus en plus de la Terre, depuis le 13 mars, instant du passage, jusqu'au 5 avril, époque où la distance des deux astres était moindre que la *huitième* partie de la distance moyenne de la Terre au Soleil. La comète s'est ensuite rapidement éloignée, et bientôt la Terre a cessé d'exercer sur elle aucune influence appréciable.

D'après cela, j'ai calculé par la méthode du n° 55, livre III, et en faisant varier de demi-degré en demi-degré l'anomalie moyenne, dans l'intervalle de la plus grande proximité, les altérations des divers éléments de l'orbite, résultant de l'action de la Terre, à partir du passage au périhélie de 1759, et depuis zéro degré jusqu'à 35° d'anomalie excentrique. Dans cette évaluation, je n'ai pas tenu compte de l'action de la Terre sur le Soleil, parce que j'ai supposé que cette action se compensait à très-peu près dans les différentes révolutions de la Terre autour de cet astre, pendant l'intervalle qui s'est écoulé entre le passage de 1759 et le passage suivant de la comète au périhélie.

J'ai trouvé ainsi pour la variation du moyen mouvement, résultant de l'action de la Terre,

$$\int dn = 0'',0207668.$$

Les variations des autres éléments sont à peu près insensibles, et les valeurs des trois intégrales $\int t\,dn$, $\int d\omega$, $\int d\varepsilon$ ne s'élevant qu'à quelques secondes, au plus, dans l'intervalle que nous considérons, on peut, sans erreur sensible, n'y point avoir égard (*).

Si l'on nomme donc N le moyen mouvement diurne au périhélie

(*) La valeur précédente de $\int dn$ résulte de nouvelles recherches faites postérieurement à l'impression du Mémoire inséré dans la collection de l'Institut; j'ai resserré, comme je l'ai dit, les intervalles d'anomalie excentrique que j'avais fait d'abord varier de degré en degré; il s'était d'ailleurs glissé dans ce Mémoire, relativement à l'action de la Terre, une erreur importante qu'il est nécessaire de signaler, page 942, ligne 18: au lieu des nombres 10,2251, 7,7866, 0,0293192, 1,68, 3,50, 0,829, on doit lire les suivants: 3,2335, 2,4623, 0,0092716, 0,53, 1,11, 0,257; la valeur de $\int dn$ qui résulte de ces corrections, s'accorde alors, suffisamment bien, avec la précédente.

35.

de 1759, T le temps de la révolution anomalistique qui lui correspond, qu'on désigne par δN la variation de N due à l'action de
la Terre, et par δT l'altération correspondante du temps périodique, on aura

$$360° = (N + \delta N)(T + \delta T),$$

d'où, en observant que, par hypothèse, on a $360° = NT$, on conclut

$$\frac{\delta T}{T} = -\frac{\delta N}{N}. \quad (1)$$

Si l'on prend pour T l'intervalle 28007 jours, trouvé n° 46,
livre III; qu'on suppose, comme dans ce numéro, $N = 46'',13135$,
et qu'on fasse $\delta N = 0'',0207668$, on aura

$$\delta T = -12^j,60781;$$

c'est-à-dire que l'action de la Terre aura eu pour effet de diminuer
de $12^j,6$, à peu près, l'intervalle entre le passage de la comète à
son périhélie en 1759 et le passage suivant, et qu'elle a dû, par
conséquent, revenir en ce point de son orbite douze jours et demi
plus tôt qu'elle ne l'eût fait sans cette action.

Burckhardt avait trouvé 16 jours pour cette accélération (*Connaissance des Temps* pour 1819), mais cette évaluation était évidemment exagérée; M. Damoiseau, qui l'a calculée depuis moi,
par une méthode différente de celle que j'avais suivie, l'a fixée
à $12^j,33$ ce qui se rapproche beaucoup du résultat de mon calcul, et en confirme l'exactitude. Au reste, cette détermination
est très-délicate, et l'on doit s'attendre à plusieurs jours d'incertitude si l'on n'a pas soin de resserrer autant que possible les intervalles d'anomalie excentrique pendant l'espace où la comète s'approche beaucoup de la Terre.

On évite cet inconvénient de la méthode générale exposée n° 55,
livre III, en prenant pour abscisse de la courbe parabolique, qui
donne par sa quadrature les variations finies de chacun des éléments de l'orbite, le temps au lieu de l'anomalie excentrique : on
peut diviser alors l'espace total du temps pendant lequel l'attraction de la planète peut avoir sur le mouvement de la comète une
influence sensible, en intervalles à peu près égaux, et l'on effectue
la sommation des éléments différentiels ainsi obtenus par les règles

ordinaires du calcul aux différences. Ce procédé, dont Euler avait le premier donné l'exemple, peut être avantageux lorsqu'il s'agit des comètes à courtes périodes, parce que dans la partie supérieure de l'orbite les degrés d'anomalie excentrique répondant à des intervalles de temps beaucoup plus considérables que dans la partie inférieure, il en résulte des variations fort inégales dans les éléments de l'orbite. Le défaut d'espace ne nous permettant pas d'entrer dans de plus longs détails, nous renverrons à un Mémoire de M. Damoiseau (*Connaissance des Temps* pour 1832), où l'on trouvera cette méthode exposée avec des développements suffisants pour la bien faire comprendre, et une application numérique qui en facilitera l'usage.

Pour ne rien laisser à désirer dans les recherches qui avaient pour but de fixer, avec autant de précision que pouvaient le permettre les progrès de la science, l'époque du dernier retour au périhélie de la comète de Halley, nous avons cru devoir déterminer encore les altérations du temps périodique, qui pourraient résulter de l'action des petites planètes Mars, Vénus et Mercure, et nous avons été conduit à reconnaître que ces altérations étaient tout à fait insensibles et qu'on pouvait se dispenser d'y avoir égard.

Voici, en effet, les principaux résultats de ces recherches, dont on peut voir les détails dans un Mémoire inséré à la *Connaissance des Temps* pour 1838.

Altérations du moyen mouvement diurne pendant l'année 1759.

$$\int dn$$

$$♀\ldots + 0'',00012694$$
$$♂\ldots + 0,00040533$$
$$\overline{+ 0,00053227}$$

Si l'on désigne, comme précédemment, par N le moyen mouvement diurne au périhélie de 1759, par T la durée de la révolution qui aurait lieu sans l'action des petites planètes, et par δT la variation du temps périodique, correspondante à la variation δN du mouvement moyen, en faisant dans l'équation (1)

$$T = 28007^j, \quad N = 46'',13135 \quad \text{et} \quad \delta N = 0'',00053227,$$

on trouve

$$\delta T = - 0^j,32315,$$

quantité trop peu importante pour qu'on y ait égard et qu'on peut supposer comprise parmi celles qu'on néglige dans les approximations.

L'action des petites planètes Mercure, Vénus et Mars, n'a donc pu exercer qu'une influence insensible sur l'époque du passage de la comète au périhélie en 1835, et n'altère en rien par conséquent l'accord que nous avons établi, à cet égard, entre les résultats de la théorie et de l'observation. On sait que Clairaut, qui tenta le premier d'étendre au mouvement des comètes la solution qu'il avait donnée du problème des trois corps, en fit l'application à la comète de Halley, dont on attendait la réapparition vers l'année 1759, et avant que la comète se fût assez rapprochée du Soleil pour devenir visible aux yeux des observateurs, il annonça son retour au périhélie pour le 18 avril de cette même année. Le passage eut lieu le 12 mars, et la comète devança ainsi de 37 jours à peu près la prédiction du géomètre. Clairaut ayant revu ses calculs avec une attention nouvelle depuis le retour de la comète, corrigea son résultat et fixa définitivement le passage au 4 avril 1759. C'était encore une différence de 23 jours entre les prévisions de la théorie et les résultats de l'observation. Cette différence a été réduite à quelques heures seulement lors du dernier passage de la comète à son périhélie en 1835, comme on l'a vu dans le texte, et ce résultat remarquable peut être regardé certainement comme l'un de ceux qui témoignent le mieux des progrès qu'a faits la théorie dans l'intervalle des 76 années qui se sont écoulées entre les deux dernières apparitions de cet astre, dont les retours nous offrent l'une des vérifications les plus curieuses de la loi de la gravitation universelle.

NOTE V (page 160).

Comète à courte période de 7ᵃⁿˢ,4.

Le nombre des comètes périodiques s'est augmenté d'un nouvel astre dans ces derniers temps. M. Faye, attaché à l'Observatoire de Paris, aperçut, le 22 novembre 1843, une comète dont il s'empressa de calculer les éléments paraboliques; mais en publiant sa découverte, il annonça que ces éléments lui avaient paru tout à fait insuffisants pour représenter les diverses positions de la comète. Sur cette indication, M. Goldschmidt, de l'Observatoire de Cambridge, essaya de satisfaire aux observations connues, par une orbite elliptique, et il arriva à une ellipse beaucoup moins excentrique que celles des comètes périodiques déjà connues, et dont le grand axe répondait à une révolution dont la durée est de sept années à peu près. L'événement a complétement justifié la prévision du jeune astronome, et la comète a été aperçue de nouveau dans le mois de novembre 1850, et dans les positions à peu près que la théorie lui avait d'avance assignées.

Voici les éléments de son orbite elliptique déduits des observations faites pendant la durée de ses deux dernières apparitions, et calculés en supposant que le grand axe de l'orbite de 1843, répondait à une révolution dont la durée est de 2640,5913 jours environ.

	1843	1851
Passage au périhélie... oct.	$17^j,5867$ avril.	$3^j,5031$
Excentricité...............	0, 547734	0, 554925
Lieu du périhélie.........	50° 19′ 4″	49° 42′ 40″
Long. du nœud ascendant..	209.13.31	209.30.35
Inclinaison................	11.16.50	11.21.39
Demi-grand axe...	3,738826.	

Sens du mouvement direct.

NOTE VI (page 170).

Sur les équations différentielles du mouvement de rotation.

On peut opérer la transformation indiquée n° **2** d'une manière peut-être un peu plus simple, par l'analyse suivante.

Ne considérons, pour simplifier, que l'action d'un seul astre L;

si l'on nomme x', y', z' les coordonnées de cet astre, rapportées ainsi que les coordonnées x, y, z de l'élément dm, aux trois axes principaux qui se croisent au centre de gravité du sphéroïde, et qu'on fasse

$$V' = \frac{L}{\sqrt{(x'-x)^2 + (y'-y)^2 + (z'-z)^2}}$$

on aura évidemment

$$\left.\begin{array}{l} S.dm\left(y\dfrac{dV'}{dz} - z\dfrac{dV'}{dy}\right) = S.dm\left(z'\dfrac{dV'}{dy'} - y'\dfrac{dV'}{dz'}\right), \\[2ex] S.dm\left(z\dfrac{dV'}{dx} - x\dfrac{dV'}{dz}\right) = S.dm\left(x'\dfrac{dV'}{dz'} - z'\dfrac{dV'}{dx'}\right), \\[2ex] S.dm\left(x\dfrac{dV'}{dy} - y\dfrac{dV'}{dx}\right) = S.dm\left(y'\dfrac{dV'}{dx'} - x'\dfrac{dV'}{dy'}\right). \end{array}\right\} \quad (m)$$

Si l'on suppose maintenant (comme dans le n° 2) $V = S.V' dm$, ou, en substituant pour V' sa valeur,

$$V = S.\frac{L\,dm}{\sqrt{(x'-x)^2 + (y'-y)^2 + (z'-z)^2}},$$

les trois coordonnées x', y', z' ne dépendant que de la position de l'astre L et le signe intégral S ne s'appliquant qu'à l'élément dm et aux quantités qui varient avec lui, on aura :

$$\left.\begin{array}{l} S.dm\left(z'\dfrac{dV'}{dy'} - y'\dfrac{dV'}{dz'}\right) = z'\dfrac{dV}{dy'} - y'\dfrac{dV}{dz'}, \\[2ex] S.dm\left(x'\dfrac{dV'}{dz'} - z'\dfrac{dV'}{dx'}\right) = x'\dfrac{dV}{dz'} - z'\dfrac{dV}{dx'}, \\[2ex] S.dm\left(y'\dfrac{dV'}{dx'} - x'\dfrac{dV'}{dy'}\right) = y'\dfrac{dV}{dx'} - x'\dfrac{dV}{dy'}. \end{array}\right\} \quad (n)$$

Cela posé, pour introduire dans la fonction V les trois angles φ, ψ, θ, transformons les coordonnées x', y', z', qui se rapportent aux axes mobiles des x, y, z, en d'autres coordonnées X, Y, Z relatives à des axes fixes. Pour fixer les idées, prenons pour plan des X, Y le plan de l'écliptique à une époque donnée, et pour axe des Z une ligne perpendiculaire à ce plan, on aura, d'après les formules du n° 34, liv. Ier,

$$x' = \mathrm{X}\,(\cos\theta\sin\psi\sin\varphi + \cos\psi\cos\varphi)$$
$$+ \mathrm{Y}\,(\cos\theta\cos\psi\sin\varphi - \sin\psi\cos\varphi) - \mathrm{Z}\sin\theta\sin\varphi,$$
$$y' = \mathrm{X}\,(\cos\theta\sin\psi\cos\varphi - \cos\psi\sin\varphi)$$
$$+ \mathrm{Y}\,(\cos\theta\cos\psi\cos\varphi + \sin\psi\sin\varphi) - \mathrm{Z}\sin\theta\cos\varphi,$$
$$z' = \mathrm{X}\sin\theta\sin\psi + \mathrm{Y}\sin\theta\cos\psi + \mathrm{Z}\cos\theta.$$

Si l'on substitue dans l'expression de V à la place des coordonnées x', y', z' leurs valeurs, elle deviendra fonction des angles φ, ψ, θ et des variables X, Y, Z, x, y, z, et comme ces dernières sont indépendantes de ces angles, en prenant la différentielle de V par rapport à φ, ψ, θ, on aura

$$\frac{d\mathrm{V}}{d\varphi}d\varphi + \frac{d\mathrm{V}}{d\psi}d\psi + \frac{d\mathrm{V}}{d\theta}d\theta = \frac{d\mathrm{V}}{dx'}d'x' + \frac{d\mathrm{V}}{dy'}d'y' + \frac{d\mathrm{V}}{dz'}d'z',$$

en désignant par $d'x'$, $d'y'$ et $d'z'$ les différentielles des coordonnées x', y', z' prises en ne faisant varier que les trois angles φ, ψ et θ. Si dans cette équation on remplace $d'x'$, $d'y'$, $d'z'$ par leurs valeurs ainsi déterminées, et qu'ensuite on compare de part et d'autre les coefficients de $d\varphi$, de $d\psi$ et de $d\theta$, on trouvera

$$\frac{d\mathrm{V}}{d\varphi} = y'\frac{d\mathrm{V}}{dx'} - x'\frac{d\mathrm{V}}{dy'},$$
$$\frac{d\mathrm{V}}{d\theta} = \sin\varphi\left(x'\frac{d\mathrm{V}}{dz'} - z'\frac{d\mathrm{V}}{dx'}\right) + \cos\varphi\left(y'\frac{d\mathrm{V}}{dz'} - z'\frac{d\mathrm{V}}{dy'}\right),$$
$$\frac{d\mathrm{V}}{d\psi} = \cos\theta\left(x'\frac{d\mathrm{V}}{dy'} - y'\frac{d\mathrm{V}}{dx'}\right) + \sin\theta\cos\varphi\left(x'\frac{d\mathrm{V}}{dz'} - z'\frac{d\mathrm{V}}{dx'}\right)$$
$$+ \sin\theta\sin\varphi\left(z'\frac{d\mathrm{V}}{dy'} - y'\frac{d\mathrm{V}}{dz'}\right),$$

d'où il est aisé de conclure :

$$y'\frac{d\mathrm{V}}{dx'} - x'\frac{d\mathrm{V}}{dy'} = \frac{d\mathrm{V}}{d\varphi},$$
$$x'\frac{d\mathrm{V}}{dz'} - z'\frac{d\mathrm{V}}{dx'} = \frac{\cos\varphi}{\sin\theta}\left(\frac{d\mathrm{V}}{d\psi} + \cos\theta\frac{d\mathrm{V}}{d\varphi}\right) + \sin\varphi\left(\frac{d\mathrm{V}}{d\varphi}\right),$$
$$z'\frac{d\mathrm{V}}{dy'} - y'\frac{d\mathrm{V}}{dz'} = \frac{\sin\varphi}{\sin\theta}\left(\frac{d\mathrm{V}}{d\psi} + \cos\theta\frac{d\mathrm{V}}{d\varphi}\right) + \cos\varphi\left(\frac{d\mathrm{V}}{d\varphi}\right).$$

Au moyen de ces valeurs, et en vertu des équations (m) et (n), les trois équations (B), n° **1**, livre IV, deviennent :

$$A \frac{dp}{dt} + (C - B)\, qr = \frac{\sin \varphi}{\sin \theta}\left(\frac{d\mathrm{V}}{d\psi} + \cos \theta\, \frac{d\mathrm{V}}{d\varphi}\right) - \cos \varphi \left(\frac{d\mathrm{V}}{d\theta}\right),$$

$$B \frac{dq}{dt} + (A - C)\, pr = \frac{\cos \varphi}{\sin \theta}\left(\frac{d\mathrm{V}}{d\psi} + \cos \theta\, \frac{d\mathrm{V}}{d\varphi}\right) + \sin \varphi \left(\frac{d\mathrm{V}}{d\theta}\right),$$

$$C \frac{dr}{dt} + (B - A)\, pq = \left(\frac{d\mathrm{V}}{d\varphi}\right).$$

NOTE VII (page 189).

Sur les formules qui déterminent les variations des constantes arbitraires du mouvement de rotation.

Il ne sera pas inutile, pour la comparaison des méthodes, de montrer comment on peut obtenir par la simple combinaison des équations différentielles du mouvement de rotation, les formules (P) auxquelles nous sommes parvenu par l'application de la théorie de la variation des *constantes arbitraires* (n° **7**, livre IV).

En effet, reprenons les équations générales du mouvement de rotation, n° **2**, livre IV, en faisant, pour abréger,

$$N = \frac{\sin \varphi}{\sin \theta}\left(\frac{d\mathrm{V}}{d\psi} + \cos \theta\, \frac{d\mathrm{V}}{d\varphi}\right) - \cos \varphi \left(\frac{d\mathrm{V}}{d\theta}\right),$$

$$N' = \frac{\cos \varphi}{\sin \theta}\left(\frac{d\mathrm{V}}{d\psi} + \cos \theta\, \frac{d\mathrm{V}}{d\varphi}\right) + \sin \varphi \left(\frac{d\mathrm{V}}{d\theta}\right),$$

$$N'' = \left(\frac{d\mathrm{V}}{d\varphi}\right);$$

N, N′, N″ représentant les trois moments des forces qui agissent sur chacune des molécules du sphéroïde, respectivement relatifs aux trois axes principaux qui se croisent à son centre de gravité.

On aura

$$\left.\begin{array}{l} A\,dp + (C - B)\, qr\, dt = N\, dt, \\ B\,dq + (A - C)\, pr\, dt = N'\, dt, \\ C\,dr + (B - A)\, pq\, dt = N''\, dt. \end{array}\right\} \quad (a)$$

Si l'on multiplie la première de ces équations par p, la seconde par q, la troisième par r, qu'on les ajoute et qu'on intègre leur somme, en faisant, pour abréger,

$$dh = 2\,(p\,\mathrm{N} + q\,\mathrm{N}' + r\,\mathrm{N}'')\,dt, \quad (1)$$

on trouve

$$\mathrm{A}\,p^2 + \mathrm{B}\,q^2 + \mathrm{C}\,r^2 = h;$$

équation semblable à la formule (1), n° 35, livre I, obtenue en faisant abstraction des forces perturbatrices, mais où la constante h, devenue variable, doit être déterminée par la formule (1), ou en substituant pour N, N', N'' leurs valeurs précédentes, et pour p, q, r leurs valeurs n° 4, livre IV, par la formule

$$dh = 2\left(\frac{d\mathrm{V}}{d\varphi}\,d\varphi + \frac{d\mathrm{V}}{d\psi}\,d\psi + \frac{d\mathrm{V}}{d\theta}\,d\theta\right), \quad (2)$$

expression identique avec la première des formules (P), n° 7, livre IV.

Si l'on multiplie les mêmes équations (a), la première par $\mathrm{A}p$, la seconde par $\mathrm{B}q$, la troisième par $\mathrm{C}r$, qu'on les ajoute et qu'on intègre leur somme, en faisant ici

$$dk^2 = 2\,(\mathrm{A}p\,\mathrm{N} + \mathrm{B}q\,\mathrm{N}' + \mathrm{C}r\,\mathrm{N}'')\,dt, \quad (3)$$

on aura

$$\mathrm{A}^2 p^2 + \mathrm{B}^2 q^2 + \mathrm{C}^2 r^2 = k^2;$$

équation semblable à la formule (2), n° 35, livre I, mais où la constante k, considérée comme variable, est déterminée par l'équation (3), ou en substituant pour N, N', N'', p, q, r leurs valeurs, par l'équation

$$dk^2 = 2\left\{ \begin{array}{l} \left[\dfrac{(\mathrm{A}p\,\sin\varphi + \mathrm{B}q\,\cos\varphi)\,\cos\theta + \mathrm{C}r\,\sin\theta}{\sin\theta}\right]\dfrac{d\mathrm{V}}{d\varphi} \\[1em] + \left(\dfrac{\mathrm{A}p\,\sin\varphi + \mathrm{B}q\,\cos\varphi}{\sin\theta}\right)\dfrac{d\mathrm{V}}{d\psi} \\[1em] + (\mathrm{B}q\,\sin\varphi - \mathrm{A}p\,\cos\varphi)\dfrac{d\mathrm{V}}{d\theta} \end{array} \right\} dt.$$

Si l'on néglige les quantités de l'ordre du carré des forces perturbatrices, on pourra, dans les coefficients des trois différences partielles $\dfrac{dV}{d\varphi}$, $\dfrac{dV}{d\psi}$, $\dfrac{dV}{d\theta}$, supposer $r = n$, $p = 0$, $q = 0$; on pourra de plus faire $k = Cn$; la formule précédente devient ainsi

$$dk = dt\left(\frac{dV}{d\varphi}\right) ; \quad (4)$$

équation identique avec la troisième des formules (P), n° **7**, livre IV, en observant qu'on a, aux quantités près que nous négligeons, $\dfrac{dV}{d\varphi} = \dfrac{dV}{dg}$ (n° **15**, livre IV).

Multiplions maintenant les équations (a), la première par a, la seconde par b, la troisième par c, ajoutons-les entre elles et intégrons leur somme, répétons ensuite la même opération par rapport à a', b', c', et par rapport à a'', b'', c'', en conservant à ces lettres la même signification qu'elles ont dans le n° **28**, livre I, on trouvera les trois équations suivantes :

$$A\,ap + B\,bq + C\,cr = l, \quad A\,a'p + B\,b'q + C\,c'r = l'',$$
$$A\,a''p + B\,b''q + C\,c''r = l'',$$

dans lesquelles on supposera les quantités l, l', l'' déterminées par les formules suivantes :

$$\frac{dl}{dt} = aN + bN' + cN'',$$

$$\frac{dl'}{dt} = a'N + b'N' + c'N'',$$

$$\frac{dl''}{dt} = a''N + b''N' + c''N''.$$

Les seconds membres de ces équations, d'après la théorie des moments, représentent les moments des forces motrices qui agissent sur chacun des éléments du sphéroïde, décomposées parallèlement aux trois axes fixes qui se croisent à son centre de gravité, quantités que nous avons désignées par M, M', M'', n° **2**, livre IV, on aura donc, en substituant pour ces quantités leurs valeurs, même numéro ,

$$\frac{dl}{dt} = \frac{\sin\psi}{\sin\theta}\left(\frac{d\mathbf{V}}{d\varphi} + \cos\theta\,\frac{d\mathbf{V}}{d\psi}\right) - \cos\psi\left(\frac{d\mathbf{V}}{d\theta}\right),$$

$$\frac{dl'}{dt} = \frac{\cos\psi}{\sin\theta}\left(\frac{d\mathbf{V}}{d\varphi} + \cos\theta\,\frac{d\mathbf{V}}{d\psi}\right) + \sin\psi\left(\frac{d\mathbf{V}}{d\theta}\right),$$

$$\frac{dl''}{dt} = -\left(\frac{d\mathbf{V}}{d\psi}\right),$$

équations qu'on peut vérifier d'ailleurs en substituant dans les précédentes pour N, N′, N″ leurs valeurs , et pour a, b, c, etc., les quantités qu'elles représentent , n° **28**, liv. 1er.

Les trois constantes l, l', l'', dans le mouvement de rotation d'un corps solide libre, représentent la somme des aires décrites dans l'unité de temps, par chacune des molécules du corps, multipliées respectivement par leurs masses, et projetées sur les trois plans des coordonnées rectangulaires relatives à des axes fixes. La constante k représente la somme des mêmes aires , multipliées par les masses respectives de chacun des éléments du corps et projetées sur le plan principal de projection, ou sur le plan pour lequel cette somme est un *maximum*; les constantes l, l', l'' et k sont donc liées entre elles, conformément à la théorie des projections, par l'équation de condition $k^2 = l^2 + l'^2 + l''^2$; cette équation subsiste encore dans le mouvement troublé ; en effet, en la différentiant on a

$$kdk = ldl + l'\,dl' + l''\,dl'',$$

équation qui se vérifie en substituant pour l, l', l'', dl, dl', dl'' leurs valeurs précédentes.

Les constantes l, l', l'' déterminent la position du plan principal de projection. En effet, en désignant par γ son inclinaison sur un plan fixe quelconque, et par α la longitude de son nœud comptée sur ce plan d'une origine arbitraire, on a

$$\operatorname{tang}\alpha = \frac{l}{l''}, \quad \operatorname{tang}\gamma = \frac{\sqrt{l^2 + l'^2}}{l''},$$

d'où, en différentiant, on tire

$$d\alpha = \frac{l'\,dl - l\,dl'}{l^2 + l'^2}, \quad d\gamma = \frac{l''\,dk - k\,dl'}{k\sqrt{l^2 + l'^2}};$$

ou bien, en substituant pour dl, dl' et dk leurs valeurs, abstraction faite des quantités de l'ordre du carré des forces perturbatrices,

$$d\alpha = -\frac{dt}{k\sin\theta}\left(\frac{dV}{d\theta}\right),$$
$$d\gamma = \frac{\cos\theta\,dt}{k\sin\theta}\left(\frac{dV}{d\varphi}\right) + \frac{dt}{k\sin\theta}\left(\frac{dV}{d\psi}\right), \quad \Big\}\ (5)$$

équations qui coïncident avec les cinquième et sixième des formules (P), en observant qu'en négligeant le carré des forces perturbatrices, on a, n° **25**, livre IV, $k = Cn$, $\theta = \gamma$, et

$$\frac{dV}{d\psi} = \frac{dV}{d\alpha}, \quad \frac{dV}{d\theta} = \frac{dV}{d\gamma}, \quad \frac{dV}{d\varphi} = \frac{dV}{dg}.$$

Il nous reste à déterminer les variations des deux constantes l et g, dont l'une est celle qui accompagne le temps t dans les formules intégrales du mouvement de rotation, et l'autre représente la longitude de l'intersection de l'équateur du corps avec le plan principal de projection, comptée sur ce dernier plan, à partir de son intersection avec le plan fixe de projection.

Pour les déterminer, observons que la constante l étant partout jointe au temps t introduit par les valeurs des trois angles φ, ψ, θ, on a

$$\frac{dV}{dl} = \frac{dV}{d\varphi}\frac{d\varphi}{dt} + \frac{dV}{d\psi}\frac{d\psi}{dt} + \frac{dV}{d\theta}\frac{d\theta}{dt};$$

en vertu de cette valeur et de celles des différences $\dfrac{dV}{d\varphi}$, $\dfrac{dV}{d\theta}$, $\dfrac{dV}{d\psi}$ données plus haut, les formules (2), (4) et (5) deviennent

$$dh = 2\,dt\left(\frac{dV}{dl}\right), \quad dk = dt\left(\frac{dV}{dg}\right),$$
$$d\alpha = -\frac{dt}{k\sin\gamma}\left(\frac{dV}{d\gamma}\right); \quad d\gamma = \frac{\cos\gamma\,dt}{k\sin\gamma}\left(\frac{dV}{dg}\right) + \frac{dt}{k\sin\gamma}\left(\frac{dV}{d\alpha}\right).$$

Or, par les principes de la théorie de la variation des constantes arbitraires, on a (n° 11, livre IV) :

$$\left(\frac{dV}{dh}\right) dh + \left(\frac{dV}{dk}\right) dk + \left(\frac{dV}{dl}\right) dl + \left(\frac{dV}{dg}\right) dg$$
$$+ \left(\frac{dV}{d\alpha}\right) d\alpha + \left(\frac{dV}{d\gamma}\right) d\gamma = 0.$$

Cette équation doit être identiquement satisfaite lorsqu'on y substitue pour dh, dl, dk, etc., leurs valeurs. En effectuant cette substitution, on trouve

$$\left[dl + 2\, dt \left(\frac{dV}{dh}\right) \right] \frac{dV}{dl}$$
$$+ \left[dg + dt \left(\frac{dV}{dk}\right) + \frac{\cos\gamma\, dt}{k\sin\gamma} \left(\frac{dV}{d\gamma}\right) \right] \frac{dV}{dg} = 0,$$

équation qui ne peut subsister indépendamment des valeurs de $\frac{dV}{dl}$ et $\frac{dV}{dg}$, à moins qu'on n'ait séparément

$$dl = - 2\, dt \left(\frac{dV}{dh}\right), \quad dg = - dt \left(\frac{dV}{dk}\right) - \frac{\cos\gamma\, dt}{k\sin\gamma} \left(\frac{dV}{d\gamma}\right).$$

En joignant ces formules à celles qui déterminent les variations des quatre constantes h, k, α, γ, on retrouve identiquement les six formules (P) (n° 7, livre IV) que nous avons déduites des formules générales de la théorie *de la variation des constantes arbitraires*.

<hr>

NOTE VIII (page 214).

De la permanence des pôles à la surface de la Terre et de l'invariabilité de son mouvement de rotation.

Laplace, dans le VI° livre de la *Mécanique céleste* et dans l'*Exposition du Système du Monde*, se contente de dire que toutes les recherches qu'il a faites sur les déplacements des pôles à la surface de la Terre et sur les variations de sa vitesse de rotation, lui ont prouvé qu'ils étaient insensibles; mais cette assertion ne suffisait pas dans une question d'un si grand intérêt, et une démonstration algébrique était nécessaire pour mettre hors de doute un point si important du système du monde. M. Poisson entreprit le premier de traiter cette question par une analyse rigoureuse, et celle qu'il a donnée dans un Mémoire présenté à l'Académie des Sciences en 1809, entièrement différente de celle que nous avons développée dans le n° 16 du livre IV, mérite d'être rappelée ici, parce qu'elle a l'avantage d'être indépendante de la théorie *de la variation des constantes arbitraires* et de montrer directement, par la forme même des valeurs finies des deux quantités p et q, d'où dépendent les oscillations de l'axe de rotation de la Terre autour de son troisième axe principal, que ces oscillations demeureront toujours insensibles.

Reprenons les trois équations du mouvement de rotation sous la forme que nous leur avons donnée n° 2, livre IV,

$$A\,\frac{dp}{dt} + (C - B)\,qr = \frac{\sin\varphi}{\sin\theta}\left(\frac{dV}{d\psi} + \cos\theta\,\frac{dV}{d\varphi}\right) - \cos\varphi\left(\frac{dV}{d\theta}\right),$$

$$B\,\frac{dq}{dt} + (A - C)\,pr = \frac{\cos\varphi}{\sin\theta}\left(\frac{dV}{d\psi} + \cos\theta\,\frac{dV}{d\varphi}\right) + \sin\varphi\left(\frac{dV}{d\theta}\right),$$

$$C\,\frac{dr}{dt} + (B - A)\,pq = \left(\frac{dV}{d\varphi}\right).$$

Faisons, pour abréger,

$$\frac{1}{\sin\theta}\left(\frac{dV}{d\psi}\right) + \frac{\cos\theta}{\sin\theta}\left(\frac{dV}{d\varphi}\right) = P, \quad \left(\frac{dV}{d\theta}\right) = P',$$

et considérons les deux premières des formules précédentes, qui deviendront ainsi :

$$\left. \begin{array}{l} A\,dp + (C - B)\,qr\,dt = (P\sin\varphi - P'\cos\varphi)\,dt, \\ B\,dq + (A - C)\,pr\,dt = (P\cos\varphi + P'\sin\varphi)\,dt. \end{array} \right\} \ (a)$$

Nous supposerons que l'axe autour duquel la Terre tournerait uniformément sans l'action de la Lune et du Soleil, soit le plus petit des trois axes principaux qui se croisent à son centre de gravité, c'est-à-dire l'axe auquel se rapporte le plus grand moment d'inertie C, comme cela a effectivement lieu dans la nature. Les oscillations de l'axe instantané de rotation autour de l'axe dont il

s'agit, dépendront des valeurs de p et q, valeurs que l'on obtiendra en intégrant les deux équations (a).

Pour cela, on développera la fonction V en une série de *sinus*
ou de *cosinus* de l'angle φ et de ses multiples. De ce développement
il sera facile de conclure ceux des fonctions P et P′; en substituant
ensuite les expressions résultantes dans les seconds membres des
équations (a), ces seconds membres se trouveront développés dans
des séries semblables. Si dans une première approximation on néglige les termes dépendants du carré des forces perturbatrices, il
suffira de faire dans les équations (a), $r = n$, $\varphi = nt + c$ (n° 13,
livre IV). Les seconds membres de ces équations deviendront ainsi
des séries de *sinus* et de *cosinus* de l'angle $nt + c$, et chacun des
termes de ces séries produira dans les valeurs de p et de q un
terme correspondant que l'on obtiendra de la manière suivante.

Soit H $\sin(ft + g)$ un terme quelconque du développement de

$$P \sin(nt + c) - P' \cos(nt + c).$$

Représentons par H′ $\cos(ft + g)$ le terme correspondant du développement de

$$P \cos(nt + c) + P' \sin(nt + c),$$

ft désignant la somme des différents multiples de l'angle nt et des
moyens mouvements de la Lune et du Soleil, introduits dans la
fonction V par la substitution de $nt + c$ à la place de l'angle φ, et
par le déplacement des deux astres qui troublent le mouvement
de rotation de la Terre. H, H′, f et g sont des fonctions des éléments de leurs orbites, et des angles θ, ψ et c, que l'on peut, par
conséquent, traiter comme des constantes dans cette première approximation.

En ne considérant donc que ces termes, et faisant $r = n$ dans
les formules (a), nous aurons

$$A\,dp + (C - B)\,qn\,dt = H \sin(ft + g)\,dt,$$
$$B\,dq + (A - C)\,pn\,dt = H' \cos(ft + g)\,dt,$$

et l'on satisfera à ces équations en faisant

$$p = h\cos(ft + g), \quad q = h'\sin(ft + g),$$

II.

ce qui donne, pour déterminer les deux constantes h et h',

$$- A fh + (C - B) nh' = H,$$
$$B fh' + (A - C) nh = H',$$

d'où l'on tire

$$h = \frac{- BH f + (C - B) H' n}{AB f^2 - (C - A)(C - B) n^2},$$

$$h' = \frac{AH' f - (C - A) H n}{AB f^2 - (C - A)(C - B) n^2}.$$

Il suit de là que les valeurs de p et de q resteront toujours du même ordre que les quantités H et H', et par conséquent insensibles, à moins qu'on ne suppose très-petits les dénominateurs des valeurs de h et h', ce qui pourrait donner à ces quantités une valeur considérable. Mais pour que cette condition fût remplie, il faudrait supposer que la fonction perturbatrice V renferme des termes pour lesquels la valeur de f diffère peu de $n \sqrt{\dfrac{(C - A)(C - B)}{AB}}$; or nous sommes certain que ce cas n'a pas lieu dans la nature ; en effet, les inégalités de p et q, qui correspondent à cette valeur de f, n'auraient pas une très-longue période, et d'après les données que l'on a sur les valeurs des trois moments d'inertie A, B, C, on s'est assuré que cette période ne serait pas de deux années, mais les observations démontrent, comme nous l'avons dit (n° 13, livre IV), que pendant cet intervalle de temps les pôles terrestres n'éprouvent, à la surface du globe, aucun déplacement appréciable.

Une analyse très-simple suffit donc pour démontrer que les quantités p et q ne renferment aucune inégalité que la suite des siècles puisse rendre sensible, lorsqu'on n'a égard qu'à la première puissance des forces perturbatrices dans le calcul de ces valeurs. Il est facile d'étendre la même conclusion aux termes dépendants du carré de ces forces et en général à toutes les approximations successives. En effet, désignons par $p + \delta p$ et $q + \delta q$, ce que deviennent les valeurs de p et q lorsqu'on a égard, dans les expressions de ces valeurs, aux termes dépendants du carré des forces perturbatrices ; en substituant $p + \delta p$ et $q + \delta q$ à la place de p et q dans les équations (a), on trouve

$$
\left.
\begin{aligned}
&\mathrm{A}\,d.\delta p + (\mathrm{C} - \mathrm{B})\,r\,\delta q\,dt = -\mathrm{A}\,dp - (\mathrm{C} - \mathrm{B})\,rq\,dt \\
&\qquad + (\mathrm{P}\sin\varphi - \mathrm{P}'\cos\varphi)\,dt, \\
&\mathrm{B}\,d.\delta q + (\mathrm{A} - \mathrm{C})\,r\,\delta p\,dt = -\mathrm{B}\,dq - (\mathrm{A} - \mathrm{C})\,rp\,dt \\
&\qquad + (\mathrm{P}\cos\varphi + \mathrm{P}'\sin\varphi)\,dt.
\end{aligned}
\right\} \quad (b)
$$

Comme on doit négliger ici les termes du troisième ordre, on pourra faire $r = n$ dans les termes qui sont multipliés par δp et δq dans les premiers membres de ces équations ; il suffira, dans les termes des seconds membres, qui sont déjà du premier ordre, de substituer pour p, q, r, φ, θ et ψ leurs valeurs données par les approximations précédentes, les termes du premier ordre disparaîtront alors d'eux-mêmes, et les termes restants ne contiendront plus que des quantités toutes connues. Les deux équations (b) prendront alors cette forme,

$$
\mathrm{A}\,d.\delta p + (\mathrm{C} - \mathrm{B})\,n\,\delta q\,dt = \mathrm{M}\,dt,
$$
$$
\mathrm{B}\,d.\delta q + (\mathrm{A} - \mathrm{C})\,n\,\delta p\,dt = \mathrm{M}'\,dt,
$$

M et M étant des fonctions connues qui peuvent se développer en séries de *sinus* et de *cosinus* des multiples de l'angle nt et des moyens mouvements du Soleil et de la Lune, il est évident que l'on déduira de ces équations pour δp et δq des expressions de même forme que celles que nous avons trouvées précédemment pour p et q, et que le même résultat aurait lieu pour toutes les approximations suivantes. Les valeurs des deux quantités p et q n'acquièrent donc, par l'intégration, aucun diviseur qui puisse les rendre sensibles, et elles resteront toujours du même ordre que les termes qui leur correspondent dans l'expression des forces perturbatrices, quelque loin que l'on pousse les approximations.

Ce résultat est conforme à celui que nous avions trouvé par une analyse différente, n° 16, livre IV, et l'on en conclut, de nouveau, que l'axe instantané de rotation coïncidera toujours, à très-peu près, avec le plus petit des axes principaux de la Terre, et que les pôles et l'équateur répondront dans tous les temps aux mêmes points de sa surface.

Quant à la vitesse de rotation, M. Poisson démontre par une analyse analogue à celle du n° 18, livre IV, que l'action des forces perturbatrices n'introduit dans son expression aucune inégalité qui puisse devenir sensible par la suite des siècles, même lorsqu'on a égard aux quantités de l'ordre du carré de ces forces.

NOTE IX (page 346).

Démonstration générale d'un théorème énoncé dans le n° 3, liv. V.

L'importante proposition qui fait l'objet de ce paragraphe, peut se vérifier analytiquement de la manière suivante.

Plaçons l'origine des coordonnées au point attiré, désignons par a, b, c les coordonnées de ce point, par x, y, z celles de l'élément dm rapportées au centre de gravité du sphéroïde, et par x', y', z' les coordonnées du même élément relatives à la nouvelle origine, on aura en coordonnées polaires

$$x' = r\cos\theta, \quad y' = r\sin\theta\cos\omega, \quad z' = r\sin\theta\sin\omega,$$

et, par suite,

$$x = a + r\cos\theta, \quad y = b + r\sin\theta\cos\omega, \quad z = c + r\sin\theta\sin\omega,$$

En nommant ρ la densité de l'élément dm, on aura d'ailleurs, n° 7, livre V,

$$\left.\begin{aligned}
A &= \iiint \rho\, dr\, d\theta\, d\omega \sin\theta\cos\theta, \\
B &= \iiint \rho\, dr\, d\theta\, d\omega \cos\omega \sin^2\theta, \\
C &= \iiint \rho\, dr\, d\theta\, d\omega \sin\omega \sin^2\theta.
\end{aligned}\right\} \quad (a)$$

Ces intégrales, pour être étendues à la masse entière du sphéroïde, doivent être prises depuis $r = o$ jusqu'à la valeur de r relative à la surface du corps, valeur que nous nommerons R, et par rapport aux angles θ et ω, depuis $\theta = 0$ jusqu'à $\theta = \pi$ et depuis $\omega = 0$ jusqu'à $\omega = 2\pi$.

Si maintenant on prend respectivement les différences partielles des trois quantités A, B, C par rapport aux trois coordonnées a, b, c du point attiré, en observant d'avoir égard à la variation de la limite R qui contient ces trois quantités (*), qu'on remarque que ρ étant supposé exprimé en fonction des trois variables x, y, z, par la substitution des valeurs de ces trois quantités, ρ deviendra fonction de $a + x'$, $b + y'$, $c + z'$, ce qui donne

$$\frac{d\rho}{da} = \frac{d\rho}{dx'}, \quad \frac{d\rho}{db} = \frac{d\rho}{dy'}, \quad \frac{d\rho}{dc} = \frac{d\rho}{dz'}.$$

En faisant la somme des résultats, et en nommant ρ_2 la valeur de ρ à la surface, on trouvera

$$\left. \begin{aligned} -\frac{dA}{da} - \frac{dB}{db} - \frac{dC}{dc} = &\iiint \frac{\sin\theta\, d\theta\, d\omega\, dr}{r} \left(x'\frac{d\rho}{dx'} + y'\frac{d\rho}{dy'} + z'\frac{d\rho}{dz'} \right) \\ &+ \iiint \frac{\sin\theta\, d\theta\, d\omega}{R} \rho_2 \left(x'\frac{dR}{da} + y'\frac{dR}{db} + z'\frac{dR}{dc} \right). \end{aligned} \right\} \quad (A)$$

Si le sphéroïde était homogène, la densité ρ serait constante et égale à ρ_2, le second membre de l'équation précédente se réduirait, dans ce cas, à son dernier terme, ce qu'il est aisé de vérifier en différentiant par rapport à a, b, c les formules (a) intégrées par rapport à la variable r, intégration qui s'effectue alors immédiatement comme on l'a vu n° 7, livre V.

Cela posé, le sphéroïde étant supposé composé de couches concentriques dont la densité varie d'une couche à une autre, ρ est nécessairement une fonction de r, et l'on a évidemment

$$x'\frac{d\rho}{dx'} + y'\frac{d\rho}{dy'} + z'\frac{d\rho}{dz'} = r\frac{d\rho}{dr}.$$

Soit

$$F(x, y, z) = 0,$$

l'équation de la surface ; en substituant pour x, y, z leurs valeurs,

____

(*) *Voir* la note III du tome I.

cette équation devient

$$\mathrm{F}\left(a + \mathrm{R}\cos\theta, \quad b + \mathrm{R}\sin\theta\cos\omega, \quad c + \mathrm{R}\sin\theta\sin\omega\right) = 0.$$

En prenant, dans cette équation, les trois différences partielles de R, par rapport aux trois quantités a, b, c, on en conclut aisément

$$x'\frac{d\mathrm{R}}{da} + y'\frac{d\mathrm{R}}{db} + z'\frac{d\mathrm{R}}{dc} = -\,\mathrm{R}.$$

On a d'ailleurs, par hypothèse,

$$\mathrm{A} = -\frac{d\mathrm{V}}{da}, \quad \mathrm{B} = -\frac{d\mathrm{V}}{db}, \quad \mathrm{C} = -\frac{d\mathrm{V}}{dc},$$

et, par conséquent,

$$\frac{d^2\mathrm{V}}{da^2} + \frac{d^2\mathrm{V}}{db^2} + \frac{d^2\mathrm{V}}{dc^2} = -\frac{d\mathrm{A}}{da} - \frac{d\mathrm{B}}{db} - \frac{d\mathrm{C}}{dc}.$$

En substituant ces valeurs dans la formule (A), elle devient

$$\frac{d^2\mathrm{V}}{da^2} + \frac{d^2\mathrm{V}}{db^2} + \frac{d^2\mathrm{V}}{dc^2} = \iiint \sin\theta\, d\theta\, d\omega \left(dr\frac{d\rho}{dr}\right) - \iiint \sin\theta\, d\theta\, d\omega\, \rho_2.$$

Mais si l'on désigne par ρ_1 la densité de la couche dont fait partie le corps attiré, ρ_2 désignant toujours la densité de la surface, il il est évident qu'on aura

$$\iiint \sin\theta\, d\theta\, d\omega \left(dr\frac{d\rho}{dr}\right) = \iiint \sin\theta\, d\theta\, d\omega\, \rho_2 - \iiint \sin\theta\, d\theta\, d\omega\, \rho_1.$$

On a d'ailleurs

$$\iiint \sin\theta\, d\theta\, d\omega = 4\pi,$$

on aura donc, en définitive,

$$\frac{d^2\mathrm{V}}{da^2} + \frac{d^2\mathrm{V}}{db^2} + \frac{d^2\mathrm{V}}{dc^2} = -\,4\pi\rho_1.$$

Ce qui vérifie d'une manière générale l'équation (2), n° 3, liv. V.

NOTE X (page 435).

Rectification d'un passage de la Mécanique analytique relatif à la figure d'équilibre d'une masse fluide homogène douée d'un mouvement de rotation.

Lagrange, dans la *Mécanique analytique* (Ire Partie, section VII, n° 26) a donné à l'équation de l'équilibre d'une masse fluide homogène tournant autour d'un axe fixe, cette forme :

$$\Sigma - \frac{f(y^2 + z^2)}{2\,A} = \text{const.},$$

où $2\,A$ est l'axe de rotation que l'on prend pour celui des coordonnées x, f la force centrifuge à la distance A de l'axe, Σ l'intégrale de toutes les forces qui agissent sur le fluide multipliées par l'élément de leur direction, et provenant de l'attraction mutuelle de ses parties.

« Dans le cas, dit Lagrange, où le sphéroïde est homogène et sans noyau intérieur d'une densité différente, on a trouvé que les attractions sur un point quelconque de la surface, suivant les trois axes coordonnés x, y, z, sont représentées exactement par les formules

$$m\,L\,x, \quad m\,M\,y, \quad m\,L\,z,$$

où m est la masse du sphéroïde, L, M, N des fonctions des trois demi-axes A, B, C données par des intégrales définies; d'où l'on déduit pour Σ cette expression rigoureuse :

$$\Sigma = \frac{m}{2}\left(L\,x^2 + M\,y^2 + N\,z^2\right).$$

Ainsi l'équation de l'équilibre $\Sigma - \dfrac{f(y^2 + z^2)}{2\,A} = \text{const.}$ étant de la même forme que l'équation du sphéroïde, $\dfrac{x^2}{A^2} + \dfrac{y^2}{B^2} + \dfrac{z^2}{C^2} = 1$, on peut, à cause de la constante arbitraire, les rendre identiques par ces deux conditions :

$$\frac{m\,M - f}{m\,L} = \frac{A^2}{B^2}, \quad \frac{m\,N - f}{m\,L} = \frac{A^2}{C^2}, \quad (q)$$

lesquelles donnent $B = C$ parce que les quantités M et N, étant des fonctions semblables de B et C et de C et B, les deux équations (q) se réduisent ainsi à une seule qui sert à déterminer le rapport de A à B. »

Cette conclusion n'est pas exacte; en effet, les deux équations (q) donnent la suivante :

$$MB^2 - NC^2 = \frac{f}{m}(B^2 - C^2),$$

équation qui peut être satisfaite de deux manières, comme nous l'avons fait voir dans le texte, soit en supposant $B = C$, ce qui est le cas de l'ellipsoïde de révolution, le seul que Lagrange ait considéré, soit en supposant aux intégrales définies représentées par M et N des valeurs particulières qui déterminent les trois axes du second ellipsoïde qui satisfait à l'équilibre.

L'équation de l'équilibre d'une masse fluide homogène, douée d'un mouvement de rotation, peut donc être satisfaite de deux manières, soit par un ellipsoïde de révolution comme l'avait démontré Maclaurin, qui a le premier résolu la question, soit par un ellipsoïde à trois axes inégaux, mais dont les rapports sont fixés d'avance par l'état de la question, ce que les géomètres, à ce qu'il paraît, n'avaient point remarqué avant que M. Jacobi en eût fait l'observation.

FIN DU DEUXIÈME VOLUME.

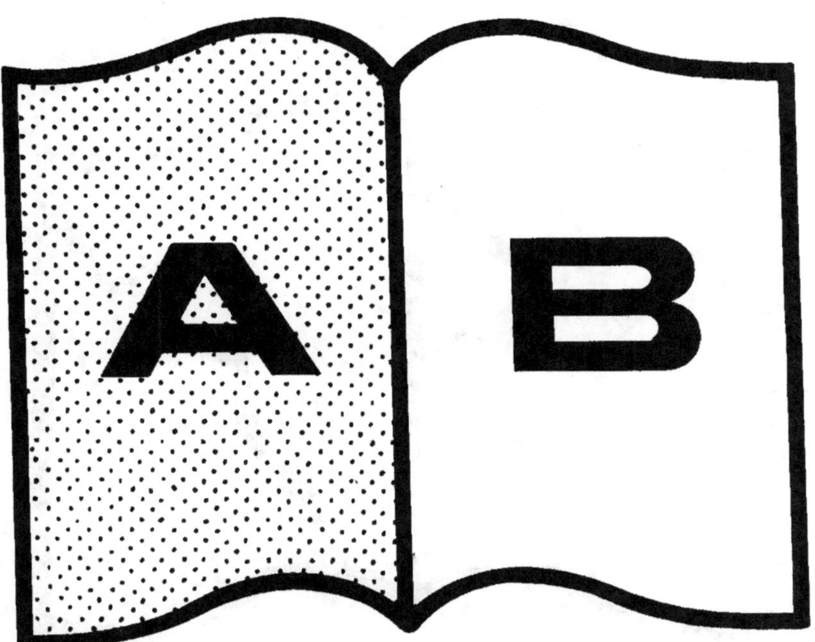

Contraste insuffisant

NF Z 43-120-14

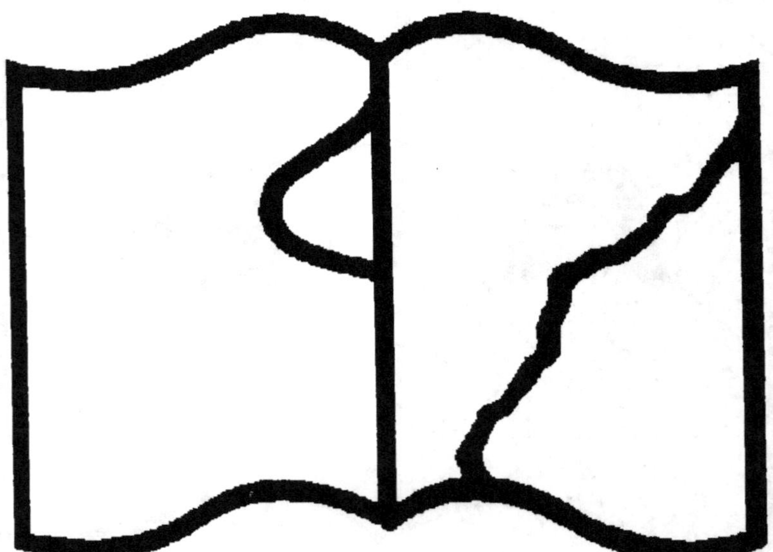

Texte détérioré - reliure défectueuse

NF Z 43-120-11

www.ingramcontent.com/pod-product-compliance
Lightning Source LLC
LaVergne TN
LVHW020127030726
842520LV00001B/65